河南省“十四五”普通高等教育规划教材

电力电子技术

第二版

主　编　郑　征　朱艺锋
参　编　陶　慧　陶海军
　　　　王新环　李　斌

中国电力出版社
CHINA ELECTRIC POWER PRESS

内　容　提　要

本书为河南省本科高等学校"十四五"规划教材，共分为7章，主要阐述电力电子技术相关的基本概念、功率器件、变流电路拓扑、工作原理、分析方法、设计方法和应用等。

本书从基本概念、基本分析方法入手，结合工程应用实例，以基本变换电路为主线，在分析工作原理的基础上，结合波形分析和数学推导，循序渐进，引导学生理解和掌握电力电子基本原理、仿真方法和工程设计等，培养解决复杂工程问题的能力。

本书主要作为普通高等院校电气工程及其自动化专业、自动化专业及其他电气信息类相关专业本科生电力电子技术课程的教学用书，也可供有关工程技术人员参考。

图书在版编目（CIP）数据

电力电子技术/郑征，朱艺锋主编．—2版．—北京：中国电力出版社，2023.10（2025.1重印）

ISBN 978-7-5198-7784-2

Ⅰ．①电…　Ⅱ．①郑…　②朱…　Ⅲ．①电力电子技术－高等学校－教材　Ⅳ．①TM1

中国国家版本馆CIP数据核字（2023）第130091号

出版发行：中国电力出版社
地　　址：北京市东城区北京站西街19号（邮政编码100005）
网　　址：http://www.cepp.sgcc.com.cn
责任编辑：罗晓莉（010-63412547）
责任校对：黄　蓓　马　宁
装帧设计：郝晓燕
责任印制：吴　迪

印　　刷：北京锦鸿盛世印刷科技有限公司
版　　次：2015年8月第一版　2023年10月第二版
印　　次：2025年1月北京第三次印刷
开　　本：787毫米×1092毫米　16开本
印　　张：13.5
字　　数：334千字
定　　价：40.00元

前　言

教学团队于 2015 年 4 月编写出版了《电力电子技术》第一版教材，经过近 7 年的使用，师生反映良好，也积累了丰富的经验。同时，随着电力电子的发展和教学理念的变化，对教材的修订工作迫在眉睫，以做到“优、精、特、新”。该版教材能更好地面向卓越工程师培养，适应工程教育要求，突出学生工程设计和创新能力的培养。

本书共分为 7 章，第 1、2 章介绍了电力电子技术的概念和发展、现代电力电子器件特点及工作原理。第 3～6 章分别讲解整流电路、直流-直流变换电路、逆变电路、交流-交流变换电路共四种基本电力变换电路的工作原理和波形分析。第 7 章介绍了电力电子技术在电力系统、电能质量控制及新能源等方面的应用，从而使读者充分认识并了解电力电子技术的应用和发展前景。与第一版相比，更加注重课程思政教育，增加了国产器件和设备的介绍；整流电路部分加入了二极管整流，并以 m 脉波整流为主线介绍二极管整流和晶闸管相控整流；直流变换部分增加了电路建模、系统控制和工程设计；逆变部分增加了由全控型器件组成的三相电流型逆变。学时数可根据不同学校培养方案调控，以 40～48 学时为宜，带 * 章节可作为选修或自学内容。

本书在普通高等教育“十二五”规划教材《电力电子技术》（郑征主编，中国电力出版社，2015 年出版）的基础上，对各章内容进行了修订。修订的基本思想是优化知识体系，既突出重点，又能反映电力电子技术的最新发展成果和课程思政元素，更好地适应工程教育要求，增强培养人才的适应性。本书强调学生的工程实践能力和创新能力的培养，引入大量的仿真案例，加深学生对理论的理解。引入若干工程应用案例，增强学生工程设计能力。同时，本书中各电路工作原理及波形分析详细易懂，便于读者自学。

本书第 1 章由郑征修订，第 2 章和 6.1 由王新环修订，3.1～3.4 由朱艺锋修订，第 4 章由陶海军修订，第 5 章和第 6 章的其他部分由陶慧修订，第 7 章和第 3 章的其他部分由李斌修订。全书由郑征、朱艺锋担任主编并统稿。编者均为河南理工大学一线教师。

在本书完稿之际，对本书主审及书末所附参考文献的作者也致以衷心的感谢。本书为河南省“十四五”规划教材，并获河南省中原教学名师团队资助，在此一并表示感谢。

由于作者学识有限，书中难免有疏漏之处，恳请广大读者来函批评指正。编者邮箱：zhengzh@hpu.edu.cn。

编者著于
河南理工大学
电气工程与自动化学院
2022 年 8 月

前言

目　　录

第1章　概　　述

1.1　电力电子技术的概念

电力电子技术是利用电力电子器件构成的电路系统对电能进行变换和控制的技术，这种变换包括对电压、电流、频率和波形等方面的变换。

在电力系统中，公用电网提供的电源是频率固定的（如我国为50Hz，美国为60Hz）单相或三相交流电源，但用电设备的类型和功能多种多样，对供电电源的电压、频率要求各不相同。机械加工中的感应加热设备适宜用中频或高频交流电源供电；化学工业中的电解、电镀需要低压直流电源供电，通信设备大量需要48V低压直流电源；要求调速的直流电动机需要由可调直流电压供电，现在已得到广泛应用的交流电机变频调速需要由三相交流变频、变压电源供电；许多高性能设备要由恒频、恒压的正弦波交流不间断电源（Uninterruptible Power Supply，UPS）供电；发射机、快速充电设备等则要求用大功率脉冲电源。因而，为了满足一定的生产工艺和流程要求，确保产品质量、提高劳动生产率、降低能源消耗、提高经济效益，供电电源的电压、频率甚至波形都必须满足各种用电设备的不同要求。凡此种种，都要求能将发电厂生产的单一频率和电压的电能变换为各个用电设备最佳工作情况所需要的另一种特性和参数（频率、电压、相位和波形）的电能，供负载使用。这种对电能进行变换的任务正是由电力电子技术来完成的。

电力电子技术是应用于电力（电能）技术领域的电子技术，与电子、控制、电力紧密相关，是电气工程领域的重要研究课题。电力电子技术的应用已遍及各行各业，可以说，只要有电能的地方，就有电力电子技术的应用。电力电子技术在为现代通信、电子仪器、计算机、工业自动化、电网优化、电力工程、国防工程等方面提供高质量、高效率、高可靠性的电能方面起着关键的作用。

电子技术广义上包括电力电子技术和信息电子技术。两者有很多联系和相似之处，但也有很大的不同。电力电子技术一般涉及大功率应用场合，主要用于电力变换，器件主要工作在频繁切换的开、关状态，损耗较大，在实际电路中需要考虑散热设计；信息电子技术则一般用于信息处理的小功率场合，损耗较小，较少考虑散热问题，器件主要工作在放大状态，也可以工作在开、关状态。

电力电子变换电路主要有：

（1）AC-DC变换器：把固定的交流电变换成幅值固定或可调的直流电，实现从交流到直流的电能变换。该变换过程也称为**整流**，如蓄电池充电设备、变频器前端的整流电路等。

（2）DC-DC变换器：把固定的直流电变换成幅值固定或可调的直流电，实现从直流到直流的电能变换。该变换过程也称为直流斩波或**直-直变换**。如电动自行车供电电源、开关电源等。

（3）DC-AC变换器：把固定的直流电变化成可调的交流电，实现从直流到交流的电能变换。该变化过程与整流恰相反，称为**逆变**，如光伏并网装置、变频器设备后端的逆变电路等。

（4）AC-AC变换器：把固定的交流电变化成电压或频率可调的交流电，实现从交流到交流的电能变换，也称为**交-交变换**，如交流调压装置、交-交变频器等。

这四种变换电路称为基本的变流形式，由它们组合还可以构成各种各样复杂的变换器。

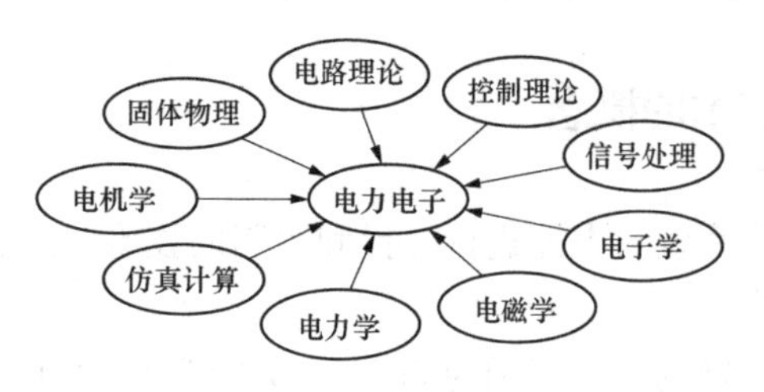

图1-1　电力电子技术与其他学科之间的联系

电力电子技术是一门多学科交叉形成的新兴学科，电力电子技术与其他学科之间的联系如图1-1所示。各学科之间相互促进，共同发展，电路理论是电力电子的理论基础；固体物理学是电力电子器件的制造基础；电力电子装置在运行时会产生电磁波，需要进行电磁分析；同时为实现电力电子设备的功能，检测反馈信号的处理和控制是必不可少的；另外，检测保护等电路本身就是电子学的应用；在设备制作过程中首先进行仿真研究，然后进行实验和工程应用；电力电子装置的控制器核心主要是微处理器，以及在此硬件基础上，利用控制理论和算法实现装置的各种功能。

1.2　电力电子技术研究的主要内容

电力电子技术主要包含电力电子器件和电力电子电路及装置两个方面的内容。

1. 电力电子器件

电力电子器件是电力电子技术发展的基础。电力电子器件主要有功率整流二极管、晶闸管、电力双极型功率晶体管、金属-氧化物-半导体场效应晶体管（Metal-oxide Semiconductor Field Effect Transistor，MOSFET）和绝缘栅双极型功率晶体管（Insulated Gate Bipolar Transistor，IGBT）等，这些器件正沿着功率化、高频化、模块化和智能化方向发展。

在高电压大电流的应用中（如高压直流输电、无功补偿等），目前晶闸管仍占主导地位，但由于IGBT开关速度快，又是电压驱动元件，具有控制灵活的优点，因此在1000kW以下的电力变换器中，IGBT应用较多。在小功率范围内，MOSFET也有较多的应用。在IGBT模块化方面，已有把驱动与保护都集成在一起的智能模块（Intelligent Power Module，IPM），还有将整流和逆变器集成在一起的功率集成模块（Power Integrated Module，PIM）。随着电力半导体器件的发展，极大地促进了电力电子装置的发展与更新换代。

电力电子器件除功率二极管外一般都有三个端子，其中两个端子连接在主电路中用以通、断负载电流，而第三端被称为控制端。电力电子器件的导通或关断是通过在其控制端施加一定的信号来进行控制的。

2. 电力电子电路及装置

电力电子电路及装置通常被称为变换器，是电力电子技术的主体。电力电子装置基本结构如图1-2所示，其一般由功率变换器、检测装置和控制器构成。此外，由控制器发出的控制信号通常还要经过驱动隔离电路的功率放大、电气

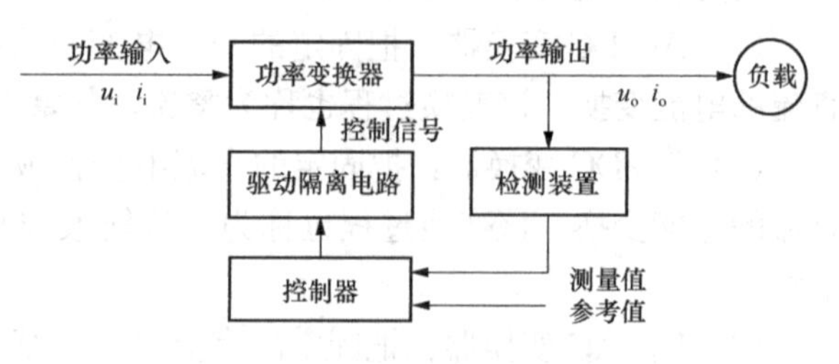

图1-2　电力电子装置基本结构

隔离等处理才能控制三端子电力电子器件。其中，电气隔离可以起到良好的抗干扰作用，通常采用脉冲变压器或光电耦合器实现隔离，而信号和能量通过磁或光的形式进行传递。同时，往往还会有各种保护电路以保证电力电子器件和整个电力电子系统正常可靠运行。另外，多数电力电子变换器中，都需要一组低压直流电源，如1.8、3.3、±5、±12、±20V等，给信号检测单元、显示和通信环节、驱动和保护电路供电。这些低压直流电源称为**辅助电源**。

器件与电路关系密切，新器件的出现会促使电路达到新的水平，新的电路设计又反过来对器件提出新的要求。随着电力电子器件的功率化、高频化，电力电子电路的容量和频率范围也不断提高，电能变换的性能也越来越好。

同一电力电子电路，由于控制水平的提高，可以取得更好的性能。脉冲宽度调制（Pulse Width Modulation，PWM）技术对直流调速、交流调速、开关电源的影响便是一个很好的例子。因此，控制技术的研究和控制器的使用也是电力电子装置研究的重要方面。

1.3 电力电子器件的损耗与散热

1. 电力电子器件的损耗

电力电子器件在导通或者阻断状态下，并不是理想的短路或者断路。导通时器件上有一定的通态压降，阻断时器件上有微小的断态漏电流流过，其数值都很小，但分别与数值较大的通态电流和断态电压相作用，就形成了电力电子器件的通态损耗和断态损耗。电力电子器件由断态转为通态（开通过程）或者由通态转为断态（关断过程）的转换过程中产生的损耗，分别称为开通损耗和关断损耗，总称**开关损耗**。电力电子器件的断态漏电流通常极其微小，因而断态损耗往往可以忽略，通态损耗是电力电子器件功率损耗的主要成因。当器件的开关频率较高时，开关损耗会随之增大，从而可能成为器件功率损耗的主要因素。

2. 电力电子器件的散热

电力电子变换器中开关器件功率损耗产生的热量必须逸出并在环境中散发。虽然变压器、电抗器、电容器也有功率损耗，但功率开关器件产生的功率损耗发热问题最为严重。高温时功率开关的电特性变坏，严重过热可能导致功率开关器件短时间内毁坏。为防止过热损坏，功率开关器件必须加装散热器，并至少保持自然通风冷却。开关器件产生的热量由管壳经散热器传至周围空气中。

开关器件采用强迫风冷比自然风冷更有效。强迫风冷依靠风扇转动加快空气流通，使热量加快散出。与变换器的额定功率相比，风扇消耗的能量不大，并不太影响变换器的整体效率。

若变换器的功率密度很高，则需要水冷或油冷。水或油被强迫通过与开关器件管壳相连接的中空铜管或铝管，由于水和油具有高导热性，散热效果更好且安静，但对功率单元的设计工艺要求较高，因此一般应用于大功率、风冷散热困难的场合。

与电路欧姆定律类似，传热系统中的**热欧姆定律**是：假设A点到B点的热阻为R_m，则发热功率P从A点传到B点所对应的温度变化为

$$\Delta\theta = \theta_A - \theta_B = R_m P \qquad (1-1)$$

式中：$\Delta\theta$为温差；θ_A、θ_B分别为A、B点的温度；P为发热功率。

热阻相当于电阻，传递的发热功率相当于流通的电流，温度降落相当于电位降落，即电压。基于传热与导电现象之间的相似性，可将热欧姆定律用于散热系统的分析与设计。相应地，热容量（简称热容），与电容相对应。半导体器件和散热器的热阻在产品数据手册中可查到，元件的热容由其比热容（单位体积、温度升高1℃所需热量）和体积决定。热阻可计算稳态温度，热容用以计算瞬态温度。散热系统的设计目的是确保功率变换器中功率开关器件PN结的最高温度不超过其允许值，工程上一般用温度传感器检测其PN结附近的温度，并限额到一定值，超过该值即启动保护和报警装置。

1.4 电力电子技术的发展

电力电子技术的发展有赖于电力电子器件的发展，电力电子技术发展的每一次飞跃都是以新器件的出现为契机。以器件为核心的电力电子技术的发展可分为三个阶段：1904～1957年称为电力电子技术的史前期；1957～1980年称为传统电力电子技术阶段；1980年至今称为现代电力电子技术阶段。电力电子技术的发展过程如图1-3所示。

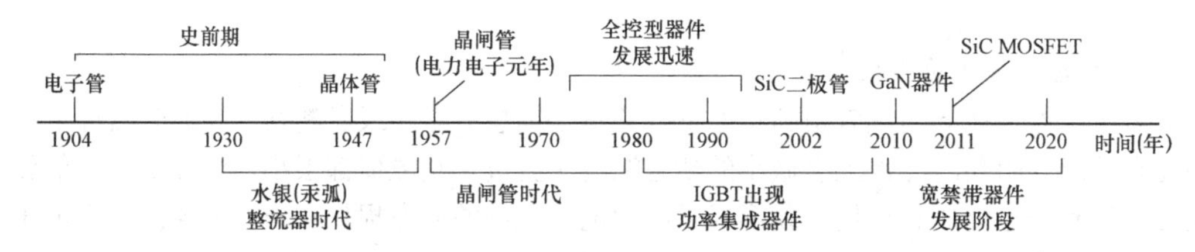

图1-3 电力电子技术的发展过程

1904年出现了电子管，其能在真空中对电子流进行控制，被应用于通信和无线电，从而开创了电子技术之先河。

1947年美国贝尔实验室发明晶体管，引发了电子技术的一场革命。最先用于电力领域的半导体器件是硅二极管，为不控器件。1957年美国通用电气公司在晶体管的基础上研制出第一个晶闸管。之后，晶闸管整流装置很快取代了水银整流器和旋转变流机组。至此，电力电子技术才真正开始成为一门独立的学科。晶闸管通过对门极的控制能够使其导通而不能使其关断，属于半控型器件。由于对晶闸管电路的控制采用相位控制方式，造成这些电路存在功率因数低、网侧及负载谐波严重的问题，这些缺点使得晶闸管的应用受到局限。

20世纪70年代后期，以门极关断晶闸管（Gate Turn-Off Thyristor，GTO）、电力晶体管（Giant Transistor，GTR）和MOSFET为代表的全控型器件迅速发展，电力电子技术进入一个崭新的发展阶段。全控型器件的特点是通过对门极（基极、栅极）的控制既可使其开通又可使其关断。此外，这些器件的开关速度普遍高于晶闸管，可用于开关频率较高的电路。与晶闸管电路采用相位控制方式不同，全控型器件的电路采用PWM控制方式。PWM控制技术在电力电子变流技术中占有十分重要的位置，其使电路的控制性能大为改善，对电力电子技术的发展产生了深远的影响。

20世纪80年代后期，以IGBT为代表的复合型器件异军突起。IGBT是MOSFET和GTR复合的产物，它把MOSFFET的驱动功率小、开关速度快的优点和GTR通态压降小、载流能力大的优点集于一身，现已成为现代电力电子技术应用中的主导开关器件。除了IGBT之外，MOS门控晶闸管（MOS Controlled Thyristor，MCT）和集成门极换流晶闸管（Intergrated Gate-Commutated Thyristor，IGCT）也是复合器件，具有非常好的性能，其研究和应用也在逐步推进。MOSFET和IGBT的相继问世，是传统的电力电子向现代电力电子转化的标志。新型器件的发展使现代电力电子技术不断向高频化发展，为用电设备的高效节材、节能，实现小型轻量化、机电一体化和智能化提供了重要的技术基础。

20世纪90年代，为了使电力电子装置的结构紧凑、体积减小，常常把若干个电力电子器件及必要的辅助元件做成模块的形式，称为功率模块（Power Module，PM），这给应用带来了很大的方便。后来，又把驱动、控制、保护电路和功率器件集成在一起，构成功率集成电路（Power Integrated Circuit，PIC）。目前功率集成电路的功率还较小，但这代表了电力电子技术发展的一个重要方向。

进入21世纪，人们在集成电力电子模块（Intergrated Power Electronics Modules，IPEM）方面进行了深入的研究。IPEM是将电力电子装置的诸多器件集成在一起的模块，实现了电力电子技术的智能化和模块化，大大降低了电路接线电感、系统噪声和寄生振荡，提高了系统效率及可靠性。此外，以碳化硅（SiC）和氮化镓（GaN）为代表的宽禁带功率器件发展迅猛。宽禁带功率器件具有以下特点：①禁带宽，约为硅材料的3倍，具有更好的抗辐射特性和耐高温特性；②击穿场强高，约为硅材料的10倍，故可以承受更高的击穿电压；③电子饱和漂移速度快，约为硅材料的3倍，因此开关速度更快，能以更高的开关频率工作；④热导率高，其中GaN材料的热导率约为硅材料的1.5倍，而SiC的热导率约为硅材料的3.27倍，因而散热性能更好，有利于减小散热器的体积和质量；⑤熔点高，GaN材料的熔点约为硅材料的1.2倍，SiC材料的熔点约为硅材料的1.91倍，故具有更强的耐高温能力。2001年，德国推出了第一只商用SiC肖特基二极管。当前已有3300V的商用SiC MOSFET推出。SiC MOSFET的开关频率可达几十千赫兹甚至几百千赫兹，有望逐渐取代硅基IGBT。2010年，美国率先推出单体GaN晶体管。目前，GaN器件的耐压已能达到650V，开关频率可达几兆赫兹甚至几十兆赫兹，有望逐渐取代硅基MOSFET。

随着电力电子器件工作频率的不断提高，其开关损耗也随之增大。为了减小高频工作下的开关损耗，软开关技术应运而生。零电压开关（ZVS）和零电流开关是软开关的最基本形式。从理论上讲，采用软开关技术可使开关损耗降为零，从而较大地提高装置效率。另外，采用软开关技术也使得工作频率可以进一步提高，因而使电力电子装置更加小型化、轻量化。

现代电力电子技术发展趋势是应用技术高频化、硬件结构模块化和产品性能绿色化。高频化可使电力电子装置小型化和高效率，模块化可减小装置的体积和装置的分布参数，绿色化可控制谐波、减小对电网和负载的影响。

电力电子技术目前正飞速渗透电气工程领域及大部分工业应用。电力电子技术的发展方兴未艾，它以能量与信息结合为特征，以强电与弱电相结合为方向，将有力推动电气工程、计算机科学、电子技术和自动化等学科的发展。

1.5 电力电子技术的应用

1. 一般工业

直流电动机有良好的调速性能，在电力拖动、交通运输、矿山牵引等方面有广泛的应用，晶闸管直流电源装置、直流斩波电源装置均可为直流电动机提供高质量的可调直流电源；同时，由于电力电子变频技术的迅速发展，使得交流调速技术大量应用并占据主导地位，变频器和交流调压器等电力电子装置为交流电动机提供高质量交流可调电源。

驱动风机、水泵的三相交流异步电动机总计消耗电厂发电总量的30%以上。若三相交流异步电动机直接由公用交流电网恒频恒压供电，当需要减少风量、水流量时，以往是利用挡板、阀门加大风阻、水阻，以减少风量、水量，电能的利用效率很低。如果采用电力变换装置将公用电网50Hz恒频、恒压交流电源变换成变频、变压电源后再对风机、水泵电动机供电，通过改变供电频率调节电机速度来改变风量、水量，则电能的利用效率可维持在90%以上，这将节省大量的能源，经济效益极为可观。

精密机械加工及造纸机、高速高性能轧钢机、高速电动车辆等电力传动，由变频器供电时，产品精度、质量、运行速度、稳定性都能得到保证，劳动生产率也可大幅提高，效益十分突出。

此外，电化学工业中大量使用直流电源，电解铝、电解食盐水和电镀等都需要大容量的整流电源。在冶金工业中大量使用高频或中高频感应加热电源等。

2. 电力系统

电力电子技术在电力系统中有非常广泛的应用，电力电子技术是电力系统在通向现代化的进程中的关键技术之一。毫不夸张地说，离开电力电子技术，电力系统的现代化是不可想象的。

高压直流输电技术在长距离、大容量输电时有很大的优势，其送电端的整流阀和受电端的逆变阀多采用晶闸管变流装置。柔性交流输电技术是采用电力电子装置和技术对电力系统的电压、相位差、阻抗、潮流等参数及网络结构进行快速控制，以提高输电线路输送能力，提高电力系统稳定水平，降低输电损耗的一种新技术。静止无功发生器（Static Var Generator，SVG）的功能是快速调节电压，发生或吸收电网的无功功率，同时可以抑制电压闪变。传统的电力变换器在投运时，将向电网注入大量的谐波电流，引起谐波损耗和干扰，同时还出现装置网侧功率因数恶化的现象，即所谓“电力公害”。有源电力滤波器（Active Power Filter，APF）是一种能够动态抑制谐波的新型电力电子装置。

当今世界环境保护和可持续发展问题日趋严重，广泛采用电力电子技术以后，就可以节约大量资源和一次能源，从而改善人类的生活环境。

3. 新能源发电

新能源发电在当今的电力中占有重要地位，是我国实现节能减排、碳达峰、碳中和的关键。传统的火力发电、水力发电和核能发电等发出的均为恒定频率的交流电，经过变压器变换后可以直接并网。但是新能源发电有所不同，比如光伏发电的输出为低压直流电。因此需要电力电子变换器将新能源发电的电能转化为恒定电压、恒定频率的交流电进行并网。可见，电力电子技术将在我国实现“双碳”目标中发挥巨大的作用。

对于光伏发电，目前主要使用两级式结构，首先使用升压直流变换器将光伏电池输出的低压直流转化为高压直流，然后使用逆变器将高压直流转化为交流电并网。此外，光伏电池的效率与输出电流有关，通过合理控制输出电流，可以提高光伏电池的效率。

对于风力发电，传统的恒速恒频风电机组存在可靠性低、不易控制的缺点，因此被变速恒频风力发电机组取代，而变速恒频风力发电机组的核心就是交-交变流器。

4. 电源装置

随着电力电子技术的发展，各类稳压电源从线性放大电源逐步发展到采用高频变压器的开关电源，从而大大提高了电源效率，并且缩小了体积、节省了有色金属材料。大型计算机所需的工作电源、微型计算机内部的电源均可采用高频开关电源。

5. 家用电器

从调光台灯到电子镇流器的节能灯，从变频空调到变频冰箱，以及电视机的电源等都要用到电力电子技术。冰箱、空调制冷压缩机、洗衣机等采用交流变频调速，均可获得巨大的技术、经济效益。电厂发电总量的10%～15%消耗在电气照明上。如果采用高频电力变换器（又称为电子镇流器）对荧光灯供电，与白炽灯相比较，同样的光照强度可节电50%～80%，不仅电-光转换效率进一步提高、光质显著改善、灯管寿命延长3～5倍，而且其质量、体积仅为工频电感式镇流器的10%～20%。

6. 电子开关

利用电力电子器件的开关特性，可以构成无触点电子开关。电子开关具有动作响应快、损耗小、寿命长等优点，通过对电力的控制，输出连续可调的电源电压。

总之，电力电子技术已广泛应用在日常生活、工业生产、电力系统、通信、军事等领域，且应用对象和环境仍在不断拓展。电力电子技术已经成为社会发展和国民经济建设中的关键基础性技术之一。

本章小结

电力电子技术与电力技术和电子技术相关，是应用于电能变换和控制的技术，其应用范围广，具有良好的技术和经济效益。从晶闸管诞生算起，电力电子技术至今已发展60多年。一方面，电力电子器件已较为丰富，能够满足各种场合的需求，且向高功率、高频化、集成化、绿色化方向发展，如研发新型的宽禁带器件等。另一方面，电力电子装置的功率水平、功能多样性、拓扑复杂性、控制性能、可靠性和环境友好性等方面都发展到了一个较高的水平，仍在不断发展。电力电子器件在工作过程中除了过电压和过电流保护系统外，还需要关注其损耗和温升情况，以进行合适的散热和温度超限保护。电力电子装置中的控制系统用于调控电力电子变换器的运行工况，现今各种基于微处理器的控制系统可以实现高性能的控制策略。电力电子装置中也需要配置各种辅助电源，以使各种芯片、传感器和电路能够正常工作。

学习电力电子技术需要将理论和工程实践相结合，仿真和实验相结合，重视基本概念和分析方法。特别注意电路中关键参量的波形分析，抓住电力电子器件在电路中导通与截止带来的变化，从波形分析中深入理解电路的工作情况；同时要注重培养读图分析与电路参数计算的能力。

习 题

1. 什么是电力电子技术？它有哪些基本变换形式，试各举一例。
2. 电力电子技术为什么有技术经济意义？试举一例。
3. 分析电力电子技术发展史会获得怎样的领悟？
4. 电子电子器件的损耗主要由哪些部分构成？如何散热？

第2章　电力电子器件

电力电子器件又称功率半导体器件，是电力电子电路的基础和核心，在整个电力电子技术的发展过程中占有极其重要的地位。本章将分别介绍主要电力电子器件的概念、工作原理、基本特性、主要参数选择及驱动保护，为设计电力电子变换电路并正确选用电力电子器件打下基础。

2.1　电力电子器件概述

在电气设备或电力系统中，直接承担电能变换的电路，被称为主电路。电力电子器件是指可直接用于处理电能的主电路中，实现电能变换的电子器件。同电子技术基础中处理信息的电子器件一样，电力电子器件几乎完全建立在半导体材料的基础上，因此又称为功率半导体器件。

2.1.1　电力电子器件的特征

由于电力电子器件直接用于处理电能的主电路，可通过开通和关断对电能进行变换，因而同处理信息的电子器件相比，一般具有以下特征：

（1）工作在开、关状态。电力电子器件一般能承受较高的工作电压和较大的工作电流，并且工作在开、关状态。导通时（通态）阻抗很小，接近于短路，器件只有很小的导通压降，而电流由外电路决定；关断时（断态）阻抗很大，接近于断路，只有很小的漏电流流过，而管子两端电压由外电路决定。电力电子器件工作时在导通和关断之间不断切换，其动态特性（即开关特性）是器件的重要特性。

（2）需设置专门的驱动电路。电力电子器件的开关状态往往需要由信息电子电路来控制，但普通信息电子电路的信号功率较小，一般不能直接控制电力电子器件的开通和关断，需要驱动电路将这些信号进行放大与整形，以与电力电子器件所需要的驱动匹配。驱动电路可使电力电子器件工作在较理想的开关状态，缩短开关时间，减小开关损耗。

（3）需设置缓冲和保护电路。电力电子器件主要用作高速开关，但其承受过电压和过电流的能力比较弱。而电力电子器件在开关过程中，电压和电流会发生急剧变化，为了增强电力电子器件工作的可靠性，除选择电力电子器件时要留有足够的安全裕量外，通常还要采用缓冲电路来抑制电压和电流的变化率，且必须根据实际情况采取一定的过电压、过电流保护措施。

（4）具有较大的耗散功率。电力电子器件处理的电功率往往较大，具有较高的导通电流和关断电压。由于自身的导通电阻和关断时的漏电流，电力电子器件会产生较大的耗散功率，往往是电路中主要的发热源。为便于散热，电力电子器件往往具有较大的体积，在使用时一般都要安装散热器，以限制因耗散功率造成的温升。

2.1.2　电力电子器件的分类

（1）按照器件是否可控或被控制电路信号所控制的程度，可以将电力电子器件分为不可控器件、半控型器件和全控型器件三类。

1）不可控器件：这类器件没有控制极，只有两个端子，器件的导通和关断完全由其在主电路中承受的电压和流过的电流决定，如电力二极管。

2）半控型器件：这类器件通过控制信号只能控制其导通，而不能控制其关断，器件的关断完全由其在主电路中承受的电压和电流或其他辅助电路来完成，如晶闸管及其大部分派生器件。

3）全控型器件：这类器件的开通和关断均可由控制信号控制，又称自关断器件。这类器件的品种很多，目前最常用的是 IGBT 和电力 MOSFET，在处理兆瓦级大功率电能的场合，GTO 的应用也较多。

（2）按照驱动电路加在电力电子器件控制端和公共端之间信号的性质，可以将电力电子器件（不可控型器件除外）分为电流驱动型器件和电压驱动型器件。

1）电流驱动型器件：这类器件的导通或关断是通过从控制端注入或者抽出电流来实现的，也被称为电流控制型电力电子器件，其典型代表器件是晶闸管、GTR。

2）电压驱动型器件：这类器件的导通或关断是通过在控制端和公共端之间施加一定的电压信号来实现的，也被称为电压控制型电力电子器件。由于电压驱动型器件实际上是通过在控制极上产生电场来控制器件的导通或关断，又被称为场控器件或场效应器件。其典型代表器件是电力 MOSFET 和 IGBT。

（3）按照器件导通时器件内部载流子参与导电的情况，又可将电力电子器件分为单极型器件、双极型器件和复合型器件三类。

1）单极型器件：器件内部只有一种载流子参与导电的称为单极型器件，如电力 MOSFET。

2）双极型器件：器件内电子和空穴两种载流子均参与导电的称为双极型器件，如晶闸管、GTO 和 GTR。

3）复合型器件：由单极型器件与双极型器件复合而成的新器件称为复合型器件，如 IGBT 等。

2.2 不可控器件

电力二极管属于不可控电力电子器件，是 20 世纪最早问世并获得广泛应用的电力电子器件，在整流、续流、电压隔离、箝位或保护等领域都发挥着重要的作用。电力二极管的结构、工作原理及伏安特性与信息电子中的二极管相似，但两者的制造工艺、主要参数的定义和选择方法有所不同。

2.2.1 电力二极管的结构和工作原理

电力二极管的基本结构和工作原理与信息电子电路中的二极管一样，都是以半导体 PN 结为基础，其基本原理都在于 PN 结的单向导电性。电力二极管实际上是由一个面积较大的 PN 结和两端引线及封装组成，其外形、结构和电气图形符号如图 2-1 所示。从外形上看，小功率的主要为塑封型，大功率电力二极管有螺栓型和平板型。电力二极管只有两个端子，即阳极 A 和阴极 K，两端均与主电路相连接，承受一定的正向电压（正向偏置）即可导通。

为了建立电力二极管承受高电压和大电流的能力，典型的电力二极管大都具有垂直导电

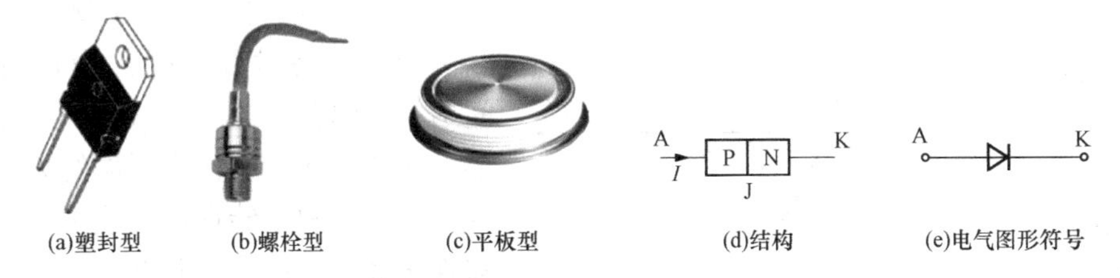

图 2-1　电力二极管的外形、结构和电气图形符号

结构和 PIN 结构。首先，垂直导电结构使得硅片中通过电流的有效面积增大，可以显著提高电力二极管的通流能力。其次，电力二极管在 P 区和 N 区之间多了一层低掺杂 N 区（在半导体物理中用 N^- 表示），低掺杂 N 区由于掺杂浓度低而接近于无掺杂的纯半导体材料即本征半导体（Instrinsic semiconductor，I），因此，电力二极管的结构也被称为 PIN 结构。由于掺杂浓度低，低掺杂 N 区可以承受很高的反向电压而不致被击穿。低掺杂 N 区越厚，电力二极管能够承受的反向电压越高。

2.2.2　电力二极管的基本特性

1. 静态特性

静态特性又称伏安特性，电力二极管的伏安特性如图 2-2 所示。当加在电力二极管两端的正向电压达到门槛电压 U_{TO}（一般为 0.2～0.5V）时，正向电流才开始明显增加，处于稳定导通状态。当流过电力二极管的正向电流较小时，二极管的电阻主要是作为基片的低掺杂 N 区的欧姆电阻，其阻值较高且为常量，因而管压降随正向电流的上升而增加；当流过电力二极管的正向电流较大时，由 P 区注入并积累在低掺杂 N 区的少子空穴浓度将增大，为了维持半导体电中性条件，其多子浓度也相应大幅度增加，使得其电阻率明显下降，即电导率大大增加，这就是**电导调制效应**。电导调制效应使得电力二极管在正向电流较大时管压降 U_F 仍然很低，维持在 1V 左右，U_F 为二极管的正向压降，也称为通态压降。

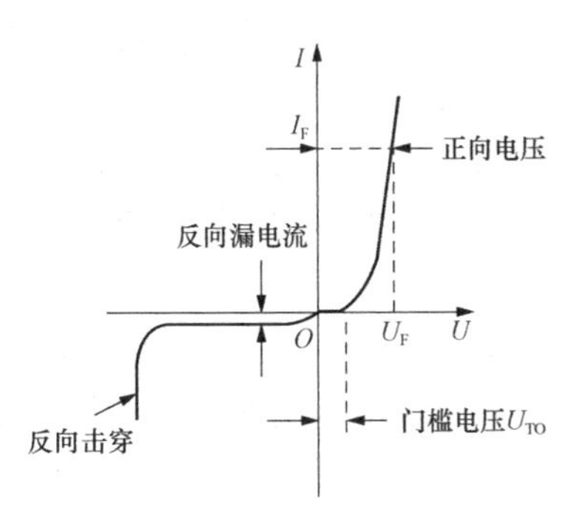

图 2-2　电力二极管的伏安特性

当电力二极管承受反向电压时，二极管截止，只有微小的反向漏电流。当反向电压超过反向击穿电压时，反向漏电流将急剧增大，形成反向击穿，此时 PN 结仍旧完好。此后，若不及时限制其电流的增大，就会大量发热烧毁 PN 结，形成热击穿。

电力二极管的伏安特性曲线受温度影响较大。温度每升高 10℃左右，反向饱和电流将增大一倍。此外，温度升高时，电力二极管的正向伏安特性曲线左移，正向导通压降减小，呈现出负温度系数，这对大电流场合下多个二极管并联时的均流是不利的。

2. 动态特性

动态特性又称开关特性，指电力二极管在导通和关断之间转换的过渡过程中，电压和电流随时间的变化波形。电力二极管属于电子和空穴均参与导电的双极型器件，并具有载流子存储效应和电导调制效应，这些特性对其开关过程会产生重要的影响。电力二极管的开关动态过程如图 2-3 所示。

电力二极管由断态到通态的过渡过程中，正向电压会随着电流的上升出现一个过冲

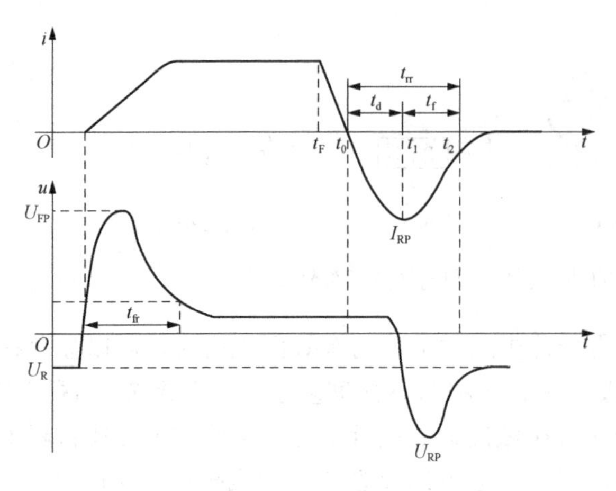

图 2-3 电力二极管的开关动态过程

U_{FP}，经过一段时间才趋于接近通态压降U_F，这一动态过程时间称为正向恢复时间t_{fr}。出现正向电压过冲的原因有：①电导调制效应起作用所需的大量少子需要一定的时间来储存，在达到稳态导通之前管压降较大；②正向电流的上升在器件内部电感产生较大压降。电流上升率越大，U_{FP}越高。

电力二极管一个重要的动态特性就是反向恢复特性。当处于正向导通状态的电力二极管突然施加反向电压时，它不能立即关断，需经过一个短暂的时间才能恢复反向阻断能力而进入关断状态，这个过程称为反向恢复。

设外加电压在t_F时刻从正向变为反向，正向电流开始下降，下降速率由反向电压和电路中的电感决定，而管压降由于电导调制效应基本不变，直至正向电流降为零的时刻t_0。此时电力二极管由于在PN结两侧（特别是多掺杂N区）储存有大量的少子而没有恢复反向阻断能力，它们在反向电压的作用下被抽出电力二极管，形成较大的反向电流。当PN结内储存的少子被抽尽时，管压降变为负极性，于是开始抽取离空间电荷区较远的少子。因而在管压降变为负极性后不久的t_1时刻，反向电流从其最大值I_{RP}开始下降，电力二极管开始恢复反向阻断能力。在t_1时刻以后，由于反向电流迅速下降，在外电路电感的作用下，会在电力二极管两端产生比外加反向电压大得多的反向电压过冲U_{RP}。在电流变化率接近于零的t_2时刻，电力二极管两端的反向电压才降到外加反压U_R，电力二极管完全恢复反向阻断能力。其中，$t_d=t_1-t_0$被称为延迟时间，$t_f=t_2-t_1$被称为下降时间，而$t_{rr}=t_d+t_f$则称为电力二极管的**反向恢复时间**。

2.2.3 电力二极管的主要参数

1. 正向平均电流$I_{F(AV)}$

正向平均电流$I_{F(AV)}$即额定电流，指在规定的管壳温度（简称壳温，用T_C表示）和散热条件下，电力二极管允许流过的最大工频正弦半波电流的平均值。在此电流下，因管子的正向压降引起的损耗造成的结温升高不会超过所允许的最高工作结温。

尽管电力二极管的正向平均电流$I_{F(AV)}$是以通态平均电流标定的，但器件工作中的热效应取决于电流的有效值，故要求通过器件的电流有效值不超过其有效值定额。因此，使用时应按有效值相等的原则来选择电流定额，并应留有一定的裕量（为了确保器件安全运行，所有电力电子器件的电压电流定额选择都需要设置一定的安全裕量）。

工频正弦半波电流波形如图2-4所示，当电流的峰值为I_m时，$I_{F(AV)}$和I_m的关系为

$$I_{F(AV)}=\frac{1}{2\pi}\int_0^{\pi}I_m\sin\omega t\,d\omega t=\frac{I_m}{\pi} \tag{2-1}$$

而工频正弦半波电流的有效值I_F为

$$I_F=\sqrt{\frac{1}{2\pi}\int_0^{\pi}(I_m\sin\omega t)^2\,d\omega t}=\frac{I_m}{2} \tag{2-2}$$

定义电流的波形系数 K_f 为有效值与其平均值之比，则正弦半波电流的波形系数为

$$K_f = \frac{I_F}{I_{F(AV)}} = \frac{\pi}{2} \approx 1.57 \quad (2-3)$$

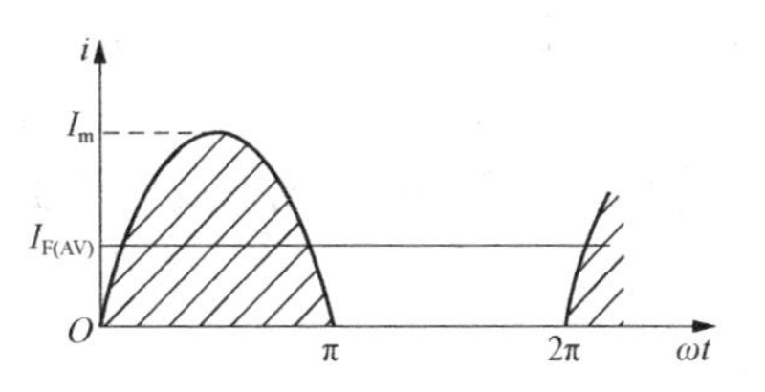

图 2-4　工频正弦半波电流波形

因此，根据电力二极管实际通过电流的有效值 I_F，考虑安全裕量，其电流定额可表示为

$$I_{F(AV)} = (1.5 \sim 2) \times \frac{I_F}{1.57} \quad (2-4)$$

2. 正向压降 U_F

正向压降 U_F 是指电力二极管在指定温度下，流过某一指定的稳态正向电流时，所对应的正向压降。使用时，一般选择 U_F 较低的管子，以降低导通损耗，且该压降具有负温度特性，即温度越高，U_F 越小。

3. 反向重复峰值电压 U_{RRM}

反向重复峰值电压 U_{RRM} 是指对电力二极管所能重复施加的反向最高峰值电压。

4. 最高工作结温 T_{JM}

结温是指电力二极管工作时管芯 PN 结的平均温度，用 T_J 表示；T_{JM} 是指在 PN 结不致损坏的前提下所能承受的最高平均温度。T_{JM} 通常为 125～175℃，与结温和管壳温度、器件功耗、管子散热条件及环境温度等因素有关。

5. 浪涌电流 I_{FSM}

浪涌电流 I_{FSM} 指电力二极管所能承受的最大的连续一个或几个工频周期的过电流。

2.2.4　电力二极管的主要类型

电力二极管按照正向压降、反向耐压、反向漏电流等性能，特别是反向恢复特性的不同，分为普通二极管、快恢复二极管和肖特基二极管三种形式。

1. 普通二极管

普通二极管又称整流二极管，多用于开关频率不高（1kHz 以下）的整流电路中。其反向恢复时间较长，一般在 5μs 以上，但正向电流定额和反向电压定额可以达到很高，分别可达数千安和数千伏以上，如 ZP 系列普通整流二极管。

2. 快恢复二极管

快恢复二极管（Fast Recovery Diode，FRD）也称快速二极管，其关断时反向恢复过程很短，一般在 5μs 以下。快速二极管从性能上可分为快恢复和超快恢复两个等级，前者反向恢复时间为数百纳秒或更长，后者则在 100ns 以下，甚至达到 20～30ns。FRD 的电压、电流定额最大值不如普通二极管，反向耐压多在 1200V 以下，一般用于高频整流、斩波和逆变，如 ZK 系列、MR 系列均为快恢复二极管，MUR 系列为超快恢复二极管。

3. 肖特基二极管

肖特基二极管是以金属和半导体接触形成的势垒获得单向导电作用，又称为肖特基势垒二极管（Schottky Barrier Diode，SBD）。SBD 工作时仅取决于多数载流子，没有多余的少数载流子复合，因而反向恢复时间远小于相同定额的其他二极管。其主要优点在于：①反向恢复时间小于 30ns，正向恢复过程也不会有明显的电压过冲；②在反向耐压较低的情况下其正向压降也很小，一般为 0.4～1V（随反向耐压的提高，正向导通压降呈增长趋势），明

显低于快恢复二极管。其也存在一些缺点，如电压定额较低（多低于 200V），反向漏电流较大且对温度敏感，因此反向稳态损耗不能忽略，而且必须严格限制其工作温度。对于 SBD 的应用，如 MBR 系列主要用于低电压、低功耗、高频、低电流的开关电源输出整流电路和仪表设备。

2.3 半 控 型 器 件

晶闸管是晶体闸流管的简称，又称作可控硅整流器（Silicon Controlled Rectifier, SCR），简称可控硅，属于半控型器件。自 20 世纪 80 年代以来，晶闸管的地位开始被各种性能更好的全控型器件所取代，但由于其能承受的电压和电流容量仍然是目前电力电子器件中最高的，而且价格低、工作可靠，因此在大容量、低频的应用场合仍具有重要的地位。

2.3.1 晶闸管的结构与工作原理

晶闸管的外形、结构和电气图形符号如图 2-5 所示。其外形按照功率不同，小功率的有塑封型，大功率的有螺栓型和平板型，其均引出阳极 A、阴极 K 和门极（控制极）G 三个接线端。晶闸管的内部由四层半导体材料组成 PNPN 结构，形成三个 PN 结 J1、J2 和 J3。由 P1 区引出阳极 A，N2 区引出阴极 K，P2 区引出门极 G。

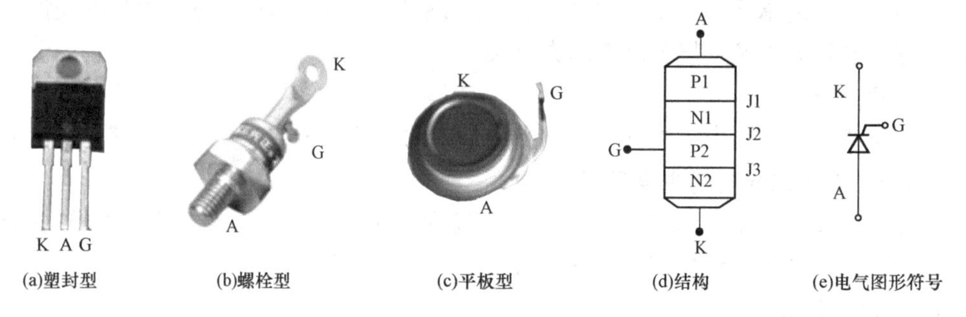

图 2-5 晶闸管的外形、结构和电气图形符号

如果正向电压（阳极高于阴极）加到器件上，则 J2 处于反偏状态，器件 A、K 两端之间处于正向阻断状态，只能流过很小的漏电流；如果反向电压加到器件上，则 J1 和 J3 反偏，该器件也处于反向阻断状态，仅有极小的反向漏电流通过。即当晶闸管门极不加电压时，无论 A、K 之间所加电压极性如何，在正常情况下，晶闸管都不会导通。

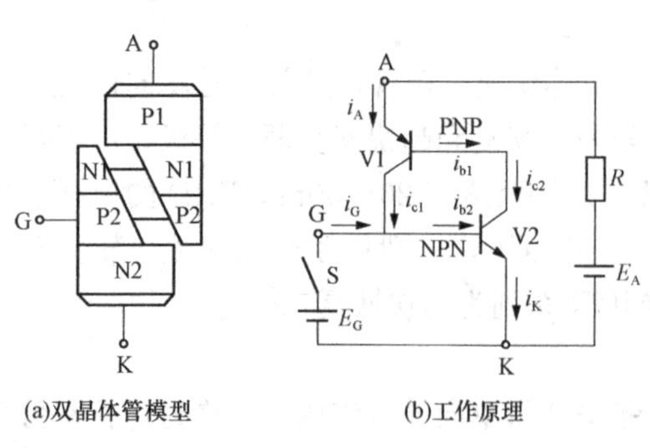

图 2-6 晶闸管的双晶体管模型及其工作原理

晶闸管导通的工作原理可以用双晶体管模型来解释，如图 2-6所示，如果将器件沿一倾斜的截面剖开，则晶闸管可以看作由 P1N1P2 和 N1P2N2 构成的两个晶体管 V1、V2 组合而成。在晶闸管施加正向电压的情况下，如果外电路向门极注入电流 i_G，即注入驱动电流，则 i_G流入晶体管 V2 的基极，由 V2 的放大作用瞬即产生集电极电流 i_{c2}，i_{c2}又构成晶体管 V1 的基极电流，再经 V1 放大构成集电极电流 i_{c1}，从而进一步增大 V2 的基极电流，如此形成

强烈的开通正反馈，最终使 V1 和 V2 进入完全饱和状态，即晶闸管导通。晶闸管开通正反馈过程如图 2-7 所示。

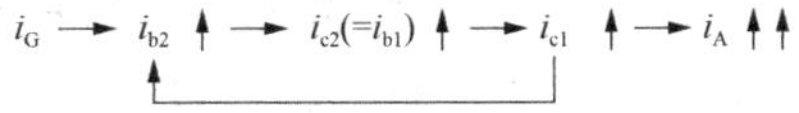

$i_G \rightarrow i_{b2}\uparrow \rightarrow i_{c2}(=i_{b1})\uparrow \rightarrow i_{c1}\uparrow \rightarrow i_A\uparrow\uparrow$

图 2-7　晶闸管开通正反馈过程

当晶闸管导通后，如果撤掉外电路注入门极的电流 i_G，晶闸管由于内部已形成了强烈的正反馈，仍然会维持导通状态。若要使晶闸管关断，必须使流过晶闸管的电流降低到接近于零的某一数值以下，一般是给晶闸管施加一段时间的反向电压，J1、J3 反压，使之关断。

对晶闸管的驱动过程称为触发，产生注入门极触发电流 i_G 的电路称为门极**触发电路**。由于通过门极只能控制其开通，不能控制其关断，因而晶闸管被称为半控型器件。

综上所述，可得出以下几点结论：

(1) 晶闸管具有单向导电和可控开通的开关特性。当晶闸管承受反向电压时，不论门极是否有触发电流，晶闸管都不会导通。

(2) 晶闸管要导通工作，应具备两个条件：①从主回路看，晶闸管应承受正向阳极电压；②从控制回路看，应有符合要求的正向门极电流。

(3) 晶闸管一旦导通，门极便失去控制作用，移除触发电流或是从门极抽取电流，都不会使晶闸管关断。

(4) 欲使导通的晶闸管关断，需从主回路采取措施，使晶闸管阳极电流下降至接近于零的某一数值（维持电流）之下，通常还要施加一定时间的反向电压。

2.3.2　晶闸管的基本特性

1. 静态特性

晶闸管有阳极、阴极、控制极三个极，其静态特性包括反映阳极和阴极间电压电流关系的阳极伏安特性及反映控制极和阴极间电压电流关系的门极伏安特性。

晶闸管的阳极伏安特性如图 2-8 所示，是表示晶闸管阳极与阴极之间的电压 u_{AK} 与阳极电流 i_A 之间的关系曲线，其中，位于第 1 象限的为正向特性，位于第 3 象限的为反向特性。第 1 象限的正向特性又可分为正向阻断特性和正向导通特性。正向阻断特性随着不同大小的门极电流 i_G 呈现不同的分支。$i_G=0$ 时，随着正向阳极电压 u_{AK} 的增加，由于 J2 结处于反压状态，晶闸管处于正向阻断状态，在很大范围内只有很小的正向漏电流流过；当 u_{AK} 增大到一个临界值时，正向漏电流急剧增大，晶闸管被正向击穿，这种现象称为**正向转折**。$i_G=0$ 时的临界阳极电压称为正向转折电压 U_{bo}。

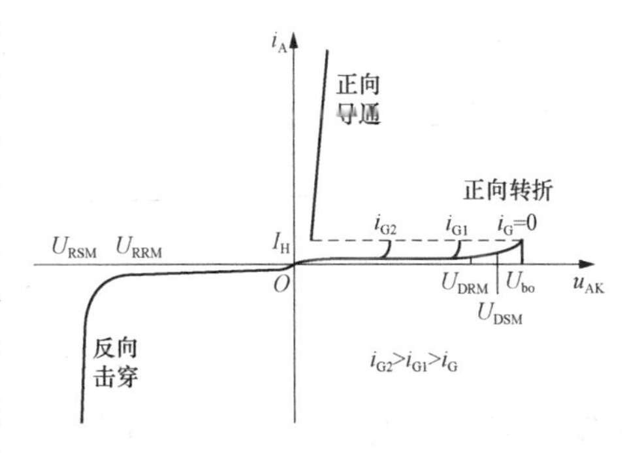

图 2-8　晶闸管的阳极伏安特性

随着门极电流 i_G 幅值的增大，发生正向转折而导通的临界阳极电压（即正向转折电压 U_{bo}）迅速下降，如 i_{G1}、i_{G2}。当 i_G 足够大时，晶闸管的正向转折电压很小，此时，只要加上很小的正向电压，管子就可导通。这时晶闸管的正向导通特性与二极管的正向特性相似，即导通时晶闸管流过很大的阳极电流（阳极电流 i_A 决定于外电路参数），管子的管压降很小，在 1V 左右。晶闸管导通期间，如果门极电流为零，并且阳极电流降至接近于零的某一值 I_H（维持电流）以下，则晶闸管又回到正向阻断状态。

当在晶闸管上施加反向电压时，其伏安特性类似于二极管的反向特性。当反向电压较小时，晶闸管处于阻断状态，只有极小的反向漏电流通过；当反向电压增加到反向击穿电压后，外电路如无限制措施，则反向漏电流急剧增大，导致晶闸管发生过热毁坏，称为反向击穿。

晶闸管门极伏安特性是指门极电压 u_{GK} 与门极电流 i_G 的关系。从晶闸管的结构图可以看出，门极和阴极之间是一个 PN 结 J3，其伏安特性（门极伏安特性）与二极管伏安特性基本一致。为了确保晶闸管可靠、安全地导通，门极触发电路所提供的触发电压、触发电流和功率都应限制在晶闸管门极伏安特性曲线的可靠触发区。

2. 动态特性

当把晶闸管看作理想器件时，其开通和关断是瞬时完成的。然而实际上，晶闸管的开通和关断都需要一个过程。晶闸管的开关特性图 2－9 所示，图中给出了晶闸管开关过程中的电流及电压波形，包括开通过程和关断过程。

（1）开通过程。由于开通时晶闸管内部的正反馈建立需要一定的时间，再加上外电路电感的限制，晶闸管受到触发后，其阳极电流的增长需要一个过程。从门极注入触发电流开始，到阳极电流上升到稳态值的 10%，这段时间称为开通延迟时间 t_d。阳极电流从稳定值 10%上升到稳态值 90%所需的时间称为上升时间 t_r。晶闸管的开通时间 t_{on} 为两者之和，即 $t_{on}=t_d+t_r$。由于晶闸管开通时有正反馈过程的存在，因此开通时间很短，一般为几微秒。

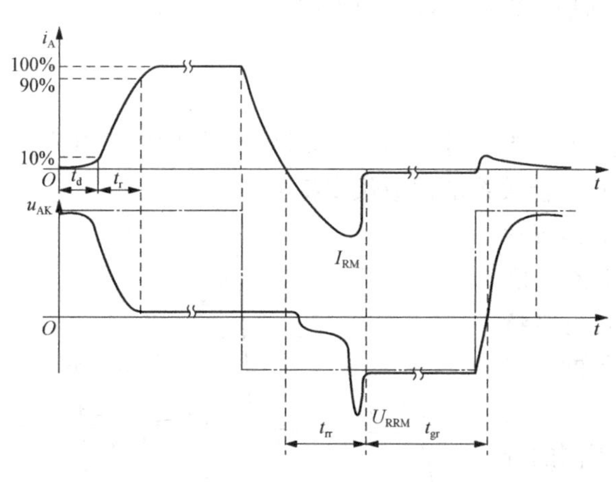

图 2－9 晶闸管的开关特性

（2）关断过程。当导通的晶闸管外加电压突然由正向变为反向时，由于外电路电感的存在，其阳极电流在衰减时是有过渡过程的，如图 2－9 所示。

晶闸管被迫关断时，阳极电流将逐渐衰减到零，同电力二极管的关断动态过程类似，在反方向会流过反向恢复电流，经过最大值 I_{RM} 后，再反向衰减至接近于零，晶闸管恢复其对反向电压的阻断能力。在恢复电流快速衰减时，由于外电路电感的作用，会在晶闸管两端引起反向的尖峰电压 U_{RRM}。从正向电流降为零的时刻起，到反向恢复电流衰减至接近于零的时间为晶闸管的反向阻断恢复时间 t_{rr}。反向恢复过程结束后，由于载流子复合过程比较慢，晶闸管要恢复其对正向电压的阻断能力还需要一段时间，从反向恢复过程结束起到反向电压降为零的时间叫做正向阻断恢复时间 t_{gr}。在正向阻断恢复时间内，如果再次对晶闸管施加正向电压，晶闸管会重新正向导通，而不是受门极电流控制而导通。所以，在实际应用中，应对晶闸管施加足够时间的反向电压，使晶闸管恢复对正向电压的阻断能力后，晶闸管才能可靠关断。晶闸管的关断时间 t_q 定义为反向阻断恢复时间 t_{rr} 与正向阻断恢复时间 t_{gr} 之和，即 $t_q=t_{rr}+t_{gr}$。

普通晶闸管的关断时间约几百微秒，且通常正向阻断恢复时间 t_{gr} 比反向阻断恢复时间

t_{rr}大得多。

2.3.3　晶闸管的主要参数

为正确选择和使用晶闸管，除了了解晶闸管的基本特性外，还必须了解其参数。晶闸管的主要参数有电压、电流、动态参数等。

1. 电压参数

（1）断态重复峰值电压 U_{DRM}。断态重复峰值电压 U_{DRM}是在门极开路而结温为额定值时，允许重复加在器件上的正向峰值电压。规定 U_{DRM}为断态不重复峰值电压（即断态最大瞬时电压）U_{DSM}的 90%，U_{DSM}应低于正向转折电压 U_{bo}。

（2）反向重复峰值电压 U_{RRM}。反向重复峰值电压 U_{RRM}是在门极开路而结温为额定值时，允许重复加在器件上的反向峰值电压。规定 U_{RRM}为反向不重复峰值电压（即反向最大瞬态电压）U_{RSM}的 90%，U_{RSM}一般低于反向击穿电压。

（3）通态（峰值）电压 U_{TM}。晶闸管通以某一规定倍数的额定通态平均电流时，其阳极和阴极之间的瞬态峰值电压为通态（峰值）电压 U_{TM}，即管压降。

（4）额定电压 U_R。通常取晶闸管的 U_{DRM}和 U_{RRM}中较小的一个作为该器件的额定电压。选用时，一般取额定电压 U_R为实际工作时晶闸管所承受的（断态或反向）重复峰值电压 U_M的 2～3 倍，即

$$U_R = (2 \sim 3) \times U_M \tag{2-5}$$

晶闸管的额定电压分为不同的电压等级。额定电压在 1000V 以下，每 100V 一个电压等级；1000V 以上，每 200V 一个电压等级。普通晶闸管的额定电压可高达 8000V 以上。

2. 电流参数

（1）通态平均电流 $I_{T(AV)}$。指晶闸管在环境温度为 40℃和规定的散热条件下，稳定结温不超过额定结温（125℃）时，所允许流过的最大工频正弦半波电流的平均值，即额定电流。

同电力二极管的正向平均电流一样，晶闸管的电流定额是按照正向电流造成的器件本身通态损耗的发热效应来定义的。因此在使用时应像电力二极管那样，按照电流有效值相等的原则来选择额定电流，并应留一定的裕量。即根据晶闸管实际通过电流的有效值 I_T，由式（2-3）的正弦半波电流波形系数可知，晶闸管电流定额可表示为

$$I_{T(AV)} = (1.5 \sim 2) \times \frac{I_T}{1.57} \tag{2-6}$$

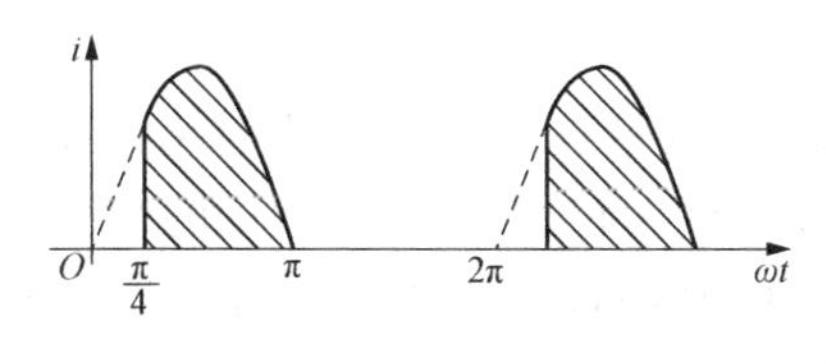

例 2-1 图　晶闸管流通的电流波形

［例 2-1］　晶闸管流通的电流波形如例 2-1 图所示，图中阴影部分为晶闸管处于通态区间的电流波形，该晶闸管能承受最大平均值为 40A。若取安全裕量为 2，试选取晶闸管的额定电流。

解：设电流峰值为 I_m，则实际流过晶闸管的电流平均值 I_{dT}与电流峰值的关系为

$$I_{dT} = \frac{1}{2\pi}\int_{\frac{\pi}{4}}^{\pi} I_m \sin\omega t \, d\omega t = \frac{I_m}{2\pi}\left(\frac{\sqrt{2}}{2}+1\right) \approx 0.2717 I_m$$

故电流峰值为

$$I_m = \frac{I_{dT}}{0.2717} = \frac{40}{0.2717} = 147(A)$$

实际流过晶闸管电流有效值 I_T 为

$$I_T = \sqrt{\frac{1}{2\pi}\int_{\frac{\pi}{4}}^{\pi}(I_m \sin\omega t)^2 d\omega t} = \frac{147}{2}\sqrt{\left(\frac{3}{4}+\frac{1}{2\pi}\right)} = 70.07(A)$$

根据有效值相等原则，并考虑安全裕量为 2，则有

$$I_{T(AV)} = 2\times\frac{I_T}{1.57} = 2\times\frac{70.07}{1.57} = 89.26(A)$$

可选取额定电流为 100A 的晶闸管。

(2) 维持电流 I_H。指维持晶闸管导通所必需的最小电流，一般为几十到几百毫安。I_H 与结温有关，结温越高，则 I_H 越小，晶闸管越难关断。

(3) 擎住电流 I_L。指晶闸管刚从断态转入通态并移除触发信号后，能维持其导通所需的最小电流。对同一晶闸管来说，I_L 通常为 I_H 的 2～4 倍。

3. 动态参数

(1) 断态电压临界上升率 du/dt。指在额定结温和门极开路条件下，不导致晶闸管从断态转入通态的外加电压最大上升率。晶闸管在断态时，如果加在阳极上的正向电压上升率很大，则晶闸管 J2 结的结电容会产生很大的位移电流。此电流流经 J3 结时，起到类似门极触发电流的作用，会使晶闸管误导通。为了限制断态电压上升率，可以在晶闸管阳极与阴极间并联上一个 RC 阻容支路，利用电容两端电压不能突变的特点来限制电压上升率。

(2) 通态电流临界电流上升率 di/dt。指在规定条件下，晶闸管能承受的最大通态电流上升率。当门极输入触发电流后，首先是在门极附近形成小面积的导通区，然后导通区逐渐向外扩大，直至整个 PN 结导通。如果电流上升率过大，电流上升过快，就会导致门极附近的 PN 结因电流密度过大而烧毁，使晶闸管损坏。为了限制电路的电流上升率，可以在阳极主回路中串入小电感，对增长过快的电流进行抑制。

晶闸管的电压、电流等级是当前电力电子器件中最高的，但其开关时间较长，允许的电压、电流上升率较小，工作频率受到很大限制。

2.3.4 晶闸管的派生器件

在普通晶闸管的基础上，为便于应用，派生出一些既保留普通晶闸管的主要功能，又具有独特结构和特点的晶闸管器件，主要有快速晶闸管、逆导晶闸管、双向晶闸管、光控晶闸管等。

1. 快速晶闸管

快速晶闸管（Fast Switching Thyristor，FST）的外形、电路符号、基本结构及伏安特性与普通晶闸管相同。快速晶闸管包括所有专为快速应用而设计的晶闸管，有常规的快速晶闸管和工作频率更高的高频晶闸管，可分别应用于 400Hz 和 10kHz 以上的斩波器、逆变器及较高频率的其他变流电路中。根据不同需要，快速晶闸管还可分为快速关断型、快速开通型和二者兼顾的快速开通与关断型三种。

普通晶闸管通常用于工作频率为 400Hz 以下的场合，在工作频率达 400Hz 以上时，开关过程损耗增大，将导致载流能力明显下降。相对普通晶闸管，快速晶闸管和高频晶闸管由于工作频率较高，选择通态平均电流时不能忽略其开关损耗的发热效应。

2. 逆导晶闸管

逆导晶闸管（Reverse Conducting Thyristor，RCT）是将普通晶闸管与硅整流二极管反

并联，制作在同一管芯上的功率集成器件，这种器件不具有承受反向电压的能力，一旦承受反向电压即开通。逆导晶闸管电路符号及伏安特性如图 2-10 所示，主要用于有能量反馈的逆变器和斩波器电路中，可以简化主电路结构，提高主电路工作的可靠性。逆导晶闸管的额定电流有两个，一个是晶闸管电流，另一个是与之反并联的二极管的电流。因此，它用分数表示，分子为晶闸管电流定额，分母为二极管电流定额，如 300/150A。

3. 双向晶闸管

双向晶闸管（Triode AC Switch，TRIAC）相当于一对反并联的普通晶闸管，双向晶闸管电路符号及伏安特性如图 2-11 所示。晶闸管的两个主电极分别为 T1 和 T2，门极为 G，主电极在正反向电压下都可以用门极来触发导通，且正、反方向的电流波形对称，属交流开关器件，在交流调压电路、固态继电器和交流电动机调速等领域应用较多。双向晶闸管额定电流的标注方法与晶闸管不同，是以电流有效值标定的。

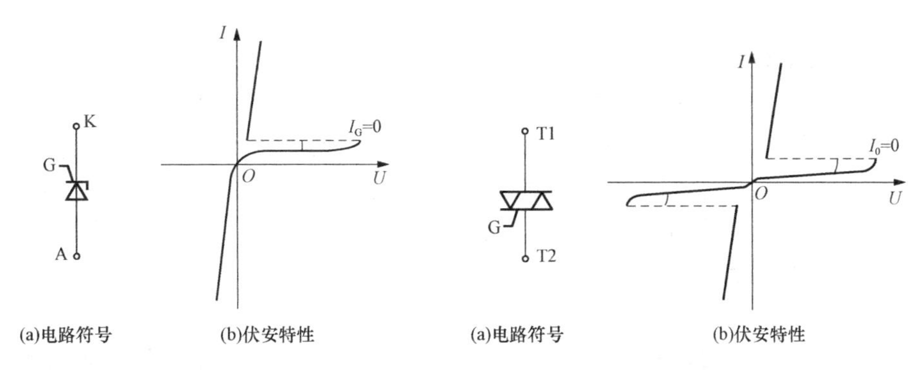

图2-10　逆导晶闸管电路符号及伏安特性　　图 2-11　双向晶闸管电路符号及伏安特性

4. 光控晶闸管

光控晶闸管（Light Triggered Thyristor，LTT）又称光触发晶闸管，是利用一定波长的光照信号触发导通的晶闸管，光控晶闸管电气图形符号及伏安特性如图 2-12 所示。

小功率光控晶闸管只有阳极和阴极两个端子，大功率光控晶闸管则还带有光缆，光缆上装有作为触发光源的发光二极管或半导体激光器。由于采用光触发保证了主电路与控制电路之间的绝缘，还可以避免电磁干扰的影响，因此光控晶闸管目前在高压大功率的场合，如高压直流输电和高压核聚变装置中，占据重要的地位。

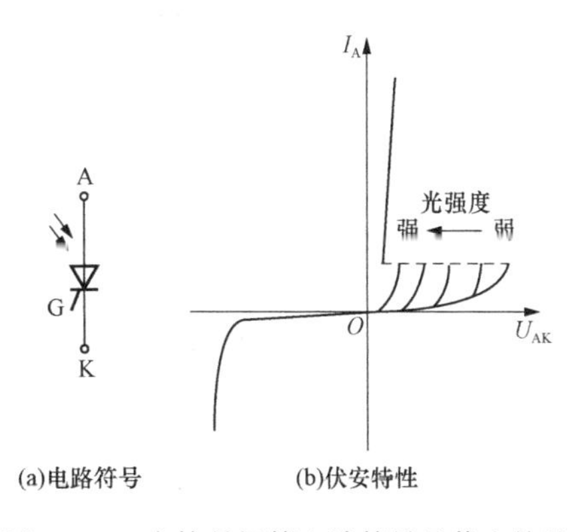

图 2-12　光控晶闸管电路符号及伏安特性

2.3.5　晶闸管的保护

由于晶闸管的击穿电压接近工作电压，热容量小，承受过电压与过电流能力较弱，短时间的过电压、过电流都可能造成晶闸管损坏。为使晶闸管能正常使用，只靠合理选择器件的额定值还不够，必须采取适当的过电压及过电流保护措施。

(1) 过电压保护。根据晶闸管装置发生过电压的位置，过电压可分为交流侧过电压、晶闸管换相过电压及直流侧过电压。在实际应用中，晶闸管一般只承受换相过电压，没有关断过电压问题，关断时也无较大的 du/dt，一般在晶闸管两端并联 RC 吸收电路进行抑制。

（2）过电流保护。常用的过电流保护有电子保护电路、过电流继电器、直流快速开关、快速熔断器等。晶闸管变流装置中大多采用几种过电流保护措施，各种保护必须选配调整恰当。快速熔断器作为最后的保护措施，一般与晶闸管桥臂串联。

2.4 典型全控型器件

随着电力电子技术的发展，新型器件不断涌现，人们先后研制出 GTO、GTR、电力 MOSFET、IGBT 等多种新型电力电子器件。这些器件通过对控制端的控制，既能使其导通，又能使其关断，因此称为全控型器件，也称为自关断器件。和普通晶闸管相比，这类器件控制灵活、能耗小，使电力电子技术的应用范围大为拓宽，极大地推进了电力电子技术的发展。

2.4.1 门极关断晶闸管（GTO）

GTO 也是晶闸管的一种派生器件，具有自关断能力，属于全控器件。GTO 既保留了普通晶闸管的耐压高、电流大等优点，还具有自关断能力，使用方便，是理想的高压、大电流开关器件，广泛应用于电力机车的逆变器、大功率直流斩波调速装置等兆瓦级以上的大功率应用场合。但 GTO 也存在着电流关断增益小、驱动复杂、需要设计吸收电路等缺点，有被 IGBT 或 IGCT 取代的趋势。

1. GTO 的结构和工作原理

GTO 外形、内部结构和电气图形符号如图 2-13 所示，GTO 结构与普通晶闸管类似，都是 PNPN 四层半导体结构。与普通晶闸管不同的是，GTO 是多元并联集成的结构，内部包含着数百个共阳极的 GTO 元，其阴极和门极均分别并联在一起。

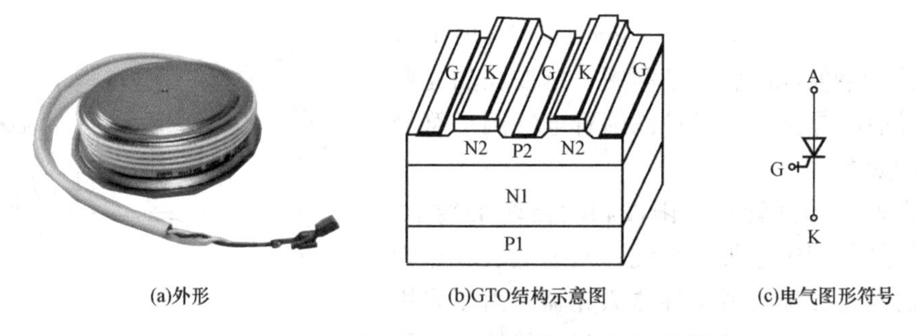

图 2-13 GTO 的外形、内部结构和电气图形符号

GTO 的导通原理与普通晶闸管相似，也可以用图 2-6（a）所示的双晶体管模型来分析，分别用 P1N1P2 和 N1P2N2 两个晶体管 V1、V2 来描述，工作原理与图 2-6（b）相同。而关断原理则不同，其可在门极加负脉冲关断。主要原因如下：

（1）设计器件时使得模型中 N1P2N2 的晶体管 V2 控制灵敏，GTO 易于关断。

（2）GTO 导通时工作在接近临界饱和状态，便于通过从门极抽取电流使之退出饱和而关断，从而为门极控制关断提供了有利条件。

（3）多元集成结构使每个 GTO 元阴极面积很小，门极和阴极间的距离大为缩短，使得 P2 基区的横向电阻很小，从而使从门极抽出较大的电流成为可能。

2. GTO 的主要参数

GTO 的许多参数和普通晶闸管相应的参数意义相同，这里只简单介绍一些意义不同的参数。

（1）最大可关断阳极电流 I_{ATO}。GTO 通过门极关断时可以关断的最大阳极电流瞬时值，称为最大可关断阳极电流 I_{ATO}，也是用来标称 GTO 额定电流的参数。

（2）电流关断增益 β_{off}。最大可关断阳极电流 I_{ATO} 与门极负脉冲电流最大值 I_{GM} 之比称为**电流关断增益**，即 $\beta_{off}=I_{ATO}/I_{GM}$。电流关断增益 β_{off} 一般很小，约为 5，这是 GTO 的一个主要缺点。要关断较大的阳极电流，所需的负门极电流幅值也很大，会造成较大的功耗。

（3）开通时间 t_{on} 和关断时间 t_{off} 均为几微秒，而普通晶闸管的关断时间为几百微秒。另外需要指出的是，不少 GTO 都制造成逆导型，类似于逆导晶闸管。当需要承受反向电压时，可串联电力二极管使用。

3. GTO 的驱动

GTO 一般用于大容量电路的场合，其应用的关键技术之一就是门极驱动电路的设计。GTO 驱动电路通常包括开通驱动电路、关断驱动电路和门极反偏电路三部分，可分为变压器耦合式和直接耦合式两种类型。

脉冲变压器耦合式 GTO 驱动电路如图 2-14 所示，其上面部分为开通电路，下面部分为关断电路（由于关断电路功率很大，因此常将开通和关断控制电路分开设计）。为避免两条通路互相影响，在并联连接处串入晶闸管 VT，以阻断高频变压器 T2 的二次绕组对开通电流的分流作用。

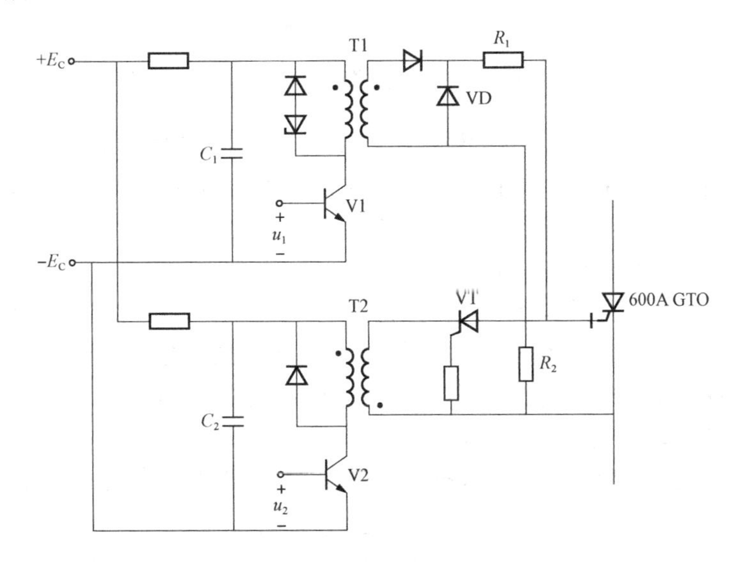

图 2-14　脉冲变压器耦合式 GTO 驱动电路

除分立元件组成的门极驱动电路外，目前常用厚膜封装的门极驱动集成电路（如 HL301A）使 GTO 的驱动更加可靠、所占空间尺寸更小。

2.4.2　电力晶体管（GTR）

GTR 是一种耐高电压、耐大电流的双极结型晶体管（Bipolar Junction Transistor，BJT），其由基极电流控制开关通断，属于全控型器件。GTR 既具备晶体管饱和压降低、开关时间短和安全工作区宽等固有特性，又增大了功率容量，曾在中小功率斩波器和变频器上得到广泛应用，但目前已大多被 IGBT 和电力 MOSFET 所取代。

1. GTR 的结构和工作原理

GTR 和普通双极结型晶体管的基本原理一样，这里不再详述。但对 GTR 来说，其最主要的特性是耐压高、电流大、开关特性好等，而不像信息电子中的三极管主要关注单管电流放大系数、线性度、频率响应及噪声和温漂等性能参数。因此，GTR 通常采用至少由两个晶体管按达林顿接法组成的单元结构，同 GTO 一样采用集成电路工艺然后将许多这种单元并联而成。

单管 GTR 的结构和普通双极结型晶体管类似，都是由三层半导体（分别引出集电极、基极和发射极）形成的两个 PN 结（集电结和发射结）构成，多采用 NPN 结构。GTR 的外形、结构断面示意图和电气图形符号如图 2-15 所示。

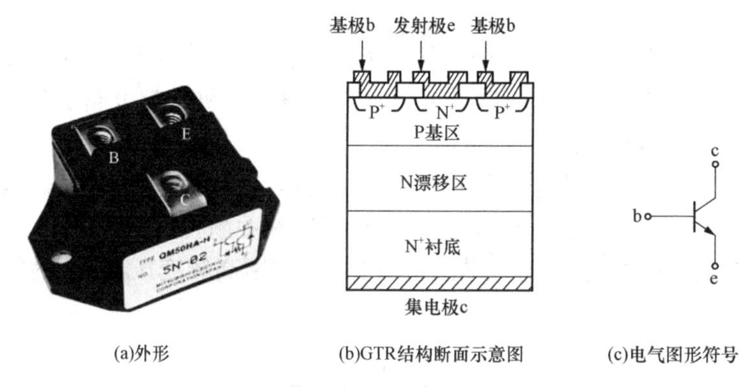

图 2-15 GTR 的外形、结构断面示意图和电气图形符号

在实际应用中，GTR 多采用共射极接法。GTR 的电流放大系数 $\beta=i_c/i_b$，反映了基极电流对集电极电流的控制能力。单管 GTR 的 β 比处理信息用的小功率晶体管小得多，通常约为 10，采用达林顿接法的复合结构可以有效地增大电流增益。

2. GTR 的二次击穿现象与安全工作区

GTR 具有一个重要的特征，即所谓的二次击穿现象。当 GTR 的集电极电压升高至击穿电压时，集电极电流 I_c 迅速增大，发生雪崩击穿，称为一次击穿。出现一次击穿后，只要 I_c 不超过最大允许耗散功率相对应的限度，GTR 一般不会损坏。但如果 I_c 没有得到有效限制，当增大到某个临界点时会突然急剧上升，同时伴随着电压陡然下降，这种现象称为**二次击穿**。二次击穿常常立即导致器件的永久损坏，或者工作特性明显衰变，成为影响其安全可靠使用的一个重要因素。

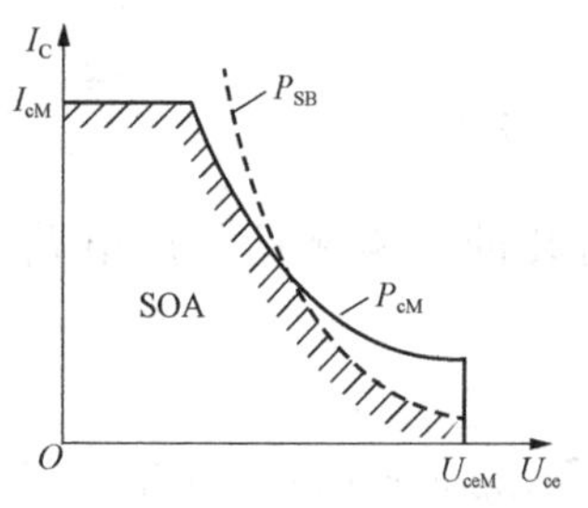

图 2-16 GTR 的安全工作区

将不同基极电流下二次击穿的临界点连接起来，就构成了二次击穿临界线，临界线上的点反映了二次击穿功率 P_{SB}。这样，GTR 工作时不仅不能超过最高电压 U_{ceM}、集电极最大电流 I_{cM} 和最大耗散功率 P_{cM}，也不能超过二次击穿临界线。这些限制条件就规定了 GTR 的安全工作区（Safe Operating Area，SOA），GTR 的安全工作区如图 2-16的阴影区所示。

2.4.3 电力 MOSFET

如用于信息处理的场效应晶体管（Field Effect Transistor，FET）分为结型和绝缘栅型一样，电力场效应晶体管也有这两种类型，但通常主要指绝缘栅型中的 MOS 型（Metal Oxide Semiconductor FET），简称电力 MOSFET 或者 MOS 管。电力 MOSFET 是用栅极电压来控制漏极电流的，具有输入阻抗高、驱动功率小、驱动电路简单、开关速度快、热稳定性和抗干扰能力强等特点。由于其易于驱动，开关频率可高达 500kHz 甚至兆赫级，特别适于高频化电力电子装置，如应用于 DC/DC 变换、开关电源、便携式电子设备、航空航天及汽车等电子电器设备中。但因为其电流容量和热容量小，耐压低、通态电阻大，一般只适用于小功率（不超过 10kW）的电力电子装置。

1. 电力 MOSFET 的结构和工作原理

电力 MOSFET 的种类和结构繁多，按导电沟道可分为 P 沟道和 N 沟道。当栅极电压为零时漏源极之间就存在导电沟道的称为耗尽型；对于 N（P）沟道器件，栅极电压大于（小于）零时才存在导电沟道的称为增强型。常用的电力 MOSFET 主要是 N 沟道增强型，这里主要以 N 沟道增强型为例进行讨论。

电力 MOSFET 在导通时只有一种极性的载流子（多子）参与导电，是单极型晶体管。其导电机理与小功率 MOS 管相同，但在结构上有较大区别。小功率 MOS 管是一次扩散形成的器件，其导电沟道平行于芯片表面，是横向导电器件。目前电力 MOSFET 大多采用垂直导电结构，且是多元集成结构，即一个器件由成千上万个小 MOS 单元按一定的方式组合而成。

常用电力 MOSFET 的外形、结构和电气图形符号如图 2-17 所示。电力 MOSFET 由栅极 G、漏极 D 和源极 S 组成。当漏极和源极之间接正向电压，栅极和源极间电压为零时，P 基区与 N 漂移区形成的 PN 结反偏，漏源极之间无电流流过。如果在栅极和源极之间加一正电压 U_{GS}，由于栅极是绝缘的，并不会有栅极电流流过，但栅极的正电压却会将其下面 P 区中的空穴推开，而将 P 区中的少子（即电子）吸引到栅极下面的 P 区表面。当 U_{GS}大于某一电压值 U_T时，栅极下 P 区表面的电子浓度将超过空穴浓度，从而使 P 型半导体反型而变成 N 型半导体，PN 结消失，N 型导电沟道形成，MOSFET 导通，电压 U_T 称为**开启电压**。U_{GS}越大，导电沟道越宽，漏极电流 I_D也越大。

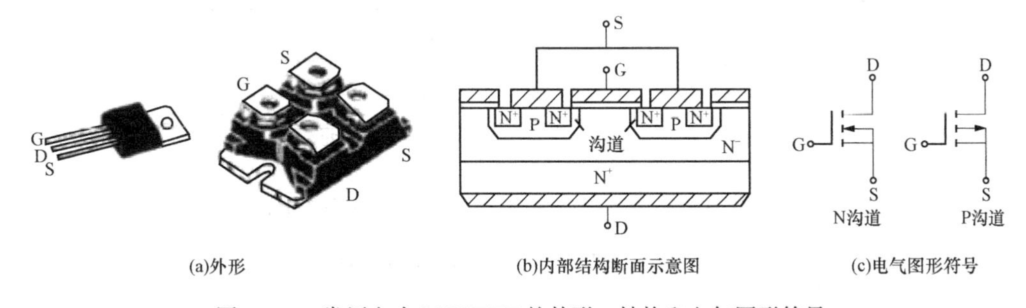

(a)外形 (b)内部结构断面示意图 (c)电气图形符号

图 2-17 常用电力 MOSFET 的外形、结构和电气图形符号

电力 MOSFET 在导通时只有一种载流子（多子）参与导电，但由于栅极和 P 区之间是绝缘的，无法像电力二极管和 GTR 那样在导通时靠从 P 区向 N^- 漂移区注入大量的少子形成的电导调制效应来减小通态电压和损耗，因此通态压降高，容量受到限制。虽然可以通过

增加 N^- 漂移区的厚度来提高承受电压的能力，但是由此带来的通态电阻增大和损耗增加也非常明显，所以目前一般电力 MOSFET 产品设计的耐压能力都低于 1000V。

由电力 MOSFET 本身结构所致，其漏极和源极之间形成了一个与之反向并联的寄生二极管，它与 MOSFET 构成了一个不可分割的整体，使得在漏、源极间加反向电压时器件导通，因此电力 MOSFET 可看作逆导器件。在画电路图时，为了避免遗忘并方便电路分析，常常在电力 MOSFET 的两端反向并联一个二极管。

2. 电力 MOSFET 的基本特性

（1）静态特性。与信息电子中的场效应管相同，漏极电流 I_D 和栅源间电压 U_{GS} 的关系反映了输入电压和输出电流的关系，称为电力 MOSFET 的**转移特性**，转移特性曲线如图 2-18（a）所示，图中 U_T 为开启电压（典型值为 2～4V），只有当 $U_{GS}>U_T$ 时，才会出现漏极电流 I_D，且随 U_{GS} 的增大而增大很快。当 I_D 较大时，I_D 与 U_{GS} 的关系近似线性，曲线的斜率被定义为电力 MOSFET 的跨导 g_m，它表征了电力 MOSFET 栅极的控制能力。

跨导 g_m 可由式（2-7）计算。

$$g_m=\frac{dI_D}{dU_{GS}} \tag{2-7}$$

电力 MOSFET 是电压控制型器件，其输入阻抗极高，输入电流非常小。

电力 MOSFET 的漏极伏安特性即输出特性，输出特性曲线如图 2-18（b）所示，从图中可以看到输出特性也分为截止区（对应于 GTR 的截止区）、饱和区（对应于 GTR 的放大区）、非饱和区（对应于 GTR 的饱和区）、击穿区（图中未画出，指 U_{DS} 大到一定值使 MOSFET 击穿的区域）四个区域。这里饱和与非饱和的概念与 GTR 不同，饱和是指漏源电压 U_{DS} 增加时漏极电流不再增加，非饱和是指漏源电压 U_{DS} 增加时漏极电流相应增加。正常工作时，电力 MOSFET 在截止区（关断状态）和非饱和区（充分导通状态）之间来回转换，工作在开关状态。

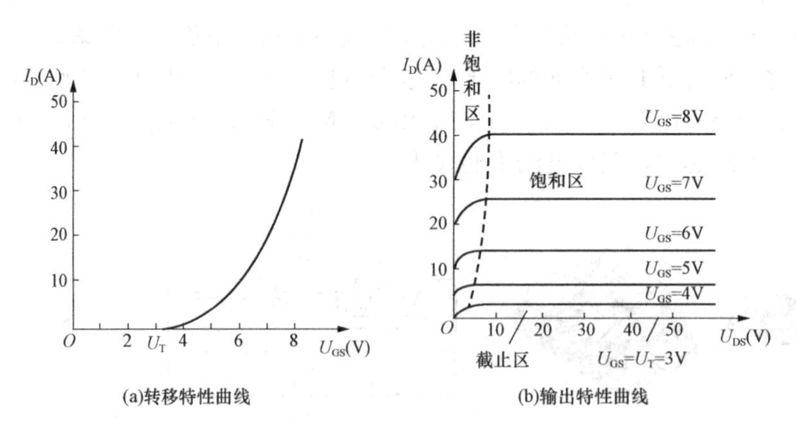

图 2-18 电力 MOSFET 的静态特性曲线

（2）动态特性。由于电力 MOSFET 是单极型器件，没有载流子的存储效应，其开通、关断时间只与栅极输入电容 C_{in} 的充放电有关。当脉冲电压 u_p 的上升沿到来时，C_{in} 有充电过程，栅极电压 u_{GS} 呈指数曲线上升，电力 MOSFET 的开关过程波形如图 2-19 所示。当 u_{GS} 上升到开启电压 U_T 时，电力 MOSFET 的导电沟道开始形成，从而产生漏极电流 i_D。从 u_p 前沿时刻到 $U_{GS}=U_T$ 并出现 i_D 的时刻这段时间称为开通延迟时间 $t_{d(on)}$。此后，i_D 随 u_{GS} 的上升而上升。u_{GS}从U_T上升到电力MOSFET进入非饱和区的栅极电压U_{GSP}这段时间称为上升时间t_r，这时漏极电流i_D也达到稳态值，大小由漏极电源电压和漏极负载电阻决定。U_{GSP}的大小和i_D的稳态值有关。U_{GS}值达到U_{GSP}后，在脉冲u_p的作用下继续升高直至达到稳态，但i_D已不再变化。电力MOSFET开通时间t_{on}为开通延迟时间与上升时间之和，即$t_{on}=t_{d(on)}+t_r$。

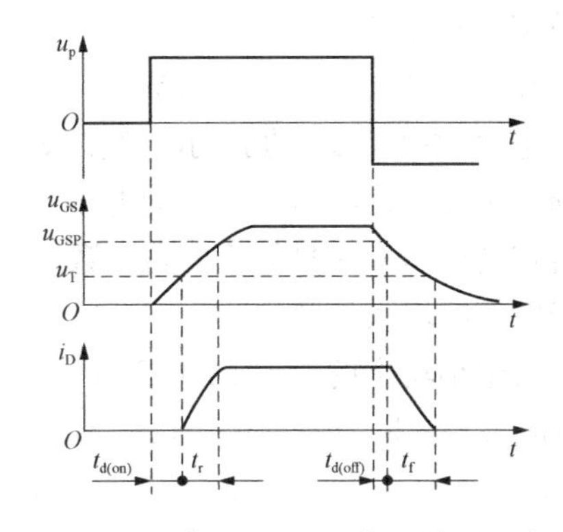

图2-19　电力MOSFET的开关过程波形

当脉冲电压u_p的下降沿到来时，栅极输入电容C_{in}通过栅极电阻开始放电，栅极电压u_{GS}按指数曲线下降，当下降到U_{GSP}时，漏极电流i_D才开始减小，这段时间称为关断延迟时间$t_{d(off)}$。此后，C_{in}继续放电，u_{GS}从U_{GSP}继续下降，i_D减小，到$u_{GS}<U_T$时沟道消失，i_D下降到零，这段时间称为下降时间t_f。关断延迟时间和下降时间之和为MOSFET的关断时间t_{off}，即$t_{off}=t_{d(off)}+t_f$。

由于电力MOSFET只靠多子导电，不存在少子储存效应，因而其关断过程非常迅速，开关时间很短，典型值为20ns。其工作频率可达500kHz以上，是主要电力电子器件中最高的。

电力MOSFET是场控器件，在静态时几乎不需要输入电流。但是，在开关过程中需要对栅极输入电容充放电，仍需要一定的驱动功率。电力MOSFET考虑输入电容的电气符号如图2-20所示，开关频率越高，所需要的驱动功率越大。

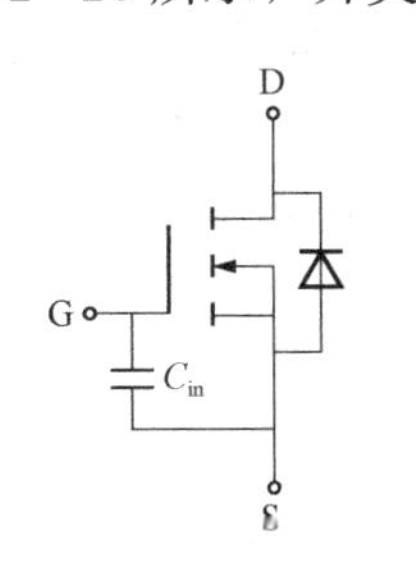

图2-20　电力MOSFET输入电容的电气符号

3. 电力MOSFET的主要参数

除前面已涉及的跨导g_m、开启电压U_T等参数之外，电力MOSFET还有以下主要参数：

（1）漏极电压U_{DS}。MOS管的额定电压，指当$U_{GS}=0$时，漏极和源极之间所能承受的最大电压。

（2）漏极直流电流I_D和漏极脉冲电流幅值I_{DM}。属于MOS管的额定电流，是指在器件内部温度不超过最高工作温度时，电力MOSFET允许通过的最大漏极连续电流和脉冲电流。

（3）栅源电压U_{GS}。栅极、源极之间绝缘层击穿的电压。栅源极之间的绝缘层很薄，$|U_{GS}|>20V$将导致绝缘层击穿。使用时一般用正反两个稳压管串联后并联在栅极和源极间进行保护。

（4）极间电容。电力MOSFET的三个电极之间均存在极间电容，这些电容都是非线性的。其中漏源极间的电容是器件在开关过程中储存和释放能量的主要部分，对开关损耗有重要意义。高频工作时，需要加以考虑；低频时则可忽略其影响。

（5）通态电阻R_{on}。指电力MOSFET在导通状态下漏极和源极之间的电阻，是影响最大输出功率的重要参数。通态电阻R_{on}决定了通态电压和自身的损耗，因此越小越好。影响R_{on}的主要因素是沟道电阻和漂移区电阻。

需要说明的是，电力MOSFET的通态电阻具有正的温度系数，即随温度的升高通态电阻增大，使得漏极电流能够随着温度升高而下降，因而不存在电流集中和二次击穿的限制，有较宽的安全工作区。

4. 电力 MOSFET 的驱动

电力 MOSFET 的驱动电路多采用双电源供电，其栅源极间驱动电压一般取 10～15V，关断时施加一定幅值的负驱动电压（一般取－5～－15V）有利于减小关断时间和关断损耗，同时在栅极串入一只低值电阻（数十欧左右）可以减小寄生振荡，该电阻阻值应随被驱动器件额定值的增大而减小。

对于小功率的电力 MOSFET，可以直接用互补金属氧化物半导体器件（Complementary Metal Oxide Semiconductor，CMOS）或集电极开路的晶体管晶体管逻辑（Transistor-Transistor Logic，TTL），或在 CMOS 外加推挽电路驱动，TTL 驱动小功率电力 MOSFET 的驱动电路如图 2-21 所示，其中推挽式驱动电路适合大功率电力 MOSFET 的驱动。

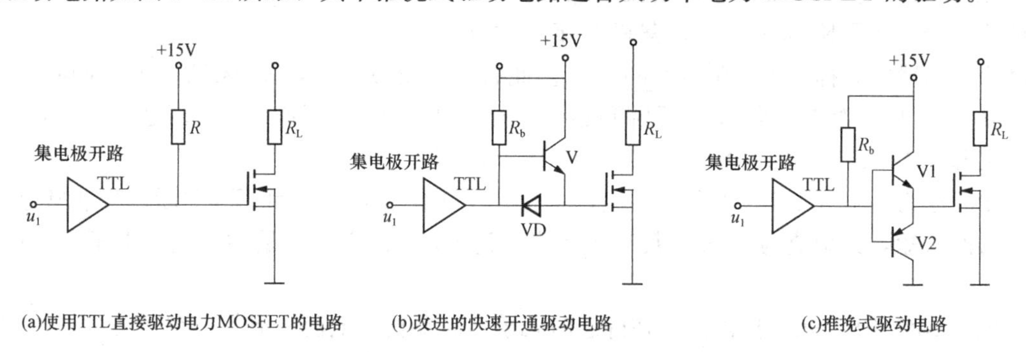

图 2-21 TTL 驱动小功率电力 MOSFET 的驱动电路

目前，对于电力 MOSFET 的驱动常采用专用的集成驱动芯片，常见的有 IR2110、IR2115、IR2130，M57918L，TLP250 等。其中 TLP250 能输出最小±0.5A 的驱动电流，可用于驱动中、小功率的电力 MOSFET。IR2110 可以驱动两只电力 MOSFET，IR2130 甚至可以驱动 6 只电力 MOSFET。

5. 电力 MOSFET 的保护

电力 MOSFET 在使用时须注意若干保护措施：

(1) 防止静电击穿。电力 MOSFET 具有极高的输入阻抗，因此在静电较强的场合难于释放电荷，容易引起静电击穿，电力 MOSFET 的存放应采取防静电措施。

(2) 防止栅源过电压。由于电力 MOSFET 的输入电容是低泄漏电容，故栅极不允许开路或悬浮，否则会因静电干扰使输入电容上的电压上升到大于门限电压而造成误导通，甚至损坏器件。为保护栅极，应在栅、源极之间接阻尼电阻且并接约 15V 的双向稳压管。

(3) 过电压、过电流保护。为了减小电力 MOSFET 在开关过程中，如浪涌电压、尖峰电压、di/dt、du/dt 对器件的冲击，提高其安全性，电力 MOSFET 在实际使用中应附加各种缓冲电路，与 IGBT 缓冲电路类似。

2.4.4 绝缘栅双极型晶体管（IGBT）

电力 MOSFET 为单极型电压驱动型器件，只有一种载流子参与导电，因此开关速度快、输入阻抗高、热稳定性好、驱动功率小且驱动电路简单，但缺点是导通电阻大和容量小。因此，如何减小其通态电阻成为一个重要研究课题。人们从 GTR 的电导调制机理上得到启发，在电力 MOSEET 的漂移区引入少数载流子进行电荷调制，从而可使漂移区电阻显著减少。将电力 MOSFET 及 GTR 复合起来，集中各自的优点，形成了 IGBT。IGBT 自 1986 年投入市场以来，就迅速扩展了其应用领域，成为覆盖大中小功率等级电力电子设备的主导器件，不仅逐渐取代了 GTR 和电力 MOSFET，而且也占领了 GTO、晶闸管的部分应用领域。

1. IGBT 的结构与工作原理

IGBT 根据功率不同有多种外形，常见的单管 IGBT 如图 2-22（a）所示，大功率一般采用模块化封装。IGBT 也是三端器件，分为栅极 G、集电极 C 和发射极 E。

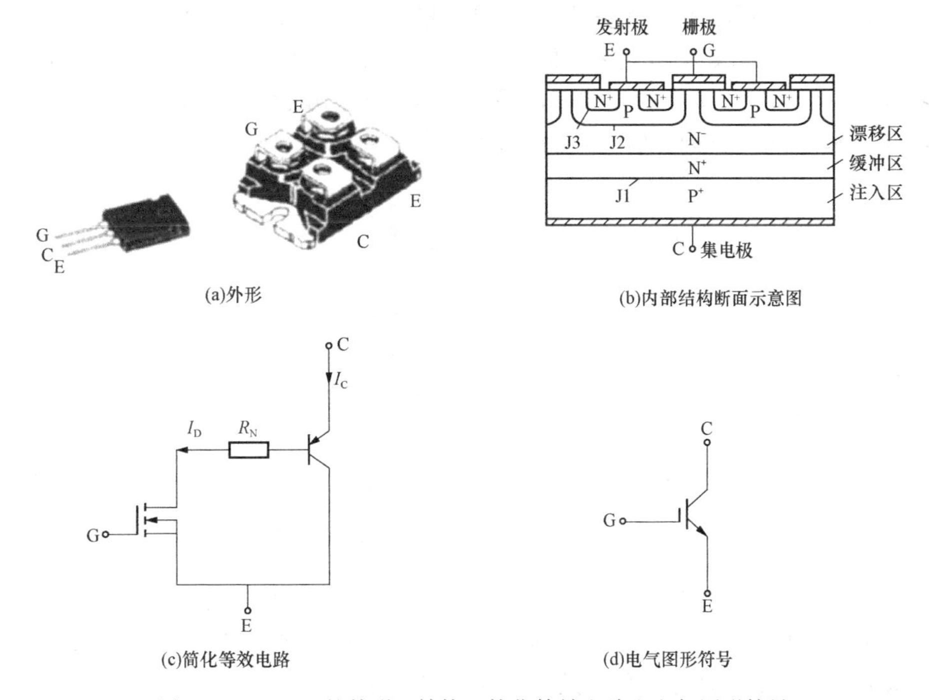

图 2-22 IGBT 的外形、结构、简化等效电路和电气图形符号

图 2-22（b）给出了一种由 N 沟道 VDMOSFET 与 GTR 组合而成的 IGBT 的基本结构。与图 2-17（b）对照可以看出，IGBT 比 VDMOSFET 多一层 P^+ 注入区，因而形成了一个大面积的 P^+N 结 J1。这样使得 IGBT 导通时由 P^+ 注入区向 N 基区发射少子，从而对漂移区电导率进行调制，使得 IGBT 具有很强的通流能力。IGBT 的等效电路如图 2-22（c）所示，IGBT 是以 PNP 型厚基区 GTR 为主导元件、N 沟道 MOSFET 为驱动元件的达林顿电路结构器件，R_N为 GTR 基区内的调制电阻。图 2-22（d）是 IGBT 的电气图形符号。

IGBT 的驱动原理与电力 MOSFET 基本相同，也是场控器件，其开通和关断由栅极和发射极间的电压 u_{GE}决定。当 u_{GE}为正且大于开启电压 $U_{GE(th)}$时，MOSFET 内形成沟道，并为 PNP 型 GTR 提供基极电流，使 IGBT 导通。由于前面提到的电导调制效应，使得电阻 R_N减小，这样高耐压的 IGBT 也具有很小的通态压降。当栅极与发射极间施加反向电压或不加信号时，MOSFET 内的沟道消失，GTR 的基极电流被切断，使得 IGBT 关断。

2. IGBT 的基本特性

（1）静态特性。IGBT 的转移特性曲线如图 2-23（a）所示，其是指栅极发射极电压 U_{GE}与集电极电流 I_C之间的关系曲线，与 MOSFET 的转移特性类似。当栅射电压 $U_{GE}<U_{GE(th)}$时（一般为 2～6V），IGBT 处于关断状态；当 $U_G>U_{GE(th)}$时，导电沟道形成，器件导通。IGBT 导通后的大部分集电极电流范围内，I_C与 U_{GE}呈线性关系。最高栅射极电压 U_{GE}受最大集电极电流 I_{CM}限制，一般取为 15V 左右。

IGBT 的输出特性曲线如图 2-23（b）所示，指集电极电流 I_C与集射极电压 U_{CE}之间的关系曲线，可分为正向阻断区、饱和区、有源区和击穿区四部分。此特性与 GTR 的输出特性相似，分别对应于 GTR 的截止区、放大区和饱和区。在反向集射极电压作用下器件呈反向阻断特性，一般只流过微小的反向漏电流。在电力电子电路中，IGBT 工作在开关状态，在正向阻断区和饱和区之间转换，需经有源区过渡。

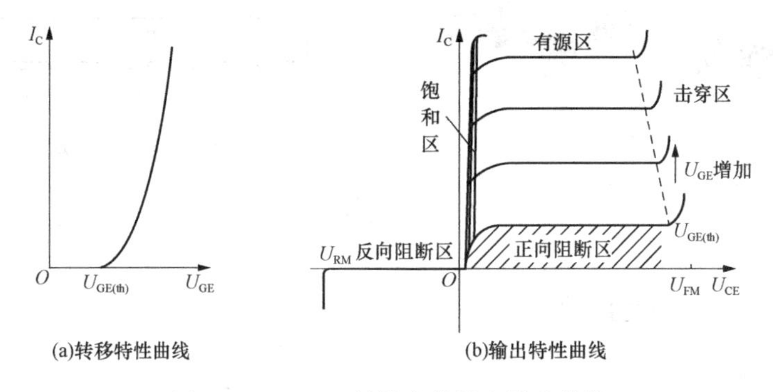

图 2-23 IGBT 的输出特性和转移特性

值得注意的是，IGBT 的反向电压承受能力很差，其反向阻断电压只有几十伏，因此限制了其在需要承受高反压场合的应用。为满足实际电路的要求，IGBT 往往与反并联的快速二极管封装在一起，成为逆导器件，选用时应加以注意。

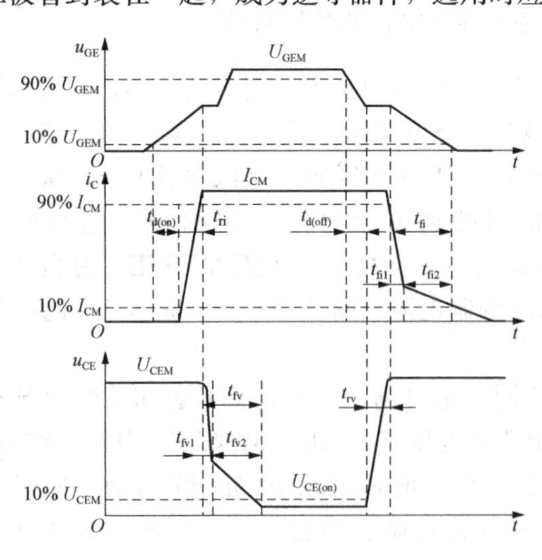

图 2-24 IGBT 的开关过程波形

（2）动态特性。IGBT 的开关过程波形如图 2-24 所示，其开通过程主要由其 MOSFET 结构决定。由于栅极电容有个充电过程，当 u_{GE}达到开启电压 $U_{GE(th)}$后，集电极电流 i_C才开始迅速增长。从 u_{GE}前沿上升到其幅值 10%的时刻起，到集电极电流 i_C上升至电流幅值 10%的时刻止的时间称为开通延迟时间 $t_{d(on)}$。而 i_C从 10% I_{CM}上升至 90%I_{CM}所需的时间为电流上升时间 t_{ri}。开通时，集射电压 u_{CE}的下降过程分为 t_{fv1}和 t_{fv2}两段，前者为 IGBT 中 MOSFET 单独工作的电压下降过程，后者为 MOSFET 和 PNP 晶体管同时工作的电压下降过程。只有在 t_{fv2}段结束时，IGBT 才完全进入饱和导通状态。IGBT开通时间定义为开通延迟时间 $t_{d(on)}$、电流上升时间 t_{ri}及电压下降时间 t_{fv1}、

t_{fv2}之和，即 $t_{on}=t_{d(on)}+t_{ri}+t_{fv1}+t_{fv2}$。

IGBT 关断时，从栅极电压 u_{GE}下降到其幅值的 90%的时刻起，到集射电压 u_{CE}上升至幅值 10%止的时间为关断延迟时间 $t_{d(off)}$。随后是集射电压 u_{CE}上升时间 t_{rv}，在这段时间内栅极电压 u_{GE}维持不变。而 i_C从 90%I_{CM}下降至 10%I_{CM}的这段时间为电流下降时间 t_{fi}。t_{fi}又可以分为 t_{fi1}和 t_{fi2}两段，其中 t_{fi1}对应 MOSFET 的关断过程，这段时间集电极电流 i_C下降较快；t_{fi2}对应 IGBT 内部 PNP 晶体管的关断过程，i_C下降较慢，形成电流拖尾现象。较长的电流下降时间会产生较大的关断损耗使结温上升，这是 IGBT 的缺点之一。定义关断延迟时间 $t_{d(off)}$、电压上升时间 t_{rv}及电压下降时间 t_{fi1}、t_{fi2}之和为 IGBT 的关断时间 t_{off}，即 $t_{off}=t_{d(off)}+t_{rv}+t_{fi1}+t_{fi2}$。

IGBT 的开通时间、上升时间、关断时间及下降时间均随集电极电流和栅极电阻 R_G的增加而变大，其中 R_G的影响最大，故可用 R_G来控制集电极电流变化速率。

可以看出，IGBT 中双极型 PNP 晶体管的存在引入了少子储存现象，因而 IGBT 的开关速度要低于电力 MOSFET。

3. IGBT 的主要参数

除了前面提到的各参数之外，IGBT 的主要参数还包括：

(1) 最大集射极间电压 U_{CES}。由器件内部的 PNP 晶体管所能承受的击穿电压确定，一般为其击穿电压的 60%～80%。

(2) 集电极通态电流 I_C。在室温下，当 IGBT 导通时，集电极允许通过的最大电流的有效值称为 IGBT 的额定电流，而允许通过的峰值电流为 I_{CM}。

(3) 最大集电极功耗 P_{CM}。在室温下，IGBT 集电极允许的最大功耗。

(4) 栅极最大电压 U_{GEM}。IGBT 栅射极所能承受的最大电压，一般小于 20V。

(5) 开关频率。IGBT 的工作频率可达 40kHz，典型工作频率为 20kHz。器件功率越大，为避免过大的开关损耗及电压冲击，实际用的开关频率越低，甚至可以达到几百赫兹。如高铁牵引变流器所用 IGBT 的电压定额为 6500V，电流为 600A，开关频率最高为 460Hz。

4. IGBT 的驱动

IGBT 也是电压驱动型器件，其输入级与电力 MOSFET 结构一样，故可使用电力 MOSFET 的驱动技术对 IGBT 进行驱动。但由于 IGBT 的输入电容较 MOSFET 大，故 IGBT的驱动功率应比电力 MOSFET 更高。对 IGBT 驱动电路的一般要求如下：

(1) 栅极驱动电压。IGBT 导通时，正向栅极电压应能使 IGBT 完全饱和，并使通态损耗减至最小，一般 IGBT 驱动电路正偏电压为 15～20V，反偏电压为−15～−5V。

(2) 串联栅极电阻 R_G。IGBT 的导通与关断是通过栅极电路的充放电来实现的，因此栅极电阻 R_G对 IGBT 的动态特性会产生较大的影响。数值较小的 R_G能加快栅极电容的充放电，从而减小开关时间和开关损耗，但与此同时也降低了栅极的抗噪声能力，并可能导致栅极电压产生振荡，同时 IGBT 对 du/dt 的承受能力也要降低。选择 R_G的数值时，应参考 IGBT的器件使用手册。

IGBT 多用于高压变换，因而其驱动电路应尽量简单实用，且具有快速的保护功能。目前 IGBT 驱动多采用专用的驱动模块，部分 IGBT 集成驱动电路的主要性能见表 2-1。需要注意的是，由于 IGBT 的输入级为电力 MOSFET，一般情况下，用于 IGBT 的驱动电路也可用于电力 MOSFET。

表 2-1　　部分 IGBT 集成驱动电路的主要性能

<table>
<tr><th>型号</th><th colspan="3">主要性能</th></tr>
<tr><td>EXB840</td><td rowspan="2">高速型，驱动电路信号延迟小于 1μs，最高工作频率可达 40kHz</td><td rowspan="4">内部设置保护电路和故障封锁单元，过电流保护电路的输出通过引脚 5 供给外部控制电路使用，+20V 的单电源在芯片内转换成+15V 的栅极导通电压和−5V 的栅极关断电压</td><td>可以直接驱动 150A/600V 和 75A/1200V 的 IGBT</td></tr>
<tr><td>EXB841</td><td>可以直接驱动 400A/600V 和 300A/1200V 的 IGBT</td></tr>
<tr><td>EXB850</td><td rowspan="2">标准型，驱动电路信号延迟小于 4μs，最高工作频率为 15kHz</td><td>其他性能与 EXB840 基本相同</td></tr>
<tr><td>EXB851</td><td>其他性能与 EXB841 基本相同</td></tr>
<tr><td>IR2130</td><td colspan="3">六路输入和输出，六路驱动器可共地运行，只需一路控制电源，内置过电流、欠电压保护和封锁单元，可直接驱动 600V 的 IGBT</td></tr>
<tr><td>IR2155</td><td colspan="3">内置振荡器，可以产生 PWM 脉冲，其占空比可在 0%～99%之间调节，可以驱动二单元 600V 的 IGBT 模块，两个驱动信号之间有 1μs 死区时间</td></tr>
<tr><td>M57959L</td><td colspan="3">内置短路保护、定时复位和封锁单元，高速光电耦合器实现输入、输出隔离，双电源供电，可直接驱动 200A/600V 和 100A/1200V 以下的 IGBT</td></tr>
<tr><td>M57962L</td><td colspan="3">内置短路保护单元，高速光电耦合器实现输入、输出隔离，输入与 TTL 和 CMOS 电平兼容，可直接驱动 400A/600V 和 200A/1200V 以下的 N 沟道 IGBT</td></tr>
</table>

各种驱动器的基本原理大致相同，同一系列不同型号其引脚和接线基本相同，只是适用被驱动器件的容量、开关频率和输入电流幅值等参数有所不同。M57962L 型 IGBT 驱动器的原理和接线图如图 2-25 所示，其内部具有退饱和检测和保护环节，当发生过电流时能快速响应但慢速关断 IGBT，并向外部电路给出故障信号。M57962L 型 IGBT 输出的正驱动电压为+15V 左右，负驱动电压为−10V。

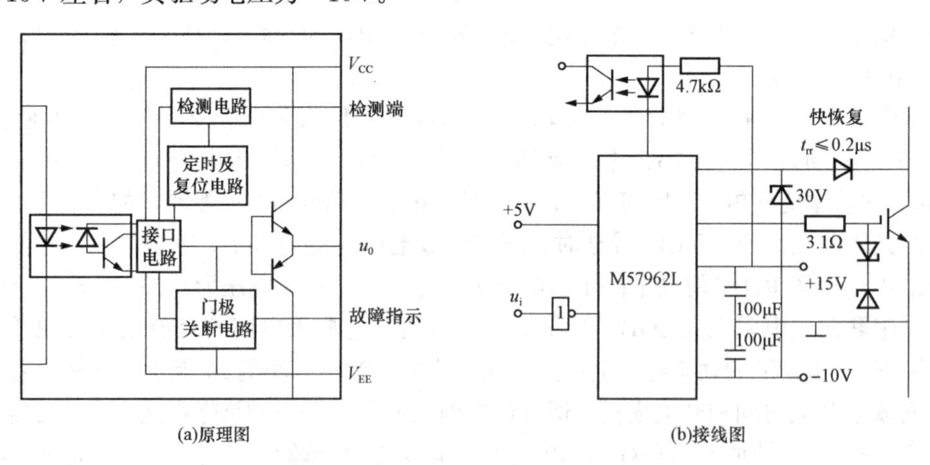

图 2-25　M57962L 型 IGBT 驱动器原理和接线图

对大功率 IGBT 来讲，一般采用由专业厂家或生产该器件的厂家提供的专用驱动模块。

5. IGBT 的保护

IGBT 处于开关过程中，会产生较大的 du/dt、di/dt 及开关电压过冲，严重时可能导致器件损坏。针对这种情况，利用**缓冲电路**（吸收电路）来限制电压、电流的变化率，并吸收开关管上的过冲电压，使器件工作于安全工作区域内。

(1) du/dt 抑制。du/dt 抑制电路也叫关断缓冲电路。通常将 RC 网络（小容量）或 RCD 网络（中等容量）并联在 IGBT 两端来实现，用以吸收关断过电压和换相过电压，减小关断损耗。图 2-26 给出了两种常用的缓冲电路形式（如无特别说明，通常缓冲电路专指关断缓冲电路），其中 RC 缓冲电路主要用于小容量器件，而放电阻止型缓冲电路用于中或大容量器件。

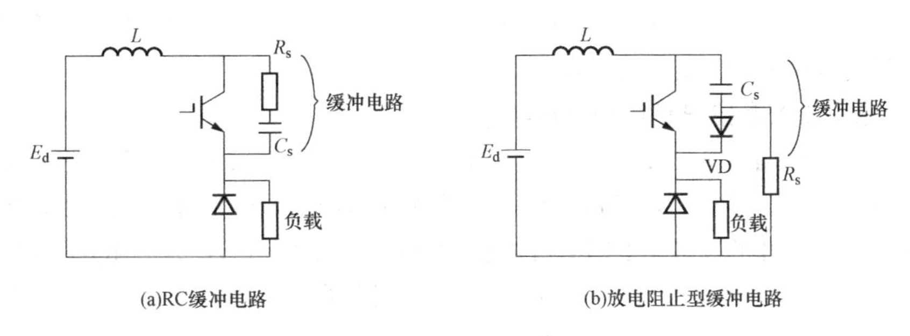

图 2-26 常见的缓冲电路

(2) di/dt 抑制。di/dt 抑制电路也叫开通缓冲电路。可以在 IGBT 主电路中串入电感来抑制器件开通时的电流过冲和 di/dt，减小开通损耗。

也可以将 du/dt 抑制电路和 di/dt 抑制电路结合在一起，组成复合缓冲电路。IGBT 复合缓冲电路如图 2-27 所示，该缓冲电路被称为充放电型 RCD 缓冲电路，适用于中等容量的场合。在中小容量场合，若线路电感较小，可只在直流侧设一个 du/dt 抑制电路，对 IGBT 甚至可以仅并联一个吸收电容。

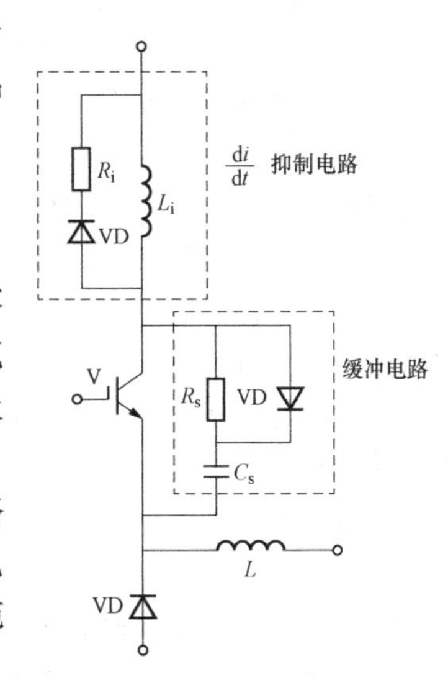

图 2-27 IGBT 复合缓冲电路

在实际应用，IGBT 还包括过电压、过电流保护，短路保护，防静电击穿保护及栅射过电压保护。由于 IGBT 与电力 MOSFET 相似，其栅极都是绝缘栅，因而对 IGBT 实施的防静电击穿保护及栅射过电压保护同电力 MOSFET。

需要注意的是，IGBT 的广泛应用促进了其模块的快速发展，IGBT 模块的封装形式有一单元模块、二单元模块、三单元模块、四单元模块、六单元模块和斩波器用模块等形式。

2.5 其他类型电力电子器件

2.5.1 集成门极换流晶闸管（IGCT）

集成门极换流晶闸管（Integrated Gate-Commutated Thyristor，IGCT）也称 GCT，是一种用于巨型电力电子成套装置中的新型电力电子器件。它是将 GCT（基于 GTO 结构制成的一种新型电力电子器件）与反并联二极管和门极驱动电路集成在一起，再与其门极驱动器在外围以低电感方式连接。IGCT 结合了晶体管的稳定关断能力和晶闸管低通态损耗的优点，在导通时发挥晶闸管的性能，关断阶段呈现晶体管的特性。

IGCT 容量与 GTO 相当，但开关速度比 GTO 快 10 倍，功耗降低 40%，而且可以省去 GTO 应用时庞大而复杂的缓冲电路，但其所需的驱动功率仍然很大。IGCT 具有电流大、阻断电压高、开关频率高、可靠性高、结构紧凑、低导通损耗等特点，而且成本低、成品率高，是一种较理想的兆瓦级开关器件，非常适合用于 6kV 和 10kV 的中压开关电路，已在高压变频调速系统和风力发电系统中得到应用。IGCT 由于高速的开关能力无需缓冲电路，因而所需的功率元件更少，大大提高运行的可靠性。目前，正在与 IGBT 及其他新型器件激烈竞争，试图最终取代 GTO 在大功率场合的位置。

2.5.2 电子注入增强栅晶体管（IEGT）

电子注入增强栅晶体管（Injection Enhanced Gate Transistor，IEGT）是耐压达 4kV 以上的 IGBT 系列电力电子器件，通过采取增强注入的结构实现了低通态电压，使大容量电力电子器件取得了飞跃性的发展。IEGT 可以视为 IGBT 里的 GTO，兼有 IGBT 和 GTO 两者的某些优点，如低饱和压降、宽安全工作区（吸收回路容量仅为 GTO 的 1/10 左右）、低栅极驱动功率（比 GTO 低 2 个数量级）和较高的工作频率。

IEGT 具有作为 MOS 系列电力电子器件的潜在发展前景，具有低损耗、高速动作、高耐压、有源栅驱动智能化等特点，以及采用沟槽结构和多芯片并联而自均流的特性，其在进一步扩大电流容量方面颇具潜力。IEGT 主要应用于新能源、太阳能、风能、高压直流输电（HVDC）、牵引用特种电源等特大功率电力领域。从当前实际应用来看，IGCT 的开关速度要比 IEGT 高一些，IGCT 在业内的影响力也显得大一些。

2.5.3 基于宽禁带半导体材料的电力电子器件

电力电子器件经过长期的发展，在材料的使用上始终没有逾越硅的范围。但是随着硅材料和硅工艺的日趋完善，各种硅器件的性能逐渐趋于其由材料特性决定的理论极限，而电力电子的发展却不断对电力电子器件的性能提出更高的要求，尤其希望能够更高程度地兼顾器件的功率和频率。

电力电子器件以承受高电压、大电流和耐高温为其基本特点，因此要求其制造材料有较宽的禁带、较高的临界雪崩击穿电场强度和较高的电导率等。碳化硅（SiC）、氮化镓（GaN）、金刚石等宽禁带半导体材料由于具有比硅宽得多的禁带宽度，比硅高得多的临界雪崩击穿电场强度和载流子饱和漂移速度、较高的热导率和载流子迁移率，可以满足现代电子技术对高温、高功率、高压、高频及抗辐射等恶劣条件的新要求，是当前半导体材料领域最有前景的材料。不过，宽禁带半导体材料的研究是新型功率器件研究首先要面临的挑战，人们期待宽禁带半导体电力电子器件在成品率、可靠性和价格等方面取得较大改善而进入全面推广应用阶段。

1. SiC 器件

对 SiC 电力电子器件的研究和开发，从一开始比较集中于肖特基势垒二极管（SiC SBD）、结型场效应晶体管、SiC MOSFET 这些单极性器件上。目前，市售 SiC SBD 的耐压已提高到 3300V，600～1200V 的 SiC SBD 已经成熟并商业化。许多公司已在新能源汽车、车载充电器、变频或逆变装置中使用这种器件替代硅快恢复二极管，取得工作频率提高、开关损耗大幅度降低的明显效果，其总体效益远远超过碳化硅器件与硅器件之间的价格差异造成的成本升高。

（1）SiC SBD。相比于硅肖特基二极管，SiC SBD具有更加理想的反向恢复特性、更高的额定电压和更高的最高工作结温。在关断过程中，几乎没有反向恢复电流。反向恢复时间一般小于20ns，甚至小于10ns。因此，SiC SBD尤其适用于高频场合。同时，SiC SBD正向导通压降为正温度系数，即随着温度的上升，其导通压降逐渐增大，这与硅电力二极管正好相反，适合并联使用。

（2）SiC MOSFET。同硅MOSFET相比，SiC MOSFET具有更高的工作频率、更低的导通电阻和更高的耐高温特性。此外，SiC MOSFET的驱动相对较简单，现有的硅MOSFET、IGBT的驱动电路一般可以直接用于SiC MOSFET。因此，SiC MOSFET被认为现阶段硅MOSFET或IGBT的理想替代品，在中高压、高频大功率场合具有良好的应用前景。

尽管中高电压等级的SiC MOSFET已经商业化，但作为一种缺乏电导调制的单极型器件，在高压应用领域（5～10kV以上），即使是SiC器件也需要一个厚漂移层来实现电导调制。对SiC双极性器件的研究，主要包括SiC双极型晶体管、SiC晶闸管等，而高压SiC IGBT更是备受关注，目前已有阻断电压为12kV的SiC P型IGBT器件，其具有良好的正向电流能力。总之，SiC器件以其耐高温、高效率和轻量化等特点极大地丰富了SiC的应用场景，在开关电源、电动汽车、新能源发电、轨道交通和智能电网、充电桩等高压应用领域得到推广应用。

2. GaN器件

GaN器件的突出优点在于其结合了SiC的高击穿电场特性和砷化镓、锗硅合金等材料在制造高频器件方面的特征优势，其表面的载流子迁移率明显要高，为实现低导通比电阻的功率器件提供了基础，对进一步改善电力电子器件的工作性能，特别是提高工作频率，具有很大的潜力和应用前景。

开发GaN器件的主要方向是微波功率器件。与SiC材料不同，GaN材料除了可以用于制造器件外，还可以利用GaN所特有的异质结构制作高性能器件。GaN晶体管以GaN异质结场效应管为主，又称为高电子迁移率晶体管，其器件的结电容很小，开关速度非常快，可以在几纳秒内完成开关过程，开关损耗非常小。工作频率可以达到兆赫兹级别，能够大幅提高电路的功率密度，特别适合高频、超高频中小功率应用场合。

其他类型的电力电子器件还有MOS控制晶闸管（MOSFET Controlling Thyristor，MCT）、静电感应晶体管（Static Induction Transistor，SIT）、静电感应晶闸管（Static Induction Thyristor，SITH）等，也在特定场合有一定的应用。

2.6 功率集成电路与智能功率模块

2.6.1 功率模块（PM）与功率集成电路（PIC）

自20世纪80年代中后期开始，电力电子器件研制和开发的一个共同趋势是模块化和集成化。按照典型电力电子电路所需要的拓扑结构，将多个相同的电力电子器件或多个相互配合使用的不同电力电子器件封装在一个模块中，可以缩小装置体积，降低成本，提高可靠性。更重要的是，对工作频率较高的电路，可以大大减小线路电感，从而简化对保护和缓冲电路的要求。这种模块被称为PM，或者按照主要器件的名称命名，如SCR模块、电力

MOSFET 模块、IGBT 模块。

功率模块有许多形式，包括各种电力电子器件相互串联、并联组成的内含两个器件和三个器件的模块及多个器件组成的单相桥和三相桥模块等，如 MDQ 单相整流器模块、MDS 三相整流器模块，也有单相整流桥＋三相桥 IGBT 模块、三相整流桥＋三相桥 IGBT 模块、斩波器＋三相桥 IGBT 模块等。常用的功率模块类型如图 2-28 所示。

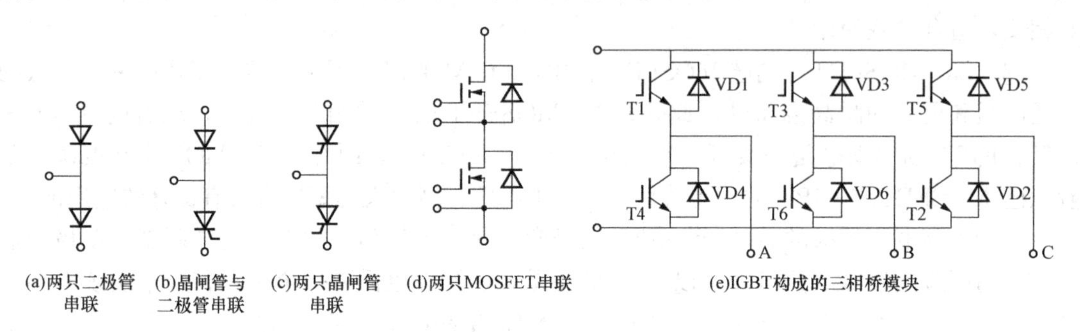

图 2-28　常用的功率模块类型

更进一步，如果将电力电子器件与逻辑、控制、保护、传感、检测、自诊断等信息电子电路制作在同一芯片上，称为 PIC。PIC 实现了电能和信息的集成，成为机电一体化的理想接口，具有广阔的应用前景。PIC 按照制作工艺及应用范围的不同，可分为高压功率集成电路（High Voltage Integrated Circuit，HVIC）和智能功率集成电路（Smart Power Integrated Circuit，SPIC）两类。HVIC 一般指横向高压器件与逻辑或模拟控制电路的单片集成，常用于小型电机驱动及电话交换机用户电路等需要较高电压的地方；SPIC 一般指纵向功率器件与逻辑或模拟控制电路的单片集成，常用于电压调节器、汽车功率开关、开关电源、电动机驱动、家用电器等产品。

PIC 既有高压又有低压，二者之间的绝缘、器件温升和散热的有效处理成为技术难点。IPM 在一定程度上回避了这两个难点，只将保护驱动电路与功率模块集成在一起。

2.6.2　智能功率模块（IPM）

IPM 一般专指由高速低功耗的 IGBT 管芯、优化的栅极驱动器和快速保护电路的封装集成，也称智能 IGBT，是 PIC 的一种。IPM 的智能化表现为可以实现控制、保护、接口三大功能，IPM 模块单元电路框图如图 2-29所示，从图中可以看出，IPM 不仅把功率开关器件和驱动电路集成在一起，而且还包含欠电压、过电流和过热等故障监测电路，并可将监测信号送给 CPU。使用 IPM，仅需提供各桥臂对应IGBT的驱动电源和相应的开关控制信号，大大方便了应用和系统的设计，并使可靠性大大提高。经过十几年的努力，IPM 已经在小于 20kHz 的中频、中功率范围内取得了

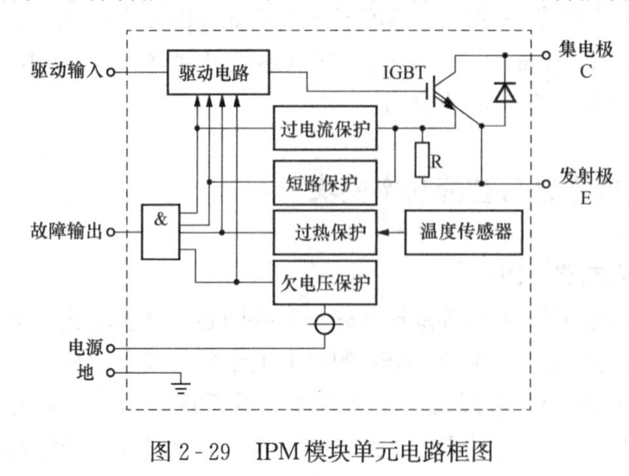

图 2-29　IPM 模块单元电路框图

应用上的成功，是变频调速、冶金机械、电力牵引、伺服驱动、变频家电的一种非常理想的电力电子器件。

IPM有单管封装（一单元，H型）、六合一封装（C型）和七合一封装（R型）、双管封装（二合一，D型）四种电路封装形式，其中D型应用最多，IPM电路封装形式如图2-30所示。R型IPM是带制动单元的三相逆变桥结构，R型IPM的模块结构如图2-31所示。

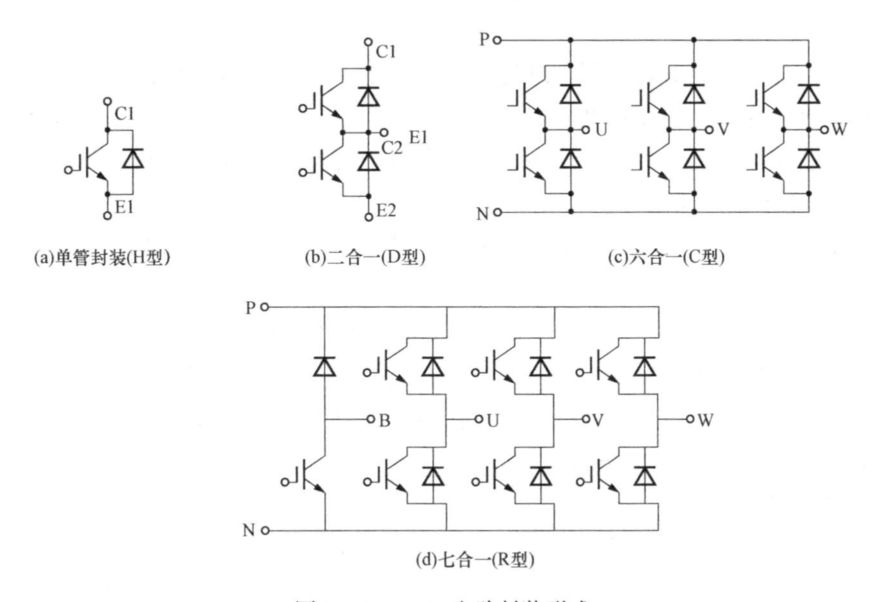

图2-30 IPM电路封装形式

IPM的应用比较方便，对于其中的每一个IGBT器件，只需要一个+15V的单电源即可。但存在着内部死区时间及过电流、短路保护阈值不可由用户调节的缺陷，往往用于定型逆变器类产品。

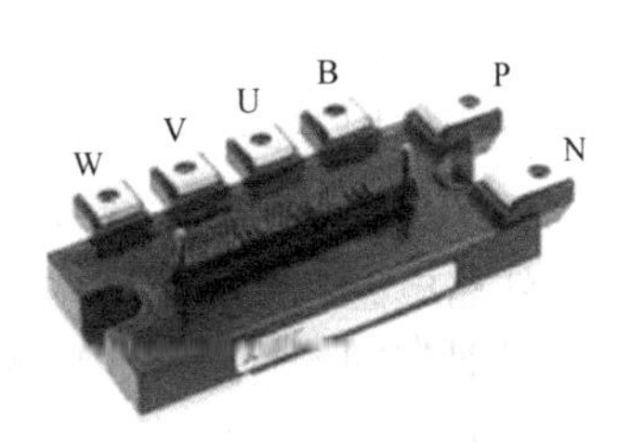

图2-31 R型IPM的模块结构

除了IPM，采用封装集成思想的电力电子电路也有许多名称，且各有侧重。若是将电力电子器件与其控制、驱动、保护等所有信息电子电路都封装在一起，则往往称之为IPEM。IPEM不采用焊丝互连，克服了IPM进一步发展的瓶颈（IPM内部因各功率器件与控制电路用焊丝连接不同芯片造成的焊丝引入的线电感与焊丝焊点的可靠性），实现了电力电子技术的智能化和模块化，大大降低电路接线电感、系统噪声和寄生震荡，提高了系统效率及可靠性。电力电子积木（Power Electronics Building Block，PEBB）又是在IPEM的基础上发展起来的，是一种针对分布式电源系列进行划分和构造的新的模块化概念。PEBB并不是一种特定的半导体器件，它是依照最优的电路结构和系统结构设计的不同器件和技术的集成。PEBB有能量接口和通信接口，通过这两种接口，几个PEBB可以组成电力电子系统。

2.6.3 智能晶闸管模块

普通晶闸管和双向晶闸管目前均有智能模块产品，广泛应用于交、直流电机软启动及调速、工业电气自动化、固体开关、通信、军工等各类电源（调温、调光、励磁、电镀、稳压等）。晶闸管智能模块将晶闸管主电路及控制、保护电路做在同一个模块内，且有较高的电气隔离度，使其产品质量可靠、安全方便。直流控制信号可对主电路输出电压进行平滑调节。晶闸管智能模块使用时可以方便地与计算机、仪表接口。如三相智能整流模块，其主电路采用三相全控桥式整流电路，主电路和移相控制电路做在同一个模块内，应用中只需外接三相交流输入电源与控制电路即可。

2.7 电力电子器件的保护

在设计电力电子电路时，除了合理地选择电力电子器件参数和设计良好的驱动电路外，还必须进行合理的保护，主要包括过电流、过电压保护。实际应用中，保护电路必不可少，其性能的优劣直接影响到器件的安全运行和电力电子装置整机的可靠性。

2.7.1 过电压及过电压保护

电力电子装置中可能发生的过电压分为外因过电压和内因过电压两类。

1. 外因过电压

外因过电压主要来自雷击和系统中的操作过程等外部原因，包括：

（1）操作过电压。由分、合闸等开关操作引起的过电压，电网侧的操作过电压会由供电变压器电磁感应耦合，或由变压器绕组之间存在的分布电容静电感应耦合过来。

（2）浪涌过电压。由雷击等外部因素偶然侵入电网引起的过电压，过电压倍数会更高。

2. 内因过电压

内因过电压主要来自电力电子装置内部器件的开关过程，包括：

（1）换相过电压。由于晶闸管或者与全控型器件反并联的续流二极管在换相结束后不能立刻恢复阻断能力，恢复过程中有较大的反向电流流过，一旦恢复阻断能力反向电流急剧减小，这样的电流突变会使电路中的杂散电感产生很大的自感反电动势，这个反电动势与电源电压共同作用在器件两端，导致开关器件过电压。

（2）关断过电压。全控型器件在较高频率下工作且器件关断时，因正向电流迅速降低，使得线路电感在开关器件两端感应出的过电压。

针对不同的过电压，应采取不同的保护措施，过电压保护措施及其配置位置如图 2-32 所示。其中，F 为避雷器，用以防止雷击过电压；C 为静电感应过电压抑制电容器，主要抑制合闸时的操作过电压；RC1 和 RC2 为两种过电压阻容吸收电路，其中 RC1 在过电压充电之后对电阻放电时，可能会危害被保护设备，而 RC2 则利用整流二极管阻止了放电电流进入电网，不会危害电路中的其他器件；RV 为非线性压敏电阻，其功能类似于两个反向对称的雪崩二极管，一旦出现过电压，立即导通，把电压箝位在保护值上，过电压消失后，压敏

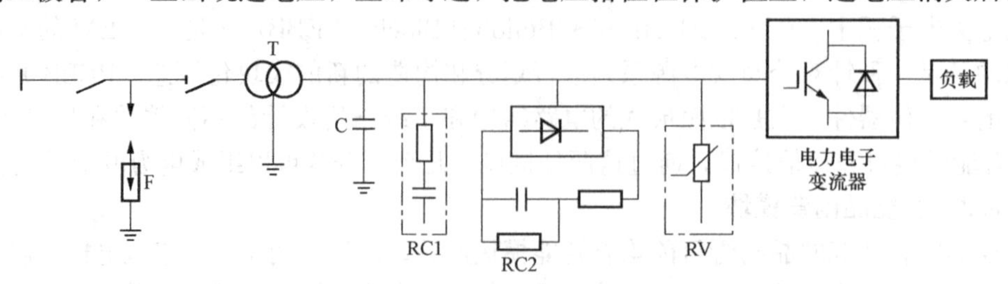

图 2-32　过电压抑制措施及其配置位置

电阻恢复高阻态（长时间的过电压会导致压敏电阻损坏，故不宜用于抑制频繁出现过电压的场合）。

RC阻容吸收电路作为最常见的过电压抑制电路，可接于供电变压器的两侧（通常供电网一侧称网侧，电力电子装置一侧称阀侧）或电力电子装置的直流侧，其典型连接方式如图2-33（a）、（b）所示。对大容量电力电子装置，常采用图2-33（c）的放电阻止型RC吸收电路，或称反向阻断式RC电路。RC吸收电路的保护能力有限，非线性元件具有近似于稳压管的伏安特性，能把过电压值限制在一定范围内，对于浪涌过电压具有非常有效的抑制作用。常用的非线性保护元件有压敏电阻、硒堆、转折二极管和对称硅过电压抑制器等。

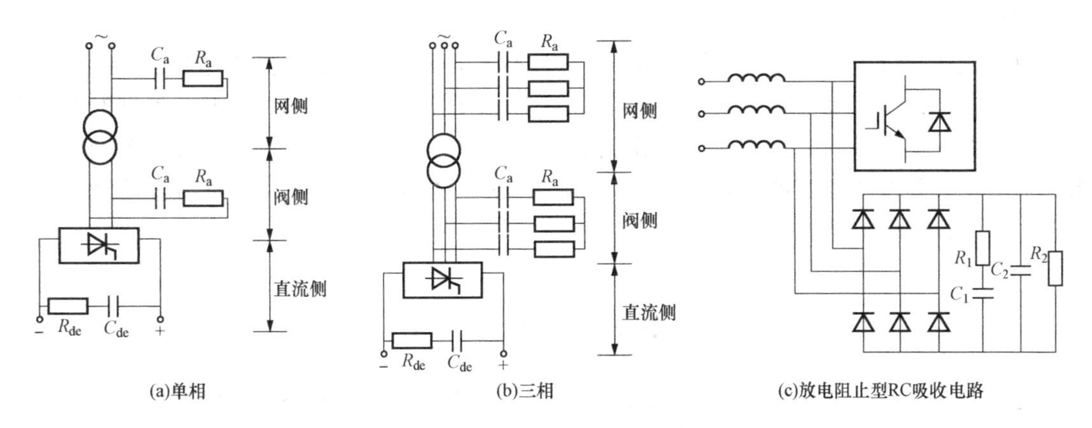

图2-33 常用阻容吸收电路的配置位置和接线方式

在实际应用中，各电力电子装置可视具体情况只采用其中的几种。一般不重复设置保护环节，如阻容吸收电路可选择RC1或RC2，非线性元件保护可选择RV。除上述过电压保护措施外，还可以采用电子电路进行过电压保护（采用电子电路进行过电压检测、判别和保护，可以起到很好的效果）。

2.7.2 过电流及过电流保护

电力电子装置在运行时有可能产生过电流现象（分过载和短路两种情况）。产生过电流的原因可概括为短路故障、生产机械的过载、触发或控制系统发生故障、主电路桥臂直通等。电力电子器件的热容量很小，承受过电流的能力比其他电力装置小得多，如果过电流过大而切断稍慢，就会使其结温超过允许值而损坏。因此，为了在故障状态下保护电力电子装置的安全，必须采用适宜的过电流保护措施，在发生过载或短路时快速切断电路或使电流迅速下降，保证电力电子器件免受损坏。常用的过电流保护措施及其配置位置如图2-34所示。

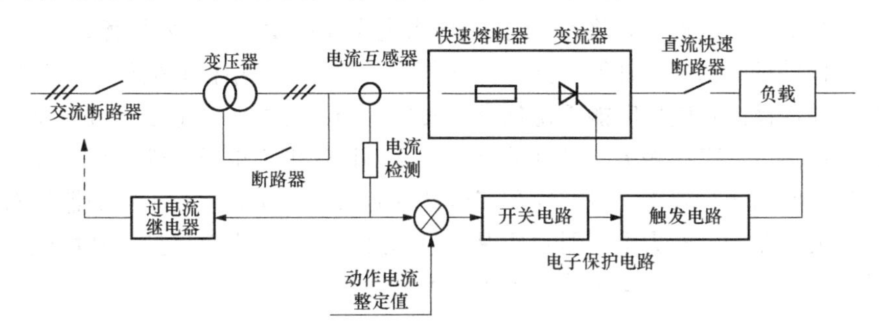

图2-34 常用的过电流保护措施及配置位置

除采用电气线路保护措施（空气断路器、熔断器、过电流继电器）外，通常电力电子装置采用快速熔断器和电子保护电路进行过电流保护。电气线路保护措施是最简单的保护措施，其动作时间长、反应慢，主要用来限制过电流故障的进一步扩大。快速熔断器是最有效、应用最广泛的一种过电流保护措施，一般与电力电子器件串联，在电子保护电路未能奏效的情况下进行保护。电子保护电路具有灵活、快速的特点，通过检测电力电子装置中的电流，去封锁驱动电路的输出信号，有效关断电力电子器件。一般电力电子装置配合使用几种过电流保护措施，以提高保护的可靠性和合理性。其中，电子保护电路作为电力电子装置的一级保护，快速熔断器仅作为短路时的部分区段的保护，直流快速熔断器在电子电路动作之后实现保护，过电流继电器在过载时动作。

过电流保护分为集中保护和分散保护。集中保护是通过检测装置直流母线上的电流来实现的，由霍尔元件完成检测。分散保护则是检测各个桥臂上的电流或每个开关器件的电流进行保护。而在电子保护电路中，一般用分流器（电阻）或电流互感器检测流过开关器件的电流；对 IGBT 等器件可以通过检测其饱和压降来反映过电流情况。此外，常将全控型器件的驱动电路和过流保护功能结合，实现器件过流保护的快速性。

本章小结

电力电子器件是电力电子技术的基础和核心。电力电子技术的不断发展都是围绕着各种新型电力电子器件的诞生和完善进行的。电力电子器件的发展经历了不可控器件（电力二极管）、半控型器件（晶闸管）、全控型器件（GTO、GTR、电力 MOSFET、IGBT、IGCT等）、PM、IPM，从电流控制型到电压控制型再到两者的结合，都是向着理想开关逼近。

按照器件导通时器件内部载流子参与导电的情况，电力电子器件分为单极型器件、双极型器件和复合型器件。其中，单极型器件主要有电力 MOSFET、SIT，这类器件工作频率高、开关特性好；双极型器件有电力二极管、SCR 及其派生器件、GTO、GTR，其发展方向是高电压、大电流；复合型器件典型产品有 IGBT、IGCT，这类器件利用输入阻抗高、响应速度快、驱动功率小的 MOSFET 作为输入级，耐压高、导通压降低的双极型器件作为输出单元，使器件兼具两者的优点，有可能成为未来电力电子应用的主流。场控器件（单极型器件和复合型器件）提高了电力电子器件的工作频率，简化了驱动电路，特别是 IGBT 兼具 MOSFET 和 GTR 的优点，不仅在性能上可以取代 GTR，而且正在向电力MOSFET及GTO 的应用领域发展。PIC 属于新型混合型器件，特别是 IPM 以其高可靠性，使用方便赢得越来越大的市场。而采用 SiC、GaN 等新型半导体材料制成的宽禁带电力电子器件，实现了人们对“理想器件”的追求，将是 21 世纪电力电子器件发展的主要趋势。

电力电子器件种类繁多、性能各异，其性能除与器件内部结构有关外，还与外部应用条件密切相关。器件性能在应用时能否得到充分发挥，与器件的驱动电路、过电压保护、过电流保护设计，散热设计直接相关。良好的驱动电路可以使电力电子器件工作在较理想的开关状态，对变流电路的运行效率、可靠性和安全性都有重要意义，然而不同的器件对驱动电路的要求存在较大的差别。电力电子器件的保护包括过电压、过电流保护，其性能的优劣直接影响到器件的安全运行和电力电子装置整机的可靠性。

习　题

1. 试从不同的角度对电力电子器件进行列举和分类，并查阅常用电力电子器件的生产商及型号、规格。

2. 电力二极管有哪些主要类型？分别适用于哪些场合？其具有怎样的结构特点才能够耐受高电压和大电流？

3. 晶闸管导通的条件是什么？维持晶闸管导通的条件是什么？怎样才能使晶闸管由导通变为关断？

4. 图2-35中阴影部分表示流过晶闸管的电流波形，各波形的电流最大值均为I_m。试计算各波形的电流平均值I_{d1}、I_{d2}、I_{d3}、I_{d4}，电流有效值I_1、I_2、I_3、I_4和它们的波形系数K_{f1}、K_{f2}、K_{f3}、K_{f4}（波形系数为有效值与其平均值之比，反映的是波形与平直线的接近程度）。

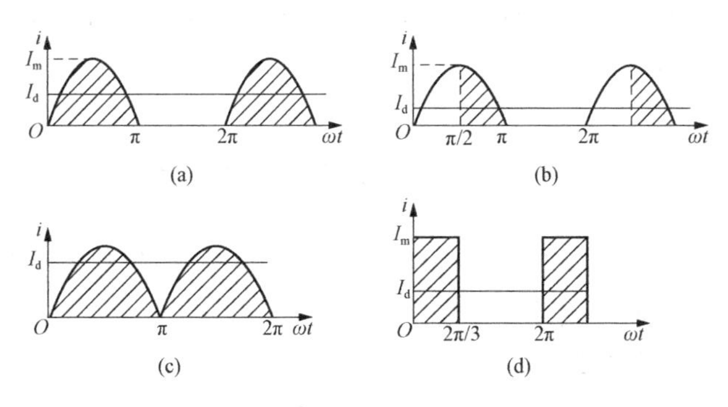

图2-35　晶闸管流通的电流波形

5. 如上题中晶闸管的通态平均电流为100A，考虑晶闸管的安全裕量为1.5，计算其允许通过的平均电流和最大值是多少？

6. 晶闸管有哪些派生器件？它们各有什么特点及用途？

7. GTO和普通晶闸管同为PNPN结构，为什么GTO能够自关断，而普通晶闸管不能？

8. 什么是GTR的二次击穿现象？如何防止二次击穿？

9. 使用电力MOSFET应该注意什么问题？为什么在关断时还要施加一定幅值的负驱动信号？

10. 试分析IGBT和电力MOSFET在内部结构和开关特性上的相似与不同之处。

11. 什么是IPM？举例说明其特点及应用。

12. GTO、电力MOSFET和IGBT的驱动电路各有什么特点？

13. 电力电子器件过电压产生的原因有哪些？过电压保护措施有哪些？

14. 如何进行电力电子器件的过电流保护？对于全控型器件构成的、工作频率较高的电力电子电路，哪一种过电流保护措施对电力电子器件的保护相对有效？

第3章　整　流　电　路

将交流电能变换为直流电能的电路称为整流电路。电力电子器件多具有单向导电性的特点，利用该特点可以构成多种不同的整流电路。根据不同的分类方法可对整流电路进行分类：按交流电源电流的波形可分为半波整流和全波整流；按交流电源的相数可分为单相整流和三相整流；按参与整流的功率开关器件情况可分为不可控整流、半控整流和全控整流；按控制原理可分为相控整流和高频 PWM 控制整流。

本章首先介绍常用的采用电力二极管的不可控整流电路，然后介绍采用晶闸管的相控整流电路，并根据整流电路的基本工作原理分析不同性质负载时整流电路直流输出电压、电流和交流输入电流的波形，说明各种整流电路的特点和应用范围。最后讨论晶闸管整流电路的有源逆变工作状态、整流电路的谐波分析及采用全控型开关器件的 PWM 整流电路，并给出一些典型整流电路的设计实例。

3.1　不可控整流电路

不可控整流电路就是用二极管构成的整流电路，又称二极管整流电路。其整流过程中不需要对整流电路件进行控制，因此简单易用。

3.1.1　单相不可控整流电路

单相不可控整流电路的特点是由单相交流电源供电，最基本的电路是单相半波不可控整流电路，常用的电路是单相桥式不可控整流电路。

1. 单相半波不可控整流电路

单相半波不可控整流电路如图 3-1 所示，电力二极管 VD 和电阻负载 R 串联，接入变压器 T 的二次侧。变压器 T 起升降压和电气隔离的作用，其一次电压和二次电压瞬时值分别用 u_1 和 u_2 来表示，有效值分别用 U_1 和 U_2 表示。

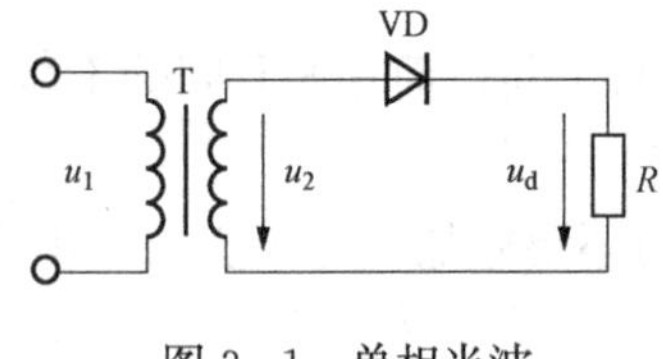

图 3-1　单相半波不可控整流电路

为了简化电力电子变换器的工作过程分析，在没有特别说明的情况下，把电力二极管及后面章节遇到的其他电力电子器件均看作理想开关器件，即导通时其管压降等于零，相当于短路；截止时其漏电流等于零，相当于开路；且不考虑二极管及其他电力电子器件的导通、关断过程，可以认为其导通与关断过程均为瞬时完成。

由于电力二极管承受正向电压时导通，承受反向电压时截止，根据二极管导通和截止两种不同状态，带电阻负载的单相半波不可控整流电路具有 2 种工作模态，单相半波不可控整流电路的分时等效电路如图 3-2 所示，图中所标出的 u_2 正负极性为实际极性。

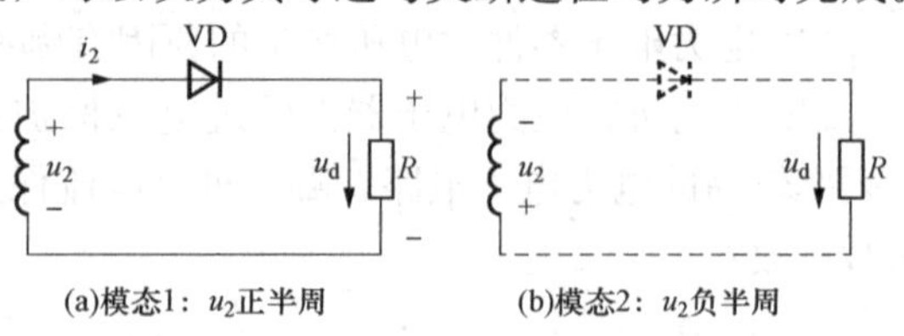

图 3-2　单相半波不可控整流电路的分时等效电路

为简化分析，图 3-2 及以后的电路图中通常直接略去变压器的一次侧电路部分。

单相半波不可控整流电路的工作原理分析如下：

（1）在 u_2正半周，电力二极管 VD 承受正向电压导通，整流输出电压 $u_d=u_2$。

（2）在 u_2负半周，电力二极管 VD 承受反向电压截止，整流输出电压 $u_d=0$。此时，u_2全部施加于 VD 两端。VD 承受的最大反向电压为变压器二次电压最大值，即$\sqrt{2}U_2$。

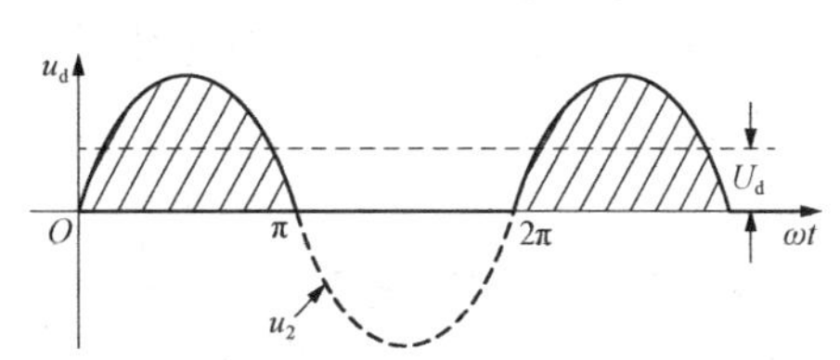

图 3-3　带电阻负载单相半波不可控整流电路的输出电压波形

根据上述分析可以得到对应波形，带电阻负载单相半波不可控整流电路的输出电压波形如图 3-3 所示，图中波形为正弦半波，其平均值按式(3-1)计算。

$$U_d=\frac{1}{2\pi}\int_0^{\pi}\sqrt{2}U_2\sin\omega t\,d\omega t=\frac{\sqrt{2}}{\pi}U_2\approx 0.45U_2 \tag{3-1}$$

总体来看，单相半波不可控整流电路是最简单的整流电路，是理解其他整流电路的基础。由于该整流电路只在电源电压的正半周工作（半波），变压器二次侧电流 i_2为单方向直流电，会导致变压器铁芯直流磁化，因此该电路在实际中较少应用。

2. 单相桥式不可控整流电路

工程实践中应用较多的是单相桥式不可控整流电路，带电阻负载的单相桥式不可控整流电路如图 3-4 所示，该电路由四个二极管构成桥式结构。其中 VD1 和 VD2 为共阴极接法，VD3 和 VD4 为共阳极接法，电阻负载跨接在共阴极端和共阳极端之间。

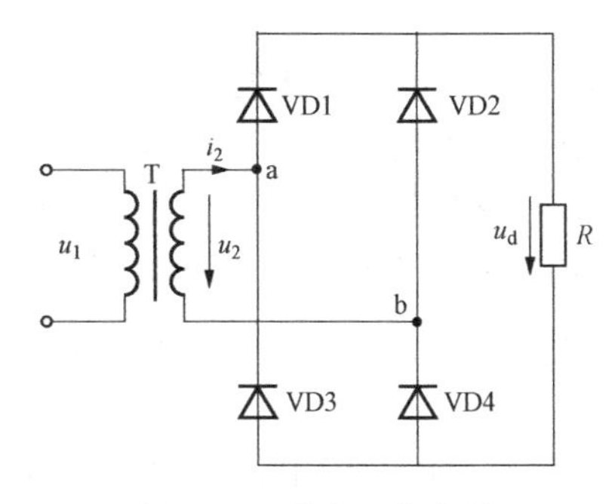

图 3-4　带电阻负载的单相桥式不可控整流电路

共阴极接法的工作特点是阳极电位高者先导通，其他二极管则因承受反向电压而关断。相应地，共阳极接法的工作特点是阴极电位低者先导通，其他二极管则因承受反向电压而关断。

单相桥式不可控整流电路的工作原理分析如下：

（1）在 u_2正半周（$u_a>u_b$），共阴极组中 VD1 和共阳极组中 VD4 承受正向电压导通，VD2 和 VD3 被迫承受反向电压而关断。从而，VD1 和 VD4 形成一对组合，流通电流，如图 3-5（a）所示。此时，整流输出电压 $u_d=u_{ab}=u_2>0$，变压器二次侧电流 $i_2>0$。由于 VD1、VD4 串联且同时通断，因此可以看作一个二极管，从而该电路模态相当于一个单相半波不可控整流电路。

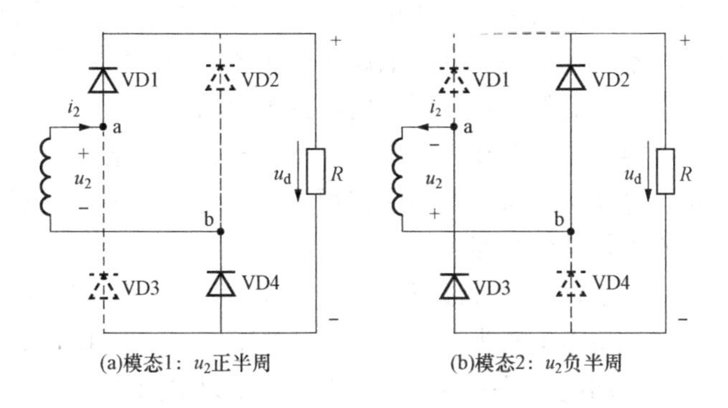

图 3-5　单相桥式不可控整流电路的分时等效电路

（2）在 u_2负半周（$u_a<u_b$），共阴极组中 VD2 和共阳极组中 VD3 承受正向电压导通，VD1 和 VD4 被迫承受反向电压而关断。从而，

VD2 和 VD3 形成一对组合，流通电流，如图 3-5（b）所示。此时，整流输出电压 $u_d = u_{ba} = u_2 > 0$，输出电压仍为正值；变压器二次侧电流 $i_2 < 0$。由于 VD2、VD3 串联且同时通断，因此也可以看作一个二极管，从而该电路模态也相当于一个单相半波不可控整流电路。

根据上述分析可以得到对应波形，带电阻负载单相桥式不可控整流电路的工作波形如图 3-6 所示。

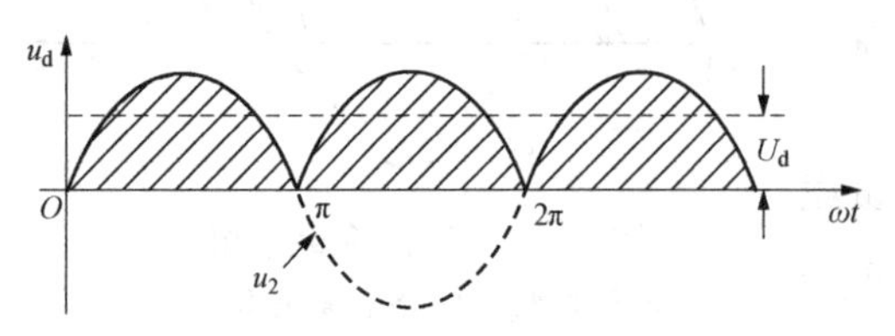

图 3-6　带电阻负载单相桥式不可控整流电路的工作波形

由图 3-6 可见，整流输出电压的波形为双正弦半波，一个电源周期 2π 里面输出了两个完全相同的波头，因此把具有该输出特性的整流电路称为 2 脉波整流电路。单相桥式不可控整流电路在一个电源周期能够输出两个脉波的根本原因在于其内部有两个分时工作的单相半波整流电路。由于任一时刻只有一个回路导通提供负载电流，这样就存在负载电流从一条导通路径切换到另外一条导通路径的过程，此切换过程被称为换流或**换相**。如图3-6所示，换流发生的时刻位于电源交流电压过零处，由于这种换流是自然发生的，因此称为自然换流或自然换相。发生自然换相的时刻称为**自然换相点**。对单相桥式整流电路而言，自然换相点位于电源交流电压过零处。

整流输出电压平均值为

$$U_d = \frac{1}{\pi}\int_0^{\pi}\sqrt{2}U_2\sin\omega t\,\mathrm{d}\omega t = \frac{2\sqrt{2}}{\pi}U_2 \approx 0.9U_2 \tag{3-2}$$

以 VD1 为例说明二极管在一个周期中所承受的电压情况。交流电源电压处于正半周时，VD1 处于导通状态，其两端电压近似为零；交流电源电压处于负半周时，VD1 处于截止状态，而同组的二极管 VD2 处于导通状态，忽略其管压降，共阴极端电位 $u_{阴} = u_b$，从而 VD1 的两端电压为 $u_{VD} = u_{阳} - u_{阴} = u_a - u_b = u_2 < 0$。可见，此时 VD1 承受反向电压，最大反向电压为交流电源电压 u_2 的峰值，即 $\sqrt{2}U_2$。此方法称为电位分析法，可以方便地分析变流电路中开关管承受的电压情况。

单相桥式不可控整流电路中，变压器二次侧电流 i_2 为正负对称的交流电，平均值为零，即没有直流分量，从而没有变压器铁芯的直流磁化问题。

3. 电容滤波的单相桥式不可控整流电路

如前所述，单相桥式不可控整流电路为 2 脉波整流电路，输出电压波动较大。在实际应用中，往往需对输出电压进行滤波处理。滤波方式主要是电容滤波。近年来，在交-直-交变频器、不间断电源、开关电源等应用场合中，大都采用不可控整流电路经电容滤波后提供直流电源，供后级的逆变器、斩波器等使用。

电容滤波的单相桥式不可控整流电路常用于小功率单相交流输入的场合，如当前普及的微机、电视机等家电产品中使用的开关电源，其整流部分采用的是图 3-7（a）所示的单相桥式不可控整流电路。

（1）工作原理及波形分析。图 3-7（b）所示为电路工作波形。假设该电路已工作于稳态，整流输出电压为 u_d，等于电容电压 u_C；同时由于实际中作为负载的后级电路稳态时消耗的直流平均电流是一定的，所以分析中以电阻 R 作为负载。

工作原理分析如下：

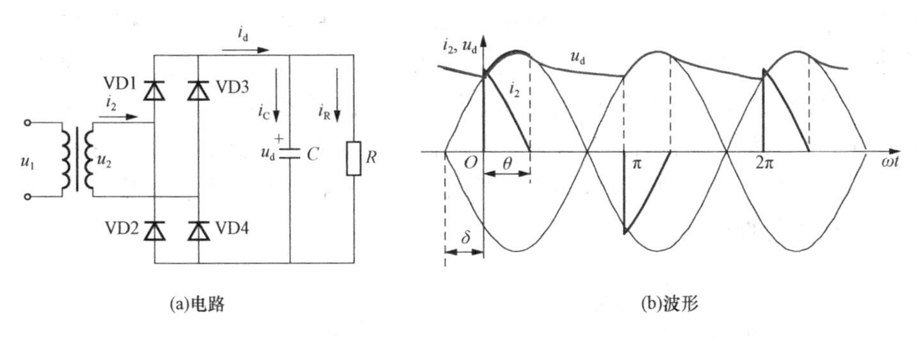

(a)电路 (b)波形

图 3-7 电容滤波的单相桥式不可控整流电路及其工作波形

1）在 u_2 正半周过零点至 $\omega t=0$ 期间，因 $u_2<u_d$，故二极管均不导通，电容 C 向负载 R 放电，提供负载所需电流，同时 u_d 下降。至 $\omega t=0$ 之后，$u_2>u_d$，VD1 和 VD4 因承受正压而导通，$u_d=u_2$，交流电源向电容充电，同时向负载 R 供电。此时产生变压器二次侧电流 i_2，此电流因向电容 C 充电，故波形如图 3-7（b）所示，快速下降。当 $i_2=0$ 时，VD1 和 VD4 关断，电容 C 维持负载电压，u_d 下降，波形如图 3-7（b）所示。

2）在 u_2 进入负半周，当 $|u_2|<u_d$，二极管均不导通，电容 C 向负载 R 放电，提供负载所需电流，同时 u_d 继续下降。至 $|u_2|>u_d$，VD2 和 VD3 因承受正压而导通，$u_d=-u_2$，交流电源向电容充电，同时向负载 R 供电。此时产生变压器二次侧电流 i_2 波形如图 3-7（b）所示，$|i_2|$ 快速下降。当 $i_2=0$ 时，VD2 和 VD3 关断，电容 C 维持负载电压，u_d 下降。

总结来看，该电路存在三种工作模态，即 VD1 和 VD4 导通向 C 充电、VD2 和 VD3 导通向 C 充电、4 个二极管全截止同时 C 向负载放电。

设 VD1 和 VD4 导通的时刻与 u_2 过零点相距 δ 角，单个二极管的导通角为 θ，δ 和 θ 仅由乘积 ωRC 决定。δ、θ 和 ωRC 的关系曲线如图 3-8 所示。

二极管关断的时刻，即 ωt 达到 θ 的时刻，还可用另一种方法确定。显然，在 u_2 达到峰值之前，VD1 和 VD4 是不会关断的。u_2 过了峰值之后，u_2 和 u_d 都开始下降。VD1 和 VD4 的关断时刻，从物理意义上讲，就是两个电压下降速度相等的时刻，一个是电源电压的下降速度 $|du_2/d\omega t|$，另一个是假设二极管 VD1 和 VD4 关断而电容开始单独向电阻放电时电压的下降速度 $|du_d/d\omega t|_P$（下标表示假设）。前者等于该时刻 u_2 导数的绝对值，后者等于该时刻与 θ、ωRC 的比值。据此即可确定 θ。

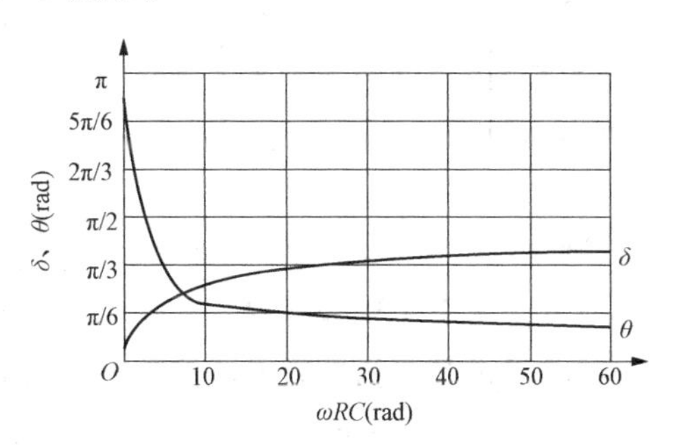

图 3-8 δ、θ 和 ωRC 的关系曲线

（2）输出电压平均值。空载时，$R=\infty$，放电时间常数无穷大，电容可以一直充电直到交流电源电压达到峰值，此时整流电路的输出电压最大，$u_d=\sqrt{2}u_2$。

重载时，R 很小，负载电流很大，滤波电容近乎被短接失去储能作用。此时，整流电路相当于纯阻性负载，输出电压 u_d 趋近于 $0.9u_2$。在设计时一般选择电容 C 的数值，使 $RC\geqslant(1.5\sim2.5)T$（T 为交流电源的周期），此时输出电压 $u_d\approx1.2u_2$。

（3）感容滤波电路。在上述讨论过程中，忽略了电路中诸如变压器漏抗、线路电感等的作用。另外，实际应用中为了抑制电流冲击，常在直流侧串入较小的电感，称为感容滤波电路，如图 3 - 9（a）所示。此时输出电压和输入电流的波形如图 3 - 9（b）所示，由波形可见，u_d波形更平直，而电流 i_2的上升段也平缓了许多，这对于电路的工作是有利的。这种波形上的改进主要得益于电感“抑制电流变化”的作用。当 L 和 C 的取值发生变化时，电路的工作情况会有很大的不同，这里不再详述。

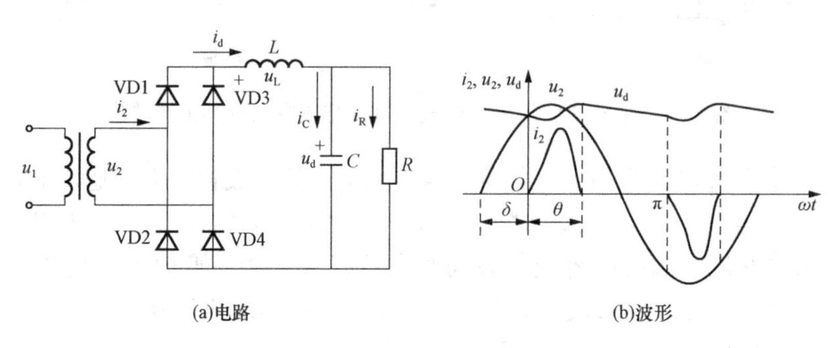

图 3 - 9　感容滤波的单相不可控整流电路及其工作波形

3.1.2　三相不可控整流电路

当整流负载容量较大，或要求直流电压脉动较小、易滤波时，应采用由三相交流电源供电的整流电路。变压器的一次侧通常接成三角形，以避免 3 次谐波流入电网，为了得到中性线，变压器的二次侧接成星形。在三相不可控整流电路中，最基本的是三相半波不可控整流电路，应用较为广泛的是三相桥式不可控整流电路。

1. 三相半波不可控整流电路

带电阻负载的三相半波不可控整流电路如图3 - 10所示，3 个二极管 VD1、VD2 和 VD3 分别接入 a、b、c 三相电源，接成共阴极接法。此处，3 个二极管对应的阳极电位分别为相电压 u_a、u_b、u_c，根据共阴极接法的特点，二极管对应的相电压最大者导通，另外两个二极管将因承受反向电压处于截止状态。因此，带电阻负载的三相半波不可控整流电路包括 3 种工作模态，分别为 VD1 单独导通、VD2 单独导通和 VD3 单独导通，带电阻负载三相半波不可控整流电路的输出波形如图 3 - 11 所示。工作原理分析如下：

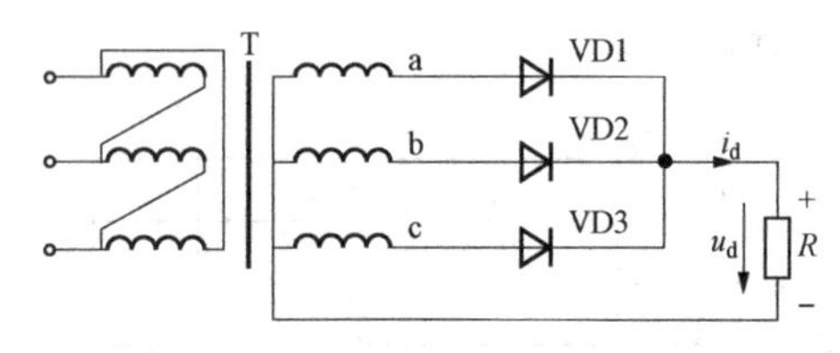

图 3 - 10　带电阻负载的三相半波不可控整流电路

（1）$\omega t = \pi/6 \sim 5\pi/6$ 时，相电压 u_a最大，VD1 的阳极电位高于 VD2 和 VD3 的阳极电位，故 VD1 导通，其两端电压 $u_{VD1}=0$。此时，电路等同于一个单相半波整流电路，输出电压 $u_d=u_a$，a 相电流等于流过二极管 VD1 的电流，也等于负载电流，即 $i_a=i_{VD1}=i_d=u_d/R$。根据电位分析法，$u_{VD2}=u_{阳}-u_{阴}=u_b-u_d=u_b-u_a$，由于 $u_b<u_a$，故 $u_{VD2}=u_b-u_a=u_{ba}<0$，承受反压处于截止状态。同理，VD3 也截止。

（2）$\omega t = 5\pi/6 \sim 3\pi/2$ 时，相电压 u_b最大，VD2 的阳极电位高于 VD1 和 VD3 的阳极电位，故 VD2 导通，电路也等同于一个单相半波整流电路，输出电压 $u_d=u_b$。VD1 和 VD3 均承受反压截止，VD1 的两端电压据电位分析法为，$u_{VD1}=u_{阳}-u_{阴}=u_a-u_b=u_{ab}$。负载电流从经 VD1 流通换到经 VD2 流通，自然换相。

（3）$\omega t=3\pi/2\sim13\pi/6$ 时，相电压 u_c 最大，VD3 的阳极电位高于 VD1 和 VD2 的阳极电位，故 VD3 导通，电路等同于另一个单相半波整流电路，输出电压 $u_d=u_c$。VD1 和 VD2 均承受反压截止，$u_{VD1}=u_{ac}$。负载电流从经 VD2 流通换到经 VD3 流通，自然换相。

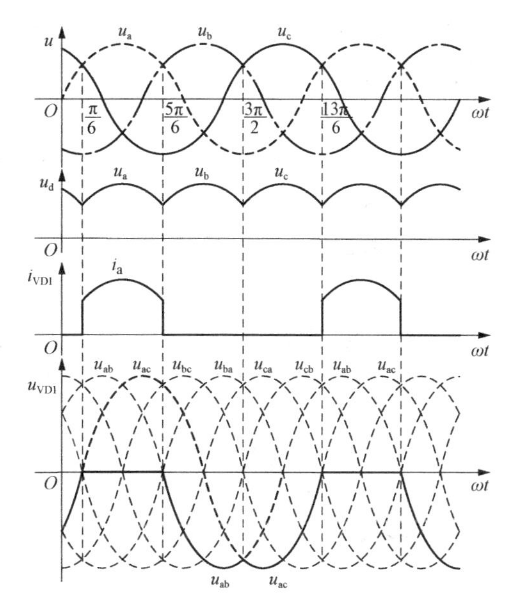

图 3-11 带电阻负载三相半波不可控整流电路的输出波形

根据上述分析可得带电阻负载三相半波不可控整流电路的输出电压 u_d 波形，该波形为三相交流电源相电压的正包络线，整流输出电压 u_d 在一个电源周期内脉动 3 次，且每次脉动的波形都一样，被称为 3 脉波整流电路。3 脉波输出的原因是该电路中有三个单相半波整流电路轮流工作，换相过程自然发生，换相位置处于三相电压在正半周的交点位置如相电压 u_a 的 $\pi/6$ 处，这正是三相整流电路的自然换相点。该电路输出电压平均值为

$$U_d=\frac{1}{2\pi/3}\int_{\frac{\pi}{6}}^{\frac{5\pi}{6}}\sqrt{2}U_2\sin\omega t\,\mathrm{d}\omega t=\frac{3\sqrt{6}}{2\pi}U_2 \tag{3-3}$$

在移相范围内，二极管承受的最大反向电压为变压器二次侧线电压的峰值 $\sqrt{6}U_2$。

2. 三相桥式不可控整流电路

带电阻负载的三相桥式不可控整流电路如图 3-12 所示，VD1 和 VD4 与 a 相电源连接，分别称为 a 相桥臂的上桥臂和下桥臂；VD3 和 VD6 与 b 相电源连接，VD2 和 VD5 与 c 相电源连接。3 个二极管 VD1、VD3 和 VD5 为共阴极接法，称为共阴极组，工作中阳极所接相电压最大的二极管导通，其他二极管截止。另 3 个二极管 VD4、VD6 和 VD2 为共阳极接法，称之为共阳极组，工作中阴极所接相电压最小的二极管导通，其他二极管截止。二极管的编号顺序与工作中的导通顺序相对应。

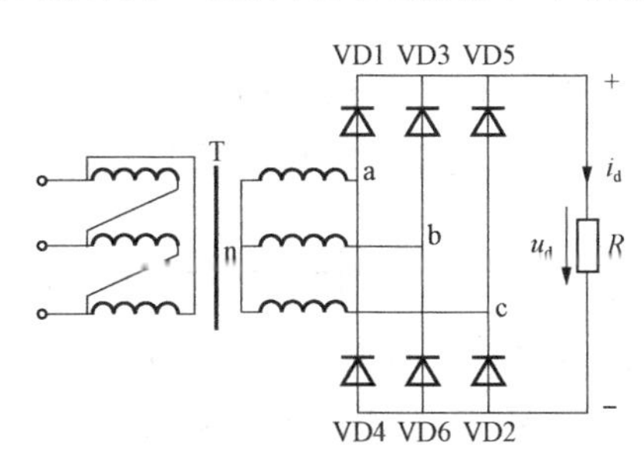

图 3-12 带电阻负载的三相桥式不可控整流电路

对于图 3-12 所示的三相桥式不可控整流电路，共阴极某相二极管和共阳极另一相二极管配合方能形成导通回路。在这种要求下，根据排列组合方法，可知导通回路只有 6 种情况（$C_3^1\times C_2^1$），分别为 VD1 和 VD6、VD1 和 VD2、VD3 和 VD2、VD3 和 VD4、VD5 和 VD4、VD5 和 VD6 构成的回路。它们构成三相桥式不可控整流电路的 6 种工作模态，对应的等效电路如图 3-13 所示。电路工作波形如图 3-14 所示。下面分析其工作原理。

（1）根据图 3-14，$\omega t=\pi/6\sim\pi/2$ 时，相电压 u_a 最大、u_b 最小，共阴极组中的 VD1 和共阳极组中的 VD6 导通，如图 3-13（a）所示，电源为两个相电压 u_a、u_b 的组合，即线电压 u_{ab}。此时，输出电压 $u_d=u_a-u_b=u_{ab}$，a 相电流 $i_a=i_{VD1}=i_d=u_{ab}/R$。

（2）$\omega t=\pi/2\sim5\pi/6$ 时，相电压 u_a 最大、u_c 最小，共阴极组中的 VD1 和共阳极组中的

VD2 导通，如图 3-13（b）所示，电源为线电压 u_{ac}。此时，输出电压 $u_d=u_a-u_c=u_{ac}$，a 相电流 $i_a=i_{VD1}=i_d=u_{ac}/R$。

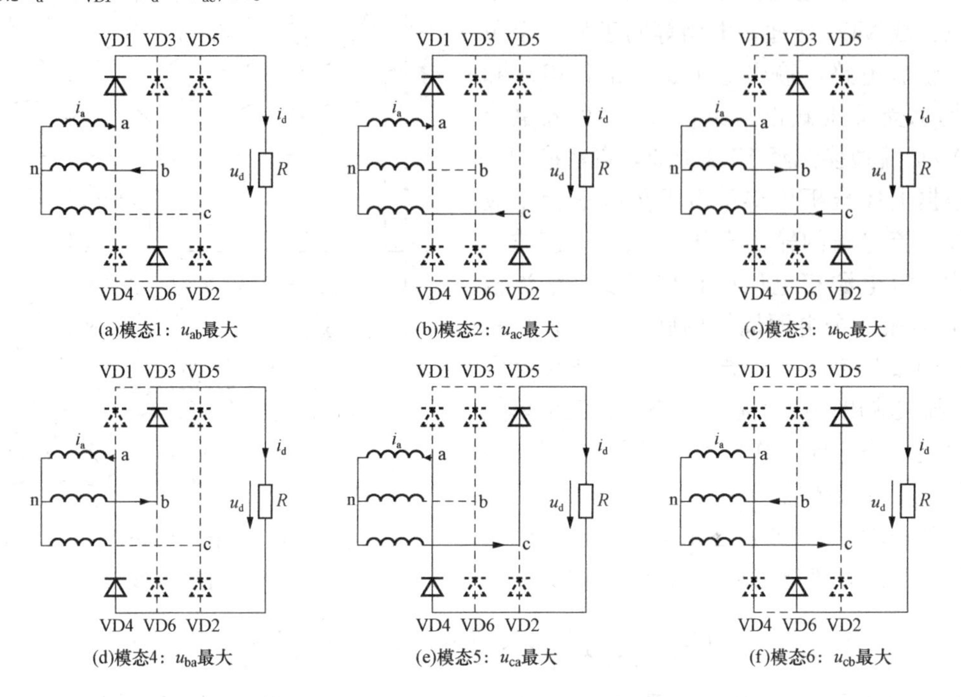

(a)模态1：u_{ab}最大　(b)模态2：u_{ac}最大　(c)模态3：u_{bc}最大

(d)模态4：u_{ba}最大　(e)模态5：u_{ca}最大　(f)模态6：u_{cb}最大

图 3-13　带电阻负载三相桥式不可控整流电路的分时等效电路

（3）$\omega t=5\pi/6\sim7\pi/6$ 时，相电压 u_b最大、u_c最小，VD3 和 VD2 导通，如图 3-13（c）所示，电源为线电压 u_{bc}。此时，输出电压 $u_d=u_{bc}$，二极管 VD1 承受的电压为 $u_{VD1}=u_a-u_b=u_{ab}$。

（4）$\omega t=7\pi/6\sim3\pi/2$ 时，相电压 u_b最大、u_a最小，VD3 和 VD4 导通，如图 3-13（d）所示，电源为线电压 u_{ba}。此时，输出电压 $u_d=u_b-u_a=u_{ba}$，a 相电流方向与模态 1 相反，$i_a=i_{VD4}=i_d=u_{ba}/R$。VD1 承受的电压仍为 u_{ab}，即 $u_{VD1}=u_{ab}$。

（5）$\omega t=3\pi/2\sim11\pi/6$ 时，相电压 u_c最大、u_a最小，VD5 和 VD4 导通，如图 3-13（e）所示，电源为线电压 u_{ca}；电路仍为 1 个单相半波整流电路。此时，输出电压 $u_d=u_c-u_a=u_{ca}$，a 相电流方向与模态 2 相反，$i_a=i_{VD4}=i_d=u_{ca}/R$。此时，VD1 承受的电压为 u_{ac}。

（6）$\omega t=11\pi/6\sim13\pi/6$ 时，相电压 u_c最大、u_b最小，VD5 和 VD6 导通，如图 3-13（f）所示，电源为线电压 u_{cb}。此时，输出电压 $u_d=u_c-u_b=u_{cb}$，VD1 承受的电压仍为 u_{ac}。

由以上分析可见，上述每个模态均对应一个整流电路，每条整流回路的电源均为两个相电压的组合，即线电压，分别为 u_{ab}、u_{ac}、u_{bc}、u_{ba}、u_{ca}、u_{cb}。这 6 个线电压波形均为正弦波，依次相错 60°。因此按时间次序，分别是 u_{ab}、u_{ac}、u_{bc}、u_{ba}、u_{ca}、u_{cb}先后处于最大值。导通回路对应的线电压最大者，其中的二极管就导通，其他回路的二极管因竞争关系承受反向电压而截止，从而使其他回路均不流通电流。

因此，每个流通电流的回路实际上都是由线电压供电的单相半波整流电路。三相桥式不可控整流电路共有 6 条这样的电流流通回路，按照线电压最大回路导通工作的原则，1 个周期中分别工作 60°，对应 6 个模态。每个二极管分别参与两个导通回路，因此 1 个周期中共导通 120°。如 VD1 分别位于图 3-13 所示的工作模态 1 和模态 2。随着 6 个线电压 u_{ab}、u_{ac}、u_{bc}、u_{ba}、u_{ca}、u_{cb}依次最大，其对应的二极管 VD1 和 VD6、VD1 和 VD2、VD3 和 VD2、VD3 和 VD4、VD5 和 VD4、VD5 和 VD6 依次导通，可见电路中的 6 个二极管正是按照编号顺序依次导通。

图 3-14 给出了带电阻负载三相桥式不可控整流器的整流输出电压波形，为线电压波形在正半周的外包络线；同时，整流输出电压 u_d 在一个电源周期内脉动 6 次，且每次脉动的波形都一样，被称为 6 脉波整流电路。6 脉波输出的原因在于其内部有 6 条单相半波整流回路轮流工作。电路每 60°换相一次，换相点与线电压波形在正半周高处的交点相对应，即三相桥式整流电路的自然换相点位于线电压波形在正半周的高位交点处，如 u_{ab} 的 60°或 u_a 的 30°处。其输出电压平均值为

$$U_d = \frac{1}{\pi/3}\int_{\frac{\pi}{3}}^{\frac{2\pi}{3}} \sqrt{6}U_2 \sin\omega t \, d\omega t = \frac{3\sqrt{6}}{\pi}U_2 \tag{3-4}$$

从图 3-14 中可见，变压器的相电流在一个电源周期内正负对称，不会出现变压器直流磁化现象。此外，二极管承受的最大反向电压为变压器二次侧线电压的峰值$\sqrt{6}U_2$，和三相半波不可控整流器一致。

3. 电容滤波的三相桥式不可控整流电路

在电容滤波的三相不可控整流电路中，最常用的是三相桥式结构，电容滤波的三相桥式不可控整流电路及其波形如图 3-15 所示。带电容滤波的三相桥式不可控整流电路的输出电压更加平直。

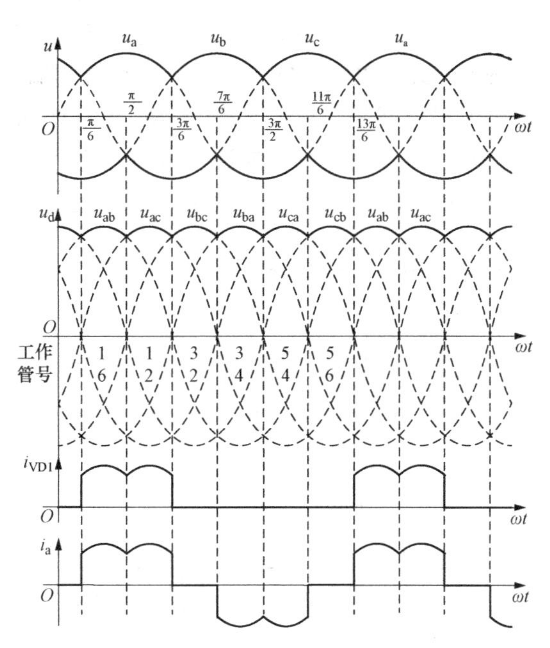

图 3-14 带电阻负载三相桥式不可控整流器的工作波形

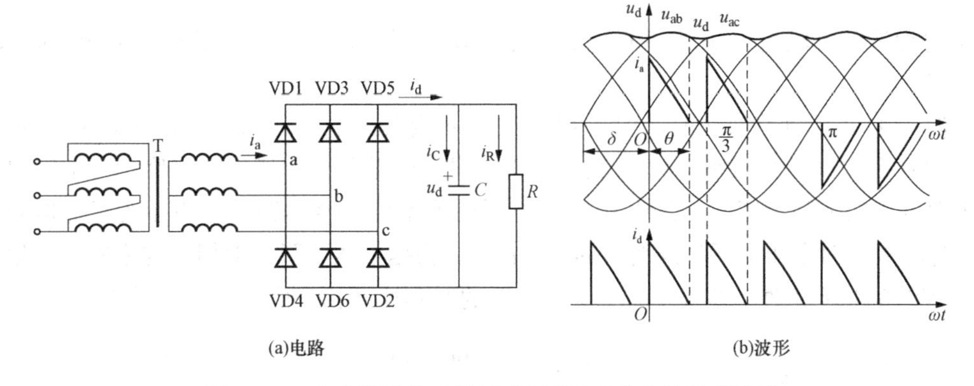

(a)电路 (b)波形

图 3-15 电容滤波的三相桥式不可控整流电路及其波形

(1) 工作原理。与前面的分析相似，但带电容滤波三相桥式不可控整流器共有7种工作模态。当变压器二次线电压的绝对值大于电容电压时，电路工作在图3-13所示的6种二极管导通情况；当变压器二次线电压的绝对值小于电容电压时，所有二极管均截止，电容C对负载R放电，负载电压等于电容电压，并呈指数规律下降，此工作状态被定义为模态7。

该电路中，某一对二极管导通时，输出电压等于交流侧线电压中最大的一个。该线电压既向电容供电，又向负载供电。当没有二极管导通时，由电容向负载放电，u_d按指数规律下降。

设二极管在距线电压过零点δ角处开始导通，并以二极管VD6和VD1开始同时导通的时刻为时间零点，则线电压为

$$u_{ad}=\sqrt{6}U_2\sin(\omega t+\delta) \tag{3-5}$$

对应于u_a正半周，VD1的导通电流流通路径有两条：①在u_b负半周b点电位最低期间，沿a→VD1→RC→VD6→b路径，直流侧输出为线电压u_{ab}的正弦波片段；②在u_c负半周c点电位最低期间，沿a→VD1→RC→VD3→c路径，直流侧输出为线电压u_{ac}的正弦波片段，从而对应于a相交流侧电流正半周有两个尖脉冲，i_a电流脉冲与相电压u_a的相位关系如图3-16所示。同样道理，对应于a相交流侧电流负半周有两个负值尖脉冲，分别对应于VD4导通电流流通的两条路径。鉴于线电压u_{ab}比相电压u_a超前30°，而u_{ad}比u_d滞后30°，因此i_d的前后两个正向脉冲间隔60°，并且两脉冲的中心大致位于相电压u_a正半周波峰的中间部位，如图3-16所示。

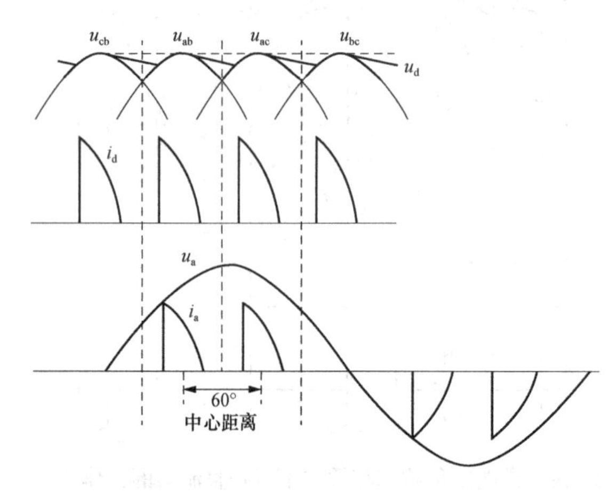

图3-16　i_a电流脉冲与相电压u_a的相位关系

上述两段导通过程之间的交替有两种情况，一种是在VD1和VD2同时导通之前VD6和VD1是关断的，交流侧向直流侧的充电电流i_d是断续的，如图3-16所示；另一种是在VD1一直导通，交替时由VD6导通换相至VD2导通，i_d是连续的。介于两者之间的临界情况是VD6和VD1同时导通的阶段与VD1和VD2同时导通的阶段在$\omega t+\delta=2\pi/3$处恰好衔接了起来，i_d恰好连续。

显然，在u_{ab}达到峰值之前，VD6和VD1是不会关断的。u_{ab}过了峰值之后和u_d都开始下降。VD6和VD1的关断时刻，从物理意义上讲，就是两个电压下降速度相等的时刻，一个是电源电压的下降速度$|\mathrm{d}u_{ab}/\mathrm{d}\omega t|$，另一个是假设二极管VD6和VD1关断而电容开始单独向电阻放电时电压的下降速度$|\mathrm{d}u_d/\mathrm{d}\omega t|_p$。根据电压下降速度相等的原则，可以确定电流$i_d$连续的临界条件。假设在$\omega t+\delta=2\pi/3$的时刻速度相等恰好发生，则有

$$\left|\frac{\mathrm{d}[\sqrt{6}U_2\sin(\omega t+\delta)]}{\mathrm{d}\omega t}\right|_{\omega t+\delta=\frac{2\pi}{3}}=\left|\frac{\mathrm{d}\left\{\sqrt{6}U_2\sin\frac{2\pi}{3}\mathrm{e}^{-\frac{1}{\omega RC}\left[\omega t-\left(\frac{2\pi}{3}-\delta\right)\right]}\right\}}{\mathrm{d}\omega t}\right|_{\omega t+\delta=\frac{2\pi}{3}} \tag{3-6}$$

可得$\omega RC=\sqrt{3}$是临界条件。$\omega RC>\sqrt{3}$和$\omega RC\leqslant\sqrt{3}$分别是电流$i_d$断续和连续的条件。图

3-17分别给出了 ωRC 等于和小于$\sqrt{3}$时的电流波形，对一个确定的装置来讲，通常只有 R 是可变的，其大小反映了负载的轻重。在轻载时直流侧获得的充电电流是断续的，重载时是连续的，分界点就是 $R=\sqrt{3}/\omega C$。

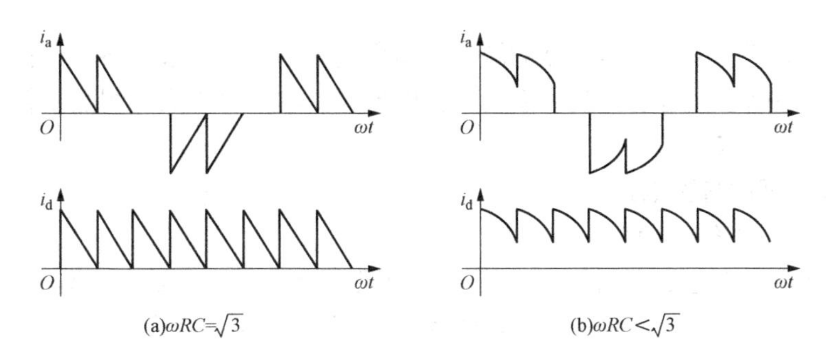

图 3-17 电容滤波的三相桥式整流电路当 ωRC 等于和小于$\sqrt{3}$时的电流波形

以上分析的是理想情况，未考虑实际电路中存在的交流侧电感及为抑制冲击电流而串联的电感。当考虑直流侧串联电感时，电路的工作情况发生变化，其电路和交流侧电流波形如图 3-18 所示。直流侧串入电感的大小，对交流侧电流波形的影响也很明显，电感较大时，由于延续了整流二极管的导通时间，电流波形的前沿平缓了许多，连续性可以显著改善，当电感取值很大时，由于直流侧 i_d近似恒流，交流侧每相电流将接近于正负对称的 120°方波。图 3-18（b）、（c）给出了直流电感取值大小对交流侧电流波形的影响情况及其与对应相电压的相位关系。

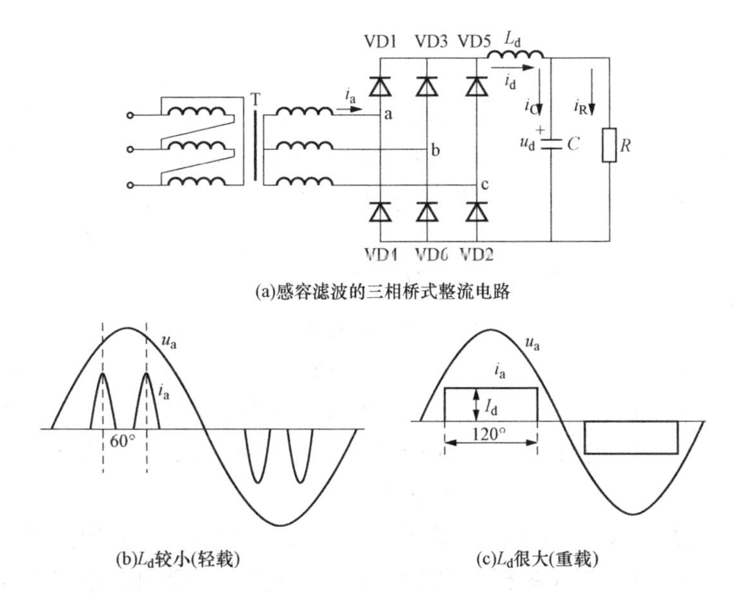

图 3-18 直流电感 L_d取值大小对交流侧电流波形的影响及相位关系

（2）输出电压平均值。空载时，输出电压平均值最大，为 $U_d=\sqrt{6}U_2$。随着负载的加重，输出电压平均值减小，至 $\omega RC=\sqrt{3}$进入 i_d 连续情况后，输出电压波形为线电压的正包络线，其平均值为 $U_d=2.34U_2$。可见 U_d 变化范围为 $2.34U_2\sim2.45U_2$。

与电容滤波的单相桥式不可控整流电路相比，U_d 的变化范围小得多，当负载加到一定程度后，U_d 就稳定为 $2.34U_2$ 不变了。

3.2 晶闸管可控整流电路

采用电力二极管的不可控整流器的缺点是输出电压不可以调节。将不可控整流器中的电力二极管替换为晶闸管，可以得到一系列可控整流器。本节将重点介绍晶闸管整流电路的相位控制方法和工作特点。

3.2.1 单相可控整流电路

1. 单相半波可控整流电路

单相半波可控整流电路应用较少，所以此处只介绍带阻性负载的工作情况。将图 3-1 所示的单相半波不可控整流电路中的二极管换成晶闸管，就构成了单相半波可控整流电路，如图 3-19（a）所示。

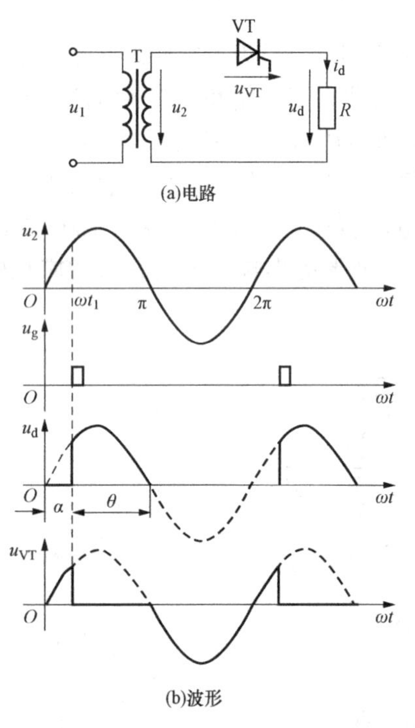

图 3-19 单相半波可控整流电路带电阻性负载时的电路及波形

（1）工作原理分析。在图 3-19（a）的电路中唯一可控的器件就是晶闸管，因此要围绕晶闸管的控制和工作状态来分析电路。根据第 2 章的学习可知，晶闸管的开通条件是承受正向电压同时门极有触发脉冲，关断条件是要让流过晶闸管的电流下降到零并加一段时间的反向电压。根据晶闸管导通和截止两种不同状态，该电路具有 2 种模态，对应等效电路与单相半波不可控整流电路等效电路（图 3-2）类似。工作原理分析如下：

1）在 u_2 正半周，晶闸管 VT 承受正向电压。在 ωt_1 时刻之前，因 VT 门极没有触发脉冲，VT 处于正向阻断状态，电路中无电流，负载电阻两端电压 u_d 为零，u_2 全部施加于 VT 两端。

2）在 ωt_1 时刻给 VT 门极加触发脉冲，VT 满足开通条件而导通。整流输出电压 $u_d=u_2$，流过晶闸管的电流等于负载电流，即 $i_{VT}=i_d=u_d/R$。因此，当 $\omega t=\pi$，即 u_2 降为零将变负时，电路中电流亦降至零，VT 关断。之后在 u_2 负半周期间，VT 一直承受反压，处于反向阻断状态，u_d、i_d 均为零。直到下一周期，重复上述工作过程。

因是电阻性负载，所以负载电流 i_d 波形形状与 u_d 波形相似。分析整流输出电压 u_d 和晶闸管两端电压 u_{VT} 的波形，对比单相半波不可控整流电路可以看出，单相半波可控整流电路的输出电压波形是正弦半波的一部分，其波形的起点从电源电压过零变正处推迟到了 VT 得脉冲时刻，从而波形出现了畸变，面积随脉冲位置变化而改变。因晶闸管承受正向电压，同时施加触发脉冲时才能导通，因此，本电路中脉冲的有效位置对应 u_2 的正半周，对应图 3-19中 $\omega t=0\sim\pi$。$\omega t=0$ 处是最早的脉冲位置。在 $\omega t=0$ 处发脉冲时，输出电压波形面积最大，等同于单相半波不可控整流电路；在 $\omega t=\pi$ 处发脉冲时，输出电压等于零。

（2）概念介绍。综合上述电路的工作原理，有以下重要概念：

1）控制角 α：从晶闸管开始承受正向阳极电压到施加触发脉冲使其导通的电角度称为**控制角**，用 α 表示，也称触发角。

2）导通角 θ：晶闸管在一个电源周期中处于通态的电角度称为导通角，用 θ 表示。在图 3-19 中，$\theta=\pi-\alpha$。

3）移相：改变触发脉冲 u_g 相位时刻，即改变控制角 α 的大小，称为**移相**。

4）移相范围：指触发脉冲 u_g 的有效移动范围，它决定了输出电压的变化范围。有效移动范围是指当脉冲位置变化时，输出电压波形及大小应随之改变。

5）相位控制：通过控制触发脉冲的相位来控制整流电路直流输出电压的方式称为相位控制方式，简称**相控**。

6）同步：为使整流电路可靠周期工作，其中晶闸管所需要的触发脉冲频率应与 u_2 同频，还应保证晶闸管的触发脉冲与施加于晶闸管的交流电压保持正确的相位关系，称为**同步**。

直流输出电压平均值 U_d 为

$$U_d=\frac{1}{2\pi}\int_{\alpha}^{\pi}\sqrt{2}U_2\sin\omega t\,d\omega t=\frac{\sqrt{2}U_2}{2\pi}(1+\cos\alpha)\approx 0.45U_2\frac{1+\cos\alpha}{2} \tag{3-7}$$

式（3-7）中 U_2 的大小可根据需要的直流输出电压平均值 U_d 确定。由式（3-7）可以看出，整流输出电压平均值 U_d 与控制角 α 的余弦相关，α 越大，U_d 越小。当 $\alpha=0°$ 时，整流输出电压平均值为最大，$U_d=0.45U_2$，与单相半波不可控整流电路输出电压完全一样。由此可见，二极管整流电路是对应晶闸管可控整流电路的特殊情况，对应 $\alpha=0°$ 时的工作。当 $\alpha=\pi$ 时，$U_d=0$，因此，该电路中 VT 的 α 移相范围为 0°～180°，这也是式（3-7）中 α 角的取值范围。可见，调节 α 角即可控制 U_d 的大小，这正是晶闸管可控整流电路能够调节输出电压的原因。

另外，由图 3-19 中 u_{VT} 的波形可见，在 α 的移相范围内，VT 承受最大正、反向电压均为 $\sqrt{2}U_2$。

单相半波可控整流电路较为简单，但输出电压脉动大，变压器二次侧电流中含直流分量，造成直流磁化问题。为使变压器铁芯不饱和，同等功率下，需增大铁芯截面积，增大了设备的体积，变压器利用率低。因此，此电路在实际中很少使用。

2. 单相桥式全控整流电路

（1）电阻性负载。将图 3-4 所示的单相桥式不可控整流电路中的 4 个二极管全部换成晶闸管，就构成了单相桥式全控整流电路，简称单相全控桥，电路如图 3-20（a）所示，其工作情况依赖于 4 个晶闸管的通断状态，而晶闸管的通断应依据二极管整流电路进行因势利导，即晶闸管的脉冲分配要按照二极管整流电路的特点进行。因此，u_2 正半周，给 VT1 和 VT4 同时发脉冲，因其承受正向电压，故可导通，其余晶闸管截止；u_2 负半周，给 VT2 和 VT3 同时发脉冲，因其承受正向电压，故可导通，其余晶闸管截止。VT1 和 VT4 的脉冲与 VT2 和 VT3 的脉冲相错 180°。

单相桥式全控整流电路带电阻性负载时的工作原理分析如下：

1）在 u_2 正半周（$u_a>u_b$）：若 4 个晶闸管均无脉冲，则 4 管均不导通，负载电流 i_d 为零，u_d 也为零，VT1 和 VT4 串联承受电压 u_2，设 VT1 和 VT4 的漏电阻相等，则各管承受

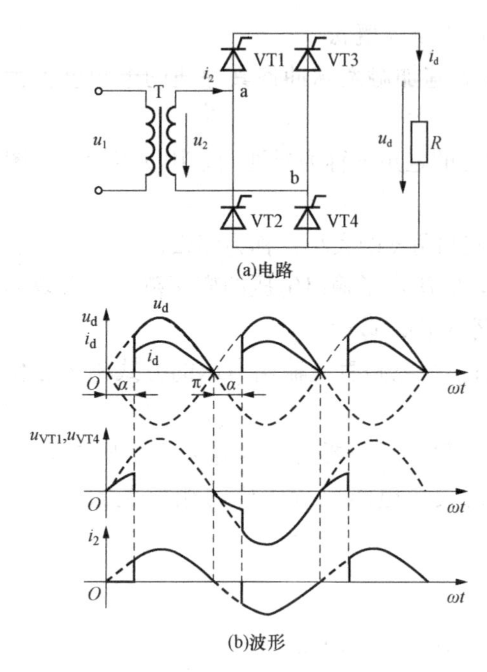

图 3-20　单相桥式全控整流电路带电阻性负载时的电路及波形

的正向电压为u_2的一半。若在$\omega t=\alpha$处给VT1和VT4加触发脉冲，对应控制角为α。此时VT1和VT4承受正向电压，满足导通条件，开始导通，电流从电源a端经VT1、R、VT4流回电源b端。此时，输出电压$u_d=u_a-u_b=u_2>0$，VT1和VT4的电流$i_{VT1}=i_{VT4}=i_d=u_d/R$。当$u_2$过零变负时，流经晶闸管的电流$i_{VT1}$和$i_{VT4}$也降到零，从而VT1和VT4关断，此后承受反压。设所有晶闸管参数一致，则$u_{VT1}=u_{VT4}=0.5u_2$。

2）在u_2负半周（$u_a<u_b$）：在$\omega t=\alpha+\pi$处触发VT2和VT3，控制角也是α（VT2和VT3控制角的起点在$\omega t=\pi$处）。此时VT2和VT3承受正向电压，满足导通条件，VT2和VT3导通，电流从电源b端流出，经VT3、R、VT2流回电源a端。此时，输出电压$u_d=u_b-u_a=-u_2>0$，VT2和VT3的电流$i_{VT2}=i_{VT3}=i_d=u_d/R$。当$u_2$过零变正时，流经晶闸管的电流$i_{VT2}$和$i_{VT3}$也降到零，从而VT2和VT3关断，此后承受反压。如此循环工作。

整流电压u_d和晶闸管VT1、VT4两端电压波形分别如图3-20（b）所示。在移相范围内，晶闸管承受的最大正向电压和反向电压分别为$\sqrt{2}U_2/2$和$\sqrt{2}U_2$。

由图3-20（b）的输出电压波形可见，同单相桥式不可控整流电路一样，该电路为2脉波整流。此外，对比单相桥式不可控整流电路，其波形的起点从电源电压过零变正处推迟到VT得脉冲时刻，波形的终点落在横轴上不变。从而波形出现了畸变，面积随脉冲位置变化而改变。

根据图3-20（b）的输出电压波形，可得单相桥式全控整流电路输出电压平均值为

$$U_d=\frac{1}{\pi}\int_{\alpha}^{\pi}\sqrt{2}U_2\sin\omega t\,d\omega t=\frac{\sqrt{2}U_2}{\pi}\times\frac{1+\cos\alpha}{2}\approx 0.9U_2\frac{1+\cos\alpha}{2} \tag{3-8}$$

由式（3-8）可见，当$\alpha=0°$时，$U_d=U_{d0}=0.9U_2$，与单相桥式不可控整流电路输出电压完全一样。当$\alpha=180°$时，$U_d=0$。因此该电路中晶闸管脉冲的移相范围为0°～180°，也是式（3-8）中α角的取值范围。

直流电流平均值为

$$I_d=\frac{U_d}{R}=\frac{2\sqrt{2}U_2}{\pi R}\times\frac{1+\cos\alpha}{2}\approx 0.9\frac{U_2}{R}\times\frac{1+\cos\alpha}{2} \tag{3-9}$$

负载电流有效值为

$$I=\sqrt{\frac{2}{2\pi}\int_{\alpha}^{\pi}\left(\frac{\sqrt{2}U_2\sin\omega t}{R}\right)^2 d\omega t}=\frac{U_2}{R}\sqrt{\frac{\sin 2\alpha}{2\pi}+\frac{\pi-\alpha}{\pi}} \tag{3-10}$$

晶闸管VT1、VT4和VT2、VT3轮流导电，以VT1为例计算流过晶闸管的电流平均值为

$$I_{dVT}=\frac{1}{2\pi}\int_{\alpha}^{\pi}\frac{\sqrt{2}U_2\sin\omega t}{R}\mathrm{d}\omega t=0.45\frac{U_2}{R}\times\frac{1+\cos\alpha}{2}=\frac{1}{2}I_d \tag{3-11}$$

由式（3-11）可见，流过晶闸管的电流平均值只有输出直流电流平均值的一半，即 $I_{dVT}=\frac{1}{2}I_d$。

流过晶闸管VT1电流有效值为

$$I_{VT}=\sqrt{\frac{1}{2\pi}\int_{\alpha}^{\pi}\left(\frac{\sqrt{2}U_2\sin\omega t}{R}\right)^2\mathrm{d}\omega t}=\frac{U_2}{R}\sqrt{\frac{\sin2\alpha}{4\pi}+\frac{\pi-\alpha}{2\pi}}=\sqrt{\frac{1}{2}}I_d \tag{3-12}$$

变压器二次侧电流有效值为

$$I_2=\sqrt{\frac{2}{2\pi}\int_{\alpha}^{\pi}\left(\frac{\sqrt{2}U_2\sin\omega t}{R}\right)^2\mathrm{d}\omega t}=\frac{U_2}{R}\sqrt{\frac{\sin2\alpha}{2\pi}+\frac{\pi-\alpha}{\pi}}=I \tag{3-13}$$

不考虑变压器的损耗时，变压器的容量为 $S=U_2I_2$。

综上所述，带电阻负载的单相桥式全控整流电路有3种工作模态，分别为VT1和VT4导通、VT2和VT3导通、VT1～VT4均不导通，其中前2个模态分别对应一个单相半波整流电路。

（2）**阻感性负载。**生产实践中，更常见的负载是阻感性负载。若 $\omega L\gg R$，则负载主要呈现为电感，称为电感负载，例如电机的励磁绕组。实际应用中，为减小负载电流脉动，电路中也常串联接入大电感，也称平波电抗器，可视为阻感性负载。带阻感性负载的单相桥式全控整流电路如图3-21（a）所示。阻感性负载的特点是负载电感对电流有平波作用，负载电流 i_d 不能突变，且负载电流 i_d 的变化会滞后于负载电压 u_d 的变化一个阻抗角大小。为便于讨论，假设电感值较大，满足 $\omega L\gg R$。

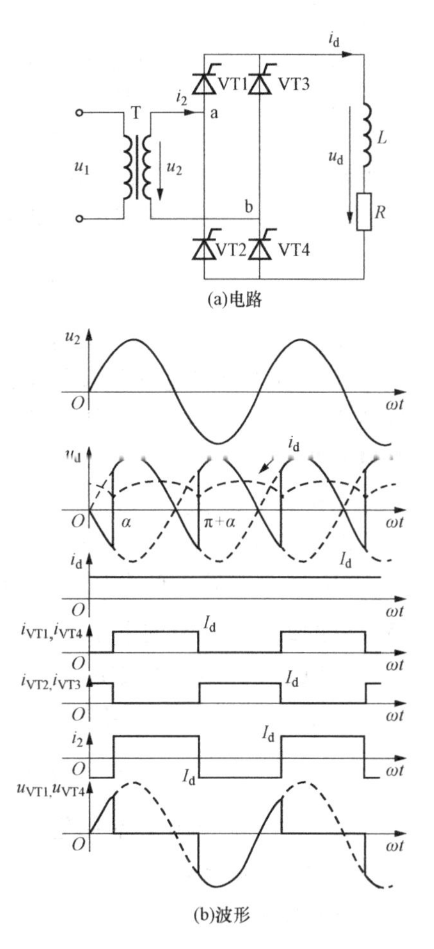

图3-21　单相桥式全控整流电路带阻感性负载时的电路及波形

单相桥式全控整流电路带阻感性负载的工作原理分析如下：

1）u_2 正半周时，在触发角 α 处给晶闸管VT1和VT4加触发脉冲使其开通，$u_d=u_2$。假设电路已稳定运行，负载电流 i_d 因为电感的影响不能突变，i_d 从 $i_d(\alpha)$ 处开始增加，同时 L 两端上正下负的感应电动势 $L\mathrm{d}i_d/\mathrm{d}t$ 试图阻止 i_d 增加。这时，交流电源一方面供给电阻 R 消耗的能量，另一方面供给电感 L 吸收的磁场能量。当 $u_R=u_2$ 时，电感 L 的端电压为零，即 $L\mathrm{d}i_d/\mathrm{d}t=0$，$i_d$ 达到峰值。在 i_d 脉冲的峰值时刻之前，i_d 上升，L 储存能量；之后，i_d 下降，L 则释放能量。

2）u_2 过零变负时，由于电感的抑制电流变化作用，i_d 仍在变小、尚不为零。此时尽管 $u_2=0$，然而由于 L 继续释放能量，其两端下正上负的感应电动势

$L\mathrm{d}i_{\mathrm{d}}/\mathrm{d}t$ 使 VT1 和 VT4 正偏而继续导通。

3）u_2负半周时，由于此时 VT2 和 VT3 尚未触通，大电感 L 继续释放储能，其两端下正上负的感应电动势 $L\mathrm{d}i_{\mathrm{d}}/\mathrm{d}t$ 可以克服 u_2的负值电压，保证了 VT1 和 VT4 继续导通。输出电压为 $u_{\mathrm{d}}=u_2<0$，故输出电压的波形将穿越横轴、进入负半周，这也是阻感性负载下输出电压波形与阻性负载的不同之处。若 VT2 和 VT3 一直没有脉冲，则 VT1 和 VT4 最多可以导通到 L 能量释放完毕，即 $i_{\mathrm{d}}=0$ 为止。根据能量守恒，这一位置基本是脉冲时刻关于 u_2过零变负点的对称位置，即 $\omega t=2\pi-\alpha$ 处。

$\omega t=\pi+\alpha$ 时刻，给 VT2 和 VT3 加触发脉冲，因 VT2 和 VT3 承受正电压，满足导通条件，故导通。VT2 和 VT3 导通后，u_2通过 VT2 和 VT3 分别向 VT1 和 VT4 施加反压使 VT1 和 VT4 关断。例如 VT3 导通后，则其阴极电位为 u_{b}，则 $u_{\mathrm{VT1}}=u_{\mathrm{ab}}<0$，从而迫使 VT1 承受反压而关断。同样 VT2 的导通也迫使 VT4 关断。在上述过程中，流过 VT1 和 VT4 的电流迅速转移到 VT2 和 VT3 上，此换流过程依赖外部脉冲控制完成，故称为控制换流，亦称控制换相。换相后，VT2 和 VT3 导通，此时，$u_{\mathrm{d}}=-u_2$。由于 L 足够大，负载电流连续，此时 $i_{\mathrm{d}}(\pi+\alpha)=i_{\mathrm{d}}(\alpha)$。由于 VT2 和 VT3 导通，电流上升。VT2 和 VT3 一直导通到下一个周期 VT1 和 VT4 再次获得脉冲换相导通为止。电路进入新的周期工作，如此循环下去。

由图 3 - 21（b）中的 u_{d}波形可看出，由于电感的存在延迟了 VT 的关断时刻，使 u_{d}波形出现负的部分，与带纯电阻负载时相比其平均值 U_{d}下降。i_{d}波形连续且波动较小，通常，为方便分析及定量计算，i_{d}波形可近似为一水平线，这样的近似对分析和计算的准确性产生的影响很小。需要说明的是，本书中给出的波形均是电路已工作于稳态时的情况。

根据图 3 - 21（b）所示的 u_{d}波形，可得输出的直流电压平均值为

$$u_{\mathrm{d}}=\frac{1}{\pi}\int_{\alpha}^{\pi+\alpha}\sqrt{2}U_2\sin\omega t\,\mathrm{d}\omega t=\frac{2\sqrt{2}}{\pi}U_2\cos\alpha\approx 0.9U_2\cos\alpha \tag{3-14}$$

当 $\alpha=0°$时，$U_{\mathrm{d}}=0.9U_2$；当 $\alpha=90°$时，$U_{\mathrm{d}}=0$。晶闸管移相范围为 0°～90°。反之，使式（3 - 14）中 $U_{\mathrm{d}}=0$ 也可以反算出最大触发角为 90°。当 $\alpha>90°$时，电路仍可工作，但是负载电流将断续，输出电压平均值 U_{d}恒为零，通过移相不能再改变电压输出值，因此属于无效的脉冲范围。

单相桥式全控整流电路带阻感负载时，晶闸管 VT1 和 VT4 电压波形如图 3 - 21（b）所示，VT1 和 VT4 导通时其端电压波形近似为零，在 u_2负半周 VT2 和 VT3 导通时，作用在 VT1 和 VT4 每只管上的电压总是等于 u_{ab}，即 u_2的一个正弦波片段。可见在移相范围内，闸管承受的最大正、反向电压均为$\sqrt{2}U_2$。

由于电感较大，负载电流连续，晶闸管导通角 θ 均为 180°，各管电流波形见图 3 - 21（b）。晶闸管电流平均值为

$$I_{\mathrm{dVT}}=\frac{1}{2\pi}\int_{\alpha}^{\pi+\alpha}I_{\mathrm{d}}\mathrm{d}\omega t=\frac{1}{2}I_{\mathrm{d}} \tag{3-15}$$

由式（3 - 15）可见，晶闸管电流平均值与负载电流平均值的比值等于该晶闸管（组）对负载电流的贡献度。

晶闸管电流有效值为

$$I_{\mathrm{VT}}=\sqrt{\frac{1}{2\pi}\int_{\alpha}^{\pi+\alpha}I_{\mathrm{d}}^2\mathrm{d}\omega t}=\frac{1}{\sqrt{2}}I_{\mathrm{d}} \tag{3-16}$$

由式（3-16）可见，晶闸管电流有效值与负载电流有效值的比值等于该晶闸管（组）对负载电流贡献度的平方根。

变压器二次侧电流 i_2 的波形为正负对称的180°方波，如图3-21（b）所示，其有效值为

$$I_2=\sqrt{\frac{1}{2\pi}\int_{\alpha}^{\pi+\alpha}I_d^2\mathrm{d}\omega t+\frac{1}{2\pi}\int_{\pi+\alpha}^{2\pi+\alpha}(-I_d)^2\mathrm{d}\omega t}=I_d \tag{3-17}$$

（3）反电动势负载。当负载为蓄电池、直流电动机等时，负载可看成一个直流电压源，对于整流电路，它们就是反电动势负载，如图3-22（a）所示，下面先分析反电动势—电阻（E-R）负载时的情况。

当忽略主电路各部分的电感时，只在 u_2 瞬时值的绝对值大于反电动势，即 $|u_2|>E$ 时，晶闸管才承受正电压。晶闸管触发导通之后，$u_d=u_2, i_d=(u_d-E)/R$，直至 $|u_2|=E$，i_d 即降至0使得晶闸管关断，此后 $u_d=E$。与电阻负载时相比，晶闸管导通角减小了 δ，如图3-22（b）所示，δ 称为停止导电角。δ 计算如下

$$\delta=\arcsin\frac{E}{\sqrt{2}U_2} \tag{3-18}$$

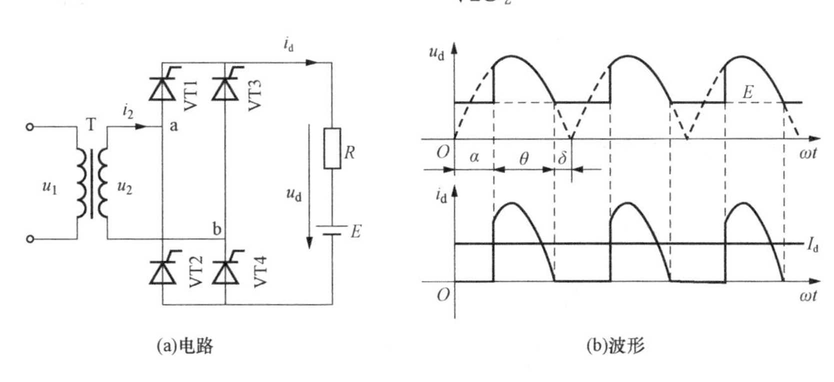

(a)电路　　(b)波形

图3-22　单相桥式全控整流电路及 R-E 负载时的波形

在 α 相同时，整流输出电压比电阻负载时大，因为晶闸管截止状态下，负载电压 $u_d=E$。当 $\alpha<\delta$ 时，触发脉冲到来时，因晶闸管两端电压为负，不可能导通。为了使晶闸管可靠导通，要求触发脉冲有足够的宽度，保证当 $\omega t=\delta$ 时即晶闸管开始承受正电压时，触发脉冲仍然存在，相当于触发角为 δ 时触发导通。

同时，对于相等的电流平均值，若电流波形底部越窄，则其有效值越大，要求电源的容量也大。为了克服此缺点，一般在主电路的直流输出侧串联平波电抗器，以减少电流的脉动和延长晶闸管导通的时间。

由于电感的存在，电流变得连续，晶闸管每次导通180°，整流电路各处的波形与电感负载电流连续时的波形相同，u_d 的计算公式也一样。针对电流连续的临界情况，给出 u_d 和 i_d 波形，其波形如图3-23所示。为保证电流连续所需的电感量 L 可由式（3-19）求出。

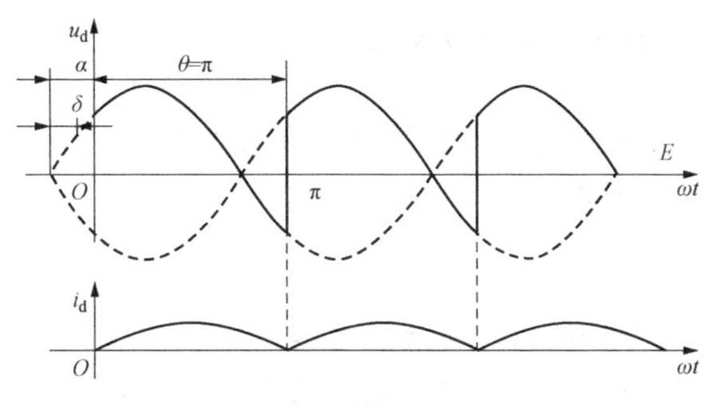

图3-23　单相桥式全控整流电路带反电动势负载串平波电抗器，电流连续的临界情况

$$L=\frac{2\sqrt{2}U_2}{\pi\omega I_{\mathrm{dmin}}}\approx 2.87\times 10^{-3}\frac{U_2}{I_{\mathrm{dmin}}} \tag{3-19}$$

式中：I_{dmin}为负载最小连续电流，A；ω为工频角速度；L为主电路总电感量。

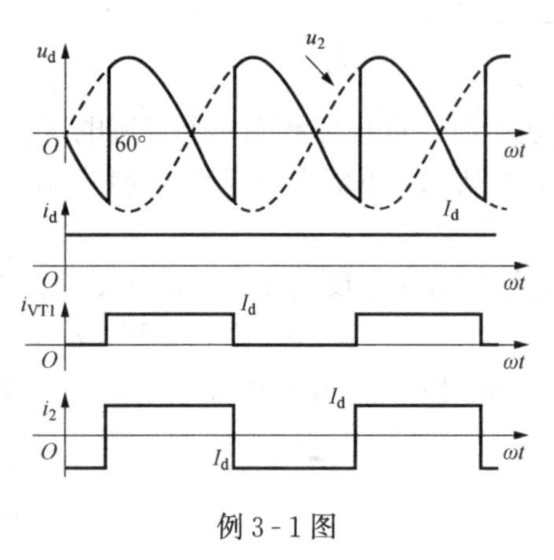

例 3-1 图

［**例 3-1**］　如图 3-21 所示的单相全控桥整流电路，其中，电阻 $R=3\Omega$，变压器二次侧电压有效值$U_2=110\mathrm{V}$，电感量满足 $\omega L\gg R$。当 $\alpha=60°$时，①画出输出电压 u_d、输出电流 i_d、流过晶闸管电流 i_{VT1}、变压器二次侧电流 i_2的波形；②求输出电压、电流的平均值，变压器二次侧电流有效值；③试确定该电路应选取的晶闸管元件的额定电压和额定电流；④求整流装置交流电源侧的功率因数。

解：①u_d、i_d、i_{VT1}、i_2的波形可参照图 3-21 画出，如例 3-1 图。

②输出电压、电流的平均值分别为

$$U_d=0.9U_2\cos\alpha=0.9\times 110\times\cos 60°=49.5(\mathrm{V})$$

$$I_d=\frac{U_d}{R}=16.5(\mathrm{A})$$

变压器二次侧电流有效值为

$$I_2=I_d=16.5(\mathrm{A})$$

③流过晶闸管的电流有效值为

$$I_{VT}=\sqrt{\frac{1}{2}}I_d=11.67(\mathrm{A})$$

考虑安全裕量情况下，晶闸管的额定电流、额定电压分别为

$$I_{T(av)}=(1.5\sim 2)\times\frac{I_{VT}}{1.57}=11.15\sim 14.87(\mathrm{A})$$

$$U_R=(2\sim 3)\times U_M=(2\sim 3)\times\sqrt{2}U_2=311.08\sim 466.62(\mathrm{V})$$

根据以上具体数值可按晶闸管产品系列具体参数选取型号，可选取型号为KP20-5（即额定电流 20A，额定电压 500V）的晶闸管。

④装置的输出有功功率为

$$P_d=I_d^2R=U_dI_d=816.75(\mathrm{W})$$

电源侧的视在功率为

$$S=U_2I_2=1815(\mathrm{V\cdot A})$$

如果忽略晶闸管功率损耗，装置的输出有功功率 P_d等于电源侧有功功率 P，求得电源侧功率因数为

$$\lambda=\frac{P_d}{S}=0.45$$

3. 单相全波可控整流电路

单相全波可控整流电路又称单相双半波可控整流电路，其带电阻负载时的电路如图 3-24 (a)所示。

单相全波可控整流电路中，变压器 T 带中心抽头，在 u_2 正半周，VT1 工作，变压器二

次绕组上半部分流过电流。u_2 负半周，VT2 工作，变压器二次绕组下半部分流过反方向的电流。图 3-24（b）给出了 u_d 和变压器一次侧的电流 i_1 的波形。

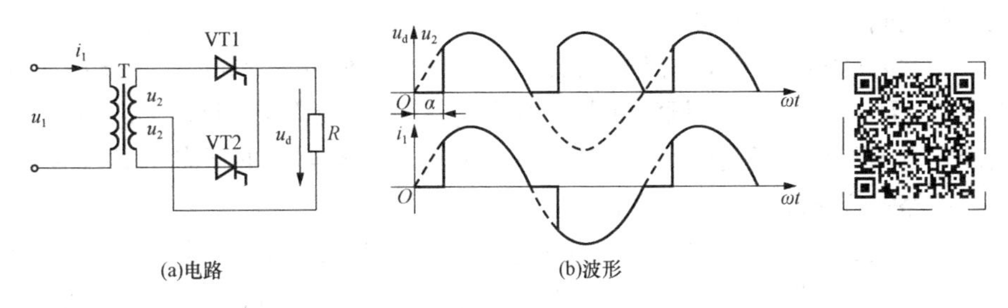

(a)电路 (b)波形

图 3-24 单相全波可控整流电路及波形

由图 3-24（b）波形可知，单相全波可控整流电路的 u_d 波形与单相全控桥的一样，交流输入端电流波形一样，变压器也不存在直流磁化的问题。当接其他负载时，也有相同的结论。因此，单相全波与单相全控桥从直流输出端或从交流输入端看均是基本一致的。两者的区别在于：

（1）单相全波可控整流电路中变压器的二次绕组带中心抽头，结构较复杂。

（2）单相全波可控整流电路中只用 2 个晶闸管，比单相全控桥可控整流电路少 2 个，相应地，晶闸管的门极驱动电路也少 2 个。但在单相全波可控整流电路中，晶闸管承受的最大电压为 $2\sqrt{2}U_2$，是单相全控桥整流电路的 2 倍。

（3）单相全波可控整流电路中，导电回路只含 1 个晶闸管，比单相桥少 1 个，因而管压降也小。

从上述后两点考虑，单相全波电路主要应用在低输出电压的场合。

4. 单相桥式半控整流电路

在单相桥式全控整流电路中，每一个导电回路中有 2 个晶闸管，即用 2 个晶闸管同时导通以控制导电的回路。实际上为了对每个导电回路进行控制，只需 1 个晶闸管就可以了，另 1 个晶闸管可以用二极管代替，从而简化整个电路。把图 3-21（a）中的晶闸管 VT2、VT4 换成二极管 VD3、VD4，晶闸管重新编号即成为图 3-25（a）的单相桥式半控整流电路（先不考虑 VDR）。

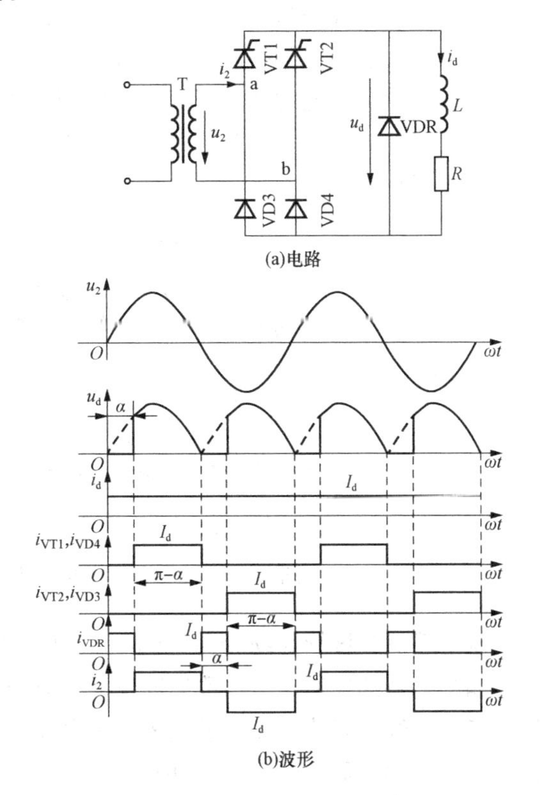

(a)电路

(b)波形

图 3-25 单相桥式半控整流电路有续流二极管并带阻感性负载时的电路及波形

单相桥式半控电路与全控电路在电阻负载时的工作情况相同。以下针对阻感性负载进行讨论。与全控桥时相似，假设负载中电感足够大，且电路已工作于稳态，负载电流连续。

单相桥式半控整流电路，有续流二极管，

带阻感性负载时的工作原理分析如下：

（1）在u_2正半周，触发角α处给晶闸管VT1加触发脉冲，u_2经VT1和VD4向负载供电，此期间$u_d=u_2$，L储能。

（2）u_2过零变负时，a点电位低于b点电位，使$u_{VD3}>u_{VD4}$，由于电感释放储能，此时形成L→R→VD3→VT1续流回路，电流I_d从VD4转移至VD3，同时VD4承受反偏电压而关断，电流不再流经变压器二次绕组。此阶段，忽略器件的通态压降，则$u_d=0$，不会像全控桥电路那样出现u_d为负的情况。

（3）在u_2负半周，触发角α时刻触发VT2，VT2、VD3因承受正向电压而导通，此时因VT2导通，使得$u_{VT1}=u_{ab}<0$，VT1关断，u_2经VT2和VD3向负载供电。

（4）u_2过零变正时，因a点电位高于b点电位，使$u_{VD4}>u_{VD3}$，则VD4导通，VD3因承受反偏电压关断，形成L（释放储能）→R→VD4→VT2续流回路，$u_d=0$。此后重复以上过程。

由以上分析可以归纳出该电路的换流规律，即VT1和VT2彼此在触发时换流，VD3和VD4则在u_2过零时自然换流。该电路实用中需加设续流二极管VDR，以避免可能发生的失控现象。

VT1在u_2正半周导通，在u_2过零变负时仍因续流而保持导通，直到VT2被触通，迫使VT1关断换流，即VT1的关断是以VT2的触发导通为条件的。但是若在VT1导通后，脉冲控制电路需停止工作，不再发脉冲，则在u_2负半周，由于电感的作用，VT1和VD3一直续流，直到u_2过零变正时，VT1将继续同VD4一起导通。由此可见，尽管都已没有触发脉冲，然而VT1总是一直维持导通，VD3、VD4轮换导通。在这种一个晶闸管持续导通而两个二极管轮流导通的情况下，输出电压u_d成为正弦半波，输出电压波形和单相半波不可控整流电路相同，脉冲控制电路失去控制作用，即失控。失控情况下，输出电压u_d和i_d波形如图3-26所示。

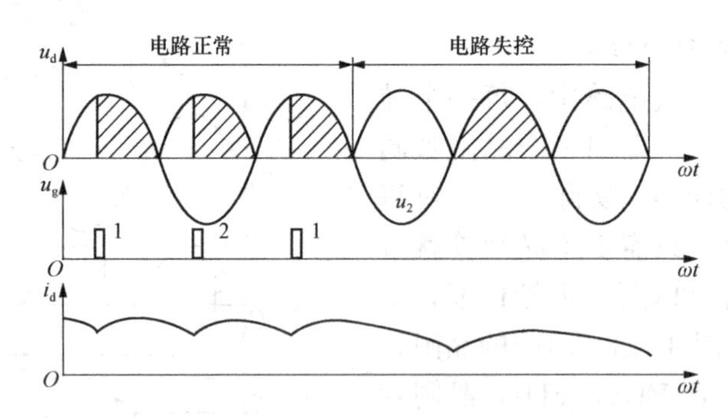

图3-26　电路正常和电路失控时直流输出电压和电流波形

有了续流二极管VDR时，当$u_2<0$时，负载经VDR续流，晶闸管关断，这避免了某一个晶闸管持续导通从而导致失控现象。应当指出，实现这一功能的条件是VDR的通态电压低于自然续流回路开关管子通态电压之和，否则将不能消除失控现象。有续流二极管时电路中各部分的波形如图3-25（b）所示。

图3-25（a）所示的单相半控桥整流电路，因VT1、VT2具有共阴极特性，因而可共用一套触发电路。

3.2.2 三相可控整流电路

当负载容量较大，或要求直流电压脉动较小、容易滤波时，应采用三相整流电路，其交流侧由三相电源供电。三相可控整流电路中，最基本的是三相半波可控整流电路，而应用最广的是三相桥式可控整流电路。

1. 三相半波可控整流电路

（1）电阻性负载。三相半波可控整流电路如图 3-27（a）所示。假设将电路中的晶闸管全部换作二极管，该电路就变成三相半波不可控整流电路，此时，u_a、u_b、u_c 相电压最大的一相所对应的二极管导通，并使另两相的二极管承受反压关断，输出整流电压即为该相的相电压，输出电压波形如图 3-11 所示。对三相半波可控整流电路而言，因自然换相点是各相晶闸管进行有效触发导通的最早时刻，故将其作为计算各晶闸管触发角 α 的起点，即 $\alpha=0°$。若在 $\omega t=0°\sim30°$时对 VT1 用宽度大于 30°的脉冲进行触发，相隔 120°分别触发 VT2 和 VT3，则该三相半波可控整流电路也可以正常工作。当工作稳定后，其工作情况与三相半波不可控整流电路工作情况完全一样。当脉冲在 $\omega t=0\sim30°$移相时，该电路的输出电压平均值都是 $1.17U_2$，不可调节，因此这一区间的脉冲无效。若脉冲宽度过小，晶闸管将无法正常换相，电路也不能正常工作。

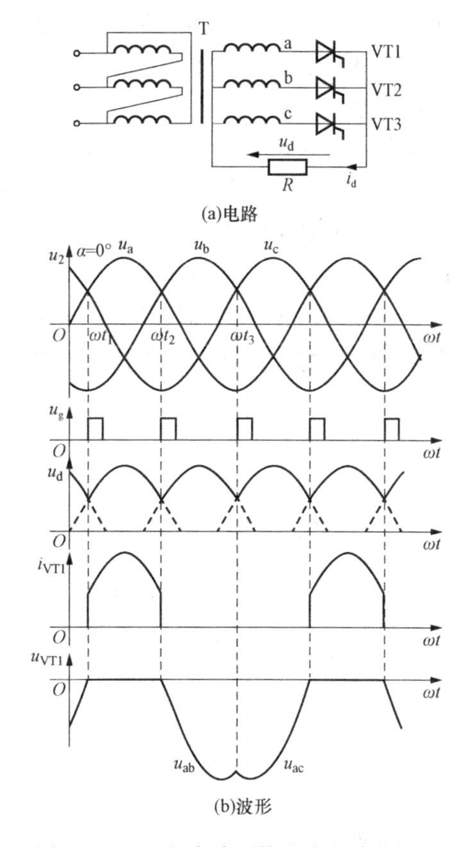

图 3-27 三相半波可控整流电路共阴极接法电阻性负载时的电路及 $\alpha=0°$时的波形

在 $\alpha=0°$处发脉冲，电路的工作效果与三相半波不可控整流电路完全一样，波形如图 3-27（b）所示，为 3 脉波整流。工作原理分析如下：

1）在 ωt_1处，即晶闸管 VT1 的 $\alpha=0°$处，给 VT1 发触发脉冲，VT1 导通，$u_{VT1}=0$，$u_d=u_a$。

2）在 ωt_2处，即晶闸管 VT2 的 $\alpha=0°$处，给 VT2 发触发脉冲，VT2 导通，此时 $u_{VT1}=u_{ab}<0$，VT1 关断，$u_d=u_b$；负载电流从经 VT1 流通换到经 VT2 流通，在脉冲控制下被迫换相。

3）在 ωt_3处，即晶闸管 VT3 的 $\alpha=0°$处，给 VT3 发触发脉冲，VT3 导通，此时 $u_{VT2}=u_{bc}<0$，VT2 关断，$u_d=u_c$。负载电流从经 VT2 流通强迫换相到经 VT3 流通。

如此，一周期中 VT1、VT2、VT3 轮流导通，每晶闸管各导通 120°。三个晶闸管的触发脉冲相位依次相错 120°。

当 $\alpha=0°$时，变压器二次侧 a 相绕组和晶闸管 VT1 的电流波形如图 3-27（b）所示，另两相电流波形形状相同，相位依次滞后 120°，可见变压器二次侧绕组电流有直流分量。

晶闸管 VT1 两端的电压波形可依据电位分析法分析，其电压波形如图 3-27（b）所示，由一段管压降和两段线电压共 3 段组成。其他两管上的电压波形形状相同，相位依次相差 120°。

增大 α，将脉冲后移，整流电路的工作情况相应地发生变化，$\alpha=30°$时的波形如图3-28所示。从自然换相点起 30°时给 VT1 加触发脉冲，VT1 导通，此时 $u_d=u_a$，到下一个自然换相点时 VT2 并未触通，VT1 可以继续导通，直到 u_a由正过零时，VT1 关断；此时，恰好 b 相 VT2 的触发脉冲来临，VT2 导通，$u_a=u_b$；VT3 的导通情况与此类似。从输出电压波形（阻性负载下也可看作是负载电流波形）可看出，这时负载电流处于临界连续状态，各相晶闸管仍导电 120°。

如果 $\alpha>30°$，如 $\alpha=60°$时，整流电压的波形如图 3-29 所示，当导通一相的相电压过零变负时，该相晶闸管关断。此时下一相晶闸管虽承受正电压，但其触发脉冲还未到，不会导通，因此输出电压电流均为零，直到触发脉冲出现为止。这种情况下，负载电流断续，各晶闸管导通角小于 120°。可见，在负载电流断续时，三相半波可控整流电路的工作模态增加一种变为 4 种，即 VT1 导通、VT2 导通、VT3 导通、VT1～VT3 均不导通。当 VT1～VT3 均不导通时，每个晶闸管承受的电压均为其相电压，即 $u_{VT1}=u_a$。

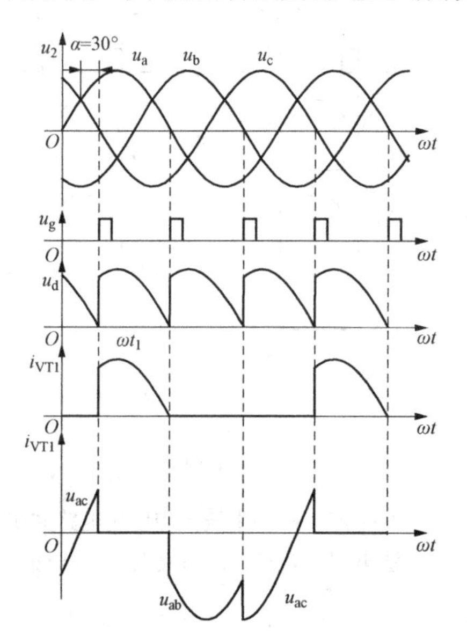

图 3-28　三相半波可控整流电路阻性负载 $\alpha=30°$时的波形

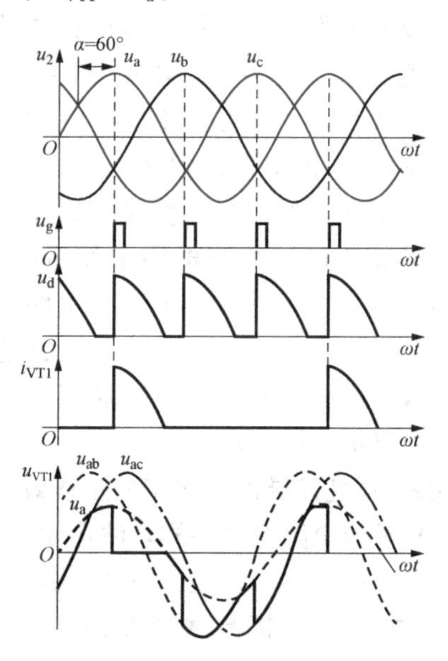

图 3-29　三相半波可控整流电路阻性负载 $\alpha=60°$时的波形

若 α 继续增大，整流电压将越来越小，$\alpha=150°$时，整流输出电压为零。故电阻负载时 α 的移相范围为0°～150°。

纵观三相半波可控整流电路带阻性负载时的工作情况可知，随着控制角在 0°～150°范围逐步变化，其输出电压 u_d的波形均保持 3 脉波特点，并在相电压波形正包络线基础上不断变化。分析 a 相的波头可知，其波头起点随脉冲位置将不断后移，波头终点位置会沿着相电压波形不断下垂，直到 $\alpha=30°$时，波头终点落到横轴上，此时波形刚好连续。此后，进一步增大控制角，波头终点钳位在横轴上不再改变，电压波形出现断续且面积越来越小，直到 $\alpha=150°$时，波形消失。因是阻性负载，故其输出电流 i_d波形形状与 u_d相似。

整流电压平均值的计算分两种情况：

1）$\alpha \leqslant 30°$时，导通角 $\theta=120°$，负载电流连续，直流输出电压平均值为

$$U_d = \frac{1}{\frac{2\pi}{3}}\int_{\frac{\pi}{6}+\alpha}^{\frac{5\pi}{6}+\alpha} \sqrt{2}U_2 \sin\omega t \, \mathrm{d}\omega t = \frac{3\sqrt{6}}{2\pi}U_2 \cos\alpha \approx 1.17U_2\cos\alpha \tag{3-20}$$

当 $\alpha=0°$时，U_d最大，$U_d=U_{d0}=1.17U_2$。

2）$\alpha>30°$时，负载电流断续，晶闸管导通角 $\theta<120°$，此时有

$$\begin{aligned} U_d &= \frac{1}{\frac{2\pi}{3}}\int_{\frac{\pi}{6}+\alpha}^{\pi} \sqrt{2}U_2 \sin\omega t \, \mathrm{d}\omega t = \frac{3\sqrt{2}}{2\pi}U_2\left[1+\cos\left(\frac{\pi}{6}+\alpha\right)\right] \\ &\approx 0.675U_2\left[1+\cos\left(\frac{\pi}{6}+\alpha\right)\right] \end{aligned} \tag{3-21}$$

当电压波形断续时，输出电压 u_d的每个波头都和单相半波可控整流电路的工作情况完全一样，因此其电压均值的计算可以仿照单相半波可控整流电路的计算公式直接得出，即

$$U_d = 3\times 0.45U_2 \frac{1+\cos(\pi/6+\alpha)}{2} = 0.675U_2\left[1+\cos\left(\frac{\pi}{6}+\alpha\right)\right] \tag{3-22}$$

其中 $\pi/6+\alpha$ 描述的正是脉冲位置。令式（3-22）中 $U_d=0$，即可求得最大控制角为 150°。

U_d/U_2随 α 变化的规律如图 3-30 中的曲线 1 所示。

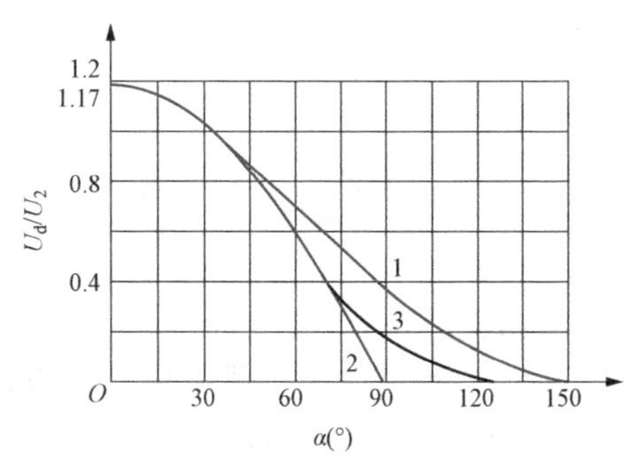

图 3-30 三相半波可控整流电路 U_d/U_2 与 α 的关系

负载电流平均值为

$$I_d = \frac{U_d}{R} \tag{3-23}$$

VT1 承受的电压波形 u_{VT1}如图 3-29 所示。当晶闸管 VT2 或 VT3 导通时，u_{VT1}为线电压，当三个晶闸管都不导通时，此时 $u_{VT1}=u_a$。由 u_{VT1}的波形可以看出，晶闸管阳极承受的最大正向电压为$\sqrt{2}U_2$，最大反向电压为变压器二次线电压峰值，即$\sqrt{6}U_2=2.45U_2$。

（2）阻感性负载。如果负载为阻感性负载，且 L 很大，整流电流 i_d的波形基本是平直的，流过晶闸管的电流接近矩形波，其波形如图 3-31（b）所示。

其工作原理分析如下：

1）当 $\alpha \leqslant 30°$时，该电路带电阻性负载对应的负载电流已连续，阻感性负载下同样连续，工作模态同为 3 种，各电压波形与电阻性负载时相同，但负载电流波形受负载电感影响会变得更为平缓。

2）当 $\alpha>30°$时，如 $\alpha=60°$时的波形如图 3-31 所示。当 u_2过零时，由于电感的存在，阻止电流下降，因而 VT1 继续导通，直到下一相晶闸管 VT2 的触发脉冲到来，才发生控制换流，由 VT2 导通向负载供电，同时向 VT1 施加反压使其关断。这种情况下 u_d波形中出现负的部分，若 α 增大，u_d波形中负面积部分将增多，纯电感情况下，当 $\alpha=90°$时，u_d波形中正负面积相等，u_d的平均值为零。可见阻感性负载时的移相范围为 0°～90°。

每只晶闸管的导通角 $\theta=120°$，当电感足够大时，每相电流近似方波，三相依次导通，负载电流近似恒流。图 3-31 电流波形的阴影部分对应于晶闸管的延续导通阶段。

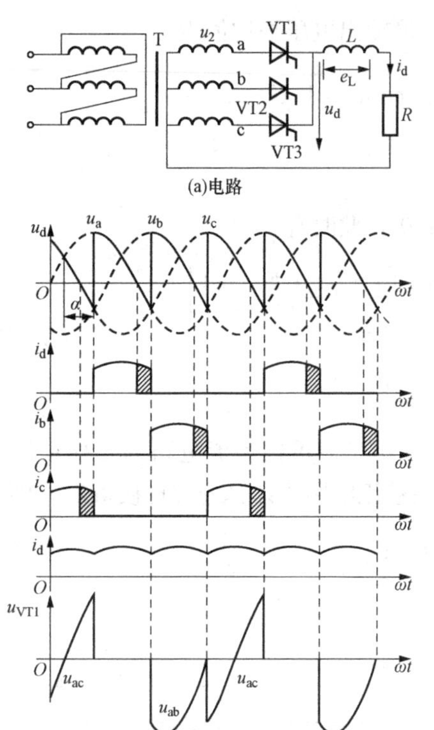

图 3-31　三相半波可控整流电路带阻感性负载时的电路及 $\alpha=60°$时的波形

晶闸管两端电压波形如图 3-31（b）所示，由于负载电流连续，因此在移相范围内晶闸管承受最大正反向电压均为变压器二次线电压峰值，即$\sqrt{6}U_2=2.45U_2$。

由于负载电流连续，直流输出电压 U_d 为

$$U_d = 1.17U_2\cos\alpha \tag{3-24}$$

U_d/U_2 与 α 成余弦关系，如图 3-30 中的曲线 2 所示。如果负载中的电感量不是很大，则当 $\alpha>30°$ 后，与电感量足够大的情况相比较，U_d 中负的部分将会减少，整流电压平均值 U_d 略微增加，U_d/U_2 与 α 的关系将介于曲线 1 和 2 之间，曲线 3 给出了这种情况的一个例子。

变压器二次侧电流为相电流，等于流经晶闸管的电流，其有效值为

$$I_2 = I_{VT} = \frac{1}{\sqrt{3}}I_d \approx 0.577I_d \tag{3-25}$$

由此可求出晶闸管的额定电流为（不考虑安全裕量）

$$I_{T(AV)} = \frac{I_{VT}}{1.57} \approx 0.368I_d \tag{3-26}$$

图 3-31 中所给 i_d波形有一定的脉动，这是电路工作的实际情况。因为负载中电感量不可能也不必非常大，往往只要能保证负载电流连续即可，这样 i_d是有波动的。为简化分析，也可将 i_d近似为一条水平线。

三相半波共阴极接法的电路，由于三只晶闸管阴极接在一起，对应的触发电路具有公共端，连线方便。三相半波可控整流电路还可以把晶闸管的三个阳极接在一起，而三个阴极分别接到三相交流电源，形成共阳极的三相半波可控整流电路，其带电感性负载的电路如图 3-32（a）所示。

此电路中各晶闸管只能在相电压为负时触发，其自然换相点为三相电压负半波的交点，例如 VT1 的 $\alpha=0°$ 为 a 相电压 $\omega t=7\pi/6$。$\alpha=30°$时输出电压的波形如图 3-32（b）所示，输出电压 u_d为负，输出整流电压平均值为

$$U_d = -1.17U_2\cos\alpha \tag{3-27}$$

由图 3-32（b）可见，共阳极接法时的整流输出电压波形形状与共阴极时一样的，只是输出电压的极性相反。

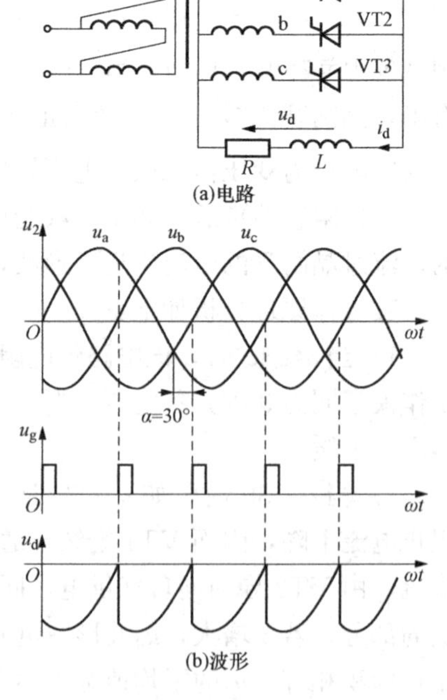

图 3-32　共阳极三相半波可控整流电路及 $\alpha=0°$时的波形

三相半波可控整流电路的主要缺点在于其变压器二次电流只有单方向，从而含有直流分量，存在直流磁化问题，因此其应用较少。

2. 三相桥式可控整流电路

当前，各种整流电路中应用最广泛的是三相桥式可控整流电路（也称为三相桥式全控整流电路，或简称三相全控桥），三相桥式可控整流电路原理如图 3-33 所示，VT1、VT3、VT5 称为共阴极组；VT4、VT6、VT2 称为共阳极组。同三相桥式不可控整流电路一样，电路中 6 只晶闸管编号顺序恰是工作时的导通顺序。

若把 6 个晶闸管全部换做二极管，则电路变成三相桥式不可控整流电路。由前面学习可知，该电路总是有 2 个二极管配合导通构成电流回路，每个回路对应的电压均为线电压，6 个线电压 u_{ab}、u_{ac}、u_{bc}、u_{ba}、u_{ca}、u_{cb}中最大的线电压所对应的两个二极管导通，并使其他的 4 个二极管承受反压关断，输出整流电压即为该回路对应的线电压，输出电压u_d波形如图 3-14 所示。从 u_d波形可见，三相桥式不可控整流电路的自然换相点为线电压的正半周高位交点处，恰好与相电压的正、负交点处一一对应。相电压的正交点即是共阴极组管子的自然换相点，相电压的负交点恰是共阳极组管子的自然换相点。对三相桥式可控整流电路而言，要根据三相桥式不可控整流电路进行因势利导。由于自然换相点是各回路晶闸管进行有效触发导通的最早时刻，故将自然换相点作为计算各晶闸管触发角 α 的起点，即 $\alpha=0°$。如晶闸管 VT1 和 VT6 所在回路对应的自然换相点在线电压 u_{ab}的 60°处，与相电压 u_a的 30°处相同，该处也是 VT1 所对应的自然换相点。以此类推，其他亦然。

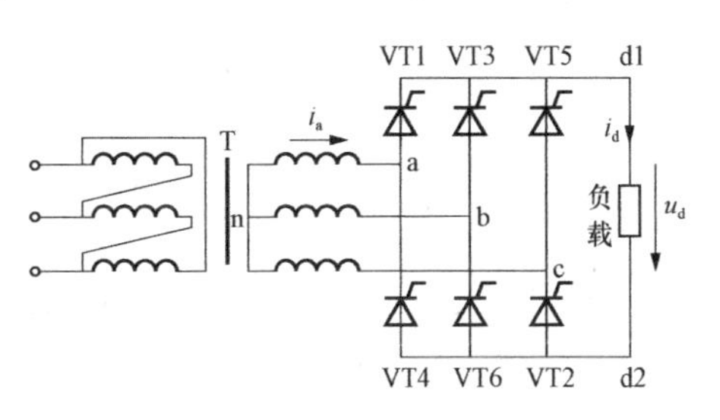

图 3-33 三相桥式可控整流电路原理

与三相桥式不可控整流电路一样，导通回路只有 6 种情况，其工作情况见表 3-1。等效电路图可参考图 3-13。

表 3-1 三相桥式全控整流电路电阻性负载 $\alpha=0°$时晶闸管工作情况

导通回路	Ⅰ	Ⅱ	Ⅲ	Ⅳ	Ⅴ	Ⅵ
共阴极组中导通的晶闸管	VT1	VT1	VT3	VT3	VT5	VT5
共阳极组中导通的晶闸管	VT6	VT2	VT2	VT4	VT4	VT6
回路对应的电源	$u_a-u_b=u_{ab}$	$u_a-u_c=u_{ac}$	$u_b-u_c=u_{bc}$	$u_b-u_a=u_{ba}$	$u_c-u_a=u_{ca}$	$u_c-u_b=u_{cb}$

由表 3-1 可见，上述 6 条导通回路均对应一个线电压供电的单相半波可控整流电路，其通过脉冲控制在一个周期中轮流等时工作，构成三相桥式可控整流电路的 6 种工作模态。据此，三相桥式可控整流电路可以等效成六相半波可控整流电路。6 条回路中，具体是哪条回路导通，取决于两个因素：一是该回路的两个晶闸管要同时具有触发脉冲；二是它们对应的电源电压要处于正半周，从而使晶闸管承受正压。

（1）电阻性负载。首先以 $\alpha=0°$进行分析，在 $\alpha=0°$处（自然换相点处）即发脉冲，电路的工作效果与三相桥式不可控整流电路完全一样，其波形如图 3-34 所示，为线电压波形正包络线，特点是 6 脉波整流。

1）工作原理分析如下：

第Ⅰ段（π/6～π/2）：在 $\omega t=30°$，即晶闸管 VT1 的 $\alpha=0°$处，给 VT1 发触发脉冲。假设 VT6 已导通，此时，由于电源 $u_{ab}>0$，则 VT1、VT6 导通，负载电压 $u_d=u_{ab}$。

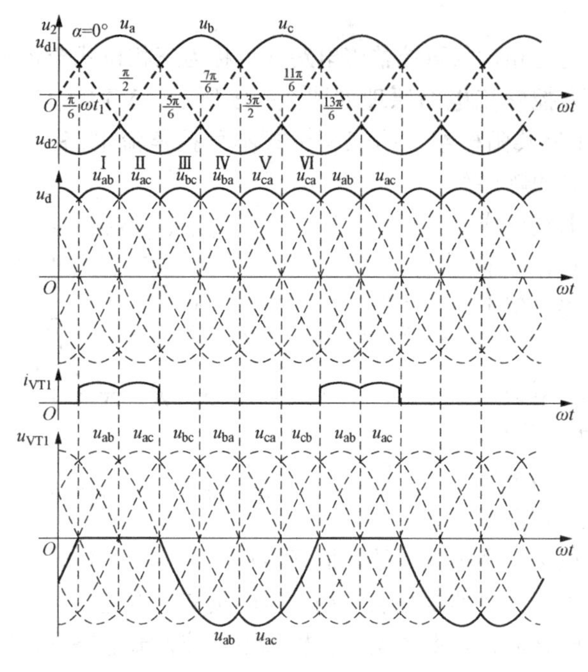

图 3-34　三相桥式可控整流电路带电阻性负载 $\alpha=0°$时的波形

第Ⅱ段（π/2～5π/6）：VT1 导通 π/3 后，即 $\omega t=\pi/2$ 时，为 VT2 的 $\alpha=0°$，给 VT2 发触发脉冲。由于 $u_{ac}>0$，VT2 欲导通，而此时 VT6 尚在导通。由于 VT2、VT6 同处于共阳极组，要发生导通竞争。由于 $\omega t=\pi/2$ 处之后 $u_c<u_b$，即 VT2 的阴极电位 u_c 低于 VT6 的阴极电位 u_b，从而电流从 VT1、VT6 流通切换到 VT1、VT2 流通，完成换相。可见，换相发生在同组晶闸管之间。换相后，VT1、VT2 导通，同时迫使 VT6 反偏关断，负载电压 $u_d=u_{ac}$。

第Ⅲ段（5π/6～7π/6）：VT2 导通 π/3 后，即 $\omega t=5\pi/6$ 时，为 VT3 的 $\alpha=0°$，给晶闸管 VT3 加触发脉冲，由于 $u_{bc}>0$，则 VT3 导通，同时迫使同处在共阴极组的 VT1 反偏关断。该阶段，VT2、VT3 导通，负载电压 $u_d=u_{bc}$。

第Ⅳ段（7π/6～3π/2）：VT3 导通 π/3 后，即 $\omega t=7\pi/6$ 时，为 VT4 的 $\alpha=0°$，给晶闸管 VT4 加触发脉冲，由于 $u_{ba}>0$，则 VT4 导通，同时迫使同处在共阳极组的 VT2 反偏关断。该阶段，VT3、VT4 导通，负载电压 $u_d=u_{ba}$。

第Ⅴ段（3π/2～11π/6）：VT4 导通 π/3 后，即 $\omega t=3\pi/2$ 时，为 VT5 的 $\alpha=0°$，给晶闸管 VT5 加触发脉冲，由于 $u_{ca}>0$，则 VT5 导通，同时迫使同处在共阴极组的 VT3 反偏关断。该阶段，VT4、VT5 导通，负载电压 $u_d=u_{ca}$。

第Ⅵ段（11π/6～13π/6）：VT5 导通 π/3 后，即 $\omega t=11\pi/6$ 时，为 VT_6的 $\alpha=0°$，给晶闸管 VT6 加触发脉冲，由于 $u_{cb}>0$，则 VT6 导通，同时迫使同处在共阳极组的 VT4 反偏关断。该阶段，VT5、VT6 导通，负载电压 $u_d=u_{cb}$。

2）从触发角 $\alpha=0°$时的情况可以总结出三相桥式可控整流电路的一些工作特点如下：

a. 6 只晶闸管按 VT1、VT2、VT3、VT4、VT5、VT6 的顺序触发，相位依次差 60°。晶闸管的导通顺序为其编号顺序。

b. 一周期内，整流输出电压 u_d由 6 个线电压波头拼接而成，每周期脉动 6 次，每次脉动的波形形状相同，为 6 脉波整流电路。

c. 为确保在任意时间上、下两组晶闸管各有一只导通，需对两组中应导通的两个晶闸管同时施加触发脉冲。为此，可采用两种触发方式，三相桥式可控整流电路的两种触发方式如图 3-35 所示。

宽脉冲触发：要求触发脉冲宽度大于 60°（一般取 80°～100°），如图 3-35 中的宽脉冲方式，VT1 在 a 相正半周自然换相点处触发，隔 60°后 VT2 触发，此时 VT1 脉冲仍存在，从而保证 VT1 和 VT2 同时导通。

双窄脉冲触发：为保证在任何情况下正常导通，在触发某个晶闸管的同时，给前一个晶闸管补发一个脉冲。即用两个窄脉冲代替宽脉冲，两个窄脉冲的前沿相差 60°，脉宽一般为 20°～30°。如图 3 - 35 中的双窄脉冲方式中，给 VT2 加触发脉冲的同时，给 VT1 再补发一个 1′窄脉冲，其他按顺序类推。

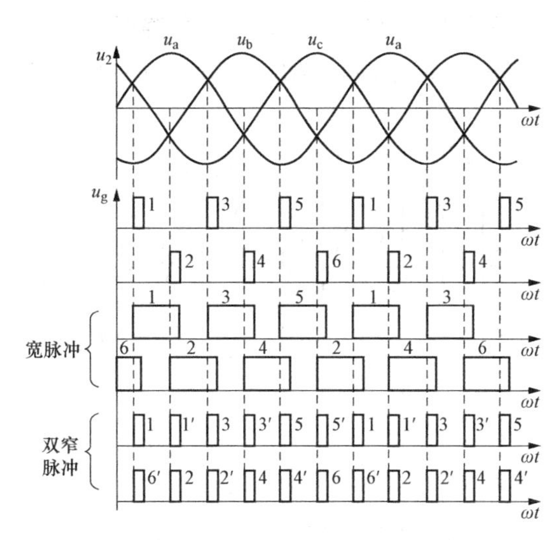

图 3 - 35 三相桥式可控整流电路的两种触发方式

双脉冲电路较复杂，但触发电路输出功率相对较小。宽脉冲触发电路简单，但为了不使脉冲变压器饱和，需将铁芯体积做得较大，绕组匝数较多，导致漏感增大，脉冲前沿不够陡，对于晶闸管串联使用不利。因此，常用双脉冲触发方式。

d. 晶闸管承受的电压波形与三相半波时相同，其只与同组晶闸管导通情况有关，分析方法也相同。

e. 变压器二次绕组流过正负两个方向的电流，消除了变压器的直流磁化，提高了变压器的利用率。

3）工作过程分析。图 3 - 34 中还给出了晶闸管 VT1 流过电流 i_{VT1} 的波形，由此波形可以看出，晶闸管一周期有 120°处于导通，由于负载为电阻，故晶闸管处于导通时的电流波形与相应时段的 u_d 波形形状相同。

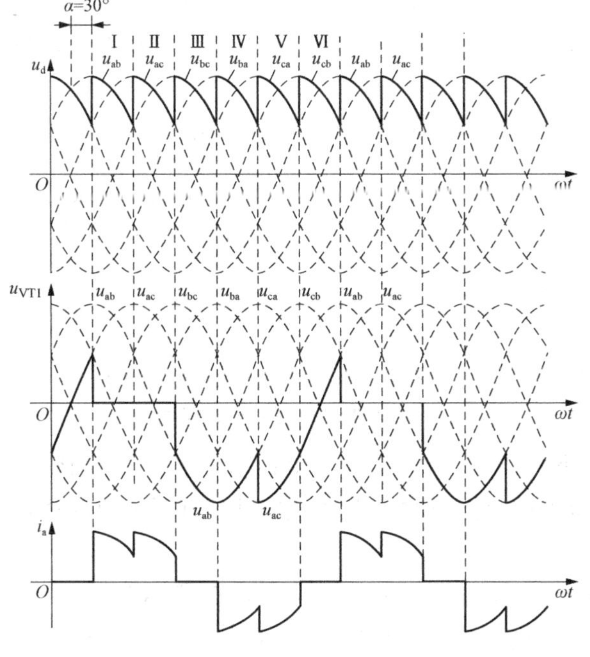

图 3 - 36 三相桥式可控整流电路带电阻性负载 α=30°时的波形

当触发角 α 增大时，电路的工作情况将发生变化。图 3 - 36 给出了 α=30°时的波形，由图 3 - 36 可知从自然换相点起 30°时给 VT1 和 VT6 加触发脉冲，因 $u_{ab}>0$，则 VT1 和 VT6 导通，此时 $u_d=u_{ab}$。VT1 和 VT6 可以继续导通共 60°，直到 VT2 和 VT1 回路组合脉冲来临，发生同组晶闸管换相，电流从 VT1 和 VT6 导通切换到 VT2 和 VT1 导通，该波头结束，其他 5 个波头的分析与此类似。与 α=0°时的情况相比，α=30°时一周期中 u_d 波形仍由 6 个线电压片段组成。区别在于晶闸管起始导通时刻推迟了 30°，组成 u_d 的每一个线电压片段也因此推迟 30°，u_d平均值降低。

图 3-36 中同时给出了带电阻负载时变压器二次侧 a 相电流 i_a的波形，在 VT1 处于通态时，i_a为正，波形与同时段的 u_d波形形状相似；在 VT4 处于通态时，i_a为负，波形也与同时段的 u_d波形相似。

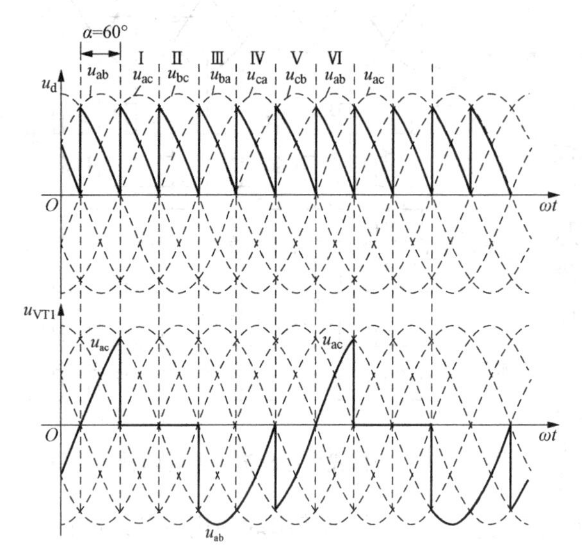

图 3-37　三相桥式整流电路带电阻性负载 $\alpha=60°$时的波形

当触发角 α 增大到 60°时，输出电压 u_d波形将临界连续，如图 3-37 所示。从自然换相点起 60°时给 VT1 和 VT6 加触发脉冲，因 $u_{ab}>0$，则 VT1 和 VT6 导通，此时 $u_d=u_{ab}$。若不触发其他晶闸管，则 VT1 和 VT6 最多导通到电源线电压 u_{ab}过零变负的位置，导通角度共 60°，此时流过负载及晶闸管的电流将降为零，从而 VT1 和 VT6 自然关断。恰在这时，VT2 和 VT1 回路组合脉冲来临，因$u_{ac}>0$，则 VT2 和 VT1 导通，此时 $u_d=u_{ac}$，进入第二个波头。其他波头的分析与此类似。

当 $\alpha>60°$时，如 $\alpha=90°$时电阻负载情况下的工作波形如图 3-38 所示，输出电压 u_d波形每 60°中有 30°为零，出现断续，工作模态数增多。分析如下：从自然换相点起 90°时给 VT1 和 VT6 加触发脉冲，因 $u_{ab}>0$，则 VT1 和 VT6 导通，此时 $u_d=u_{ab}$。VT1 和 VT6 导通到 u_{ab}过零变负时，流过负载及晶闸管的电流将降为零，从而 VT1 和 VT6 自然关断，导通角度小于 60°。此时，临近的 VT2 和 VT1 回路组合脉冲尚未来临，所有晶闸管均关断，负载电流出现断续，电压波形也出现断续。直到 VT2 和 VT1 回路组合脉冲来临，因 $u_{ac}>0$，则 VT2 和 VT1 导通，此时$u_d=u_{ac}$，进入第二个波头。其他波头的分析与此类似。

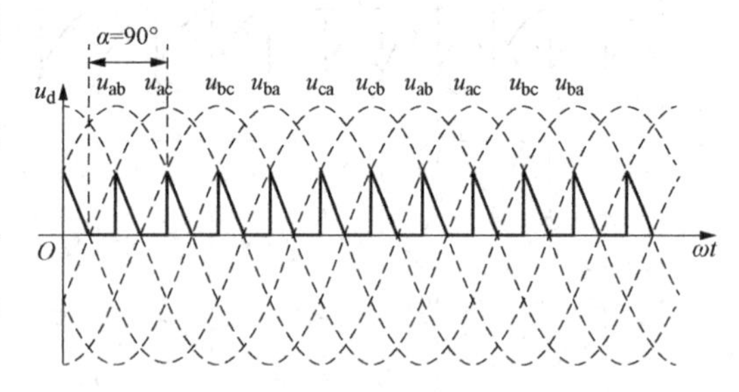

图 3-38　三相桥式可控整流电路带电阻性负载 $\alpha=90°$时的波形

可见，在负载电流断续时，三相桥式可控整流电路的工作模态除与图 3-13 所示 6 种模态相同外，增加了 6 管均不导通的模态。当 6 管均不导通时，每个晶闸管承受的电压均为其相电压，即 $u_{VT1}=u_a$。

若 α 角继续增大，整流电压将越来越小，$\alpha=120°$时，对应的线电压为零，晶闸管不满足导通条件，输出电压波形刚好消失，整流输出电压为零。故带电阻性负载时 α 角的移相范围为 0°～120°。

纵观三相桥式可控整流电路带电阻性负载时的工作情况可知，随着控制角在0°～120°范围逐步变化，其输出电压 u_d的波形均保持 6 脉波特点，并在线电压波形正包络线基础上不断变化。分析 u_{ab}的波头可知，其波头起点随脉冲位置不断后移，波头终点位置沿着 u_{ab}的波形不断下垂，直到 $\alpha=60°$时，终点落到横轴上，此时波形刚好连续；此后，进一步增大控制角，波头终点落在横轴上不再改变，电压波形出现断续且面积越来越小，直到 $\alpha=120°$时，波形消失。

(2) 阻感性负载。当 $\alpha\leqslant60°$时，u_d 波形连续，工作情况与带电阻性负载时十分相似，各晶闸管的通断情况、输出整流电压 u_d 波形、晶闸管承受的电压波形等都一样。但由于负载不同，同样的整流输出电压得到的负载电流 i_d 波形不同。带阻感性负载时，由于电感的作用，使得负载电流波形变得平直，当电感足够大的时候，负载电流的波形可近似为一条水平线。

当 $\alpha>60°$时，带阻感性负载时的工作情况与带电阻性负载时不同。带电阻性负载时，u_d 波形不会出现负的部分，波形断续；而带阻感性负载时，由于负载电感释放储能，在线电压小于零的情况下，晶闸管继续导通，使波形出现负的部分。如图 3-39 所示为带电感性负载 $\alpha=90°$时的波形，可以看出，当 $\alpha=90°$时，u_d 波形上下对称，平均值为零，因此，带阻感性负载三相桥式整流电路的 α 角移相范围为 90°。

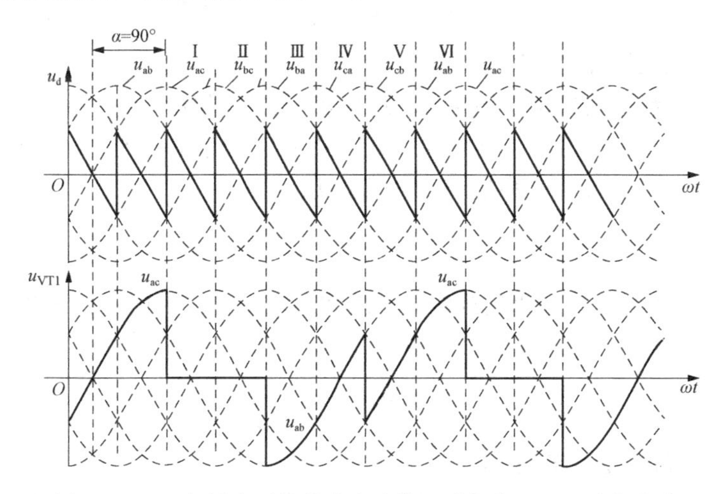

图 3-39 三相桥式可控整流电路带阻感负载 $\alpha=90°$时的波形

以上分析已经说明，整流输出电压 u_d 的波形在一周期内脉动 6 次，且每次脉动的波形相同，因此在计算其平均值时，只需对一个脉波（即 1/6 周期）进行计算即可。此外，以线电压 u_{ab}的过零点为时间坐标的零点。

当电阻负载 $\alpha\leqslant60°$或阻感负载时，输出电压波形连续，其电压平均值为

$$U_d=\frac{1}{\frac{\pi}{3}}\int_{\frac{\pi}{3}+\alpha}^{\frac{2\pi}{3}+\alpha}\sqrt{6}U_2\sin\omega t\,d\omega t\approx2.34U_2\cos\alpha \tag{3-28}$$

积分下限为触发脉冲的位置，对应于线电压波形中的 $\pi/3+\alpha$ 处。比较三相半波可控整流电路电流连续时的输出电压计算公式可知，同等情况下，三相桥式可控整流电路输出电压为三相半波可控整流电路的 2 倍。实际上，输出电压（电流）连续时三相桥式可控整流电路可以看作 1 个共阴极接法三相半波可控整流电路和 1 个共阳极接法三相半波可控整流电路的串联。

当电阻负载 $\alpha>60°$时，输出电压波形断续，其电压平均值为

$$U_d=\frac{1}{\frac{\pi}{3}}\int_{\frac{\pi}{3}+\alpha}^{\pi}\sqrt{6}U_2\sin\omega t\,d\omega t=2.34U_2\left[1+\cos\left(\frac{\pi}{3}+\alpha\right)\right] \tag{3-29}$$

当电压波形断续时，输出电压 u_d的每个波头都是线电压的一部分，且起于脉冲时刻，

终于线电压过零变负处，这和单相半波可控整流电路的工作情况完全一样，因此其电压均值的计算可以仿照单相半波可控整流电路的计算公式直接得出

$$U_d = 6 \times 0.45 \times \sqrt{3} U_2 \frac{1+\cos(\pi/3+\alpha)}{2} = 2.34 U_2 \left[1+\cos\left(\frac{\pi}{3}+\alpha\right)\right] \tag{3-30}$$

其中 $\pi/3+\alpha$ 描述的正是线电压波形中对应的脉冲位置。令式（3 - 30）中 $U_d=0$，即可求得最大控制角为 120°。

输出电流平均值为 $I_d=U_d/R$。

当整流变压器如图 3 - 33 中所示采用星形接法，带阻感性负载时，变压器二次侧电流波形为正负半周各宽 120°、前沿相差 180°的矩形波，其有效值为

$$I_2 = \sqrt{\frac{1}{2\pi}\left[I_d^2 \times \frac{2}{3}\pi + (-I_d)^2 \times \frac{2}{3}\pi\right]} = \sqrt{\frac{2}{3}} I_d \tag{3-31}$$

晶闸管电压、电流等的定量分析与三相半波时一致。在移相范围内，晶闸管承受的正、反向最大电压均为线电压峰值 $\sqrt{6}U_2$。

三相桥式可控整流电路接反电势阻感（L-R-E）性负载时，在负载电感足够大使负载电流连续的情况下，电路工作情况与电感性负载时相似，电路中各处电压、电流波形均相同，仅在计算 I_d 时有所不同，接反电势阻感负载时的 I_d 为

$$I_d = \frac{U_d - E}{R} \tag{3-32}$$

式（3 - 32）中 R 和 E 分别为负载中的电阻和反电动势。为使 R-L-E 回路电流连续，所需的电感量 L 可由式（3 - 33）求出

$$L = 0.693 \times 10^{-3} \frac{U_2}{I_{dmin}} \tag{3-33}$$

3.2.3 大功率可控整流电路

本节将介绍几种大功率负载的整流电路形式。与三相桥式全控整流电路相比较，带平衡电抗器的双反星形可控整流电路的特点是适用于低电压、大电流的场合，如电解电镀等工业应用；多重化整流电路的特点是，一方面在采用相同器件时可达到更大的功率，另一方面是可减少交流侧输入电流的谐波，从而减小对供电电网的干扰。

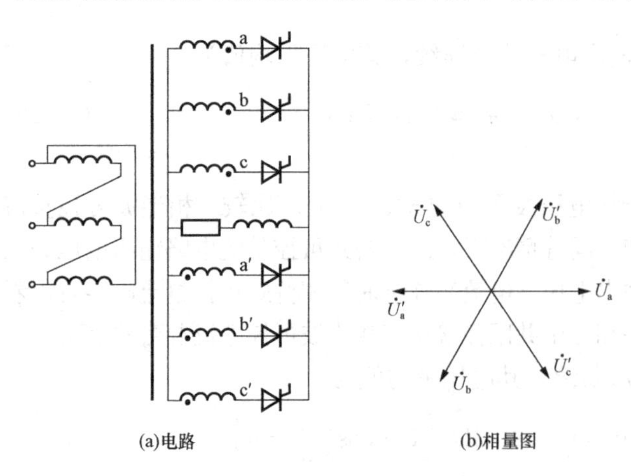

图 3 - 40 六相半波整流电路及六相对称电压相量图

1. 带平衡电抗器的双反星形可控整流电路

为了消除整流变压器直流磁化，由同一变压器供电，变压器二次侧绕组为双反星形接线，并分别作为两个三相半波可控整流电路的电源。如果简单地把两组三相半波可控整流电路并联起来工作，组成的是六相半波整流电路，如图3 - 40 (a)所示。

六相对称交流电压，彼此互差 60°，电压相量图如图 3 - 40（b）所示。因为两个直流电源并联运行时，只有

当两个电源的电压瞬时值相同时，才能使负载电流平均分配。在六相半波整流电路中，虽然两组整流电压的平均值和 U_{d1}、U_{d2} 是相等的，但其脉动波相差 60°，瞬时值不同，故任何时刻仅有一只晶闸管导通，每只晶闸管最大的导通角为 60°。$\alpha=0°$时，输出电压波形为六相正弦的包络线，$U_d=1.35U_2\cos\alpha$。六相半波整流电路晶闸管导电时间短，变压器利用率低，故极少采用。

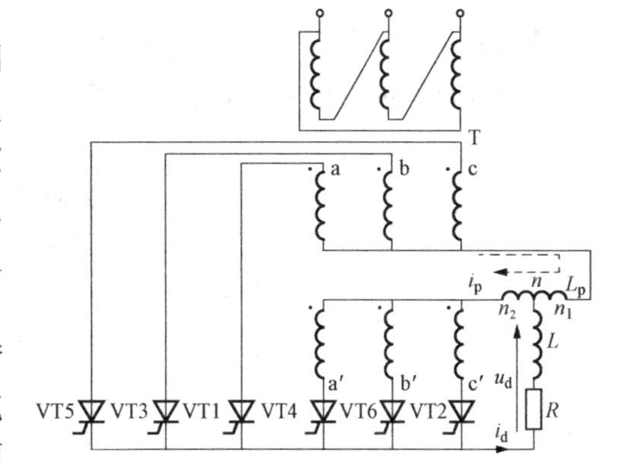

图 3-41 带平衡电抗器的双反星形可控整流电路

为了使两个半波电路并联运行，引入平衡电抗器 L_p，带平衡电抗器的双反星形可控整流电路如图 3-41 所示。在这种并联电路中，两个星形的中点间接有带中心抽头的平衡电抗器，电抗器起到平衡瞬时电压 u_{d1} 和 u_{d2} 的作用，使两组三相半波并联运行。

在 $\alpha=0°$时，若两组半控桥能并联运行，则其整流电压、电流的波形如图 3-42 所示。两组的相电压互差 180°，因而相电流也互差 180°，相电流幅值相等，均为 $I_d/2$。以 a 相为例，相电流 i_a与出 i'_a出现的时刻虽不同，但其平均值都是 $I_d/6$，因为平均电流相等而绕组的极性相反，所以直流安匝互相抵消。因此本电路是利用绕组的极性相反来消除直流磁通势的。

以下分析由于平衡电抗器的作用，使得两组三相半波整流电路并联运行的原理。如图 3-43所示，当$\alpha=0°$时，给 VT1 和 VT6 加触发脉冲，此时 u'_b及 u_a 均为正值，由于 $u'_b>u_a$，VT6 导通，形成负载电流，此电流在 L_p 上感应一电动势，左负右正，其值设为$u_p/2$，同时在 L_p 另一侧感应出 $u_p/2$，极性如图 3-44 所示。此时，$u_{VT1}=u_d+u_p/2$，$u_{VT6}=u_d-u_p/2$，可见平衡电抗器起到电势平衡的作用，补偿了 u'_b 和 u_a 的电动势差，使得 u'_b 和 u_a 相的晶闸管能同时导通。

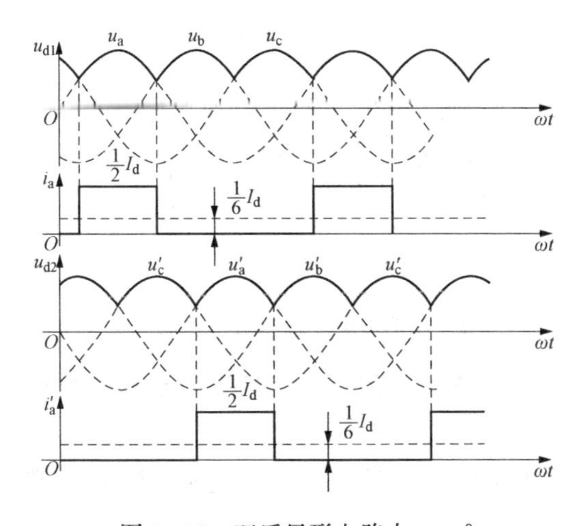

图 3-42 双反星形电路中 $\alpha=0°$ 时两组整流电压、电流波形

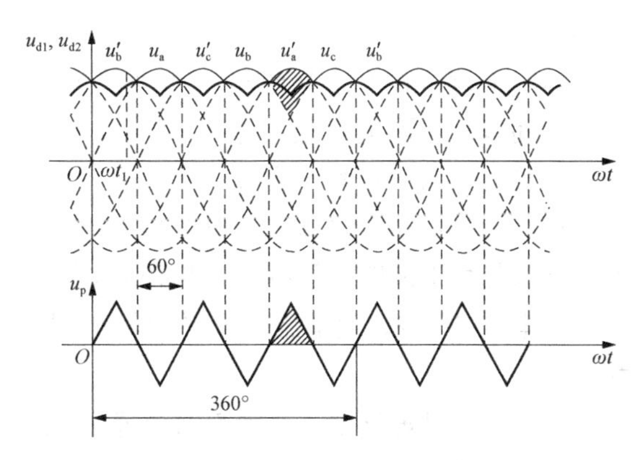

图 3-43 平衡电抗器作用下输出电压的波形和平衡电抗器上电压的波形

平衡电抗器两端电压和整流输出电压的数学表达式为

$$u_p=u'_b-u_a \tag{3-34}$$

$$u_d = u'_b - \frac{1}{2}u_p = u_a + \frac{1}{2}u_p = \frac{1}{2}(u'_b + u_a) \tag{3-35}$$

虽然 $u'_b > u_a$，但由于 L_p 的平衡作用，使得晶闸管 VT6 和 VT1 都承受正向电压而同时导通。随着时间推迟至 u'_b 和 u_a 的交点时，由于 $u'_b = u_a$，两管继续导电，此时 $u_p = 0$。之后 $u'_b < u_a$，则流经 b′相的电流要减小，但 L_p 有阻止此电流减小的作用，u_p 的极性则与图 3-44 所示相反，L_p 仍起平衡作用，使 VT6 继续导电，直到 $u'_c > u'_b$，电流才从 VT6 换至 VT2。此时变成 VT1、VT2 同时导通。每隔 60°有一个晶闸管换相。每一组中的每一个晶闸管仍按三相半波的导电规律而各轮流导电 120°。这样以平衡电抗器中点作为整流电压输出的负端，其输出的整流电压瞬时值为两组三相半波整流电压瞬时值的平均值计算见式（3-35），波形如图 3-43 中粗黑线所示。

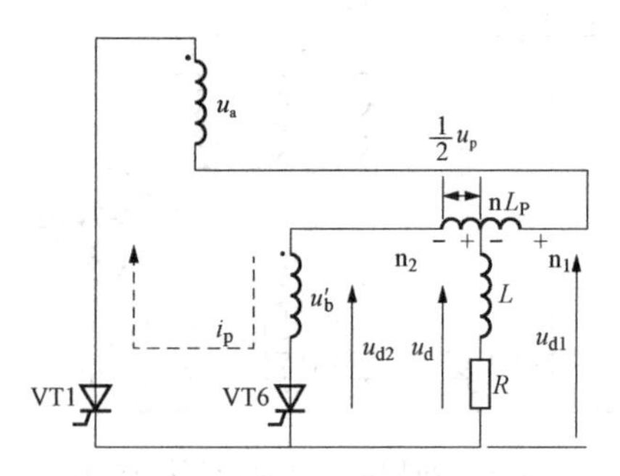

图 3-44 平衡电抗器作用下两个晶闸管同时导电的情况

图 3-45 给出了 $\alpha=30°$、60°、90°时输出电压的波形。从图 3-45 中可以看出，双反星形电路的输出电压波形与三相半波电路比较，脉动程度减小了，脉动频率加大 1 倍，$f=$ 300Hz。在电感负载情况下，当 $\alpha=90°$时，输出电压波形正负面积相等，$U_d=0$，因而移相范围是 90°。如果是电阻性负载，则 u_d 没有负值，仅保留图 3-45 波形中正的部分。同样可以看出，当 $\alpha=120°$时，$U_d=0$，因而电阻负载时的移相范围是 120°。

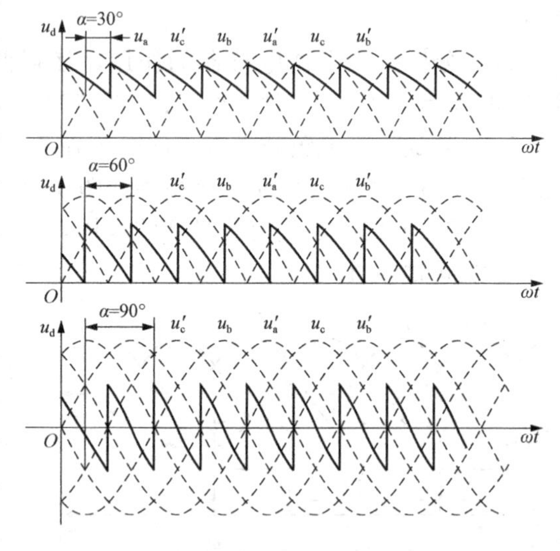

图 3-45 当 $\alpha=30°$、60°、90°时，双反星形电路的输出电压波形

双反星形电路是两组三相半波电路的并联，所以整流电压平均值与三相半波整流电路的整流电压平均值相等，在不同的控制角 α 时，$U_d = 1.17U_2\cos\alpha$ 。

在以上分析的基础上，与三相桥式电路比较得出以下结论：

（1）三相桥式电路是两组三相半波电路串联，而双反星形电路是两组三相半波电路并联，且后者需用平衡电抗器。

（2）当变压器二次侧电压有效值 U_2 相等时，双反星形电路的整流电压平均值 U_d 是三相桥式电路的 1/2，而整流电流平均值 I_d 是三相桥式电路的 2 倍，因而适合于低压大电流场合。

（3）在两种电路中，晶闸管的导通及触发脉冲的分配关系是一样的，整流电压 u_d 与整流电流 i_d 的波形形状一样。

2. 多重化整流电路

随着整流装置功率的进一步加大，它所产生的谐波、无功功率等对电网的干扰也随之加大，为减轻干扰，可采用多重化整流电路，即按一定的规律将 2 个或多个相同结构的整流电路（如三相桥）进行组合而得。将整流电路进行移相多重联结可以减少交流侧输入电流谐波。

整流电路的多重联结有并联多重联结和串联多重联结。图 3-46 给出了将 2 个三相全控桥式整流电路并联联结而成的 12 脉波整流电路原理图，该电路中使用了平衡电抗器来平衡各组整流器的电流，其原理与双反星形电路中采用平衡电抗器一样。

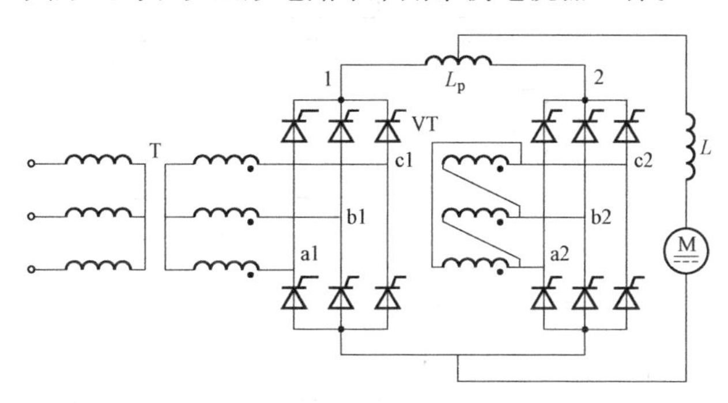

图 3-46 并联多重联接的 12 脉波整流电路

对于交流输入电流来说，采用并联多重联结和串联多重联结的效果相同，以下着重讲述串联多重联结的情况。采用多重联结不仅可以减少交流输入电流的谐波，同时也可减小直流输出电压中的谐波并提高纹波频率，因而可减小平波电抗器。为了简化分析，下面均不考虑变压器漏抗引起的重叠角，并假设整流变压器各绕组的线电压之比为 1∶1。

移相 30°构成串联 2 重联结电路原理如图 3-47 所示，利用变压器二次绕组接法的不同，使两组三相交流电源间相位错开 30°，从而使输出整流电压 u_d 在每个交流电源周期中脉动 12 次，故该电路为 12 脉波整流电路。整流变压器二次绕组分别采用星形和三角形接法构成相位相差 30°、大小相等的两组电压，接到相互串联的 2 组整流桥。因绕组接法不同，变压器一次绕组和两组二次绕组的匝数比为 $1:1:\sqrt{3}$。

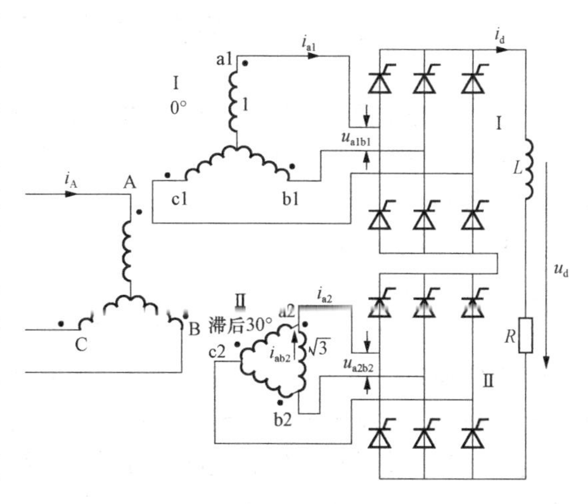

图 3-47 移相 30°串联 2 重联接电路原理

图 3-48 为图 3-47 电路输入电流波形，其中的 i'_{ab2} 在图 3-47 中未标出，它是第Ⅱ组桥电流 i_{ab2} 折算到变压器一次侧 A 相绕组中的电流。图 3-48 的总输入电流 i_A 为 i_{a1} 和 i'_{ab2} 之和。

根据同样的道理，利用变压器二次绕组接法的不同，互相错开 20°，可将三组桥构成串联 3 重联结。此时，对于整流变压器来说，采用星形三角形组合无法移相 20°，需采用曲折接法。串联 3 重连接电路的整流电压 u_d 在每个电源周期内脉动 18 次，故此电路为 18 脉波整流电路。其交流侧输入电流中所含谐波更少，整流电压 u_d 的脉动也更小。

若将整流变压器的二次绕组移相 15°，即可构成串联 4 重联结电路，此电路为 24 脉波整流电路。

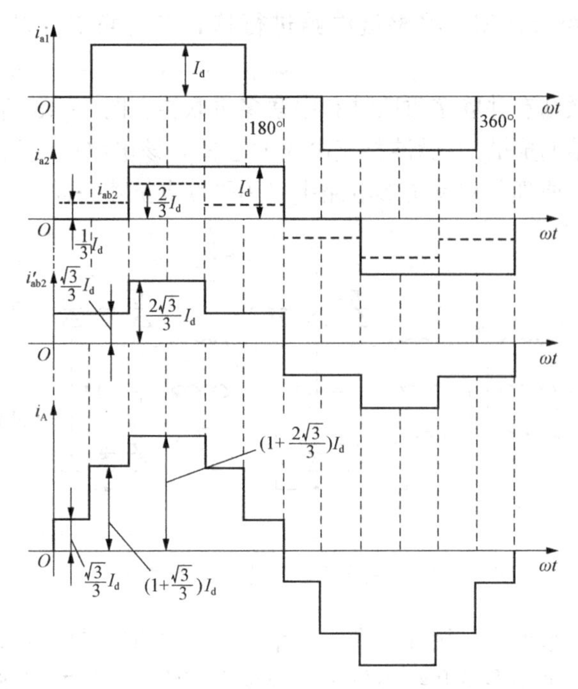

图 3-48　移相 30°串联 2 重联接电路电流波形

3.3　晶闸管全控整流电路的有源逆变工作状态

晶闸管整流电路除了输出电压可调、容量可做得很大外，还有一个优点就是在主电路不变的条件下通过改变控制还可以工作在有源逆变状态下，将外界的直流电能变换成交流电能并回馈到电网。

3.3.1　逆变的概念

1. *什么是逆变？为什么要逆变？*

在生产实践中，存在着与整流过程相反的要求，即要求把直流电转变为交流电，这种对应于整流的逆向过程定义为逆变。例如，电力机车下坡行驶时，使直流电动机作为发电机制动运行，机车的位能转变为电能，反送到交流电网中去。把直流电逆变成交流电的电路称为逆变电路。当逆变的交流侧和电网连接时，这种逆变电路称为**有源逆变**电路。有源逆变电路常用于直流可逆调速系统、交流绕组转子异步电动机串级调速及高压直流输电等方面。对于可控整流电路而言，只要满足一定条件，就可以工作于有源逆变状态。此时，电路形式并未发生变化，只是电路工作条件不同，因此将有源逆变作为整流电路的一种工作状态进行分析，这种既能工作于整流状态又能工作于逆变状态的电路称为变流电路。

如果变流电路的交流侧不与电网联接，而直接接到负载，即把直流电逆变为某一频率或可调频率的交流电供给负载，称为**无源逆变**电路。

以下先从直流发电机-电动机系统入手，研究其间电流流转的关系，再转入变流器中分析交流和直流电之间电能的转换，以掌握实现有源逆变的条件。

2. 直流发电机-电动机系统电能的流转

直流发电机-电动机系统中电能的流转如图 3-49 所示，图中励磁回路未画出。控制发电机电动势的大小和极性，可实现电动机四象限的运转状态。

在图 3-49（a）中，M 作电动机运行，$E_G>E_M$，电流 I_d 从 G 流向 M，I_d 为

$$I_d=\frac{E_G-E_M}{R_\Sigma} \tag{3-36}$$

式中：R_Σ 为主回路电阻。

由于 I_d 和 E_G 同方向，与 E_M 反方向，故 G 输出电功率 $E_G I_d$，M 吸收电功率 $E_M I_d$，电能由 G 流向 M，转变为 M 轴上输出的机械能，R_Σ 上是热能。

图 3-49（b）是回馈制动状态，M 作发电机运行，此时，$E_M>E_G$，电流反向，从 M 流向 G，其值为

$$I_d=\frac{E_M-E_G}{R_\Sigma} \tag{3-37}$$

此时 I_d 和 E_M 同方向，与 E_G 反方向，故 M 输出电功率，G 则吸收电功率，R_Σ 上是热能，M 轴上输入的机械能转变为电能反送给 G。

图 3-49（c）中两电动势顺向串联，向电阻 R_Σ 供电，G 和 M 均输出功率，由于 R_Σ 一般都很小，实际上形成短路，在工作中必须严防这类事故发生。

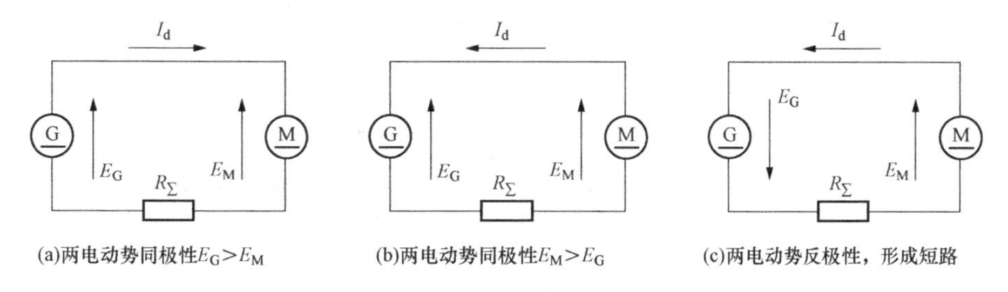

图 3-49 直流发电机-电动机系统中电能的流转

由以上分析可见，两个电动势同极性相接时，电流总是从高电动势流向低电动势，由于回路电阻很小，即使很小的电动势差也能产生大的电流，使两个电动势之间交换很大的功率，这对分析有源逆变电路十分有用。

3.3.2 三相半波有源逆变电路

三相半波有源逆变电路及其三种工作状态如图 3-50 所示，该电路既可作整流又可作逆变，为了便于分析问题，突出主要矛盾，设电路平波电抗器 L 很大，负载电流为恒定值。忽略变压器漏抗，R 为直流电机电枢电阻和回路电阻的总和，直流电机看作无内阻抗的理想电压源，E_M为电机反电动势。为深入了解整流和逆变两种工作状态，先从整流状态分析，具体说明电路工作在整流或逆变状态的条件，并分析整流和逆变如何转变。

1. 三种典型工作状态

（1）整流工作状态（$0<\alpha<\pi/2$）。图 3-50（a）给出了三相半波电路的整流工作状态与工作波形，每隔 120°以控制角 α 依次触发晶闸管 VT1、VT2 和 VT3。此时输出整流电压u_d波形如图 3-50（a）所示，其平均值U_d为正，$U_d>E_M$，电流I_d为

$$I_d=\frac{U_d-E_M}{R} \tag{3-38}$$

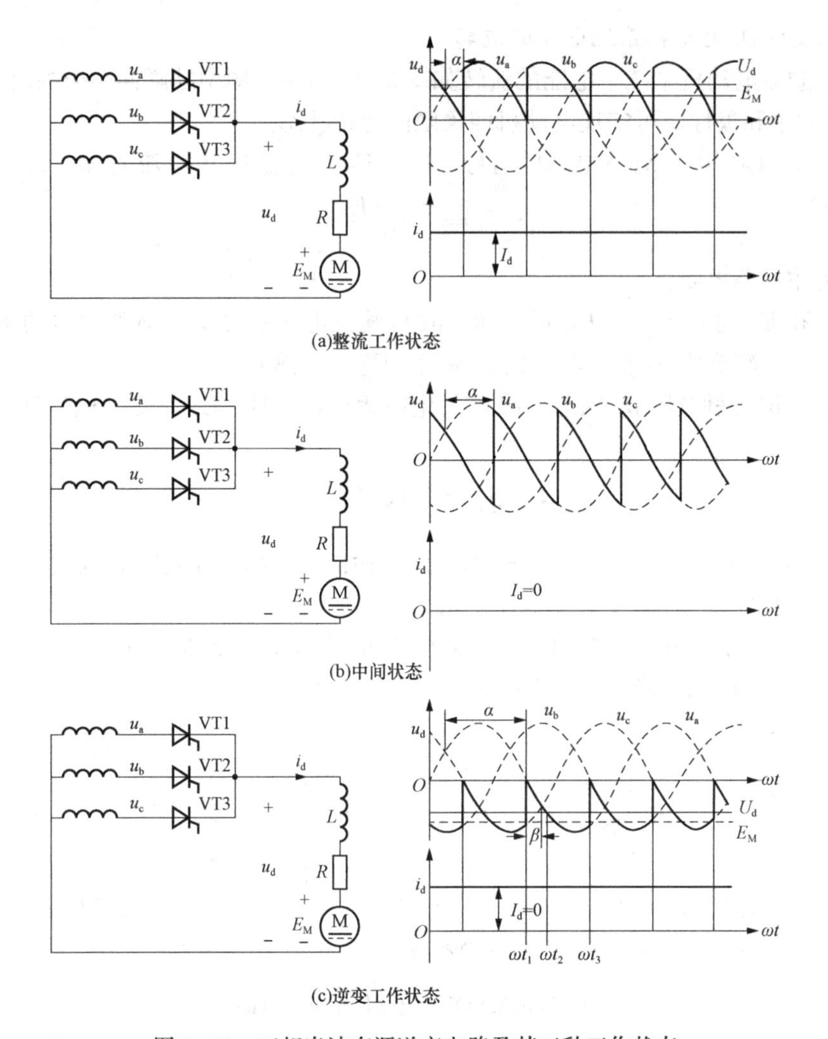

(a)整流工作状态

(b)中间状态

(c)逆变工作状态

图 3-50　三相半波有源逆变电路及其三种工作状态

负载电流由整流电路正极性流出，流入电机电势E_M的正极性。电机吸收功率，作电动机运行，整流电路则输出电能。

（2）中间状态（$\alpha=\pi/2$）。如图 3-50（b）所示，当增大控制角α，则u_d波形与横坐标包围的正面积减小，负面积加大，平均值U_d减小，电动机转速减小。当$\alpha=\pi/2$时，理想状态下，如果忽略电阻R，则u_d波形的正负面积相等，因而电路输出整流电压平均值$U_d=0$，若电机反电势$E_M=0$，电流$i_d=0$，电机转速$n=0$，此时电机将停转。但这仅为理想状态，实际上电阻R不可能为零，平波电抗器L再大也总有损耗。此时电抗器释放能量维持电流流动的时间将比其储能时间短，即u_d波形负面积将小于正面积，因此i_d和u_d均断续，平均值电压U_d很小，E_M也很小，电机缓慢爬行。

（3）逆变工作状态（$\pi/2<\alpha<\pi$）。当控制角$\alpha>\pi/2$时，带阻感（电感值很大）性负载三相半波可控整流电路输出的u_d波形负面积总等于正面积。若在电机下放重物回馈制动状态下，电动势E_M反向，则u_d波形负面积就会大于正面积，平均电压U_d变为负值，实际极性反向，对应的正是有源逆变工作状态，如图 3-50（c）所示。图中E_M极性反向，以$\alpha=150°$为

例分析波形和电路工作过程。仍然每隔 120°依次触发晶闸管 VT1、VT2 和 VT3。在 ωt_1时刻触发 VT1，虽然此时$u_a=0$，但在电势E_M作用下，VT1 仍然承受正向电压而导通，此后电路输出负压，$u_d=u_a$。但由于此时 $|E_M|>|U_d|$。因此 VT1 仍导通，且使电抗器 L 储能。在 ωt_2时刻以后，由于 $u_d=u_a$，u_d绝对值开始大于电机电势E_M绝对值，因此 L 释放储能，仍使闸管承受正向电压而继续维持导通，电流i_d方向不变。ωt_3时刻触发 VT2，因为此时 $u_b>u_a$，所以 VT2 导通，VT1 承受反压关断。晶闸管承受的反向电压为两个相电压之差，即线电压，这与整流时一样。从电路工作波形来分析，由于此时u_d波形负面积大于正面积，电路可以输出负平均电压。因此，要实现有源逆变工作状态应同时满足如下条件：

1）$\pi/2<\alpha<\pi$，使U_d为负值，这是电路的内部条件。

2）$|E_M|>|U_d|$，同时E_M反极性，即其极性须和晶闸管的导通方向一致，这是外部条件。电机电势E_M必须反极性，否则将与U_d反极性串联，形成短路。E_M也应大于U_d，以使电路中电流方向不变。

由于 $|E_M|>|U_d|$，电流从电机电势E_M实际正极流出，电机输出功率，处于发电工作状态，电流流入U_d的实际正极，然后到了交流电网，即交流电网吸收功率，实现了有源逆变，如图 3-50 (c)所示。

逆变时电流的大小为

$$I_d=\frac{|E_M|-|U_d|}{R} \tag{3-39}$$

E_M由电机转速决定，U_d可通过调节控制角 α 改变其大小。为了防止电流过大，可以通过调节 α 来控制U_d，进而控制电流的大小。

对于三相半波电路来说，在整流和逆变范围内，如 L 足够大而使电流波形连续，则每个晶闸管导电 120°。因此不管控制角 α 为何值，U_d与 α 的关系为

$$U_d=1.17U_2\cos\alpha=U_{d0}\cos\alpha \tag{3-40}$$

式中：$U_{d0}=1.17U_2$。对于单相桥式电路和三相桥式电路，U_{d0}分别为 $0.9U_2$和 $2.34U_2$。

直流电机电势E_M的极性必须改变才能完成有源逆变。实际生产中，当直流电动机拖动的卷扬机提升重物时，电机处于电动工作状态，从电网吸收电能。当物体下降时，电机处于发电工作状态，同时由于旋转方向的改变，使E_M反极性。又如电力机车正常运行或上坡时，电机处于电动工作状态。当机车下坡时，电机处于发电状态，此时可以通过改变励磁磁场方向来改变电势E_M的极性。

对于不可能有负压输出的电路，如桥式半控整流电路或有续流二极管的电路，均不可能实现有源逆变。

2. 逆变角 β

为了分析和计算方便，通常把逆变工作时的控制角用 β 表示，称为逆变角。逆变角 β、控制角 α 都是用来描述触发脉冲位置的，两者的关系是$\beta=\pi-\alpha$。因此，$\alpha=\pi$ 时，$\beta=0°$，然后向左计量逆变角 β 的大小。

三相半波有源逆变电路输出电压u_d的波形如图 3-51 所示，观察图 3-51 可知，$\beta=\pi/6$时，$\alpha=5\pi/6$；$\beta=\pi/3$ 时，$\alpha=2\pi/3$；$\beta=\pi/2$ 时，$\alpha=\pi/2$。$\beta=0$ 时，$\alpha=\pi$，为全逆变，此时输出负压最大，晶闸管也在自然换相点换相。因此可见，逆变时 α 为 $\pi/2\sim\pi$ 时，对应于 β 为 $\pi/2\sim0$。

逆变状态输出电压平均值可表示为

$$U_d = U_{d0}\cos\alpha = U_{d0}\cos(\pi - \beta) = -U_{d0}\cos\beta \tag{3-41}$$

可见，当β=0°时，输出电压平均值U_d达到负最大值。

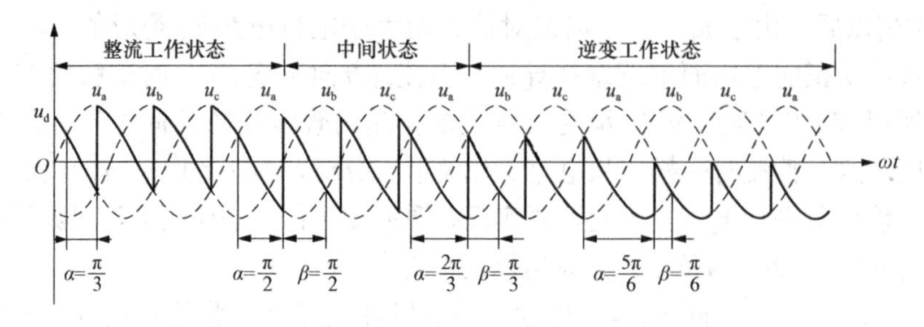

图 3-51 三相半波有源逆变电路输出电压u_d的波形

3.3.3 三相桥式有源逆变电路

三相有源逆变比三相半波逆变要复杂些，但基本原理和分析方法相同。逆变和整流的区别仅是控制角α不同。$0<\alpha<\pi/2$时，电路工作在整流状态，$\pi/2<\alpha<\pi$时，电路工作在有源逆变状态。

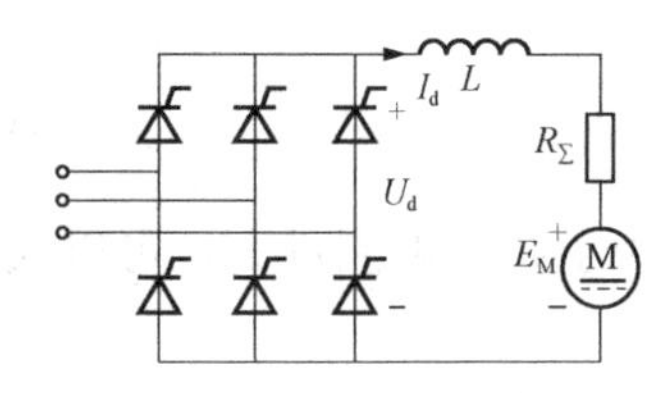

图 3-52 三相全控桥整流电路的有源逆变工作状态

为实现有源逆变，需$E_M<0$，如图 3-52 所示，因$\alpha>\pi/2$，U_d已自动变为负值，故能满足逆变的条件。因而可沿用整流的办法来处理逆变时有关波形与参数计算等各项问题。

三相全控桥电路有源逆变工作时，不同逆变角下的输出电压波形如图 3-53 所示。

关于有源逆变状态时各电量的计算，归纳如下：

$$U_d = 2.34U_2\cos\alpha = -2.34U_2\cos\beta \tag{3-42}$$

若按图 3-52 所标参考极性，U_d与E_M均为负值，则直流侧电流可依式（3-45）计算

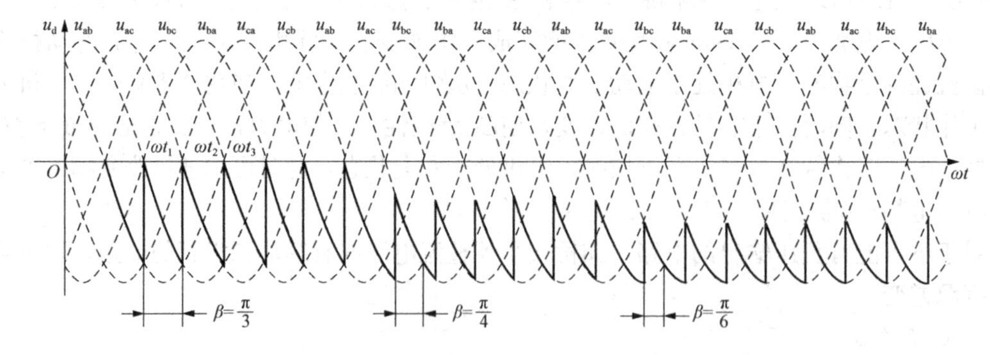

图 3-53 三相桥式整流电路工作于有源逆变状态时的电压波形

$$I_d = \frac{|E_M| - |U_d|}{R_\Sigma} \tag{3-43}$$

每只晶闸管导通 1/3 周期，每管平均电流为

$$I_{dVT} = I_d/3 \tag{3-44}$$

流过晶闸管的电流有效值为（忽略直流电流i_d的脉动）

$$I_{VT}=\frac{I_d}{3}\approx 0.577I_d \tag{3-45}$$

图 3-52 所示直流回路中的功率平衡关系为

$$|E_M|I_d=|U_d|I_d+I_d^2R_{\Sigma} \tag{3-46}$$

由式（3-46）可知 E_M供出的功率等于逆变到电网的功率与 R_{Σ}消耗的功率之和。在三相全控桥电路中，变压器二次侧线电流的有效值为

$$I_2=\sqrt{2}I_{VT}=\sqrt{\frac{2}{3}}I_d\approx 0.816I_d \tag{3-47}$$

3.3.4 逆变失败和最小逆变角的限制

逆变运行时，一旦发生换相失败，外接的直流电源就会通过晶闸管电路形成短路，或者使变流器的输出平均电压和直流电动势变成顺向串联，由于逆变电路的内阻很小，形成很大的短路电流，这种情况称为逆变失败，或称为逆变颠覆。

1. 逆变失败的原因

造成逆变失败的原因很多，主要有下列几种情况：

(1) 触发电路工作不可靠，不能适时、准确地给各晶闸管分配脉冲，如脉冲丢失、脉冲延时等，致使晶闸管不能正常换相，平均电压 U_d变为正值，造成顺向串联，形成短路。

(2) 晶闸管发生故障，在应该阻断期间，器件失去阻断能力，或在应该导通期间，器件不能导通，造成逆变失败。

(3) 在逆变工作时，交流电源发生缺相或突然消失，由于直流电动势 E_M的存在（$E_M<0$），晶闸管仍可导通，此时变流器的交流侧由于失去了同直流电动势极性相反的交流电压，或者说失去了对直流电动势 E_M的抵消平衡作用，直流电动势将通过晶闸管形成短路。

(4) 换相的裕量角不足，引起换相失败，应考虑变压器漏抗引起换流重叠角 γ 对逆变电路换相的影响，如图 3-54 所示。

由于变压器漏抗的存在，使得换相有一个重叠过程，在此期间输出电压 u_d为相邻两相电压的算术平均值，换流重叠角 γ 使 u_d的正面积减小而负面积增大，因此在 $\alpha<90°$（整流）时，γ 使平均面积 U_d失去ΔU_d（换相压降）；而在 $\alpha>90°$（逆变）时，γ 会使平均面积 U_d增加ΔU_d（即负的幅值增大），如图 3-54 波形图阴影部分所示。

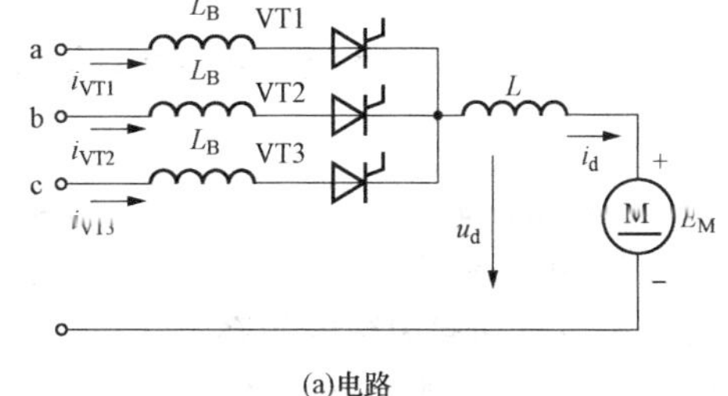

(a)电路

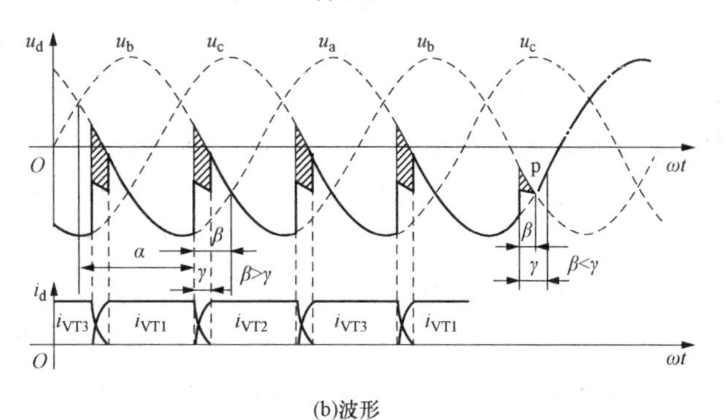

(b)波形

图 3-54 换流重叠角大小对逆变换相过程的影响

存在换流重叠角会给逆变工作带来不利的后果，比如以 VT1 和 VT2 的换相过程来分析，当逆变电路工作在 $\beta>\gamma$ 时，如图 3-54 所示，经 VT2 触通换相过程后，仍有 $u_b>u_a$，VT1 因承受反压而被迫正常关断。但

是，如果换相的裕量角不足，即当$\beta<\gamma$时，从图3-54右侧的波形中可清楚地看到，换相尚未结束，电路的工作状态到达自然换相交点p之后，u_a将高于u_b，使得应该关断的晶闸管VT1因正偏而不能关断却继续导通，VT2承受反压而重新关断。u_d因VT1一直导通而进入u_a的正半周，且u_a随着时间的推移愈来愈高，与电动势顺向串联导致逆变失败。因此，欲要保证正常换流，逆变角取值应足够大，留有充足的换相裕量角。

2. 确定最小逆变角β_{min}的依据

逆变时允许采用的最小逆变角β_{min}应满足

$$\beta_{min}=\delta+\gamma+\theta' \tag{3-48}$$

式中：δ为晶闸管的关断时间t_q折合的电角度；γ为换流重叠角；θ'为安全裕量角。

晶闸管关断时间t_q可达200～300μs，折算到电角度δ为4°～5°。至于重叠角γ，它随直流平均电流和换相电抗的增加而增大。为对重叠角的范围有所了解，举例如下：某装置整流电压为220V，整流电流800A，整流变压器容量为240kVA，短路电压比U_k%为5%的三相线路，其值为15°～20°。设计变流器时，重叠角可查阅有关手册，也可采用计算的方法，即

$$\cos\alpha-\cos(\alpha+\beta)=\frac{I_d X_B}{\sqrt{2}U_2\sin\frac{\pi}{m}} \tag{3-49}$$

根据逆变工作时$\alpha=\pi-\beta$，并设$\beta=\gamma$，式（3-49）可改写成

$$\cos\gamma=1-\frac{I_d X_B}{\sqrt{2}U_2\sin\frac{\pi}{m}} \tag{3-50}$$

对于安全裕量角θ'，主要针对脉冲不对称程度（一般可达5°），一般取为10°。

综上，最小逆变角β_{min}可取30°～35°。设计逆变电路时，必须保证$\beta\geqslant\beta_{min}$，因此常在触发电路中设置一保护环节，保证触发脉冲不进入小于β_{min}的区域内。

3.4 整流电路的谐波及功率因数

晶闸管整流电路也有缺点，工作中会在交流侧产生谐波、注入并污染电网，直流输出侧也会产生谐波影响负载的正常工作。同时，电网侧的功率因数比较低。

3.4.1 谐波与功率因数的关系

随着电力技术的飞速发展，各种电力电子装置的应用日益广泛，由此给电力系统带来了日益严重的谐波问题，谐波对电网产生严重危害：①谐波使电能的生产、传输和利用的效率降低，使电气设备过热、产生振动和噪声，并使绝缘老化，使用寿命缩短，甚至发生故障或烧毁；②谐波可引起电力系统局部并联谐振或串联谐振，使谐波含量放大，造成电容器等设备烧毁；③谐波还会引起继电保护和自动装置误动作，使电能计量出现混乱；④谐波对通信设备和电子设备会产生严重干扰。为了确保电网正常运行，提高电网的可靠性，颁布了限制谐波的国际标准，如IEC-555-2、EN60555-2等。

电网施加给负载的电压为正弦，但交流侧电流是否为正弦取决于负载是线性还是非线性。线性负载如R、L、C等，电流为同频正弦波；非线性负载如电力半导体设备，电流多变为非正弦。

基波与谐波：非正弦电流展为傅氏级数，频率仍与工频相同的分量称为基波，频率为基

波频率整数倍的分量称为谐波。

电流谐波总畸变率为

$$THD_i = \frac{I_h}{I_1} \times 100\% \tag{3-51}$$

式中：I_h 为总谐波电流的有效值；I_1 为基波电流有效值。

通常公用电网中的电压波形畸变很小，而电流波形畸变可能很大，故在分析中，将电压视为正弦，电流为非正弦，具有实际意义。

设正弦波电压有效值为 U，畸变电流有效值为 I，基波电流有效值与电压的相位差为 φ_1，这时有功功率为

$$P = UI_1\cos\varphi_1 \tag{3-52}$$

功率因数为

$$\lambda = \frac{P}{S} = \frac{UI_1\cos\varphi_1}{UI} = \frac{I_1}{I}\cos\varphi_1 = \mu\cos\varphi_1 \tag{3-53}$$

式中：$\mu = I_1/I$ 为**畸变因数**（或基波因数）；$\cos\varphi_1$ 为**位移因数**（或基波功率因数）。

由式（3-53）可见，功率因数由基波电流相移和电流波形的畸变程度两个因素决定。

3.4.2 整流电路交流侧的谐波与功率因数分析

1. 单相全控桥整流电路

忽略换相过程和电流脉动，对于带阻感性负载的单相桥式整流电路如图 3-21（a）所示。考虑直流电感 L 取值足够大时，变压器二次侧电流 i_2 为近似 180°正负对称方波，如图 3-55所示，将电流波形分解为傅里叶级数，可得

$$\begin{aligned} i_2 &= \frac{4}{\pi}I_d\left(\sin\omega t + \frac{1}{3}\sin 3\omega t + \frac{1}{5}\sin 5\omega t + \cdots\right) \\ &= \frac{4}{\pi}I_d \sum_{n=1,3,5,\cdots} \frac{1}{n}\sin n\omega t = \sum_{n=1,3,5,\cdots} \sqrt{2}I_n \sin n\omega t \end{aligned} \tag{3-54}$$

其中，基波与各次谐波电流有效值为

$$I_n = \frac{2\sqrt{2}I_d}{n\pi}(n = 1,3,5,\cdots) \tag{3-55}$$

由式（3-55）可见，电流中仅含奇次谐波，各次谐波有效值与谐波次数成正比，且与基波有效值比值为谐波次数的倒数。

由式（3-55）得基波电流有效值为

$$I_1 = \frac{2\sqrt{2}}{\pi}I_d \tag{3-56}$$

由 3.2.1 的分析可知，变压器二次侧电流 i_2 总有效值 $I = I_d$，结合式（3-56）可得基波因数为

$$\mu = \frac{I_1}{I}\frac{2\sqrt{2}}{\pi} \approx 0.9 \tag{3-57}$$

图 3-55 中所示 i_{21} 为 i_2 的基波分量，可以看出，电流基波与电压 u_2 的相位差就等于控制角 α，故位移因数为

$$\lambda_1 = \cos\varphi_1 = \cos\alpha \tag{3-58}$$

所以功率因数为

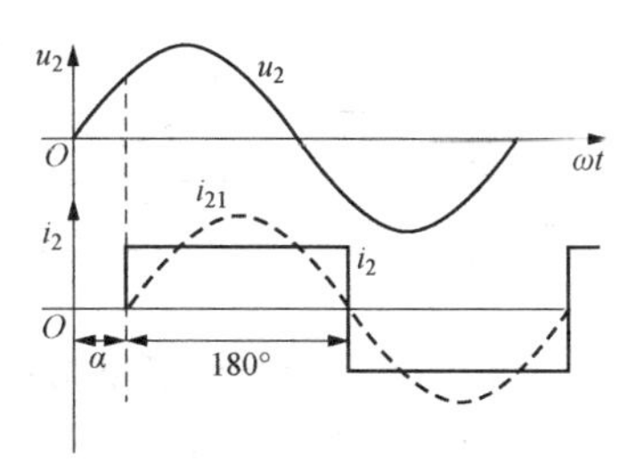

图 3-55 单相全控桥整流的交流侧电流波形、基波分量及相位关系

$$\lambda = \frac{I_1}{I}\cos\varphi_1 = \frac{2\sqrt{2}}{\pi}\cos\alpha \approx 0.9\cos\alpha \tag{3-59}$$

2. 三相全控桥整流电路

对于阻感性负载的三相桥式整流电路，忽略换相过程，设交流侧电抗为零，直流电感 L 足够大。以 $\alpha=30°$为例，交流侧电压和电流波形如图 3 - 36 所示，电流为正负半周各 120°的方波，且 i_a 比 u_a 滞后 $30°+\alpha$，三相电流波形相同，依次相差 120°，其有效值为 $I=\sqrt{2/3}I_d$。

同样可将电流波形分解为傅里叶级数。以 a 相为例，将电流正、负两半波的中点作为时间零点，则有

$$\begin{aligned} i_a &= \frac{2\sqrt{3}}{\pi}I_d\left(\sin\omega t - \frac{1}{5}\sin5\omega t - \frac{1}{7}\sin7\omega t + \frac{1}{11}\sin11\omega t + \frac{1}{13}\sin13\omega t - \cdots\right) \\ &= \frac{2\sqrt{3}}{\pi}I_d\sin\omega t + \frac{2\sqrt{3}}{\pi}I_d \sum_{\substack{n=6k\pm1 \\ k=1,2,3,\cdots}} (-1)^k \frac{1}{n}\sin n\omega t \\ &= \sqrt{2}I_1\sin\omega t + \sum_{\substack{n=6k\pm1 \\ k=1,2,3,\cdots}} (-1)^k \sqrt{2}I_n\sin n\omega t \end{aligned} \tag{3-60}$$

可得电流基波 I_1 和各次谐波有效值 I_n 分别为

$$\begin{cases} I_1 = \dfrac{\sqrt{6}}{\pi}I_d \\ I_n = \dfrac{\sqrt{6}}{n\pi}I_d \quad n = 6k\pm1, k = 1,2,3,\cdots \end{cases} \tag{3-61}$$

由此可以看出，电流中仅含 5、7、11、13、…次谐波，不含 3 的整倍数次谐波也不含偶次谐波。各次谐波有效值与谐波次数成反比，且与基波有效值的比值为谐波次数的倒数。

则基波因数为

$$\mu = \frac{I_1}{I} = \frac{3}{\pi} \approx 0.955 \tag{3-62}$$

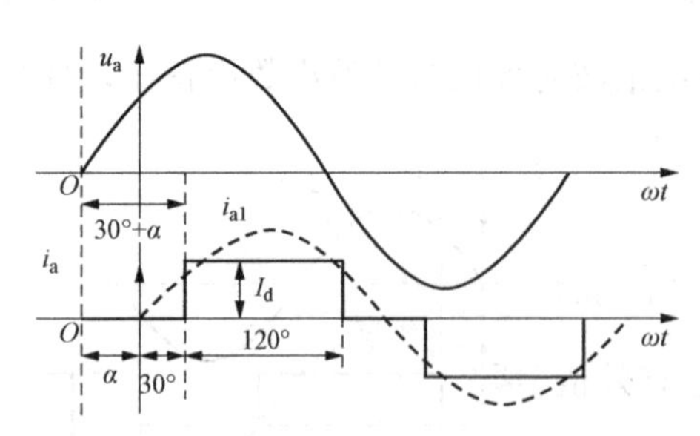

图 3 - 56 三相全控桥整流的交流侧电流波形、基波分量及相位关系

从图 3 - 56 所示相位关系可以看出，a 相电流 i_a 的基波分量 i_{a1} 与对应相电压 u_a 的相位差仍为 α，故位移因数为

$$\lambda_1 = \cos\varphi_1 = \cos\alpha \tag{3-63}$$

功率因数为

$$\lambda = \mu\lambda_1 = \frac{I_1}{I}\cos\varphi_1 = \frac{3}{\pi}\cos\alpha \approx 0.955\cos\alpha \tag{3-64}$$

由此得出，功率因数和控制角 α 密切相关，对于相控整流电路来说，控制角 α 越大，功率因数越低，所以变流电路深控时谐波含量大。

3.4.3 电容滤波的不可控整流电路交流侧谐波和功率因数分析

1. 单相桥式不可控整流电路

实用的单相不可控整流电路采用电容滤波时，通常串联滤波电感抑制冲击电流，或因电网侧电感而具有相同的作用。可统一看作感容滤波的电路，以下讨论的是这种情况。此时，典型的交流侧电流波形如图 3-7（b）所示，可对该电流波形进行傅里叶分解，但数学表达式十分复杂，因此本书不给出具体的数学表达式，而直接给出有关的结论。

（1）电容滤波的单相不可控整流电路交流侧谐波组成有如下规律：

1）谐波次数为奇次。

2）谐波次数越高，谐波幅值越小。

3）与带阻感性负载的单相全控桥整流电路相比，谐波与基波的关系是不固定的，ωRC 越大，则谐波越大，而基波越小。这是因为 ωRC 越大意味着负载越轻，二极管的导通角越小，则交流侧电流波形的底部就越窄，波形畸变也越严重。

4）$\omega\sqrt{LC}$越大，则谐波越小，这是因为串联电感 L 抑制冲击电流从而抑制了交流电流的畸变。

（2）关于功率因数的结论如下：

1）通常位移因数是滞后的，并且随负载加重（ωRC 减小）滞后的角度增大，随滤波电感加大滞后的角度也增大。

2）由于谐波的大小受负载大小（ωRC）的影响，随 ωRC 增大，谐波增大，而基波减小，也就使基波因数减小，使得总的功率因数降低。同时，谐波受滤波电感的影响，滤波电感越大，谐波越小，基波因数越大，总功率因数越大。

2. 三相桥式不可控整流电路

（1）实际应用的电容滤波三相不可控整流电路中通常有滤波电感。这种情况下，其交流侧谐波组成有如下规律：

1）谐波次数为 $6k\pm1$ 次，$k=1, 2, 3, \cdots$。

2）谐波次数越高，谐波幅值越小。

3）谐波与基波的关系是不固定的，负载越轻（ωRC 越大），则谐波越大，基波越小；滤波电感越大，则谐波越小，而基波越大。

（2）关于功率因数的结论如下：

1）位移因数通常是滞后的，但与单相时相比，位移因数更接近 1。

2）随负载加重（ωRC 的减小），总的功率因数提高；同时，随滤波电感加大，总功率因数也提高。

3.4.4 整流输出电压和电流的谐波分析

整流电路的输出电压中主要成分为直流，同时包含各种频率的谐波，这些谐波对于负载的工作是不利的。

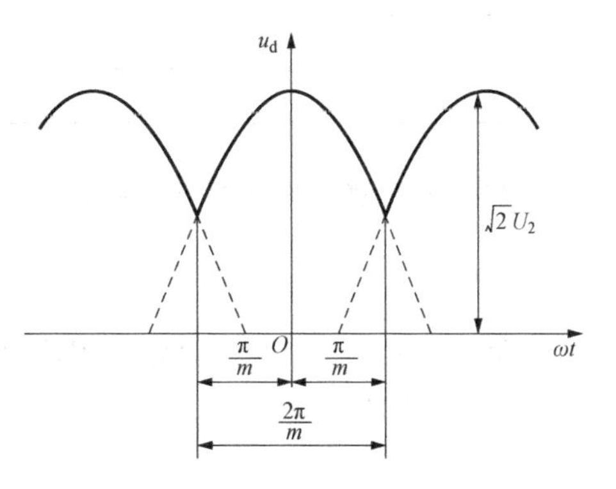

图 3-57 $\alpha=0°$时 m 脉波整流电路的整流电压波形

$\alpha=0°$时 m 脉波整流电路的整流电压波形如图 3-57所示（以 $m=3$ 为例）。将纵坐标选在整流电

压的峰值处，则在$-\pi/m \sim \pi/m$区间，此时整流电压的表达式为

$$u_{d0}=\sqrt{2}U_2\cos\omega t \tag{3-65}$$

对该整流输出电压进行傅里叶级数分解，得出

$$u_{d0}=U_{d0}+\sum_{n=mk}^{\infty}b_n\cos n\omega t=U_{d0}\left[1-\sum_{n=mk}^{\infty}\frac{2\cos k\pi}{n^2-1}\cos n\omega t\right] \tag{3-66}$$

式中：$k=1$，2，3…；且

$$u_{d0}=\sqrt{2}U_2\frac{m}{\pi}\sin\frac{\pi}{m} \tag{3-67}$$

$$b_n=-\frac{2\cos k\pi}{n^2-1}U_{d0} \tag{3-68}$$

为了描述$\alpha=0°$时整流电压u_{d0}中所含谐波的总体情况，定义电压纹波因数γ_u为u_{d0}中谐波分量有效值U_H与整流电压平均值u_{d0}之比，即

$$\gamma_u=\frac{U_H}{U_{d0}} \tag{3-69}$$

其中，

$$U_H=\sqrt{\sum_{n=mk}^{\infty}U_n^2}=\sqrt{U-U_{d0}^2} \tag{3-70}$$

而

$$U=\sqrt{\frac{m}{2\pi}\int_{-\frac{\pi}{m}}^{\frac{\pi}{m}}(\sqrt{2}U_2\cos\omega t)^2\mathrm{d}(\omega t)}=U_2\sqrt{1+\frac{\sin\frac{2\pi}{m}}{\frac{2\pi}{m}}} \tag{3-71}$$

将式（3-70）、式（3-71）和式（3-67）代入式（3-69）得

$$\gamma_u=\frac{U_H}{U_{d0}}=\frac{\left[\frac{1}{2}+\frac{m}{4\pi}\sin\frac{2\pi}{m}-\frac{m^2}{\pi^2}\sin^2\frac{\pi}{m}\right]^{\frac{1}{2}}}{\frac{m}{\pi}\sin\frac{\pi}{m}} \tag{3-72}$$

不同脉波数m时的电压纹波因数见表3-2。

表3-2 不同脉波数 m 时的电压纹波因数

m	2	3	6	12	∞
γ_u（%）	48.2	18.27	4.18	0.994	0

负载电流的傅里叶级数可由整流电压的傅里叶级数求得

$$i_d=I_d+\sum_{n=mk}^{\infty}d_n\cos(n\omega t-\varphi_n) \tag{3-73}$$

当负载为R、L和反电动势E串联时，式（3-73）中$I_d=(U_{d0}-E)/R$。
n次谐波电流的幅值d_n为

$$d_n=\frac{b_n}{z_n}=\frac{b_n}{\sqrt{R^2+(n\omega L)^2}} \tag{3-74}$$

n次谐波电流的滞后角为

$$\varphi_n = \arctan\frac{n\omega L}{R} \tag{3-75}$$

由式（3-66）和式（3-73）可以得出 $\alpha=0°$时整流电压、电流中的谐波有如下规律：

（1）m 脉波整流电压 u_{d0} 的谐波次数为 mk（$k=1$，2，3，…）次，即 m 的倍数次；整流电流的谐波由整流电压的谐波决定，也为 mk 次。

（2）当 m 一定时，随谐波次数增大，谐波幅值迅速减小，表明最低次（m 次）谐波是最主要的，其他次数的谐波相对较少；当负载中有电感时，负载电流谐波幅值 d_n 的减小更为迅速。

（3）m 增加时，最低次谐波次数增大，且幅值迅速减小，电压纹波因数迅速下降。

以上是 $\alpha=0°$的情况分析。α 不为 0°时，整流电压谐波的一般表达式十分复杂，本书对此不再详述。下面给出三相桥式整流电路的结果，说明谐波电压与 α 的关系。三相桥式整流电路的整流电压分解为傅里叶级数为

$$u_d = U_d + \sum_{n=6k}^{\infty} c_n \cos(n\omega t - \theta_n) \tag{3-76}$$

利用前面介绍的傅里叶分析方法，可求得以 n 为参变量，n 次谐波幅值（取标幺值$\frac{c_n}{\sqrt{2}U_{2L}}$）对 α 的关系如图 3-58 所示。

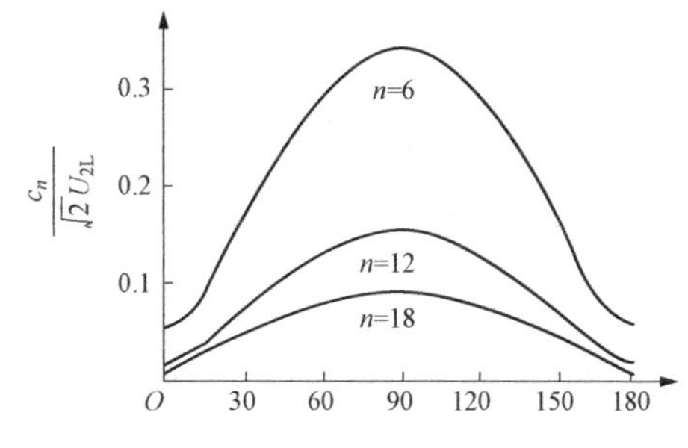

图 3-58 $c_n/\sqrt{2}U_{2L}$ 与 α 的关系

由图 3-58 可以看出，当 α 为 0°～90°时，u_d 的谐波幅值随 α 增大而增大，$\alpha=90°$时谐波幅值最大。α 为90°～180°时，电路工作于有源逆变工作状态，u_d 的谐波幅值随 α 增大而减小。

3.5 PWM 整 流 电 路

常规整流电路一般采用晶闸管相控整流电路或二极管整流电路。晶闸管相控整流电路的输入电流滞后电压，其滞后角随着触发角 α 的增大而增大，且输入电流产生严重畸变，会有大量谐波，因此功率因数低，对电网造成了严重的“污染”。把 PWM 控制技术引入整流电路的控制中，可以使整流电路输入电流正弦化，且和输入电压同相位，功率因数近似为 1（称单位功率因数）。采用 PWM 控制的整流电路称为 PWM 整流电路，也可以称高功率因数整流器。PWM 控制技术是通过对一系列脉冲的宽度进行调制，来等效地获得所需要的波形（含形状和幅值）的技术。

PWM 整流电路可分为电压型和电流型两大类，目前研究和应用较多的是电压型 PWM 整流电路，因此这里主要介绍电压型单相和三相 PWM 整流电路的工作原理及其控制方法。

3.5.1 PWM 控制的基本原理

在采样控制理论中有一个重要的结论：冲量相等而形状不同的窄脉冲加在具有惯性的环节上时，其效果基本相同。冲量指窄脉冲的面积，效果基本相同是指环节的输出响应波形基本相同。如果把各输出波形用傅里叶变换分析，则其低频段非常接近，仅在高频段略有差异。

例如图 3-59 所示的三个窄脉冲形状不同，其中图 3-59（a）～（c）的脉冲面积（即冲量）都等于 1。因此，当它们分别加在一阶惯性环节（R-L 电路）上，如图 3-60（a）所示。其输出电流 $i(t)$ 对不同窄脉冲时的响应波形如图 3-60（b）所示。

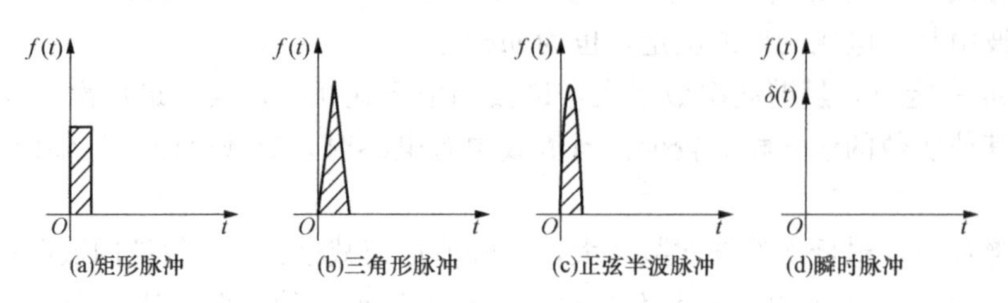

图 3-59　形状不同而冲量相同的各种窄脉冲

从图 3-60（b）波形可以看出，在 $i(t)$ 的上升阶段，脉冲形状不同时 $i(t)$ 的形状也略有不同，但其下降段几乎完全相同。脉冲越窄，各 $i(t)$ 波形的差异也越小。如果周期性地施加上述脉冲，则响应 $i(t)$ 也是周期性的。用傅里叶级数分解后将可看出，各 $i(t)$ 波形在低频段的特性将非常接近，仅在高频段有所不同。

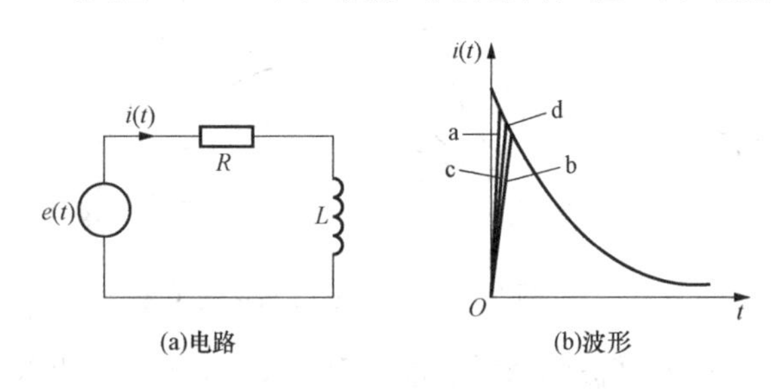

图 3-60　冲量相同的各种窄脉冲的响应波形

上述原理可以称为面积等效原理，其是 PWM 控制技术的重要理论基础。

下面分析如何用一系列等幅不等宽的脉冲来代替一个正弦半波。把图 3-61 上方的正弦半波 N 等分，就可以把正弦半波看成由 N 个彼此相连的脉冲序列所组成的波形。这些脉冲宽度相等，都等于 π/N，但幅值不等，且脉冲顶部不是水平直线，而是曲线，各脉冲的幅值按正弦规律变化。如果把上述脉冲序列利用相同数量的等幅而不等宽的矩形脉冲来代替，使矩形脉冲的中点和相应的正弦波的中点重合，且使矩形脉冲和相应的正弦波部分面积（冲量）相等，就得到图 3-61 下方所示的脉冲序列，这就是 PWM 波形。可以看出，各脉冲的幅值相等，而宽度是按正弦规律变化的。根据面积等效原理，PWM 波形和正弦波形是等效的。对于正弦波的负半周，也可以用同样的方法得到 PWM 波形。像这样脉冲的宽度按正弦规律变化而和正弦波等效的 PWM 波形称为正弦脉宽调制（Sinusoidal PWM，SPWM）波形。要改变等效输出正弦波的幅值时，只要按照同一比例系数改变上述各脉冲的宽度即可。

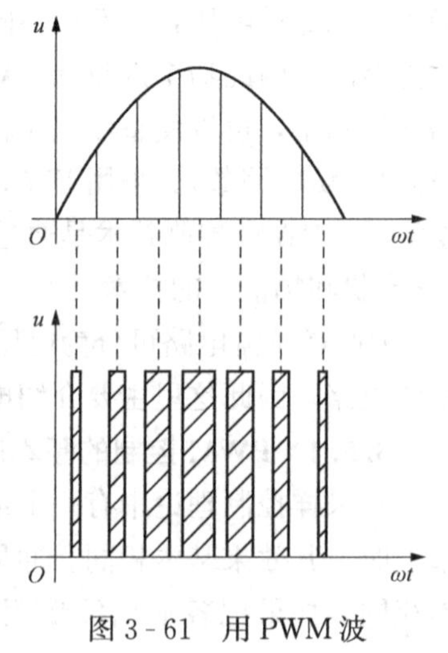

图 3-61　用 PWM 波代替正弦半波

如果给出了正弦波输出频率、幅值和半个周期内的脉冲数，PWM 波形中各脉冲的宽度和间隔就可以准确计算出来，从而得到所需要的 PWM 波形，这种方法称为计算法。可以看出，计算法是很烦琐的，当需要输出的正弦波的频率、幅值或相位变化时，结果都要变化。与计算法相对应的是调制法，即把希望输出的波形作为调制信号 u_r，把接受调制的信号作为载波 u_c，通过调制得到所期望的PWM波形。通常采用高频等腰三角波或锯齿波作为载波，其中高频等腰三角波应用最多。实际应用的PWM控制器中，大多采用的是调制法。调制规则常用比较法，即 $u_r>u_c$时输出高电平1，$u_r<u_c$时输出低电平0。

3.5.2 PWM整流电路的工作原理

1. 单相桥PWM整流电路

电压型单相桥式PWM整流电路如图3-62所示。每个桥臂由一个全控器件和反并联的整流二极管组成。按照正弦调制波 u_r与三角载波 u_c比较的方法产生SPWM波，对全控器件V1～V4进行控制，就可以在整流桥的交流输入AB端产生一个SPWM波 u_{AB}。交流侧电感 L_s是外接电抗器的电感，由于电感具有平衡和抑制高次谐波电流作用，因而可缓冲桥臂脉冲序列中的无功功率，使交流侧输入电流正弦化。直流侧电容 C 既可滤除直流电流中高次谐波分量，减少直流侧纹波，又可使交流侧电流正弦化，提高功率因数。电阻 R_s 是外接电抗器中的电阻和交流电源内阻等的等效电阻。

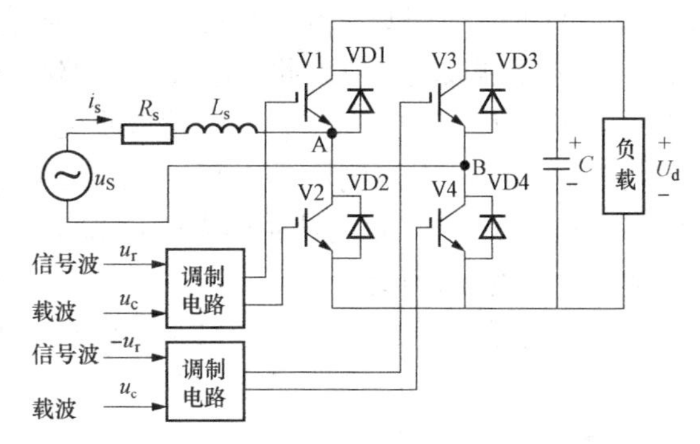

图3-62 电压型单相式PWM整流电路

单相电压型PWM整流电路工作波形如图3-63所示，把正弦波 u_r 和 $-u_r$ 分别作为V1、V2和V3、V4开关管的调制波（希望波），与等腰三角波（载波信号）u_c 进行调制，分别得到开关V1～V4的PWM控制信号 u_{g1}～u_{g4}。由图3-63可以看出，为防止直流短路，开关V1、V2控制信号互补，同理开关V3、V4信号互补，下面分析电路工作过程。

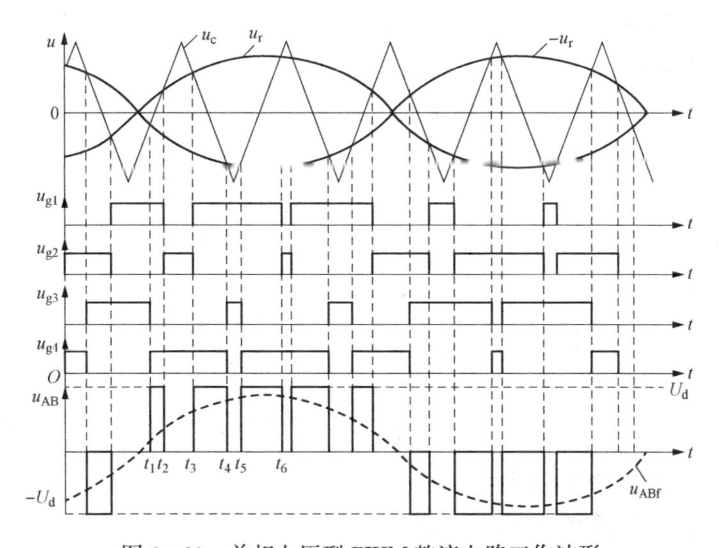

图3-63 单相电压型PWM整流电路工作波形

开关管V1和V2的控制信号 u_{g1}、u_{g2}由 u_r 和 u_c调制得到。当 $u_r>u_c$时 u_{g1}为高电平，使V1导通，V2关断；当 $u_r<u_c$时 u_{g2}为高电平，使V1关断，V2导通。开关管V3和V4的控制信号 u_{g3}、u_{g4}由 $-u_r$ 和 u_c 调制得到。当 $-u_r>u_c$ 时 u_{g3}为高电平，使V3导通，V4关

断；当$-u_r<u_c$时u_{g4}为高电平，使V3关断，V4导通，$u_{g1}\sim u_{g4}$波形如图3-63所示。稳态时，由于电容C的作用，PWM整流电路输出直流电压u_d维持不变，按照$u_{g1}\sim u_{g4}$波形控制图3-62电路中的4个开关管，就可以在桥的交流输入端AB产生一个SPWM波u_{AB}。

假设电源电流i_s方向如图3-62所示方向为正，电路处于稳定运行。$i_1\sim i_2$阶段，u_{g1}、u_{g4}为高电平，但由于电流的方向如图所示，V1、V4不能导通，则电流i_s的流通路径为电源u_s→L_s→VD1→负载→VD4→u_s，u_{AB}为负载电压u_d，此时电感L_s释放储能，和电源u_s共同给负载供电。由于L_s的储能作用，使输出电压平均值u_d高于电源电压u_s的峰值，所以，SPWM整流电路具有升压功能。$t_2\sim t_3$阶段，u_{g2}、u_{g4}为高电平，由于电感L_s的作用，电流i_s方向不能改变，所以此时电流i_s的路径为电源u_s→L_s→V2→VD4→u_s，$u_{AB}=0$。在此过程，电感L_s吸收储能。$t_3\sim t_4$阶段重复$t_1\sim t_2$过程。这样由VD1、VD4和V2、VD4轮流导通就形成了交流侧输入电压u_{AB}的正半周的SPWM波。而在电流i_s反方向时，由V2、V3和VD2、V4轮流导通形成$-u_d$和u_{AB}负半周的SPWM波。u_{AB}的SPWM基波成分如图3-63中的u_{ABf}所示。

从整流器输入端电压的SPWM调制波形看出，u_{AB}中除了含有与电源同频率的基波分量u_{ABf}，还有和三角载波有关的高频谐波。由于电感L_s的滤波作用，这些高次谐波电压只会使交流电流i_s产生很小的脉动。如果忽略这种脉动，当信号波频率和电源频率相同时，i_s为频率与电源频率相同的正弦波。

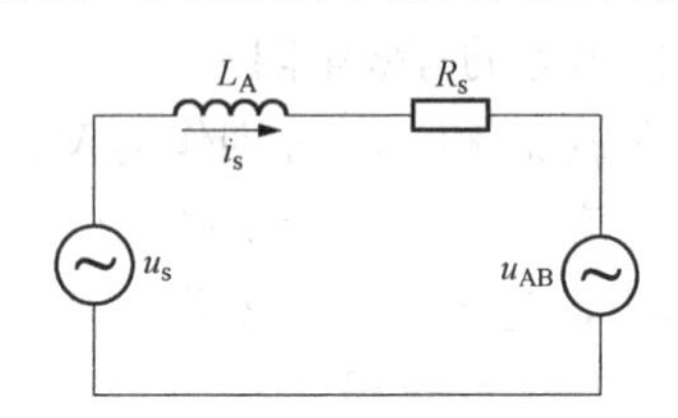

图3-64 单相全桥PWM整流电路等效电路

单相全桥PWM整流电路等效电路如图3-64所示，其中u_s为交流电源电压。当u_s一定时，i_s的幅值和相位由u_{AB}中的基波分量u_{ABf}的幅值及其与u_s的相位差决定。改变u_{AB}中的基波分量u_{ABf}的幅值和相位，就可以使i_s与u_s同相或反相，或i_s与u_s相位差为所需要的角度。

需要注意的是，如直流侧电压u_d过低，如低于u_s的峰值，则u_{AB}中就得不到图3-63中所需的足够高的基波电压幅值，或u_{AB}中含有较大的低次谐波，这样就不能按需要控制i_s，i_s波形会产生畸变。

PWM整流电路的运行方式相量图如图3-65所示，其说明了SPWM整流电路实现四象限运行的原理，图中$\dot{U}_s$、$\dot{U}_L$、$\dot{U}_R$和$\dot{I}_s$分别为交流电源电压u_s、电感L_s上的电压u_L、电阻R_s上的电压u_R及交流电流i_s的相量，$\dot{U}_{AB}$为u_{AB}的相量。图3-65（a）中，$\dot{U}_{AB}$滞后$\dot{U}_s$的相角为δ，$\dot{I}_s$和$\dot{U}_s$完全同相位，电路工作在整流状态，且功率因数为1，这就是PWM整流电路最基本的工作状态。图3-65（b）中，$\dot{U}_{AB}$超前$\dot{U}_s$的相角为δ，$\dot{I}_s$和$\dot{U}_s$反相，电路工作在有源逆变状态，这说明PWM整流电路可实现能量正反两方向流动，即既可以运行在整流状态，从交流侧向直流侧输送能量；也可以运行在有源逆变状态，从直流侧向交流侧输送能量，且这两种方式都可以在单位功率因数下运行。由以上分析可以看出，通过调节u_{AB}相位和幅值，使整

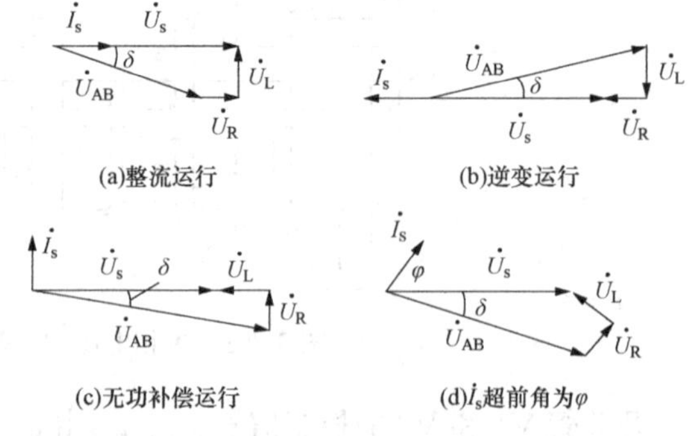

图3-65 PWM整流电路的运行方式相量图

流器的输入端电流向量可以位于任意象限，即可以实现四象限运行。这一特点对于需再生制动的交流电动机调速系统很重要。

图 3-65（c）中，$\dot{U}_{AB}$滞后 $\dot{U}_{s}$的相角为 δ，$\dot{I}_{s}$超前 $\dot{U}_{s}90^{\circ}$，电路在向交流电源送出无功功率，这时称为静止无功发生器，一般不再称为 PWM 整流电路。在图 3-65（d）的情况下，通过对幅值和相位的控制，可以使 $\dot{I}_{s}$比 $\dot{U}_{s}$超前或滞后任一角度 φ，这些特点对电力系统电能质量控制具有重要的作用。

2. 三相 PWM 整流电路

三相桥式 PWM 整流电路如图 3-66 所示，这是最基本的 PWM 整流电路之一，应用最广，其工作原理和前述的单相全桥电路相似，只是从单相扩展到三相进行 SPWM 控制，在交流输入端 A、B 和 C 可得 SPWM 电压，按图3-65（a)的相量图控制，可使 i_a、i_b、i_c为正弦波且和电压同相实现功率因数近似为 1。和单相相同，该电路也可工作在逆变运行状态及图 3-65（c）或图 3-65（d）的状态。

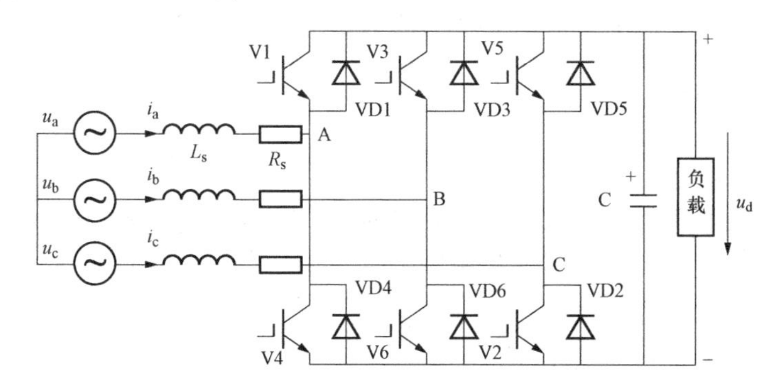

图 3-66 三相桥式 PWM 整流电路

由于 PWM 整流电路实现了交流侧电流正弦化，且运行于单位功率因数，甚至能量双向传输，因而真正实现了“绿色电能变换”，并取得了更为广泛和重要的应用，如静止无功发生器、有源电力滤波、统一潮流控制等。

3.6 三相全控桥整流电路设计及仿真

3.6.1 设计实例

一个完整的整流装置通常包括整流器、冷却系统、保护系统、控制系统等多个部分。本节仅讨论整流器部分的设计。

1. 整流器设计通常包括的内容

（1）整流器的选择。整流器的选择应根据用户的电源情况及装置的容量来确定。一般情况下，装置容量在 5kV•A 以下多采用单相整流器，装置容量在 5kV•A 以上且额定直流电压较高时，多采用三相整流器。

（2）变压器参数的计算。需要计算的变压器参数包括变压器一、二次侧电压、电流，变压器一、二次侧的容量等。从前面的分析可以看出，变压器的匝比或二次侧电压 u_2 的有效值大小由需要的直流输出电压平均值 U_d 确定。

（3）开关元件的选型。首先根据整流器的工作原理，计算开关元件所承受的最大正反向电压和流过开关元件的电流有效值；然后根据整流器的使用场合及要求，确定开关元件电压电流的安全裕量系数；最后根据厂商提供的器件参数，综合技术经济指标选择开关元件的型号。

2. 三相桥式可控整流器的设计

已知直流电动机的额定电压 $U_N=220V$，额定电流 $I_N=25A$，要求起动电流限制在60A，电网频率为50Hz，电网额定电压 $U_1=380V$，且电网电压波动±10%。

由设计要求可得负载功率为

$$P=U_N I_N=220\times 25=5.5(kW) \tag{3-77}$$

由于整流器的输出功率大于5kW，故可选用三相桥式可控整流器，如图3-33所示。

已知直流电动机在启动过程中电流不能超过60A，考虑到启动最大电流往往大于工作电流，故以电动机的启动电流作为晶闸管电流参数选取的依据。晶闸管电流的有效值为

$$I_{VT}=\frac{I_d}{\sqrt{3}}=0.577\times 60=34.6(A) \tag{3-78}$$

取安全裕量为1.5～2，则晶闸管的额定电流为

$$I_{TN}=(1.5\sim 2)\times\frac{I_{VT}}{1.57}=33\sim 44(A) \tag{3-79}$$

已知负载电流连续时三相桥式可控整流器的输出电压 $U_d=2.34U_2\cos\alpha$。为保证晶闸管可靠触发，通常取 $\alpha_{min}=\pi/6$，此外考虑电网电压波动，可得变压器二次电压的有效值为

$$U_{2max}=\frac{U_d\times(1+10\%)}{2.34\cos\alpha_{min}}=\frac{U_N\times(1+10\%)}{2.34\cos\alpha_{min}}=120(V) \tag{3-80}$$

已知晶闸管承受的电压最大值为$\sqrt{6}U_2$，取安全裕量为2～3倍，则晶闸管的额定电压为

$$U_{TN}=(2\sim 3)\times\sqrt{6}U_{2max}\approx 588\sim 882(V) \tag{3-81}$$

由设计要求可知，变压器一、二次侧的电压比为

$$k=\frac{U_1}{U_2}=\frac{380}{\dfrac{U_d}{2.34\cos\alpha_{min}}}\approx 3.5 \tag{3-82}$$

变压器二次相电流有效值为

$$I_2=\sqrt{\frac{2}{3}}I_d\approx 48.8(A) \tag{3-83}$$

因此，变压器的容量为

$$S_2=3U_{2max}I_2=17.6(kV\cdot A) \tag{3-84}$$

触发电路的设计：采用基于KC04的集成触发电路来产生6路相位互错60°的双窄脉冲，三相全控整流电路的典型集成触发电路如图3-67所示。电路包括三片KC04移相触发器和一片KC41C集成块。

由同步变压器次级得到三相同步电压，分别经RC滤波器滤波并产生滞后移相（滞后30°或60°），送至各相KC04的8端。每片KC04可产生两路相位互错180°的触发脉冲，三片KC04触发器的输出分别接至KC41C的输入端1～6。在KC41C的输出侧可形成6路相位互错60°的双窄脉冲，再经晶体管功率放大，并由脉冲变压器隔离输出，加到对应晶闸管的门极与阴极之间。通过调节控制电压 u_{co}的大小可以改变脉冲相位，即触发角的数值，称为压控移相。

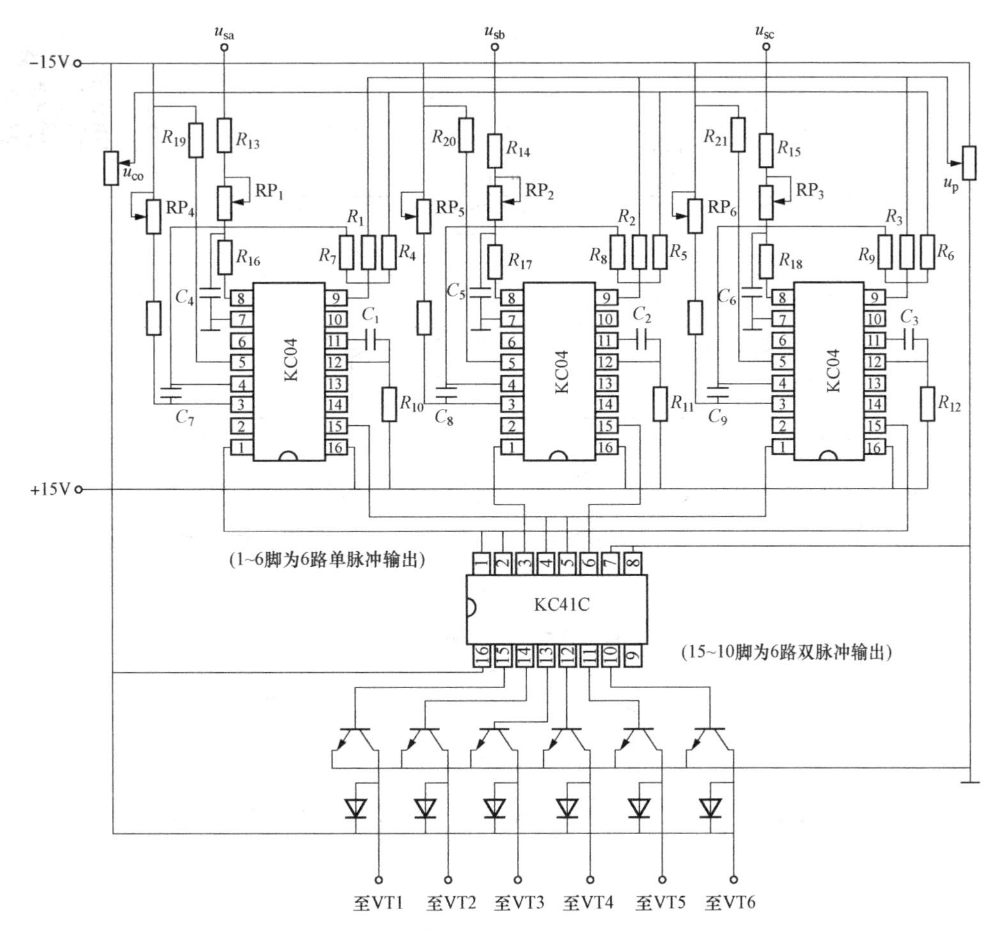

图 3-67 三相全控整流电路的典型集成触发电路

3.6.2 三相全控桥式整流电路仿真

三相桥式可控整流电路原理图如图 3-33 所示，主电路由三相全控桥式整流电路组成，三相桥式整流及有源逆变的工作原理可参见 3.2.2 和 3.3。

1. 带电阻性负载仿真

根据 3.6.1 中的设计参数进行电路参数设置：三相电源的相位互差 120°，交流峰值相电压为 311V，频率为 50Hz，整流变压器采用 YNd11 接法，一、二次侧的变比为 3.5，$R=8.8\Omega$。打开仿真/参数窗，选择 odc23tb 算法，将相误差设置为 1×10^{-3}，开始仿真时间设置为 0，终止仿真时间设置为 0.06s。设置触发角 $\alpha=0°$ 及各模块参数后，单击工具栏的▶按钮进行仿真，得到如图 3-68（a）所示仿真结果。改变触发角 $\alpha=30°$，单击工具栏的▶按钮再仿真，得到如图 3-68（b）所示仿真结果。

由图 3-68 可以看出，随着 α 的增大，输出电压逐渐减小，当 $\alpha>60°$ 时，输出电压开始不连续，α 角的移相范围为 120°。由于是电阻性负载，输出电流的波形与输出电压的波形相同。流过晶闸管的电流、晶闸管两端承受的电压及 a 相电流的波形与 3.2 分析的结果一致。

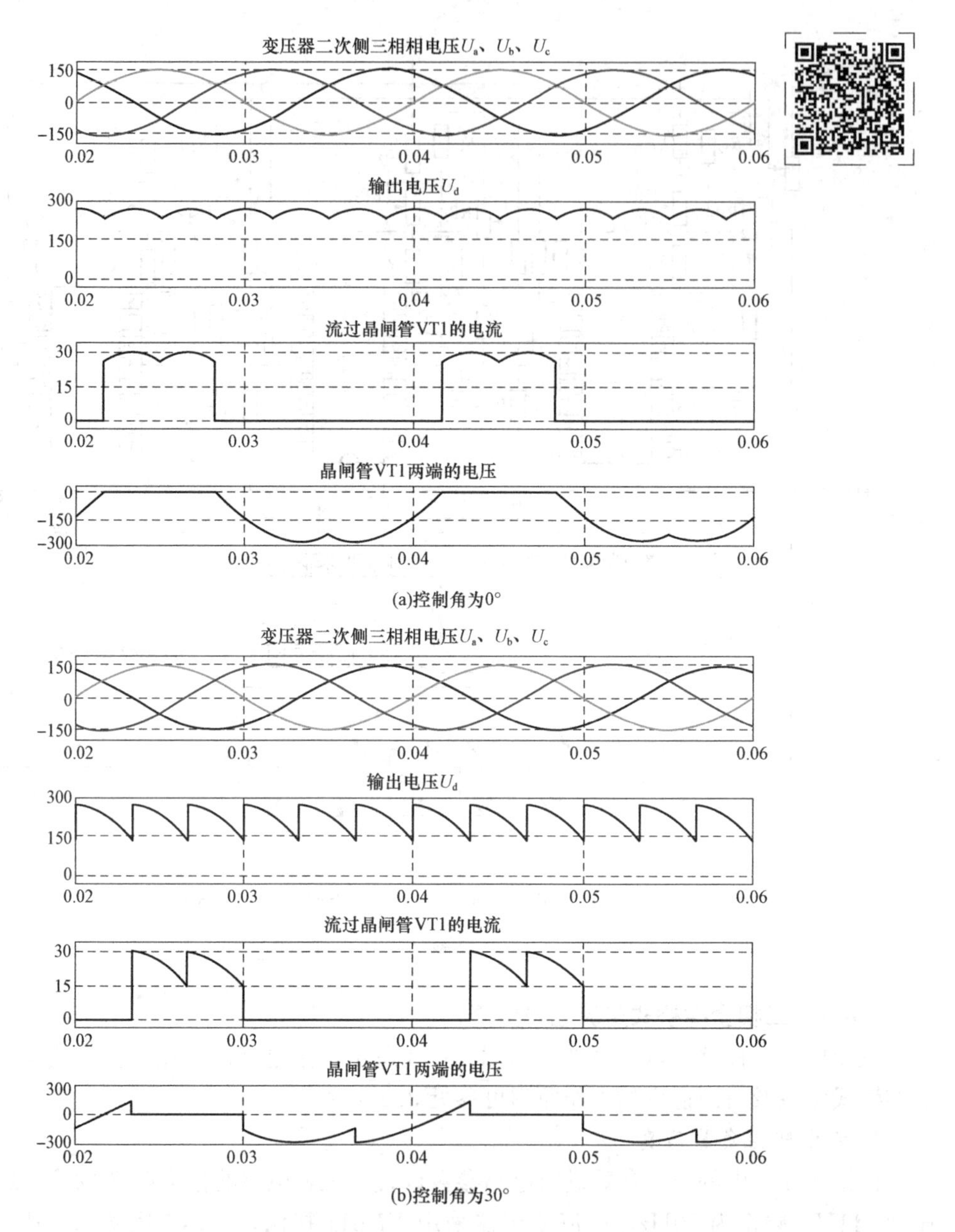

图 3-68　带电阻性负载三相全控整流系统仿真结果

2. 带电阻电感性负载的仿真

电路参数设置同阻性负载的情况，此外，在负载中串联电感，电感 $L=0.1\text{H}$。

打开仿真/参数窗，选择 ode23tb 算法，将相误差设置为 1×10^{-3}，开始仿真时间设置为 0，终止仿真时间设置为 0.06s。设置 $\alpha=60°$及各模块参数后，单击工具栏的▶按钮进行仿真，得到如图 3-69（a）所示仿真结果。改变触发角 $\alpha=90°$，单击工具栏的▶按钮再仿真，得到如图 3-69（b）所示仿真结果。

由图 3-69 可以看出，随着 α 的增大，输出电压逐渐减小，由于是阻感性负载，输出电压一直连续，α 角的移相范围为 90°。另外，由于电感的存在，输出电流的波形近似一条水平线。流过晶闸管的电流、晶闸管两端承受的电压以及a相电流的波形与3.2.2分析的结果一致。

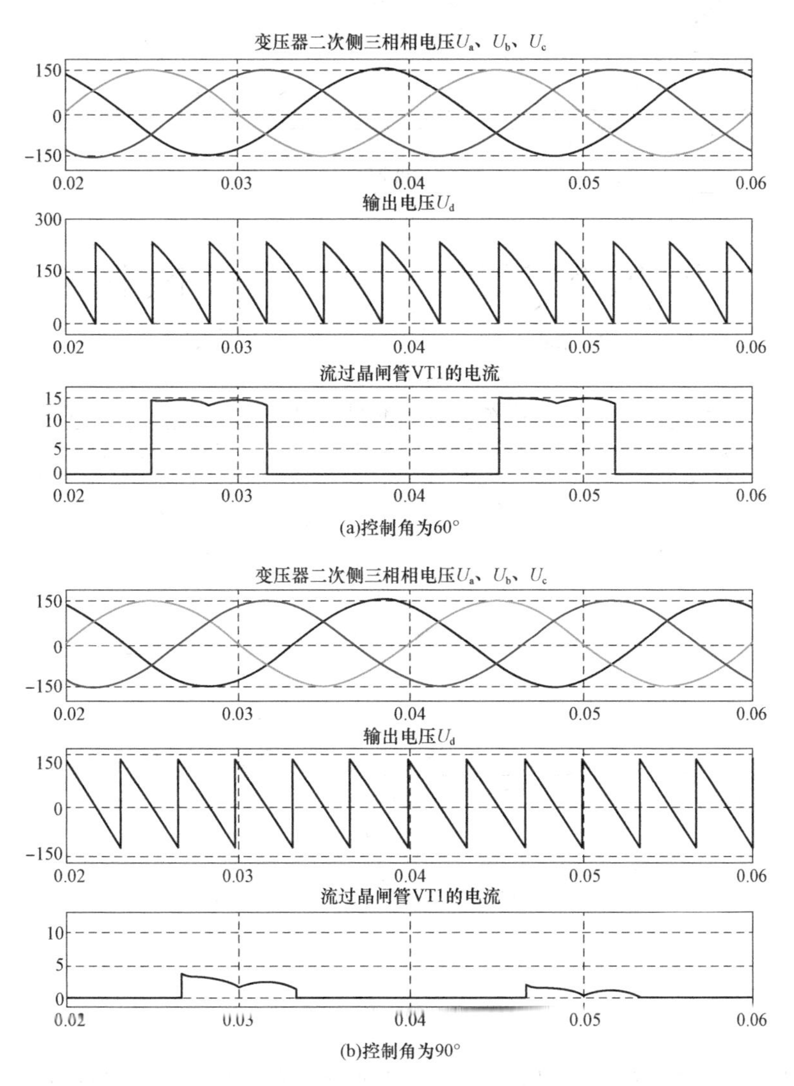

图3-69 带电阻电感性负载三相全控整流系统仿真结果

3. 有源逆变工作状态的仿真

电路参数设置同阻性负载的情况，此外，在负载中串联电感和电动势，电感$L=0.1$H，电动势$E_M=220$V，与3.6.1中的设计参数一致；电动势的正极与晶闸管共阳极端相连接。

打开仿真/参数窗，选择ode23tb算法，将相误差设置为1×10^{-3}，开始仿真时间设置为0，终止仿真时间设置为0.06。设置控制角$\alpha=120°$（即逆变角$\beta=60°$）及各模块参数后，单击工具栏的▶按钮进行仿真，得到如图3-70（a）所示仿真结果。改变触发角$\alpha=150°$（即逆变角$\beta=30°$），单击工具栏的▶按钮再仿真，得到如图3-70（b）所示仿真结果。

由图3-70可以看出，当$\alpha>90°$时，随着α的增大，即β的减小，输出电压的绝对值逐渐增大。流过晶闸管的电流、晶闸管两端承受的电压及a相电流的波形与3.2.2分析的结果一致。

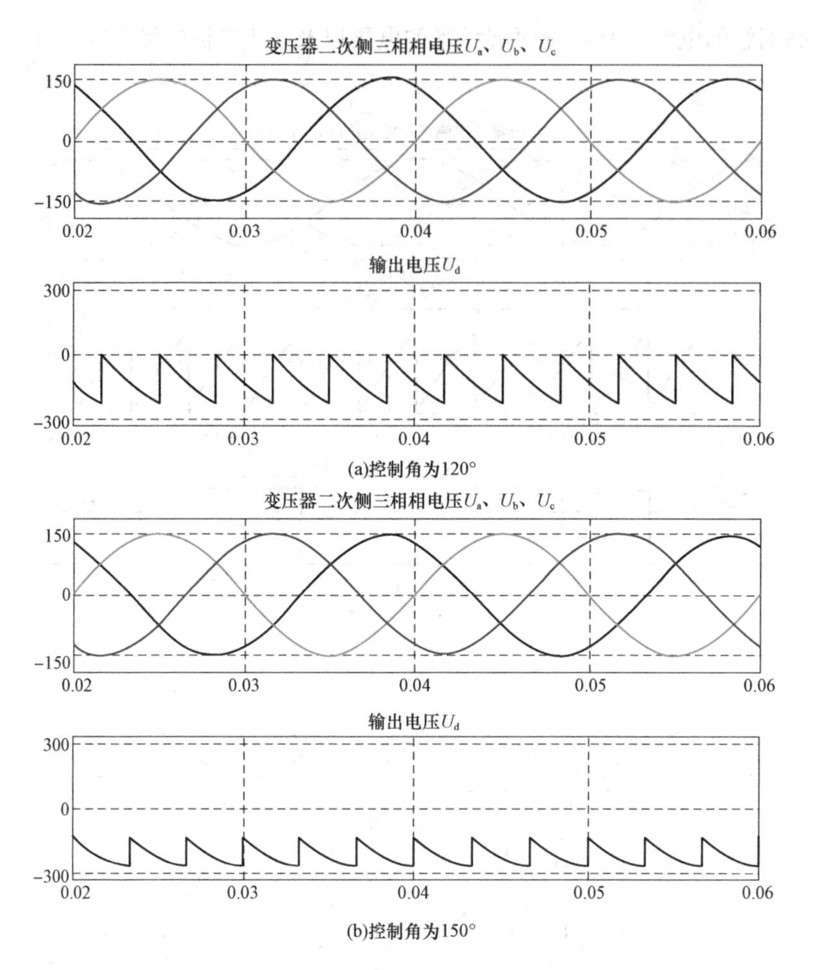

图 3－70　带电阻电感性负载三相全控整流系统仿真结果

本章小结

（1）可控整流电路：重点掌握电力电子电路作为分段线性电路进行分析的基本思想、单相全控桥式整流电路和三相全控桥式整流电路的原理分析与计算、各种负载对整流电路工作情况的影响等。

（2）不同负载对整流电路的影响：电阻性负载最简单，负载电流紧紧跟随输出电压变化而变化。当交流电源电压过零时，负载电流及功率器件中流过的电流也为零，从而关断，因此电压波形不会进入负半周。阻感性负载时，由于电感的储能和对电流变化的抑制作用，使得电流波形变化总是滞后电压波形。当输出电压过零时，负载电流因为电感的续流和滞后作用并不为零，因此功率器件可以继续导通到负半周，从而使输出电压波形出现负的部分。阻感性负载时重点分析电感较大的情况。带阻感性反电动势负载时，为了使电流连续，往往电感较大。此时的电路波形分析方法和参数计算方法基本上都和阻感负载时相同，唯一的不同在于负载电流大小不一样，阻感负载时为 $I_d=U_d/R$，阻感反电动势负载时为 $I_d=(U_d-E)/R$。

（3）整流电路的共性问题：①分析思路相同：电路→工作原理→整流电压 u_d 波形→计

算其他电路参数并设计电路→电路特性评价；②m 脉波整流是贯穿二极管整流和晶闸管整流电路的一条主线。对于 m 脉波整流，电路中有 m 条单相半波整流电路，电流连续时的工作模态为 m 个，电流断续时的工作模态为 $m+1$ 个。

（4）可控整流电路的有源逆变工作状态：重点掌握产生有源逆变的条件、三相可控整流电路有源逆变工作状态的分析计算、逆变失败及最小逆变角的限制等。

（5）整流电路的谐波和功率因数分析：重点掌握谐波的概念、各种整流电路产生谐波情况的定性分析，功率因数分析的特点、各种整流电路的功率因数分析。

（6）二极管整流与晶闸管整流的关系：二极管整流是晶闸管整流的特殊情况，对应 $\alpha=0°$ 时工作的晶闸管整流电路。晶闸管整流电路是根据二极管整流电路相位滞后控制的结果，$\alpha=0°$ 对应的是自然换相点位置，也是晶闸管（相控）整流电路可以调节输出电压所要求的晶闸管有效脉冲最早位置。

（7）三相可控整流的特殊性：①计量控制角的起点位置不同（即 $\alpha=0°$），单相整流电路在 u_a 波形的 0°处，三相整流电路在 u_a 波形中的 30°位置；②晶闸管承受的最大电压，单相电路一般为相电压峰值 $\sqrt{2}U_2$，三相电路均为线电压峰值 $\sqrt{6}U_2$；③三相全控桥输出的电压波形为线电压波形组合，其他可控整流电路输出的均为相电压波形组合。

（8）PWM 控制技术要理解脉宽调制原理，了解 PWM 整流电路的基本工作原理及其控制方法。

习 题

1. 什么是自然换相点？带电容滤波的单相桥式不可控整流电路和三相桥式不可控整流电路的输出电压典型值分别是多少？其滤波电容值应该怎么选取？

2. 单相半波可控整流电路对电感负载供电，$L=20\text{mH}$，$U_2=100\text{V}$，求：

①当 $\alpha=0°$ 时输出电压 u_d 和负载电流 i_d 的波形及输出电压平均值 U_d。

②绘制当 $\alpha=30°$ 时输出电压 u_d 和负载电流 i_d 的波形。

③试对电路进行改进以提高 $\alpha=30°$ 时的输出电压平均值 U_d，并绘制电路改进后的输出电压 u_d 和负载电流 i_d 的波形。

3. 图 3-24（a）为具有变压器中心抽头的单相全波可控整流电路，问该变压器还有直流磁化问题吗？试说明：①晶闸管承受的最大反向电压为 $2\sqrt{2}U_2$；②当负载是电阻或电感时，其输出电压和电流的波形与单相全控桥时相同。

4. 单相桥式全控整流电路，$U_2=100\text{V}$，负载中 $R=2\Omega$，L 数值极大，反电动势 $E=60\text{V}$，当 $\alpha=30°$ 时，要求：

①绘制单相桥式全控整流电路带阻感反电动势负载时的电路。

②绘制 u_d、i_d 和 i_2 的波形。

③求整流输出平均电压 U_d、电流 I_d 和变压器二次电流有效值 I_2。

④考虑安全裕量，确定晶闸管的额定电压和额定电流。

⑤求整流装置交流电源侧的功率因数。

5. 将单相桥式全控整流电路中位于右侧的 2 个晶闸管换成二极管，可得一种单相桥式半控整流电路，要求：

①绘制该单相桥式半控整流电路带阻感负载时的电路。

②假设负载电感很大，在分析其工作过程的基础上绘制 $\alpha=30°$时 u_d和 i_d的波形。

③如果工作过程中，VT2 的脉冲突然消失，再分析 u_d的波形；此时，调节控制角 α，输出电压是否改变？

6. 在三相半波整流电路中，设 $\alpha=0°$，如果 a 相（VT1）的触发脉冲消失，试绘出在电阻性负载和电感性负载下整流电压 u_d的波形。

7. 三相半波整流电路的共阴极接法与共阳极接法，a、b 两相的自然换相点是同一点吗？如果不是，它们在相位上差多少？

8. 三相半波可控整流电路，$U_2=100$V，带电阻电感负载，$R=5\Omega$，L 数值极大，当 $\alpha=60°$时，要求：

①画出 u_d、i_d和 i_{VT1}的波形。

②计算 U_d、I_d、I_{dVT}和 I_{VT}。

9. 在三相桥式可控整流电路中，带电阻性负载，如果有一个晶闸管不能导通，此时的整流电压 u_d波形如何？如果有一个晶闸管被击穿而短路，其他晶闸管受什么影响？

10. 三相桥式可控整流电路，$U_2=100$V，带电阻电感负载 $R=5\Omega$，L 数值极大，当 $\alpha=60°$时，要求：

①画出 u_d、i_d和 i_{VT1}的波形。

②计算 U_d、I_d、I_{dVT}和 I_{VT}。

11. 单相桥式全控整流电路，其整流输出电压中含有哪些次数的谐波？其中幅值最大的是哪一次？变压器二次侧电流中含有哪些次数的谐波？其中主要的是哪几次？

12. 三相桥式可控整流电路，其整流输出电压中含有哪些次数的谐波？其中幅值最大的是哪一次？变压器二次侧电流中含有哪些次数的谐波？其中主要的是哪几次？

13. 使变流器工作于有源逆变状态的条件是什么？

14. 什么是逆变失败？如何防止逆变失败？

15. 单相桥式全控整流电路、三相桥式可控整流电路中，当负载分别为电阻性负载或电感性负载时，要求的晶闸管移相范围分别是多少？

16. 什么是 PWM 整流电路？它和相控整流电路的工作原理和性能有何不同？

17. PWM 整流电路中的交流侧电感有什么作用？图 3 - 62 所示的电压型 PWM 整流电路为何是升压型整流？

第 4 章　直流 - 直流变换电路

将固定的直流电压变换成可调的直流电压称为直流 - 直流（DC/DC）变换或直流斩波，具有这种DC/DC变换功能的电力电子装置称为 DC/DC 变换器。DC/DC 变换器已被广泛应用于直流电动机调速、蓄电池充电、开关电源等方面，特别是在电力牵引方面，如地铁、电气机车等。这类电动车辆一般采用恒定直流电源（如蓄电池）供电。采用 DC/DC 变换器组成直流调速系统，或 DC/DC-DC/AC 结构组成交流调速系统，可实现无级调速，比变阻器调速方式节省电能 20%～30%。此外在 AC/DC 变换中，还可采用不控整流加直流斩波调压方式替代晶闸管相控整流，以提高变流装置的输入功率因数、减少网侧电流谐波并提高系统动态响应速度。

DC/DC 变换器按结构不同可分为直接 DC/DC 变换器（又称为直流斩波电路）和变压器隔离型 DC/DC 变换器。其中直流斩波电路有降压斩波、升压斩波、升降压斩波、Cuk 斩波、Sepic 斩波和 Zeta 斩波 6 种基本形式，本章重点介绍前 4 种电路。变压器隔离型 DC/DC 变换器有正激型、反激型、半桥型、推挽型和全桥型 5 种基本电路形式，本章详细介绍各电路的工作原理和应用。软开关电路可以降低开关损耗和开关噪声，进一步提高电路工作频率，本章介绍典型软开关电路的工作过程和特性。

在开关变换器控制系统设计中，给出理想开环传递函数的幅频特性和频域设计步骤，以降压斩波电路为例，建立系统的数学模型。采用电压型控制，设计了补偿器的参数，提高系统的动态性能和抗干扰性能。最后以 3kW 开关电源为例，对变压器、滤波器、开关器件等进行了参数计算和选型，并采用 UC3875 设计相应的控制电路。

4.1　直接 DC / DC 变换器

4.1.1　降压斩波电路

降压斩波电路又称 Buck 电路，它是一种对输入电压进行降压变换的直流斩波器，其电路原理如图 4 - 1 所示。其中 V 为主开关器件，常使用全控器件（如 MOSFET），若采用晶闸管，需设置使晶闸管关断的辅助电路；电感 L 为储能元件，在 V 关断时为负载提供电流；VD 为续流二极管，在 V 关断时给电感中的电流提供续流通道；电容 C 的作用是将输出电压保持住。

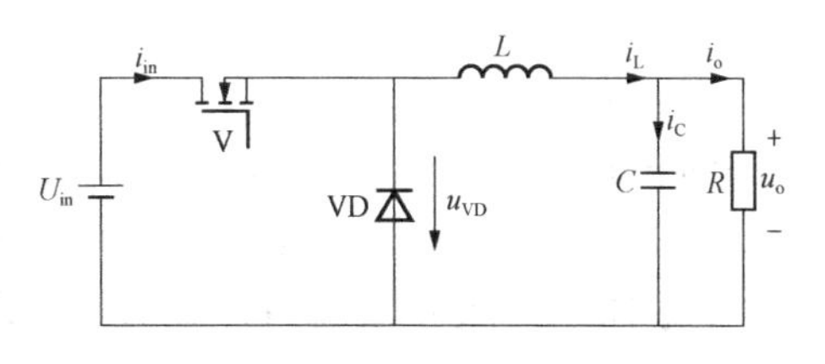

图 4 - 1　降压斩波电路的原理

在对开关变换器进行稳态分析之前，先介绍两个非常重要的稳态原理，即电感伏秒平衡原理和电容安秒平衡原理。这两个特性适用于各种开关变换器的稳态特性分析。

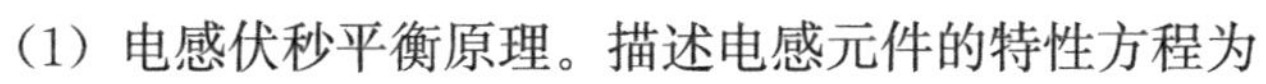

（1）电感伏秒平衡原理。描述电感元件的特性方程为

$$u_L(t) = L\frac{di_L(t)}{dt} \tag{4-1}$$

将式（4-1）在一个开关周期 T_s 内进行积分，取 $t\in[0,T_s]$，有

$$i_L(T_s) - i_L(0) = \frac{1}{L}\int_0^{T_s} u_L(t)dt \tag{4-2}$$

开关变换器在稳态时，变换器电路中的电流和电压波形在每个开关周期是重复的，即有 $i_L(T_s) = i_L(0)$，代入式（4-2）得

$$0 = \int_0^{T_s} u_L(t)dt \tag{4-3}$$

若将式（4-3）等式两边除以开关周期 T_s 可得电感电压的开关周期平均值或电感电压 $u_L(t)$ 的直流分量，用 U_L 表示，有

$$U_L = \frac{1}{T_s}\int_0^{T_s} u_L(t)dt = 0 \tag{4-4}$$

由于电感电压积分的单位为伏秒，因而该特性被称为**电感伏秒平衡**原理。

（2）电容安秒平衡原理。描述电容元件的特性方程为

$$i_C(t) = C\frac{du_C(t)}{dt} \tag{4-5}$$

将式（4-5）在一个开关周期内进行积分，取 $t\in[0,T_s]$，有

$$u_C(T_s) - u_C(0) = \frac{1}{C}\int_0^{T_s} i_C(t)dt \tag{4-6}$$

由于开关变换器在稳态时有 $u_C(T_s) = u_C(0)$，代入式（4-6）得

$$0 = \int_0^{T_s} i_C(t)dt \tag{4-7}$$

若将式（4-7）等式两边除以开关周期 T_s，可得电容电流的开关周期平均值或电容电流 i_C（t）的直流分量，用 I_C 表示，有

$$I_C = \frac{1}{T_s}\int_0^{T_s} i_C(t)dt = 0 \tag{4-8}$$

式（4-8）表示了**电容安秒平衡**或电容平衡原理。式（4-4）和式（4-8）可以直观地分析为：如果电感两端电压的直流分量或电容电流的直流分量不为零，电感电流或电容电压的平均值将会不断增大或减小，因而变换器电路并未达到稳定状态。

Buck 电路存在电感电流连续（Continuous Current Mode，CCM）和电感电流断续（Discontinuous Current Mode，DCM）两种工作模式。下面将针对 CCM 和 DCM 两种工作模式，对 Buck 电路的稳态特性分别进行分析。

1. 电感电流连续（CCM）工作模式

在 CCM 工作模式下，电路中开关 V 的控制信号 u_g、VD 两端电压 u_{VD}、电感两端电压 u_L、流过电感的电流 i_L 及流过开关 V 的电流 i_V 的波形分别如图 4-2 所示。其工作原理分析如下：

V 导通（t_{on}）时段：当开关 V 导通时，电源 U_{in} 向电容 C 充电，并给负载 R 供电，产生负载电流 i_o。同时，电感 L 储能，电感电流 i_L 上升，电感电压 u_L 极性为左正右负，二极管 VD 处于断态。

V 关断（t_{off}）时段：当开关 V 于 t_{on} 时刻关断，电感 L 释放能量，电感电压 u_L 极性为左

负右正，电感 L 通过 VD 续流释放能量，并给负载 R 供电，电感电流 i_L 不断减小。由于电感较大，电感电流减小缓慢，直到下一周期开关 V 再次开通时，电感电流仍未减小到零，同时电容放电维持输出电压稳定。随着开关 V 的再次开通，电感电流转而上升，下一个开关周期开始，电感电流连续。

电路处于稳态时，其中的电压、电流等变量都是按开关周期重复的，由此得

$$i_L(t)=i_L(t+T_s) \tag{4-9}$$

根据电感伏秒平衡原理，电感两端电压在一个开关周期内的平均值为

$$\begin{aligned}U_L&=\frac{1}{T_s}\int_0^{T_s}u_L(t)\mathrm{d}t=\frac{1}{T_s}\int_0^{T_s}L\mathrm{d}i_L(t)\\&=\frac{L}{T_s}[i_L(T_s)-i_L(0)]=0\end{aligned} \tag{4-10}$$

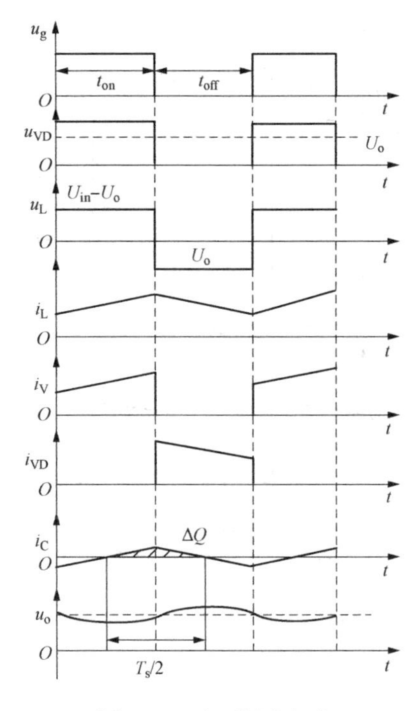

图 4-2 降压斩波电路电流连续时的工作波形

因此，在电感电流连续的条件下，可以推导出 Buck 电路输出电压与输入电压间的关系，即

$$U_L=\frac{1}{T_s}\int_0^{T_s}u_L\mathrm{d}t=\frac{(U_{in}-U_o)t_{on}-U_{in}t_{off}}{T_s}=0 \tag{4-11}$$

式中：$T_s=t_{on}+t_{off}$；t_{on} 为开关处于通态的时间；t_{off} 为开关处于断态的时间；U_o 为输出电压平均值；U_{in} 为输入电压值。

由式（4-11）得

$$\frac{U_o}{U_{in}}=\frac{t_{on}}{T_s}=D \tag{4-12}$$

式中：D 为占空比，定义为开关导通时间 t_{on} 与开关周期 T_s 的比值。

由于 $0\leqslant D\leqslant 1$，因此该电路称为降压型斩波电路。

在上述情况中，假设电感 L 的值足够大，则负载电流波形平直，并设电源电流平均值为 I_{in}，负载电流平均值为 I_o，由图 4-2 可以看出

$$I_{in}=\frac{t_{on}}{T_s}I_o=DI_o \tag{4-13}$$

由式（4-13）得

$$U_{in}I_{in}=U_{in}DI_o=U_oI_o \tag{4-14}$$

由式（4-14）可得，输出功率等于输入功率，因此可将降压斩波电路看作直流降压变压器。

2. 电感电流断续（DCM）工作模式

在 DCM 工作模式下，该电路在一个开关周期内相继经历 3 个电路状态：开关 V 闭合→电感电流上升储能、开关 V 关断→电感电流续流下降并放能、开关 V 关断→电感电流为零而电容 C 放电给负载供电。降压电路电流断续工作模式下的工作波形如图 4-3 所示。

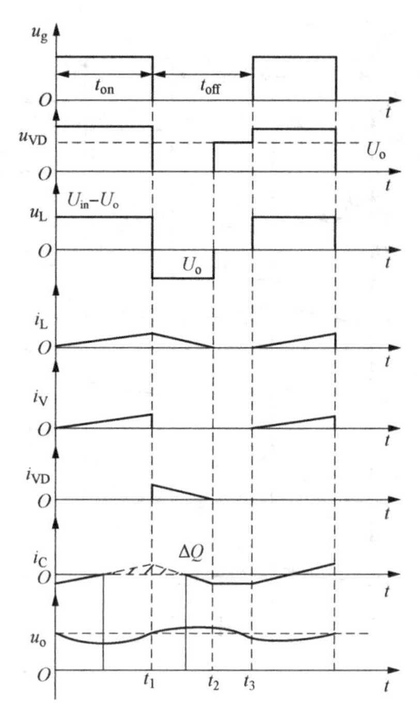

图 4-3 降压电路电流断续工作模式下的工作波形

V 导通（t_{on}）时段：当开关 V 导通时，电源 U_{in} 向电容 C 充电，并给负载 R 供电，产生负载电流。同时，电感 L 储能，电感电流 i_L 上升，电感电压 u_L 极性为左正右负，二极管 VD 处于断态。

V 关断且电感电流续流时段：当开关 V 于 t_1 时刻关断，电感 L 释放能量，电感电压 u_L 极性为左负右正，二极管 VD 导通，其两端电压为 0。电感 L 通过 VD 续流释放能量，并给负载 R 供电，电感电流 i_L 不断减小。由于电感 L 设计值较小或者负载过轻，t_2 时刻电感电流 i_L 减小到零，电路进入下一个工作状态。

V 关断且电感电流为零、电容给负载供电时段：二极管 VD 关断，电感电流 i_L 保持零值，并且电感两端的电压 u_L 也为零，二极管 VD 两端电压为 U_o。直到开关 V 再次开通，电感电流 i_L 再次从零开始上升，下一个开关周期开始，电感电流断续。

Buck 电路电感电流处于连续与断续的临界状态时，在每个开关周期开始和结束的时刻，电感电流正好为零，降压电路电感电流临界连续工作时的波形如图 4-4 所示。稳态条件下，电容 C 的开关周期平均电流为零。因此电感电流 i_L 在一个开关周期内的平均值 I_L 等于负载电流平均值 I_o。

负载电流平均值 I_o 为

$$I_o = \frac{U_o}{R} \tag{4-15}$$

而临界电感电流平均值 I_{LC} 可以根据图 4-4 按式(4-16)计算，计算原理为积分即是求波形与横轴围成的面积，得

$$I_{LC} = \frac{1}{T_s}\int_0^{T_s} i_L(t)\mathrm{d}t = \frac{1}{T_s}\cdot\left(\frac{1}{2}\Delta I_L T_s\right) = \frac{1}{2}\Delta I_L \tag{4-16}$$

式中：ΔI_L 为电感电流 i_L 的波动值，即 i_L 的最大值与最小值的差值。

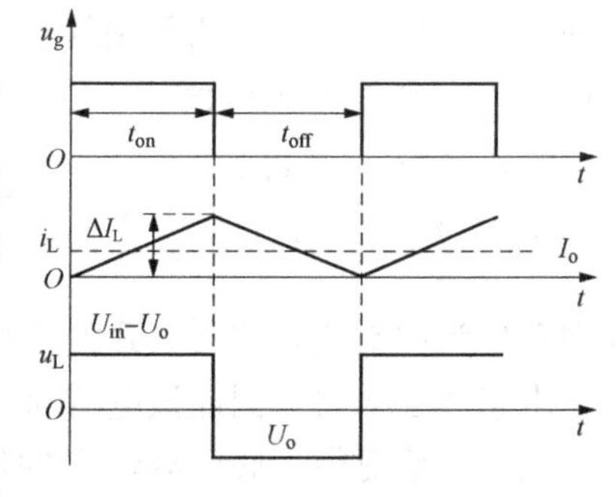

图 4-4 降压电路电感电流临界连续工作时的波形

在 $0\sim DT_s$ 时间段上，电感电压 u_L 为

$$u_L = L\frac{\mathrm{d}i_L}{\mathrm{d}t} = U_{in} - U_o$$

可得

$$\Delta I_L = \frac{U_{in} - U_o}{L}DT_s \tag{4-17}$$

此时电感电流仍连续，故有

$$\frac{U_o}{U_{in}} = D \tag{4-18}$$

将式（4-18）代入式（4-17），可得

$$\Delta I_{L}=\frac{1-D}{L}U_{o}T_{s} \tag{4-19}$$

将式（4-19）代入式（4-16）可得临界电感电流的平均值 I_{LC} 为

$$I_{LC}=\frac{1-D}{2L}U_{o}T_{s} \tag{4-20}$$

由电容安秒平衡知 $I_{c}=0$，故 $I_{L}=I_{o}$。因此，电感电流连续的条件为

$$I_{o}\geqslant I_{LC} \tag{4-21}$$

将式（4-15）和式（4-20）代入式（4-21），有

$$\frac{U_{o}}{R}\geqslant\frac{1-D}{2L}U_{o}T_{s} \tag{4-22}$$

整理得

$$L\geqslant\frac{1-D}{2}RT_{s} \tag{4-23}$$

式（4-23）即为判断降压型电路中电感电流连续与否的临界条件。

［**例4-1**］ 在图4-1所示的降压斩波电路中，已知 U_{in} 为200V，R 为10Ω，L 和 C 的数值极大，T_{s} 为50μs，t_{on} 为20μs，计算输出电压平均值 U_{o}，输出电流平均值 I_{o}。

解： 由于 L 和 C 的数值极大，故负载电流连续，于是输出电压平均值为

$$U_{o}=\frac{t_{on}}{T_{s}}U_{in}=\frac{20\times200}{50}=80(\text{V})$$

输出电流平均值为

$$I_{o}=\frac{U_{o}}{R}=\frac{80}{10}=8(\text{A})$$

3. 输出滤波电路的参数选择

本节曾假设输出滤波电路中 L 和 C 都很大，但实际上需要根据电路的具体情况进行选择。

（1）滤波电感 L 的选择。L 的选择与负载电流的变化范围和希望的工作状态有关，若希望电路工作于CCM状态，应用式（4-20）则有

$$L=\frac{U_{in}T_{s}D(1-D)}{2I_{oc}} \tag{4-24}$$

根据负载电流的变化范围，采用其最小平均电流 I_{omin} 为 I_{oc}。如按式（4-24）确定 L，必须选择开关周期 T_{s}，诚然 T_{s} 越小（开关频率越高）L 越小，但最短周期 T_{s} 受到电路开关时间的限制，为此必须保证

$$D_{min}T_{s}>t_{on}+t_{c} \tag{4-25}$$

式中：D_{min} 为最小占空比；t_{on} 为全控器件的开通时间；t_{c} 为电路控制延迟时间。

（2）滤波电容 C 的选择。当 C 很大时，输出电压将近似于恒定，但 C 越大装置的体积和成本也越大。因此，实际设计时根据容许的输出电压脉动量 ΔU_{o} 来确定 C 的值。在图4-1中，当 $i_{L}<i_{o}$ 时，C 沿 R 放电，协助 L 向负载提供能量；当 $i_{L}>i_{o}$ 时，C 则被充电，设 i_{L} 中的谐波电流完全流过 C，负载电流 i_{o} 的脉动很小，即 $\Delta i_{L}=\Delta i_{c}$，由于电容电流在一个周期的平均值为零，则在半周时间内电容放电或充电的电荷量 ΔQ 为

$$\Delta Q=\frac{1}{2}\left[\frac{DT_s}{2}+\frac{(1-D)T_s}{2}\right]\frac{\Delta I_L}{2}=\frac{1}{8}\Delta I_L T_s \tag{4-26}$$

相应的电压脉动量为

$$\Delta U_o=\frac{\Delta Q}{C}=\frac{T_s}{8C}\Delta I_L=\frac{U_{in}D(1-D)}{8LCf_s^2} \tag{4-27}$$

从式（4-27）中解出 C 为

$$C=\frac{U_{in}D(1-D)}{8L\Delta U_o f_s^2} \tag{4-28}$$

［**例 4-2**］ 设计如例 4-1 图所示的 Buck DC/DC 变换器。电源电压 $U_{in}=147\sim220\text{V}$，额定负载电流 11A，最小负载电流 1.1A，开关频率 $f_s=20\text{kHz}$。要求输出电压 $U_o=110\text{V}$；输出电压纹波小于 1%。要求最小负载时，电感电流连续。计算输出滤波电感 L 和电容 C，并选取开关管 V 和二极管 VD。

解： 当 $U_{in}=147\text{V}$ 时，$D=U_o/U_{in}=110/147=0.75$；当 $U_{in}=220\text{V}$ 时，$D=110/220=0.5$。所以在工作范围内占空比 D 为 0.5～0.75。最小占空比 $D_{min}=0.5$ 时要使最小负载时电感电流连续，根据式（4-24）可得

$$L=\frac{U_{in}T_sD_{min}(1-D_{min})}{2I_{oc}}=1.25(\text{mH})$$

由式（4-28）可确定输出电压纹波小于 1%时，所需滤波电容 C 为

$$C=\frac{U_{in}D_{min}(1-D_{min})}{8L\Delta U_o f_s^2}=\frac{220\times0.5\times0.5}{8\times1.25\times10^{-3}\times110\times0.01\times(20\times10^3)^2}=12.5(\mu\text{F})$$

电感电流脉动的最大峰-峰值 ΔI_L 为

$$\Delta I_L=\frac{U_o}{Lf_s}(1-D_{min})=\frac{110\times(1-0.5)}{1.25\times10^{-3}\times20\times10^3}=2.2(\text{A})$$

所以

$$I_{Lmax}=I_{omax}+\frac{1}{2}\Delta I_L=11+2.2/2=12.1(\text{A})$$

开关管 V 和二极管 VD 通过的最大峰值电流都是 $I_{Lmax}=12.1\text{A}$，开关管 V 承受的最大正向电压为 $U_{in}=220\text{V}$，二极管 VD 承受的最大反向电压也是 $U_{in}=220\text{V}$。若取电流过载安全系数为 1.5 倍，取过电压安全系数为 2 倍，则可选 20A/500V 的 MOSFET 开关管和快恢复二极管。

4. 降压斩波电路的典型应用

降压型电路常用于降压型直流开关稳压器、不可逆直流电动机调速等场合。当降压型电路用于直流电动机调速时，其原理如图 4-5 所示。改变占空比就可以改变加在直流电机电枢上的电压，从而实现调压调速的目的。电路工作模式也分为电感电流连续和断续两种情况，不同情况下直流电机呈现出不同的机械特性。

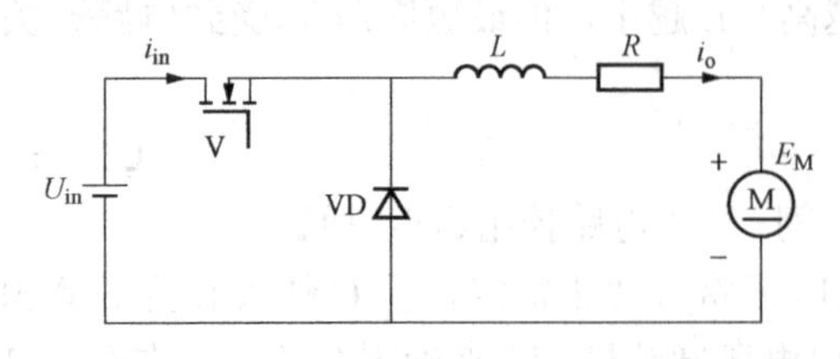

图 4-5 用于直流电动机的降压斩波电路

4.1.2 升压斩波电路

升压斩波电路又称为 Boost 变换器，升压

斩波电路原理如图 4-6 所示。该电路也存在电感电流连续和电感电流断续两种工作模式。

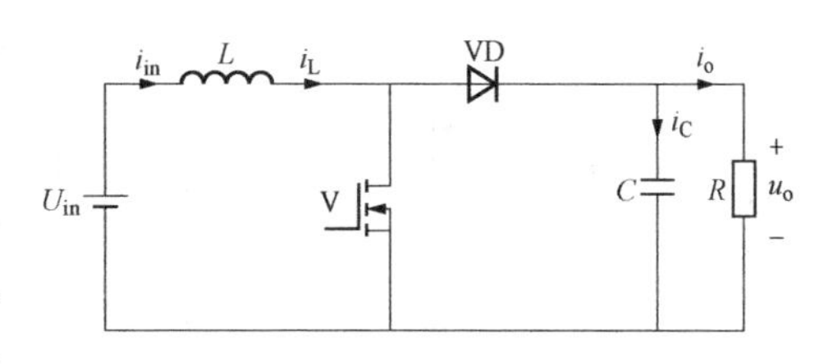

图 4-6　升压斩波电路原理

1. 电感电流连续（CCM）工作模式

升压电路 CCM 工作模式下的工作波形如图 4-7 所示，从上到下，图中的波形依次是开关 V 的开关信号 u_g、开关 V 上的电压 u_V、电感电压 u_L、电感电流 i_L、流过开关 V 的电流 i_V 和流过二极管 VD 的电流 i_{VD} 的波形。电源电流 i_{in} 的波形与电感电流 i_L 的波形相同。

工作原理分析如下：

V 导通（t_{on}）时段：当开关 V 导通时，电源 U_{in} 向电感 L 充电，电感储能，电感电流 i_L 上升，电感电压极性左正右负。二极管 VD 处于断态。

V 关断（t_{off}）时段：当开关 V 关断时，二极管 VD 导通，电源 U_{in} 与电感 L 共同向电容 C 充电，并向负载 R 提供能量。电感释放能量，电感电流下降，电感电压的极性左负右正。由于电感较大，电感电流下降缓慢，直到下一周期开关 V 再次开通时，电感电流仍未减小到零。随着开关 V 的再次开通，电感电流转而上升，下一个开关周期开始，电感电流连续。

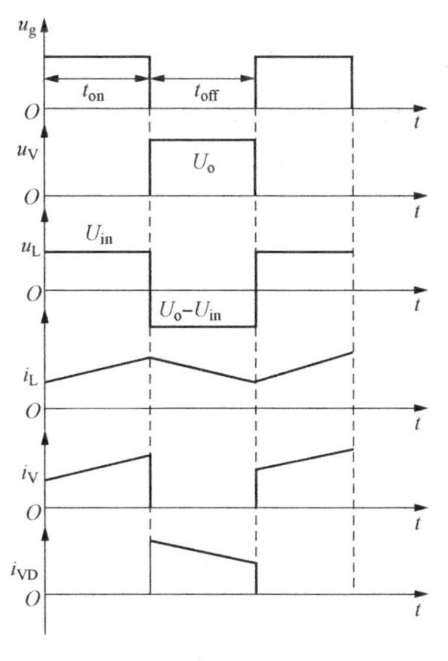

图 4-7　升压电路 CCM 工作模式下的工作波形

下面推导升压型电路在电感电流连续时的输出电压与输入电压间的关系。利用电感伏秒平衡原理可得

$$U_L = \frac{U_{in}t_{on} - (U_o - U_{in})t_{off}}{T_s} = 0 \tag{4-29}$$

式中：U_L 为电感两端电压在一个开关周期内的平均值；T_s 为开关周期，$T_s = t_{on} + t_{off}$；t_{on} 为开关 V 处于通态的时间；t_{off} 为开关 V 处于断态的时间。

由式（4-29）整理得

$$\frac{U_o}{U_{in}} = \frac{1}{1-D} \tag{4-30}$$

由于 $0 \leqslant D \leqslant 1$，因此升压型电路的输出电压不可能低于其输入电压，且极性与输入电压相同。需要注意的是，应避免占空比 D 过于接近 1，以免造成电路损坏。升压斩波电路之所以能够升压，关键在于两点：一是电感 L 储能之后具有使电压泵升的作用；二是电容 C 可将输出电压保持住。在以上分析中，认为 V 处于通态期间因电容 C 的作用使得输出电压保持不变，但实际上电容不可能无穷大，在此阶段电容 C 向负载 R 放电，输出电压必然会有所下降，故实际输出电压会略低于式（4-30）所得结果。

如果忽略电路中的损耗，且认为电感 L 足够大，则

$$\begin{cases} I_{in} = I_L \\ U_o I_o = U_o \dfrac{t_{off}}{T_s} I_L = U_{in} I_L = U_{in} I_{in} \end{cases} \tag{4-31}$$

式中：I_{in} 为电源电流的平均值；I_o 为输出电流的平均值。

式（4-31）表明，与降压斩波电路一样，升压斩波电路的输出功率与输入功率相等，也可看成是直流变压器。

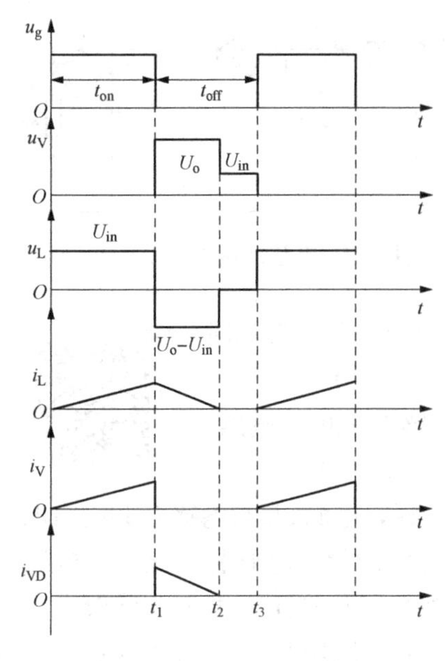

图 4-8 升压电路 DCM 工作模式下的工作波形

2. 电感电流断续（DCM）工作模式

绘制处于 DCM 工作方式时电路工作时的波形，升压电路 DCM 工作模式下的工作波形如图 4-8 所示。

工作原理分析如下：

V 导通（t_{on}）时段：当 0 时刻开关 V 导通时，电源 U_{in}向电感 L 充电，电感储能，电感电流 i_L上升。二极管 VD 处于断态。

V 关断（t_{off}）且电感续流时段：当 t_1时刻开关 V 关断时，二极管 VD 导通，电源 U_{in}和电感 L 一块向电容 C 充电，并向负载 R 提供能量。电感电流 i_L下降，由于电感 L 设计值较小或负载过轻，t_2时刻电感电流 i_L减小到零。此过程，开关 V 两端的电压等于负载电压 U_o。

V 关断（t_{off}）且电感电流为零时段：（t_2～t_3）阶段开关 V 仍关断，二极管 VD 也关断，电感电流值为零，并且电感两端的电压也为零，开关 V 两端的电压等于电源电压 U_{in}。直到下一周期 t_3时刻开关 V 再次开通，电感电流 i_L再次从零开始上升，电感电流断续。

电路电感电流处于连续与断续的临界状态时，在每个开关周期开始和结束的时刻，电感电流正好为零，升压电路中电感电流临界连续工作时波形如图 4-9 所示。

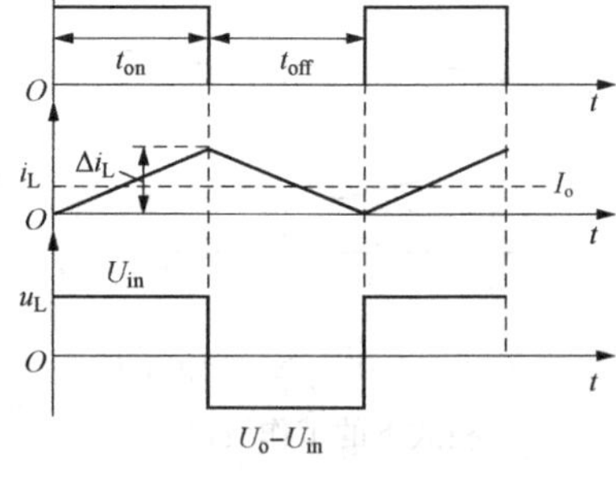

图 4-9 升压电路电感电流临界连续工作时波形

与降压型电路有所不同，稳态条件下，升压型电路中，二极管 VD 电流的开关周期平均值等于负载电流平均值 I_o。

负载电流平均值 I_o为

$$I_o = \frac{U_o}{R} \tag{4-32}$$

图 4-9 中，利用电感电流上升段的电压方程关系可得

$$\begin{cases} u_L(t) = L\dfrac{\Delta I_L}{DT_s} \\ u_L(t) = U_{in}\big|_{0<t<DT_s} \end{cases} \tag{4-33}$$

从而临界时的电感电流峰值为

$$\Delta I_L = \frac{U_o D(1-D)T_s}{L} \tag{4-34}$$

而临界时流经二极管 VD 的电流开关周期平均值 I_{VD}为

$$I_{VD} = I_L(1-D) = \frac{1}{2}\Delta I_L(1-D) = \frac{U_o D(1-D)^2 T_s}{2L} \tag{4-35}$$

由电容安秒平衡知 $I_c=0$，故 $I_{VD}=I_o$。因此，电感电流连续的临界条件为

$$I_o \geqslant I_{VD} \tag{4-36}$$

将式（4-32）和式（4-35）代入式（4-36），有

$$\frac{U_o}{R} \geqslant \frac{U_o D(1-D)^2 T_s}{2L} \tag{4-37}$$

整理得

$$L \geqslant \frac{D(1-D)^2}{2} R T_s \tag{4-38}$$

式（4-38）就是用于判断升压型电路电感电流连续与否的临界条件。

3. 升压斩波电路的典型应用

升压斩波电路的典型应用有：①用于直流电动机传动；②用作单相功率因数校正（Power Factor Correct，PFC）电路；③用于其他交直流电源中。此处主要介绍在直流传动中的应用。当升压斩波电路用于直流传动时，通常是用于在直流电动机再生制动时把电能回馈给直流电源，此时的电路如图 4-10 所示，电感 L 可以让电动机电枢电流连续。此时电动机的反电动势 E_M 相当于电路中的电源 U_{in}，而此处的直流电源相当于电路中的负载。由于直流电源的电压基本是恒定的，因此不必并联电容器。

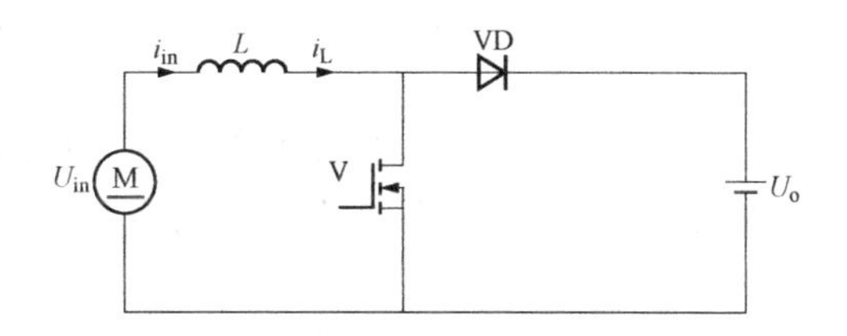

图 4-10　用于直流电动机回馈能量的升压斩波电路

若 L 较大时，电动机电枢电流连续且纹波较小，记为 I_R。定子电阻为 R，由于直流电动机可等效为电阻、电感和反电势负载，反电势大小为 $E_M=U_{in}$，因此由升压电路原理可得升压关系为

$$U_o = \frac{E_M - I_R R}{1-D} \tag{4-39}$$

4.1.3　升降压斩波电路

升降压斩波电路又称为 Boost-Buck 变换器，其原理如图 4-11（a）所示。该电路也存在电感电流连续和电感电流断续两种工作模式。

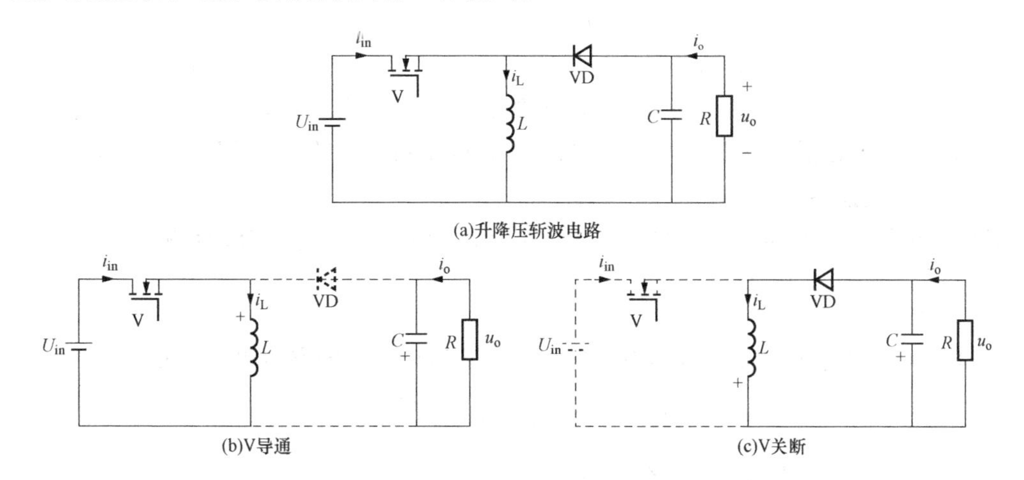

图 4-11　升降压斩波电路和工作模式

1. 电感电流连续（CCM）工作模式

CCM 工作模式下的升降压斩波波形如图 4-12（a）所示。

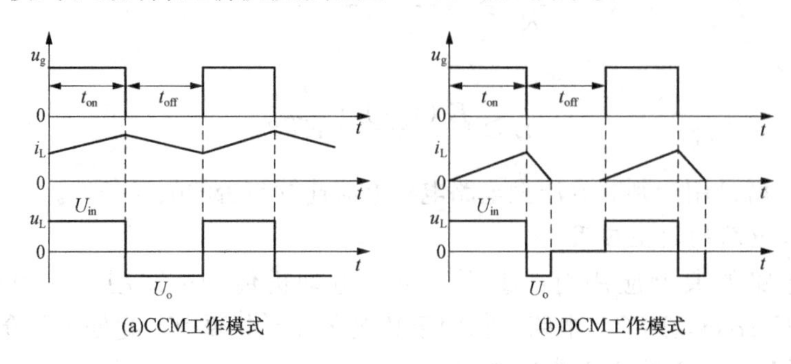

图 4-12 CCM 和 DCM 工作模式下的升降压斩波波形

V 导通（t_{on}）时段：开关 V 导通时，如图 4-11（b）所示。输入电流 i_{in}由电源 U_{in}经 V 和 L 形成回路，电感电流 i_L上升，电感 L 储能。二极管 VD 承受反向电压处于断态，电容 C 向负载 R 放电。

V 关断（t_{off}）时段：开关 V 断态时，如图 4-11（c）所示。电感电流 i_L下降，电感释放储能，产生上负下正的反电动势，二极管 VD 导通，电感通过 VD 向电容 C 充电，并向负载 R 供电。由于电感较大，电感电流减小缓慢，直到下个开关周期开始、开关 V 再次开通时，电感电流仍未减小到零。随着开关 V 的再次开通，电感电流转而上升，电感电流 i_L 连续。

当 V 处于通态期间时，$u_L=U_{in}$；而当 V 处于断态期间时，$u_L=-U_o$。于是利用电感伏秒平衡可得

$$U_L=\frac{1}{T_s}\int_0^{T_s}u_L\mathrm{d}t=\frac{U_{in}t_{on}+U_ot_{off}}{T_s}=0 \tag{4-40}$$

由式（4-40）整理得

$$\frac{U_o}{U_{in}}=-\frac{D}{1-D} \tag{4-41}$$

式（4-41）中等式右边的负号表示升降压电路的输出电压极性与输入电压极性相反。若改变占空比 D，则当 $0<D<1/2$ 时，输出电压 U_o低于电源电压 U_{in}，为降压；当 $1/2<D<1$ 时，输出电压 U_o高于电源电压 U_{in}，为升压，因此将该电路称作升降压斩波电路，也称为 Boost-Buck 变换器。

若电源电流 i_{in}和负载电流 i_o的平均值分别为 I_{in}和 I_o，则当电流脉动足够小时，有

$$\frac{I_{in}}{I_o}=-\frac{t_{on}}{t_{off}} \tag{4-42}$$

式（4-42）中右边的负号表示电源电流 i_{in}和负载电流 i_o的方向相反，可得

$$I_o=-\frac{t_{off}}{t_{on}}I_{in}=-\frac{1-D}{D}I_{in} \tag{4-43}$$

如果 V、VD 为没有损耗的理想开关，则

$$U_oI_o=U_{in}I_{in} \tag{4-44}$$

式（4-44）表明，升降压电路的输出功率和输入功率相等，也可将其看作直流变压器。

2. 电感电流断续（DCM）工作模式

当电感较小或负载电流较小时，升降压电路会处于 DCM 工作模式，其工作波形如图 4-12（b）所示。此时，如同图 4-6 升压电路电感电流断续工作方式，升降压电路电感电流 i_L 在 1 个开关周期内也经历上升、下降为零和保持为零三个阶段。在下个开关周期开始后，电感电流再从零开始上升，重复上述过程，电感电流断续。

升降压型电路中电感电流连续与断续的临界条件的推导过程与升压型电路相同。判断升降压型电路电感电流连续与否的临界条件为

$$L \geqslant \frac{(1-D)^2}{2} R T_s \tag{4-45}$$

升降压型电路可以灵活地改变电压的高低，还能改变电压极性，因此常用于电池供电设备中产生负电源的电路，还用于各种开关稳压器中。

4.1.4 Cuk 斩波电路

前述的升降压斩波电路，负载与电容并联，实际电容值总是有限的，电容不断充放电过程的电压波动会引起负载电流的波动，因此 Buck-Boost 斩波电路输入和输出的电流脉动量都比较大，对电源和负载的电磁干扰也比较大，为此提出了 Cuk 电路，Cuk 电路原理如图 4-13 所示。Cuk 电路的特点是输入和输出端都串联了电感，缩小了输入和输出电流的脉动，可以改善电路产生的电磁干扰问题。

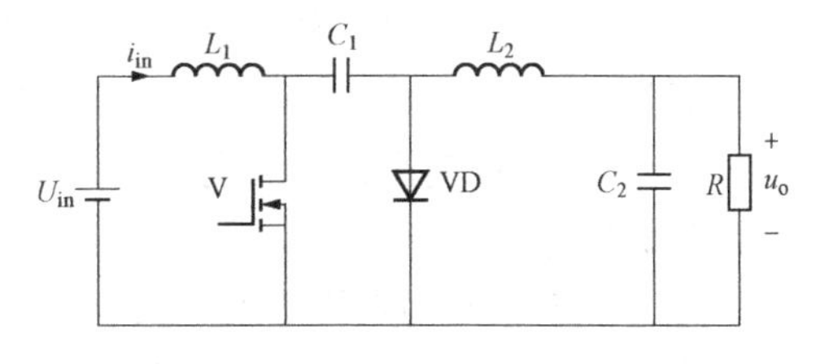

图 4-13　Cuk 电路原理

Cuk 斩波电路是将升压与降压电路串接而成的。该电路在电感 L_1 和 L_2 的电流都连续的情况下，电路在一个开关周期内相继经历 2 个电路状态，Cuk 电路电流连续工作时的电路状态如图 4-14 所示。其工作原理分析如下：

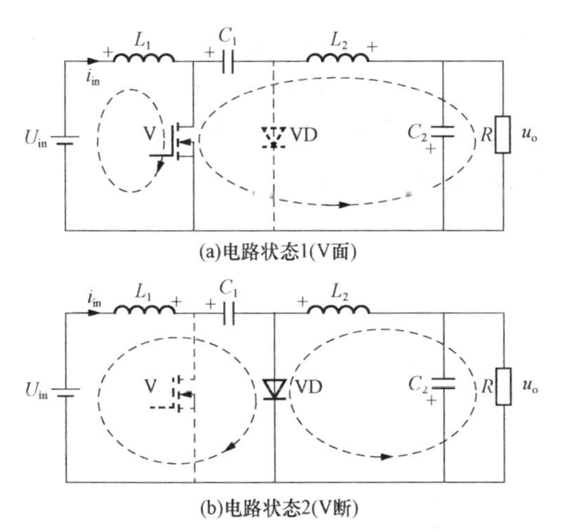

图 4-14　Cuk 电路电流连续工作时的电路状态

V 导通阶段：当 V 处于通态时，$U_{in} \to L_1 \to V$ 回路和 $RC_2 \to L_2 \to C_1 \to V$ 回路分别流过电流，如图 4-14（a）所示。电感电流 i_{L1} 线性增加，L_1 储能。电容 C_1 放电，电感 L_2 电流增加，L_2 储能。在这个阶段，因为 C_1 释放能量，二极管 VD 被反偏而处于截止状态。

V 关断阶段：当 V 处于断态时，$U_{in} \to L_1 \to C_1 \to VD$ 回路和 $RC_2 \to L_2 \to VD$ 回路分别流过电流，输出电压的极性与电源电压极性相反，如图 4-14（b）所示。电源 U_{in} 和电感 L_1 同时向电容 C_1 充电，电感 L_1 电流减小，L_1 释放能量，C_1 储存能量。电感 L_2 经二极管 VD 续流，电感 L_2 电流减小。

设两个电感电流都连续，分别计算电感 L_1 和 L_2 的两端电压在一个开关周期内的平均值为

$$\begin{cases} U_{L1} = U_{in}D + (U_{in} - U_{C1})(1-D) = 0 \\ U_{L2} = (U_{C1} - U_o)D + U_o(1-D) = 0 \end{cases} \tag{4-46}$$

联立方程，消去U_{C1}，可得 Cuk 电路输出、输入电压比与占空比D间的关系为

$$\frac{U_o}{U_{in}}=-\frac{D}{1-D} \tag{4-47}$$

式（4-47）中右边的负号表示输出电压与输入电压极性相反，输出电压可高于输入电压，也可低于输入电压。由式（4-47）可知，Cuk 电路和 Buck-Boost 电路的降压和升压功能一样，但是 Cuk 斩波电路的电源电流和负载电流都是连续的，纹波很小，Cuk 斩波电路只是对开关管和二极管的耐压和电流要求较高。

负载电流很小时，电路中的电感电流将不连续，电压比不再满足式（4-47），输出电压$|U_o|>DU_{in}/(1-D)$，且负载电流越小，$|U_o|$越高。输出空载时，$|U_o|\to\infty$，故 Cuk 型电路也不应空载，否则会产生很高的电压而造成电路中元器件的损坏。

4.2 复合斩波电路和多相多重斩波电路

对降压斩波电路和升压斩波电路进行组合，即可构成复合斩波电路。此外，对相同结构的基本斩波电路进行组合，可构成多相多重斩波电路，使斩波电路的整体性能得以提高。

4.2.1 半桥电流可逆斩波电路

当斩波电路拖动直流电动机时，电动机既可电动运行，又能再生制动运行，将能量回馈电源。图 4-15（a）为电流可逆斩波电路的原理图，该电路是将降压斩波电路与升压斩波电路组合在一起形成的。在拖动直流电动机时，由于此时电动机的电枢电流可正可负，但电压只能是一种极性，故其可工作于第 1 象限和第 2 象限。

图 4-15（b）电路中，V2 和 VD2 处于断态，V1 和 VD1 构成降压斩波电路，由电源向直流电动机供电，电动机为电动运行，工作于第 1 象限，如图 4-16（a）所示；图 4-15（c）电路中，V1 和 VD1 处于断态，V2 和 VD2 构成升压斩波电路，把直流电动机的动能转变为电能反馈到电源，使电动机作再生制动运行，工作于第 2 象限，如图 4-16（b）所示。通过改变占空比，从而调节电枢电压U_o实现直流电机调速。需要注意的是，若 V1 和 V2 同时导通，将导致电源短路，因此必须防止出现这种情况。

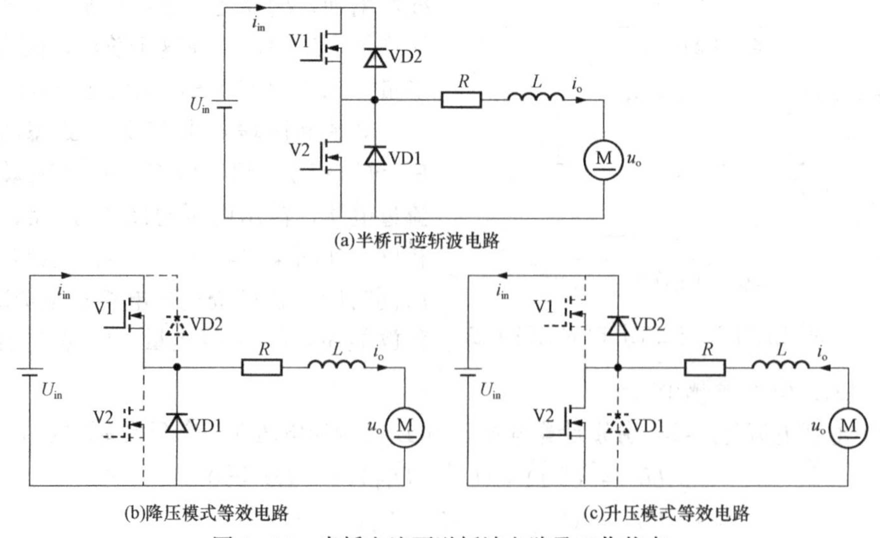

图 4-15 半桥电流可逆斩波电路及工作状态

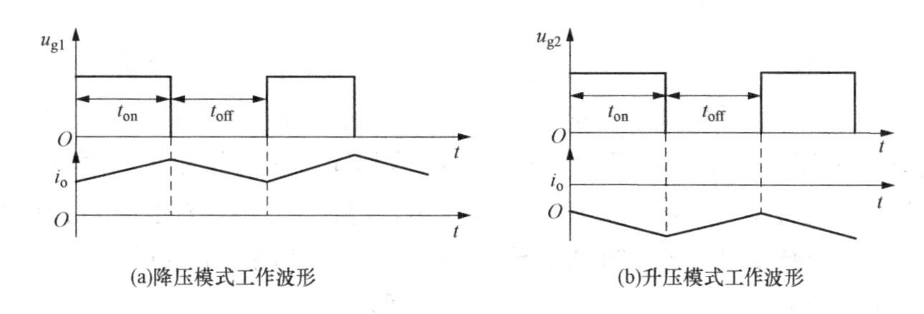

图 4-16　半桥电流可逆斩波电路工作波形

4.2.2　全桥四象限可逆斩波电路

当电动机需要进行正、反转及可电动又可制动的四象限运行时，必须采用桥式可逆斩波电路，四象限桥式可逆斩波电路原理如图 4-17所示，其相当于两个电流可逆斩波电路的组合。

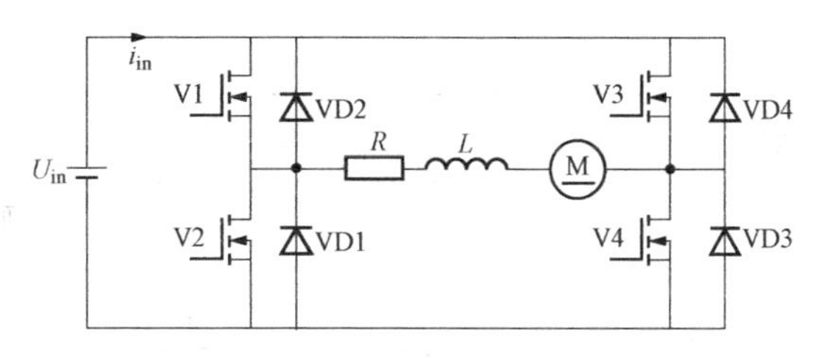

图 4-17　四象限桥式可逆斩波电路原理

当使 V4 保持通态时，该斩波电路等效为图 4-15（a）所示的电流可逆斩波电路，提供正电压，可使电动机工作于第 1、2 象限，即正转电动和正转再生制动状态。此时，需要防止 V3 导通造成电源短路。

当使 V2 保持为通态时，于是 V3、VD3 和 V4、VD4 等效为又一组电流可逆斩波电路，向电动机提供负电压，可使电动机工作于第 3、4 象限。其中 V3 和 VD3 构成降压斩波电路，向电动机供电使其工作于第 3 象限即反转电动状态，而 V4 和 VD4 构成升压斩波电路，可使电动机工作于第 4 象限即反转再生制动状态。

4.2.3　多相多重直流/直流变换器

把几个结构相同的基本斩波电路适当组合，可以构成图 4-18 所示的另一种复合型直流/直流变换器，称之为多相多重直流/直流变换器。假定复合型变换器中每个开关管通断周期都是 T_s，开关频率为 $f_s=1/T_s$，如果在一个周期 T_s 中，电源侧电流 i_{in} 脉动 n 次，即 i_{in} 脉动频率为 nf_s，则称之为 n 相变换器。如果在一个 T_s 周期中负载电流 i_o 脉动 m 次，即 i_o 脉动频率为 mf_s，则称之为 m 重变换器。

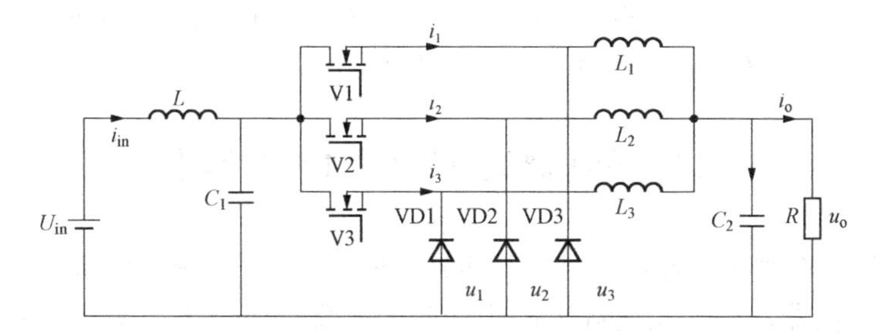

图 4-18　多相多重直流变换器

图 4-18 示出了在电源 U_{in} 和负载之间接入由 3 个相同的 Buck 变换电路组成的多相多重变换器。3 个 Buck 路共同向负载供电，各个 Buck 电路输出的电压、电流分别为 u_1、u_2、u_3

及 i_1、i_2、i_3。

若在一个开关周期 T_s中，3 个开关器件 V1、V2、V3 依序通、断各一次，其导通时间的起点相差 $T_s/3$，3 个开关的导通时间相同（t_{on}），占空比 D（$D=t_{on}/T_s$）相同，那么 3 个 Buck 电路的输出电压 u_1、u_2、u_3是脉宽相同、幅值相同、相位相差 1/3 周期的 3 个电压方波，多相多重直流变换器及其波形如图 4 - 19 所示，电流 i_1、i_2、i_3也应是相位相差 1/3 周期、波形完全相同的脉动电流波。在 V1 导通的 $t_{on}=DT_s$期间，$u_1=U_{in}$时，i_1上升；在 V1 截止、i_1经二极管 VD1 续流的 $t_{off}=(1-D)T_s$期间，$u_1=0$，i_1（t）下降。V1、VD1 构成一个 Buck 降压变换器，只要 V1 截止时，i_1经 VD1 续流的（$1-D$）T_s期间 i_1不断流，即电感电流连续，则 V1 输出电压 u_1的直流平均值 U_1为 $U_1=U_{in}\cdot T_{on}/T_s=DU_{in}$（$0\leqslant D\leqslant 1$）。同理，V2、V3 输出的电压 u_2、u_3的直流平均值 $U_2=U_3=U_1=DU_{in}$。

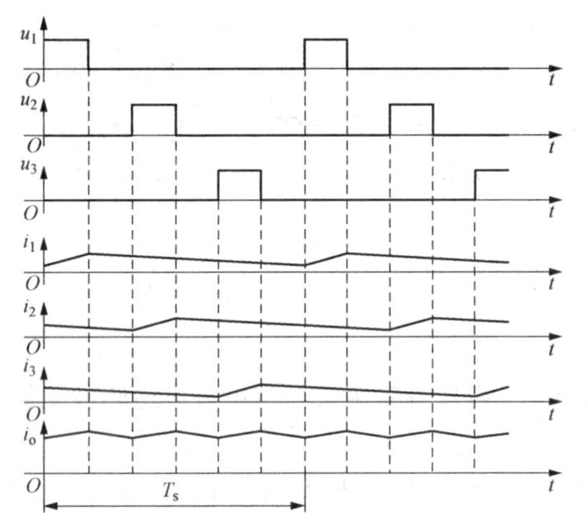

图 4 - 19　多相多重直流变换器及其波形

图 4 - 19 中，在一个周期 T_s中，电感电流的上升增量等于其下降量，电感 L 两端的直流电压平均值为零，因此负载电压 u_o的直流平均值 $U_o=U_1=U_2=U_3=DU_{in}$。

而负载电流 i_o应为

$$i_o=i_1+i_2+i_3 \tag{4-48}$$

如果 I_1、I_2、I_3为 i_1、i_2、i_3在一个周期中的平均值电流，I_o为负载电流 i_o的平均值电流，那么 I_1、I_2、I_3应相等，且 $I_o=3I_1=3I_2=3I_3$。在一个开关周期 T_s中，负载电流脉动 3 次即 $m=3$，脉动频率 $f_o=mf_s=3f_s$，此复合变换器应是三重变换器。图4 - 19中，电源电流 i_s（t）是三个开关器件通态时电流瞬时值之和，故电源电流 i_s（t）在一个开关周期 T_s中也脉动 3 次，即 $n=3$，i_s（t）的脉动频率 $f_o=mf_s=3f_s$，故图 4 - 19 复合变换器应是三相（$n=3$）三重（$m=3$）直流/直流电压变换器。

当上述电路电源公用而负载为三个独立负载时，则为三相一重斩波电路；而当电源为三个独立电源，向一个负载供电时，则为一相三重斩波电路。

多重多相变换器中的各个基本变换电路还有互为备用的功能，一个单元电路故障后其余单元还可继续工作，这又提高了变换器对负载供电的可靠性。

4.3　变压器隔离型 DC/DC 变换器

在基本的 DC/DC 变换器电路中加入变压器，就可以得到采用变压器实现输入输出电气隔离的 DC/DC 变换器。在开关电源电路中，若要实现以下性能，则可采用变压器隔离型 DC/DC 变换器：①输出端与输入端电气隔离；②具有相互隔离的多路输出；③输出电压与输入电压的比值可以灵活匹配。

变压器隔离型 DC/DC 变换器中，交流环节采用较高的工作频率，可以减小变压器和滤波电感、滤波电容的体积和质量。

根据电路知识，对电感、电容和变压器二次侧可写出式（4-49）所示的电压或电流方程。

$$\begin{cases} u_{\mathrm{L}} = L\dfrac{\mathrm{d}i}{\mathrm{d}t} \\ i_{\mathrm{C}} = C\dfrac{\mathrm{d}u}{\mathrm{d}t} \\ u = -N\dfrac{\partial \Phi}{\partial t} = -NS\dfrac{\partial B}{\partial t} \end{cases} \tag{4-49}$$

取开关周期上的一小段时间 Δt，令 $\Delta t = T_{\mathrm{s}}/n$（$n$ 为大于2的自然数），则式（4-49）可改写为

$$\begin{cases} U_{\mathrm{L}} = L\dfrac{\Delta i}{\Delta t} = L\dfrac{\Delta i}{T_{\mathrm{s}}/n} = nfL\Delta i \\ I_{\mathrm{C}} = C\dfrac{\Delta u}{\Delta t} = C\dfrac{\Delta u}{T_{\mathrm{s}}/n} = nfC\Delta u \\ u = -NS\dfrac{\Delta B}{\Delta t} = -NS\dfrac{\Delta B}{T_{\mathrm{s}}/n} = -nfNS\Delta B \end{cases} \tag{4-50}$$

从式（4-50）可以看出，在电压和电流不变的条件下，工作频率越高，则所需滤波电感的电感值越小，所需滤波电容的电容值也越小；同时，工作频率越高，则所需变压器的绕组匝数越少，所需铁芯的横截面积也越小，从而可以选用较小的滤波电感、滤波电容和变压器。因此，通过提高工作频率也可以使滤波电感、滤波电容和变压器的体积和质量显著降低。通常，工作频率应高于20kHz这一人耳的听觉极限，以免变压器和电感产生刺耳的噪声。随着电力半导体器件和磁性材料的技术进步，电路的工作频率已达几百千赫兹至几兆赫兹。

由于工作频率较高，逆变电路通常使用全控型器件，如MOSFET、IGBT等。整流电路中通常采用快恢复二极管或通态压降较低的肖特基二极管。

带隔离变压器的直流变换器都是由某种基本的直流变换器派生而来。其中由降压变换器派生的最多，如正激变换器、半桥变换器、全桥变换器等，由升-降压变换器派生的有反激变换器，升压变换器和丘克变换器也有典型的派生电路。带隔离变压器的直流变换器分为单端和双端电路两大类。在单端电路中，变压器中流过的是直流脉动电流；双端电路中，变压器中的电流为正负对称的交流电流。

4.3.1　正激型电路

正激型电路包含多种不同的拓扑，正激型电路原理及电流连续时的工作波形如图4-20所示。与前面介绍的各种斩波电路一样，该电路也有电感电流连续和断续两种工作模式。

1. 电流连续（CCM）工作模式

开关正激型电路工作于CCM状态时电路中的工作波形如图4-20（b）所示，隔离变压器有三个绕组，分别为一次侧绕组W1、二次侧绕组W2和磁通复位绕组W3，其工作原理分析如下：

开关V导通时段（$0 \sim t_1$）：当开关V导通时，W1绕组电流增加，变压器铁芯磁通增加，变压器绕组W1中感生电势为上正下负，根据图示同名端，与其耦合的绕组W2两端的电压也是上正下负。因此，VD1处于通态，VD2为断态，电感 L 的电流 i_{L} 逐渐上升，L 储

能，同时向负载供电。此时变压器磁通复位绕组 W3 中感生上负下正电压，二极管 VD3 截止，W3 中没有电流。

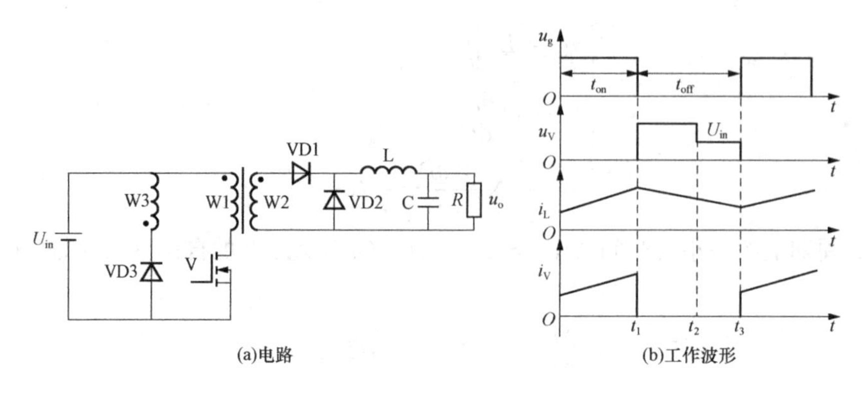

(a)电路　　(b)工作波形

图 4 - 20　正激型电路的原理及 CCM 状态时的工作波形

开关 V 关断时段（$t_1 \sim t_3$）：当开关 V 关断时，电感 L 通过 VD2 续流，L 释放能量，电感 L 的电流 i_L 逐渐下降。由于电感较大，电感电流下降缓慢，直到 t_3 开关 V 再次开通时，电感电流仍未减小到零，电感电流连续。变压器的励磁电流经绕组 W3 和 VD3 流回电源，励磁电流减小，变压器 W2 绕组中感生上负下正的电压，使 VD1 关断，V 关断后其承受的电压为

$$u_V = \left(1 + \frac{N_1}{N_3}\right) U_{in} \tag{4-51}$$

式中：N_1、N_3 为绕组 W1、W3 的匝数。

开关 V 开通后，变压器的励磁电流 i_{m1} 由零开始，随着时间的增加而线性地增长，直到 V 关断。V 关断后到下一次再开通的一段时间内，必须设法使励磁电流降回到零，否则下一个开关周期中，励磁电流将在本周期结束时的剩余值基础上继续增加，并在以后的开关周期中依次累积起来，变得越来越大，从而导致变压器的励磁电感饱和。励磁电感饱和后，励磁电流会更加迅速地增长，最终损坏电路中的开关器件。因此，在 V 关断后，使励磁电流降回到零是非常重要的，这一过程称为变压器的**磁心复位**，磁心复位过程如图 4 - 21 所示。在正激型电路中，变压器的绕组 W3 和二极管 VD3 组成复位电路。

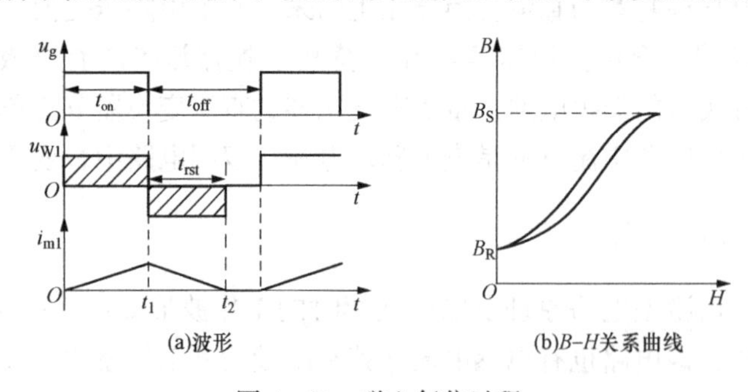

(a)波形　　(b)B-H关系曲线

图 4 - 21　磁心复位过程

现简单分析磁心复位电路的工作原理。开关 V 关断后，变压器励磁电流通过绕组 W3 和 VD3 流回电源，并逐渐线性地下降为零。从 V 关断到绕组 W3 的电流下降到零所需的时间 t_{rst} 见式（4 - 52）。V 处于断态的时间必须大于 t_{rst}，以保证 V 下次开通前励磁电流能够降为零，使变压器磁心可靠复位。

$$t_{rst} = t_2 - t_1 = \frac{N_3}{N_1} t_{on} \tag{4-52}$$

在输出滤波电感电流连续的情况下，利用电感电压在一个开关周期内的平均值为零的原

理，得

$$\left(\frac{N_2}{N_1}U_{in}-U_o\right)t_{on}-U_o t_{off}=0 \tag{4-53}$$

整理式（4-53），可以得到输出电压与输入电压的比为

$$\frac{U_o}{U_{in}}=\frac{N_2}{N_1}\cdot\frac{t_{on}}{T_s}=\frac{N_2}{N_1}D \tag{4-54}$$

式中：N_1、N_2分别为绕组 W1、W2 的匝数；D 为占空比。

2. 电流断续（DCM）工作模式

开关正激电路 DCM 工作模式下的工作波形如图 4-22 所示。工作过程如下：

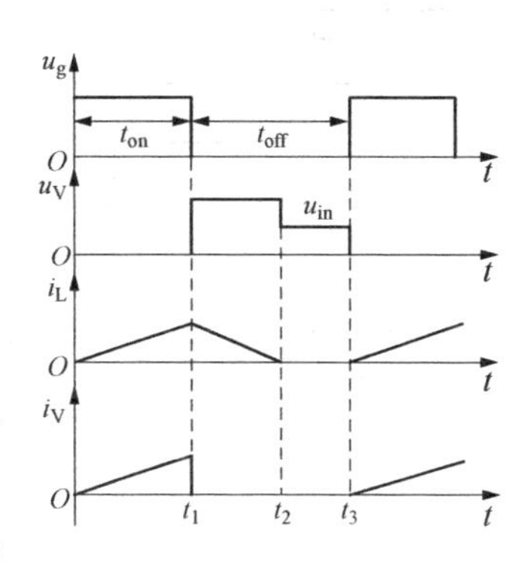

图 4-22　开关正激型电路 DCM 工作模式下的工作波形

开关 V 导通时段（$0\sim t_1$）：当 V 导通时，VD1 处于通态，VD2 为断态，电感 L 的电流逐渐上升，流过开关 V 的电流 i_V也逐渐上升。

开关 V 关断且电感电流续流时段（$t_1\sim t_2$）：当 V 关断时，电感 L 通过 VD2 续流，VD1 关断，L 的电流逐渐下降。由于电感设计值较小或负载过轻，电感电流 i_L在 t_2时刻下降到零。

开关 V 关断且电感电流为零时段（$t_2\sim t_3$）：开关 V 仍关断，电感电流降为零后，二极管 VD2 关断，电容 C 向负载 R 提供能量，直到 t_3开关 V 再次开通，电感电流再次从零开始上升，下一个开关周期开始，电感电流断续。

经过与前面降压型电路相似的推导过程可得，正激型电路 CCM 的临界条件为

$$L\geqslant\frac{1-D}{2}RT_s \tag{4-55}$$

DCM 工作模式下，输出电压 U_o将随负载电流减小而升高，在负载电流为零的极限情况下，$U_o=U_{in}N_2/N_1$。

从以上分析可知，正激型电路的电压比关系和降压型电路非常相似，仅有的差别在于变压器的电压比。因此，正激型电路的电压比可以看成是将输入电压 U_{in}按电压比折算至变压器二次侧后根据降压型电路得到的。不仅正激型电路是这样，后面将要提到的半桥型、全桥型和推挽型电路也是如此。

正激型电路简单可靠，广泛用于功率为数百瓦至数千瓦的开关电源中。但该电路变压器的工作点仅处于磁化曲线平面的第 1 象限，没有得到充分利用，因此同样的功率，其变压器体积、质量和损耗都大于全桥型、半桥型和推挽型电路。可见正激型电路较适用于在电源和负载条件恶劣、干扰很强的环境下使用同时又对体积、质量及效率要求不太高的开关电源场合。

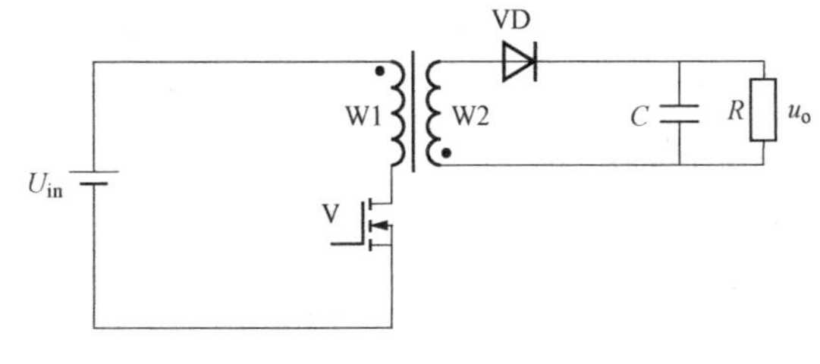

图 4-23　反激型电路原理

4.3.2　反激型电路

反激型电路原理如图 4-23 所示，该电路可以看成是将升降压型电路中的电感换成变压器绕组 W1 和 W2 相互耦合的电感而

得到的。因此，反激型电路中的变压器在工作中总是经历着储能-放电的过程，这一点与正激型电路及其他隔离型电路不同。

反激型电路也存在CCM和DCM两种工作模式。反激型电路工作于CCM模式时，其变压器磁心的利用率会显著下降，因此实际使用中，通常避免该电路工作于CCM模式。为了保持电路原理阐述的完整性，这里还是首先介绍CCM工作模式。

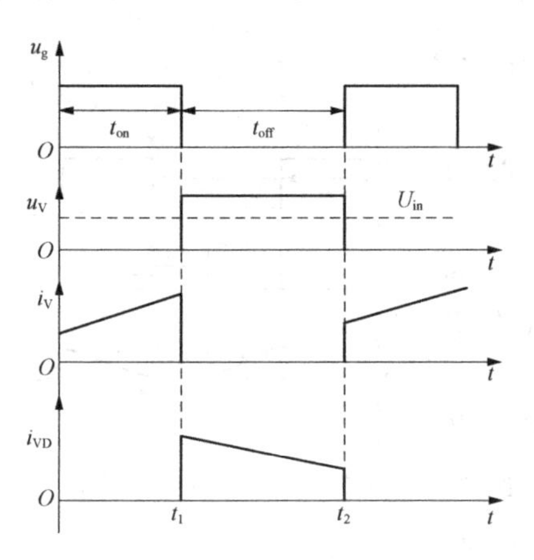

图4-24　反激型电路CCM工作模式下的工作波形

1. 电流连续（CCM）工作模式

反激型电路工作于CCM模式时，其工作波形如图4-24所示。同正激型电路不同，反激型电路中的变压器起着储能元件的作用，可以看作是一对相互耦合的电感，工作原理分析如下：

开关V导通时段（$0\sim t_1$）：当V导通时，变压器W1绕组电流i_V线性增长，变压器铁芯磁通增加，变压器绕组W1中感生上正下负的电压，与其耦合的绕组W2两端的电压为下正上负，VD处于断态，电源提供的能量储存在变压器上。

开关V关断时段（$t_1\sim t_2$）：当V关断时，绕组W1中的电流被切断，变压器中的磁场能量通过绕组W2和二极管VD向输出端释放。V关断后的电压为

$$u_V=U_{in}+\frac{N_1}{N_2}U_o \tag{4-56}$$

根据磁芯复位原则，可得V导通时的磁芯磁通增加量等于V关断时的磁芯磁通减小量，即

$$\Delta\Phi=\frac{1}{N_1}U_{in}t_{on}=\frac{1}{N_2}U_o t_{off} \tag{4-57}$$

整理式（4-57）得反激型电路在电流连续工作模式时的输出与输入间的电压比为

$$\frac{U_o}{U_{in}}=\frac{N_2}{N_1}\cdot\frac{t_{on}}{t_{off}}=\frac{N_2}{N_1}\cdot\frac{D}{1-D} \tag{4-58}$$

式中：N_1、N_2分别为绕组W1、W2的匝数；D为占空比。

2. 电流断续（DCM）工作模式

当处于DCM工作模式时，其工作波形如4-25所示。工作过程如下：

开关V导通时段（$0\sim t_1$）：当V导通时，变压器绕组W2两端的电压为下正上负，VD处于断态，变压器绕组W1两端的电流线性增长，其电感储能增加。

开关V关断且电感电流续流时段（$t_1\sim t_2$）：当V关断时，绕组W1中的电流被切断，变压器中的磁场能量通过绕组W2和二极管VD向输出端释放，直到t_2时刻，变压器中的磁场能量释放完毕，绕组W2中电流下降到零，VD关断。

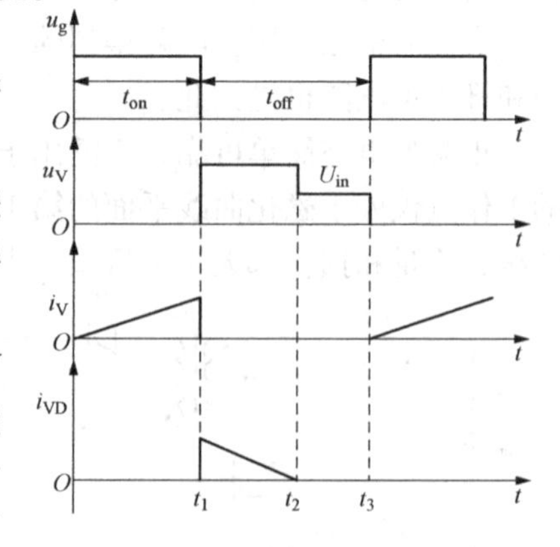

图4-25　反激型电路DCM工作模式下的工作波形

开关V关断且电感电流为零时段（$t_2\sim t_3$）：开关V

仍关断，绕组 W1 和 W2 中电流均为零，电容 C 向负载提供能量，直到 t_3 时刻开关 V 再次开通，下一个开关周期开始。

经过与前面升降压型电路相似的推导过程可得，反激型电路电感电流连续的临界条件为

$$L \geqslant \frac{(1-D)^2}{2} R T_s \tag{4-59}$$

式中：L 为从变压器二次侧测得的电感量。

与升降压型电路相比，不同之处仅在于多了变压器电压比的因子。当电路工作在断续模式时，输出电压随负载减小而升高，在负载为零的极限情况下，$U_o \to \infty$，这将损坏电路中的元器件，因此反激型电路不应工作于负载开路状态。

因为反激型电路变压器的绕组 W1 和 W2 在工作中不会同时有电流流过，不存在磁动势相互抵消的可能，因此变压器磁心的磁通密度取决于绕组中电流的大小。这与正激型电路以及后面介绍的几种隔离型电路是不同的。

反激型电路的结构最为简单，元器件数少，因此成本较低，广泛适用于数瓦至数十瓦的小功率开关电源中。在各种家电、计算机设备、工业设备中广泛使用的小功率开关电源中，基本上都采用反激型电路。但该电路变压器的工作点也仅处于磁化曲线平面的第 1 象限，利用率低，而且开关器件承受的电流峰值很大，不适合用于较大功率的开关电源。

4.3.3 半桥型电路

半桥型电路的原理如图 4-26 所示。该电路中，变压器一次侧两端分别连接在电容 C_1、C_2 的连接点和开关 V1、V2 的连接点。电容 C_1、C_2 的电压均为 $U_{in}/2$。V1 与 V2 交替导通，使变压器一次侧形成幅值为 $U_{in}/2$ 的交流电压。改变开关的占空比，就可改变输出电压 U_o。V1 和 V2 断态时承受的峰值电压均为 U_{in}。

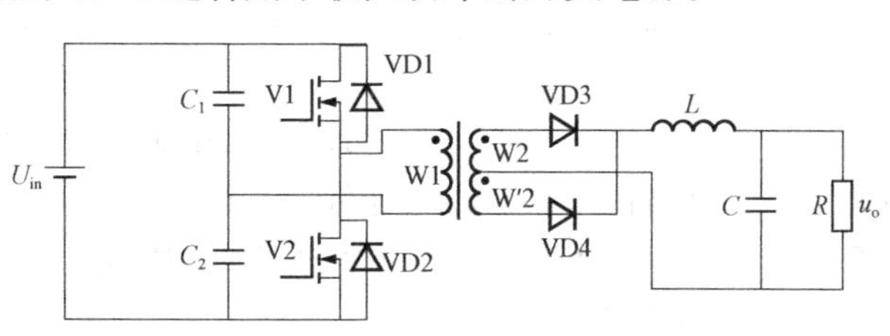

图 4-26　半桥型电路原理

半桥型电路也存在电流连续和电流断续两种工作模式，现主要介绍电流连续时的工作过程，电流断续时的工作过程与此类似。半桥型电路工作于电流连续模式时，其工作波形如图 4-27所示。

V1 导通 V2 关断时段（$0 \sim t_1$）：V1 导通而 V2 关断，线圈 W2 上感应的电压极性是上正下负，二极管 VD3 处于通态，电感 L 的电流上升。

V1、V2 均关断时段（$t_1 \sim t_2$）：V1、V2 都处于断态，变压器绕组 W1 中的电流为零，根据变压器的磁动势平衡方程（$I_2W_2 + I'_2W'_2 = I_1W_1 = 0$），绕组 W2 和 W′2 中的电流大小相等、方向相反，所以 VD3 和 VD4 都处于通态，各分担一半的电流。电感 L 的电流逐渐下降。

V1 关断 V2 导通时段（$t_2 \sim t_3$）：V2 导通，二极管 VD4 处于通态，电感 L 的电流也上升。

V1、V2 均关断时段（$t_3 \sim t_4$）：电路状态与 $t_1 \sim t_2$ 时段相同。

由于电容的隔直作用，半桥型电路对由于两个开关导通时间不对称而造成的变压器一次电压的直流分量有自动平衡作用，因此该电路不容易发生变压器偏磁和直流磁饱和的问题。

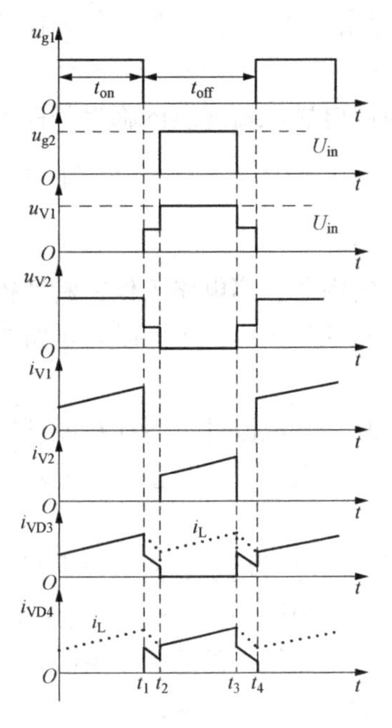

图 4-27 半桥型电路 CCM 工作模式下的工作波形

为了避免上下两开关在换相过程中发生短暂的同时导通而造成短路损坏开关，每个开关各自的占空比小于 50%，留有一定的死区时间。

与正激型电路的推导过程相似，半桥型电路在滤波电感 L 的电流连续工作模式下的输出、输入电压比为

$$\frac{U_o}{U_{in}} = \frac{1}{2} \cdot \frac{N_2}{N_1} \cdot \frac{t_{on}}{T_s/2} = \frac{1}{2} \times \frac{N_2 D}{N_1} \tag{4-60}$$

式中：N_1、N_2分别为绕组 W1 和 W2 的匝数；D 为占空比。

在半桥型电路中，占空比定义为

$$D = \frac{t_{on}}{T_s/2} \tag{4-61}$$

经过与前面降压型电路相似的推导过程可得，半桥型电路电感电流连续的临界条件为

$$L \geqslant \frac{1-D}{4} R T_s \tag{4-62}$$

DCM 工作模式下，输出电压 U_o将随负载电流减小而升高，在负载为零的极限情况下，$U_o = N_2 U_{in}/2N_1$。

半桥型电路中变压器的利用率高，且没有偏磁的问题，可以广泛用于数百瓦至数千瓦的开关电源中。与下面将要介绍的全桥型电路相比，半桥型电路开关器件数量少（但电流等级要大些），同样的功率成本要低一些，故可以用于对成本要求较苛刻的场合。

4.3.4 全桥型电路

全桥型电路原理如图 4-28 所示。全桥型电路中的逆变电路由 4 个开关组成，互为对角的两个开关同时导通，而同一侧半桥上下两开关交替导通，将直流电压逆变成幅值为 U_{in} 的交流电压，加在变压器一次侧。改变开关的占空比，就可以改变输出电压 U_o。每个开关断态时承受的峰值电压均为 U_{in}。

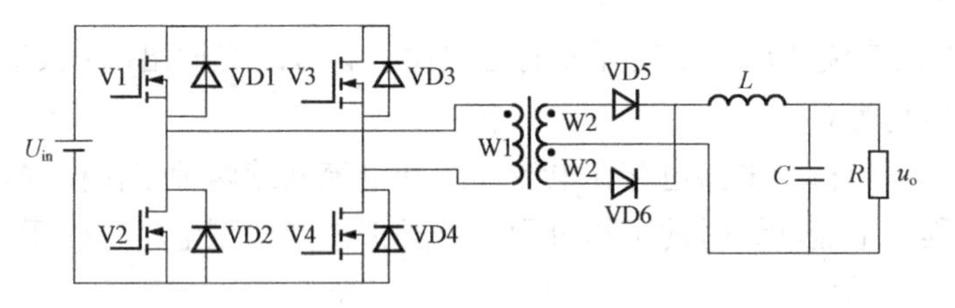

图 4-28 全桥型电路原理

全桥型电路也存在 CCM 和 DCM 两种工作模式，现主要介绍 CCM 工作模式下的工作过程，DCM 工作模式下的工作过程与此类似。全桥型电路工作于 CCM 工作模式时，其工作波形如图 4-29 所示。

一般 V1、V4 与 V2、V3 的导通时间应对称。同时，为了避免上下两开关在换相过程中发生短暂的同时导通而造成短路损坏开关，每个开关各自的占空比小于 50%，留有一定的死区时间，因此采用图 4-29 中的开关信号。

V1、V4 导通时段（$0 \sim t_1$）：此时，V1、V4 导通，二极管 VD5 导通，电感 L 的电流逐渐上升，V2、V3 承受电压均为电源电压 U_{in}。

V1、V2、V3、V4 都关断时段（$t_1 \sim t_2$）：4 个开关都处于断态，变压器绕组 W1 中的电流为零，电感分别通过 VD5 和 VD6 续流，每个二极管流过电感电流的一半。电感 L 的电流

逐渐下降，4个开关承受电压均为$U_{in}/2$。

V2、V3导通时段（$t_2\sim t_3$）：此时，V2、V3导通，二极管VD6导通，电感电流也逐渐上升，V1、V4承受电压均为电源电压U_{in}。

V1、V2、V3、V4都关断时段（$t_3\sim t_4$）：电路状态与$t_1\sim t_2$时段相同。

一般V1、V4与V2、V3的导通时间应对称。若V1、V4与V2、V3的导通时间不对称，则交流电压u_T中将含有直流分量，会在变压器一次电流中产生很大的直流分量，并可能造成磁路饱和，故全桥型电路应注意避免电压直流分量的产生，也可以在一次回路中串联一个电容，以阻断直流电流。

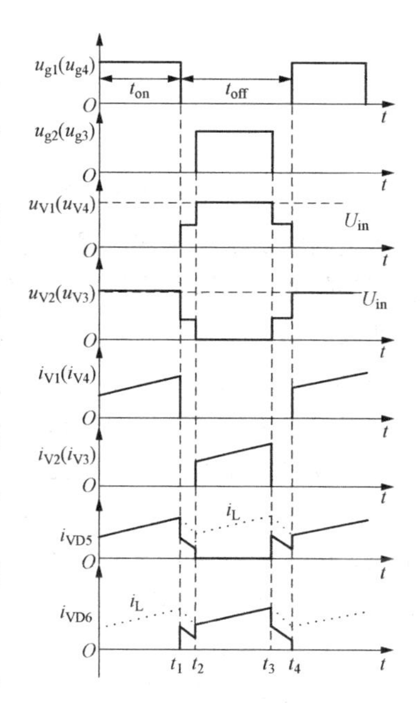

图4-29　全桥型电路CCM工作模式下的工作波形

当滤波电感L的电流连续时，输出电压与输入电压间的电压比为

$$\frac{U_o}{U_{in}}=\frac{N_2}{N_1}\cdot\frac{t_{on}}{T_s/2}=\frac{N_2D}{N_1} \tag{4-63}$$

式中：N_1、N_2分别为绕组W1和W2的匝数；D为占空比。

全桥型电路推导过程同正激型电路。在全桥型电路中，占空比定义仍按式（4-61）定义，经过与前面降压型电路相似的推导过程，可得全桥型电路CCM的临界条件为

$$L\geqslant\frac{1-D}{4}RT_s \tag{4-64}$$

DCM工作模式下，输出电压U_o将随负载电流减小而升高，在负载为零的极限情况下，$U_o=U_{in}N_2/N_1$。

所有隔离型开关电路中，采用相同电压和电流容量的开关器件时，全桥型电路可以达到最大的功率，因此该电路常用于中大功率的电源中。20世纪90年代，人们发现了移相全桥型软开关电路，该电路结构简单、效率高，因此得到广泛应用。目前，全桥型电路被用于数百瓦至数十千瓦的各种工业用开关电源中。此外，还有推挽型电路等，此处不再介绍。各种带隔离变压器DC/DC电路的比较见表4-1。

表4-1　各种带隔离变压器DC/DC电路的比较

电路	优点	缺点	应用领域
正激型	电路简单，成本低	变压器单向励磁，利用率低	各种中、小功率开关电源
反激型	电路非常简单，成本更低	功率小；变压器单向励磁，利用率低	小功率和消费电子设备、计算机电子设备电源
全桥型	变压器双向励磁，易做大功率	结构复杂，有直通和偏磁问题	大功率工业用开关电源、焊接电源、电解电源等
半桥型	变压器双向励磁，无变压器偏磁问题，开关较少	有直通问题	各种工业用开关电源，计算机设备用开关电源等
推挽型	变压器双向励磁，变压器一次电流回路中只有一个开关，通态损耗小	有偏磁问题	低输入电压的开关电源

4.4 软开关技术

现代电力电子装置的发展趋势是小型化、轻量化，同时对装置的效率和电磁兼容性也提出了更高的要求。通常，滤波电感、滤波电容和变压器在装置的体积和重量中占很大比例。若能够降低其体积和重量，就能使装置小型化、轻量化。由 4.3 可知，提高工作频率可以减小滤波电感、滤波电容，也可减少变压器各绕组的匝数，并减小铁芯的尺寸，从而使变压器小型化。因此装置小型化、轻量化最直接的途径是电路高频化。随着电力电子器件的高频化，电力电子装置的小型化和高功率密度化成为可能。然而如果不改变开关方式，单纯地提高开关频率会使器件开关损耗增大、效率下降、发热严重、电磁干扰增强、出现电磁兼容性问题。针对这些问题，在 20 世纪 80 年代出现了软开关技术。它利用以谐振为主的辅助换流手段，改变了器件的开关方式，使开关损耗在理论上可下降为零、开关频率提高可不受限制，所以是降低器件开关损耗和提高开关频率的有效办法。

4.4.1 硬开关与软开关

在分析电力电子电路时，一般将其中的开关理想化，认为电路状态的转换是在瞬间完成的，忽略了开关过程对电路的影响。但实际电路中开关过程是客观存在的，一定条件下还可能对电路的工作造成重要影响。

在很多电路中，开关元件在电压很高或电流很大的条件下，在门极的控制下开通或关断，开关过程中电压、电流均不为零，出现了重叠，因此导致了开关损耗。而且由于电压和电流的变化很快，波形会出现明显的过冲，产生开关噪声，具有这样开关过程的开关被称为硬开关。硬开关的开关过程如图 4-30 所示，其中，开关损耗的大小与开关频率、波形重叠时间、工作电压和电流成正比。开关损耗随着开关频率的提高而增加，使电路效率下降，阻碍了开关频率的提高；开关噪声给电路带来电磁干扰问题，影响周边电子设备的正常工作。

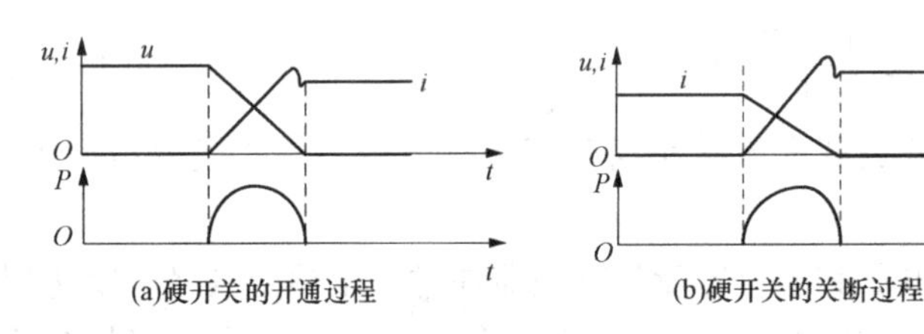

(a)硬开关的开通过程 (b)硬开关的关断过程

图 4-30 硬开关的开关过程

通过在原来的开关电路中增加很小的电感、电容等谐振元件，构成辅助换流网络，在开关过程前后引入谐振过程，开关开通前电压先降为零，或关断前电流先降为零，就可以消除开关过程中电压、电流的重叠，降低其变化率，从而大大减小甚至消除开关损耗和开关噪声，这样的电路称为**软开关**电路。软开关电路中典型的开关过程如图 4-31 所示。

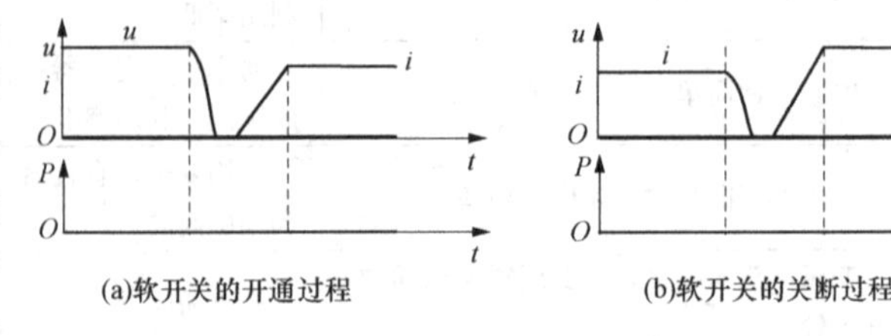

(a)软开关的开通过程 (b)软开关的关断过程

图 4-31 软开关电路中典型的开关过程

器件开关过程的开关轨迹如图 4-32 所示，SOA 为器件的安全工作区，A 为硬开关方式的开关轨迹。由于 PWM 变换器开关过程中器件上作用的电压、电流均为方波，电路状态转换条件恶劣，开关轨迹接近SOA边沿，开关损耗和开关应力均很大。此时虽可在开关器件上增设吸收电路以改变开关轨迹及相应开关条件，但仅仅是使部分开关损耗从器件上转移至吸收电路中，并没有减少电路工作中的损耗总量。B为软开关方式的开关轨迹，可见其远离SOA边界，非常安全。

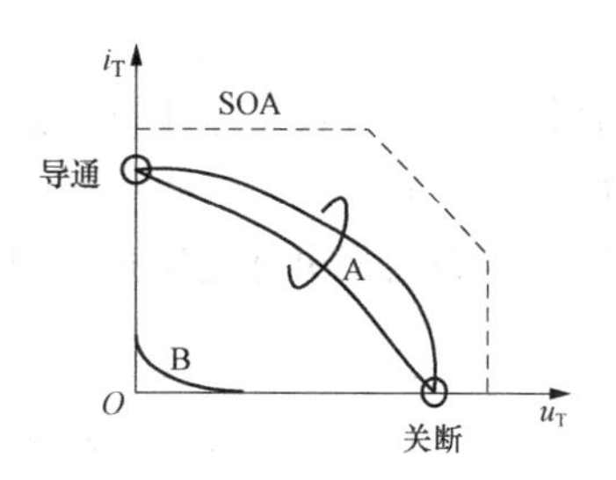

图4-32　器件开关轨迹

4.4.2　零电压开关与零电流开关

使开关开通前其两端电压为零，则开关开通时就不会产生损耗和噪声，这种开通方式称为零电压开通；使开关关断前其电流为零，则开关关断时也不会产生损耗和噪声，这种关断方式称为零电流关断。在很多情况下，不再指出开通或关断，仅称零电压开关和零电流开关。零电压开通和零电流关断要靠电路中的谐振来实现。

与开关并联的电容能延缓开关关断后电压上升的速率，从而降低关断损耗，有时称这种关断过程为零电压关断；与开关相串联的电感能延缓开关开通后电流上升的速率，降低了开通损耗，有时称之为零电流开通。简单地利用并联电容实现零电压关断和利用串联电感实现零电流开通一般会造成电路总损耗增加、关断过电压增大等负面影响。因此，常与零电压开通和零电流关断配合应用。

4.4.3　软开关电路的分类

根据电路中主要的开关元件是零电压开通还是零电流关断，可以将软开关电路分成零电压电路和零电流电路两大类。根据谐振机理可以将软开关电路分成准谐振电路、零开关PWM电路和零转换PWM电路。每一种软开关电路都可以用于降压型、升压型等不同电路。

1. 准谐振电路

准谐振电路是最早出现的软开关电路，准谐振电路的基本开关单元如图4-33所示，其中谐振元件为C_r和L_r。准谐振电路中电压或电流的波形为正弦半波，因此也称为准谐振。谐振的引入使得电路的开关损耗和开关噪声都大大下降，但也带来一些负面问题：①谐振电压峰值很高，要求器件耐压必须提高；②谐振电流的有效值很大，电路中存在大量的无功功率的交换，造成电路导通损耗加大；③谐振周期随输入电压、负载变化而改变，因此电路只能采用脉冲频率调制（Pulse Frequency Modulation，PFM）方式来控制，变化的开关频率给电路设计增加了困难。

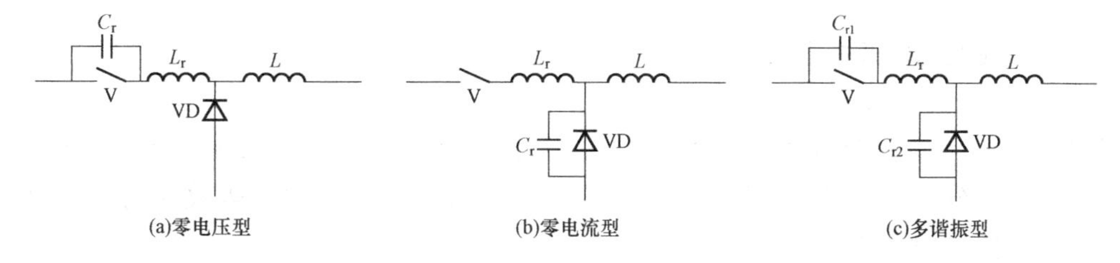

图4-33　准谐振电路的基本开关单元

2. 零开关 PWM 电路

零开关 PWM 电路是在准谐振电路基础上加入一个辅助开关来控制谐振元件谐振的开始时刻，使谐振仅发生于开关过程前后，实现 PWM 控制。零开关 PWM 电路的基本开关单元如图 4-34 所示，包括零电压型 PWM 电路和零电流型 PWM 电路。由于辅助开关 V1 的作用是帮助电路更好地实现零电压开通或是零电流关断，因此称为零开关。

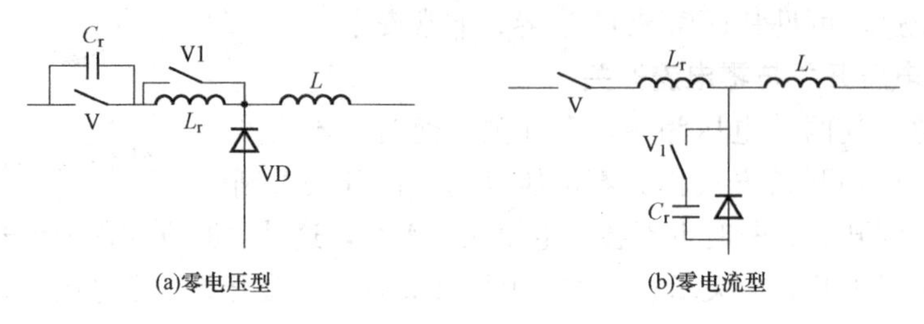

图 4-34 零开关 PWM 电路的基本开关单元

同准谐振电路相比，这类电路有明显的优势：电压和电流基本上是方波，只是上升沿和下降沿较缓，开关承受的电压明显降低，电路可以采用开关频率固定的 PWM 控制方式。

3. 零转换 PWM 电路

零转换 PWM 电路的基本开关单元如图 4-35 所示，包括零电压型转换 PWM 电路和零电流型转换 PWM 电路。这类软开关电路还是采用辅助开关 V1 控制谐振的开始时刻，与零开关 PWM 电路不同的是，谐振电路是与主开关并联的，因此输入电压和负载电流对电路的谐振过程的影响很小，电路在很宽的输入电压范围内并从零负载到满载都能工作在软开关状态，因此被称为零转换电路。此外，电路中无功功率的交换被削减到最小，这使得电路效率进一步提高。这一类软开关电路经常被用于功率因数校正（Power Factor Correction，PFC）装置。

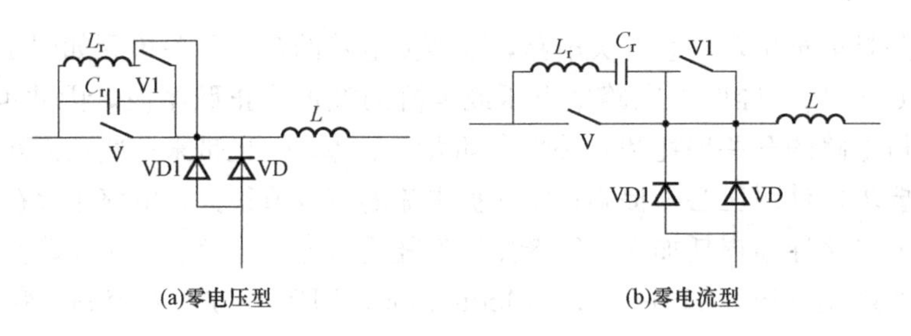

图 4-35 零转换 PWM 电路的基本开关单元

4.4.4 典型的软开关电路

1. 零电压开关准谐振电路

以降压型电路为例分析其工作原理，零电压开关准谐振电路原理及理想化工作波形如图 4-36 所示。在分析的过程中，假设电感 L 和电容 C 很大，可以将其等效为电流源和电压源，并忽略电路中的损耗。

开关电路的工作过程是按开关周期重复的，在分析时可以选择开关周期中任意时刻为分析的起点。软开关电路的开关过程较为复杂，选择合适的起点，可以使分析得到简化。

在分析零电压开关准谐振电路时，选择开关 V 的关断时刻为分析的起点最为合适，下

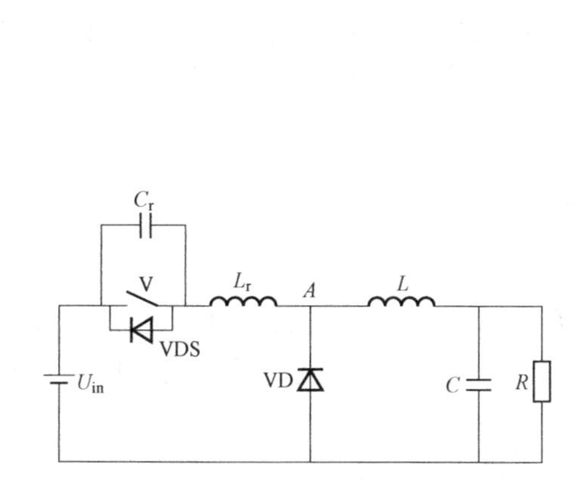

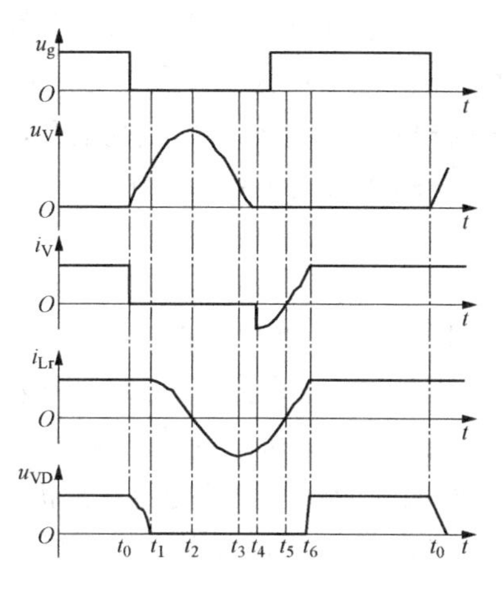

图 4-36 零电压开关准谐振电路原理及理想化工作波形

面逐段分析电路的工作过程。

$t_0 \sim t_1$时段：t_0时刻之前，开关 V 为通态，二极管 VD 为断态，$u_{Cr}=0$，$i_{Lr}=I_L$，t_0时刻 V 关断，与其并联的电容 C_r使 V 关断后电压上升减缓，因此 V 的关断损耗减小。V 关断后，VD 尚未导通，其等效电路如图 4-37 所示。

电感 L_r+L 向 C_r 反方向充电，由于 L 很大，故可以等效为电流源。u_{Cr}线性上升，同时 VD 两端电压 u_{VD}逐渐下降，直到 t_1时刻，$u_{VD}=0$，VD 导通。这一时段，u_{Cr}的上升率为

$$\frac{du_{C_r}}{dt}=\frac{I_L}{C_r} \tag{4-65}$$

$t_1 \sim t_2$时段：t_1时刻二极管 VD 导通，电感 L 通过 VD 续流，C_r、L_r、U_{in}形成谐振回路，其等效电路如图 4-38 所示。谐振过程中，L_r对 C_r充电，u_{Cr}不断上升，i_{Lr}不断下降，直到 t_2时刻，i_{Lr}下降到零，u_{Cr}达到谐振峰值。

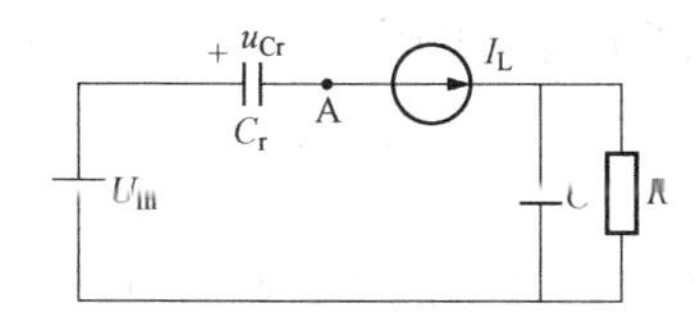

图 4-37 零电压开关准谐振电路在 $t_0 \sim t_1$时段的等效电路

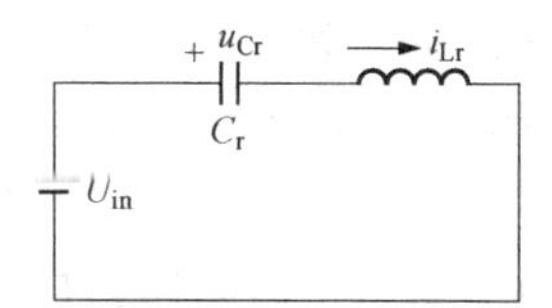

图 4-38 零电压开关准谐振电路在 $t_1 \sim t_2$时段的等效电路

$t_2 \sim t_3$ 时段：t_2 时刻后，C_r 向 L_r 放电，i_{Lr} 改变方向，u_{Cr} 不断下降，直到 t_3 时刻，$u_{Cr}=U_{in}$，这时，L_r两端电压为零，i_{Lr}达到反向谐振峰值。

$t_3 \sim t_4$时段：t_3时刻以后，L_r向 C_r反向充电，u_{Cr}继续下降，直到 t_4时刻 $u_{Cr}=0$。

$t_1 \sim t_4$时段电路谐振过程的方程为

$$\begin{cases} L_r \dfrac{di_{Lr}}{dt}+u_{Cr}=U_{in} \\ C_r \dfrac{du_{Cr}}{dt}=i_{Lr} \\ u_{Cr}\big|_{t=t_1}=U_{in}, i_{Lr}\big|_{t=t_1}=I_L, t\in[t_1,t_4] \end{cases} \tag{4-66}$$

$t_4 \sim t_5$时段：u_{Cr}被箝位于零，L_r两端电压为U_{in}，i_{Lr}线性衰减，直到t_5时刻，$i_{Lr}=0$。由于这一时段V两端电压为零，所以必须在这一时段使开关V开通，才不会产生开通损耗。

$t_5 \sim t_6$时段：V为通态，i_{Lr}线性上升，直到t_6时刻，$i_{Lr}=I_L$，VD关断。

$t_4 \sim t_6$时段电流i_{Lr}的变化率为

$$\frac{di_{L_r}}{dt}=\frac{U_{in}}{L_r} \tag{4-67}$$

$t_6 \sim t_0$时段：V为通态，VD为断态。

谐振过程是软开关电路工作过程中最重要的部分，通过对谐振过程的详细分析可以得到很多对软开关电路的分析、设计和应用具有指导意义的重要结论。下面对零电压开关准谐振电路$t_1 \sim t_4$时段的谐振过程进行定量分析。

通过求解式（4-66）可得u_{Cr}（即开关V上的电压u_V）的表达式为

$$\begin{aligned} u_{Cr}(t) &= \sqrt{\frac{L_r}{C_r}} I_L \sin\omega_r(t-t_1)+U_{in} \\ \omega_r &= \frac{1}{\sqrt{L_r C_r}}, t \in [t_1, t_4] \end{aligned} \tag{4-68}$$

求其在（t_1，t_4）上的最大值可得到u_{Cr}的谐振峰值表达式，这一谐振峰值就是开关V承受的峰值电压。

$$U_p=\sqrt{\frac{L_r}{C_r}} I_L+U_{in} \tag{4-69}$$

从式（4-68）可以看出，如果正弦项的幅值小于U_{in}，u_{Cr}就不可能谐振到零，V也就不可能实现零电压开通，因此

$$\sqrt{\frac{L_r}{C_r}} I_L \geqslant U_{in} \tag{4-70}$$

式（4-70）就是零电压开关准谐振电路实现软开关的条件。

综合式（4-69）和式（4-70），谐振电压峰值将高于输入电压$2U_{in}$，开关V的耐压必须相应提高，从而增加了电路的成本，降低了可靠性，这是零电压开关准谐振电路的一大缺点。

2. 移相全桥型零电压开关PWM电路

移相全桥电路是目前应用最广泛的软开关电路之一，其特点是电路简单，移相全桥零电压开关PWM电路如图4-39所示。同硬开关全桥电路相比，并没有增加辅助开关等元件，仅仅增加了一个谐振电感，就使电路中四个开关器件都在零电压的条件下开通，这得益于其独特的控制方法，移相全桥电路的理想化波形如图4-40所示。

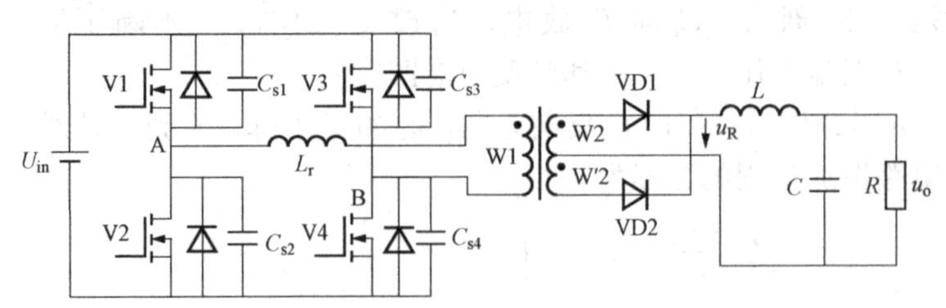

图4-39 移相全桥零电压开关PWM电路

移相全桥电路的控制方式有几个特点：

(1) 在一个开关周期 T_s 内，每一个开关导通的时间都略小于 $T_s/2$，而关断的时间都略大于 $T_s/2$。

(2) 同一个半桥中，上下两个开关不能同时处于通态，每一个开关关断到另一个开关开通都要经过一定的死区时间。

(3) 比较互为对角的两对开关 V1-V4 和 V2-V3 的开关函数的波形，V1 的波形比 V4 超前 $0\sim T_s/2$，而 V2 的波形比 V3 超前 $0\sim T_s/2$，因此称 V1 和 V2 为超前的桥臂，而称 V3 和 V4 为滞后的桥臂。

在分析过程中，假设开关器件都是理想的，并忽略电路中的损耗，则其工作过程如下：

$t_0\sim t_1$ 时段：在这一时段，V1 和 V4 都导通，直到 t_1 时刻 V1 关断。

$t_1\sim t_2$ 时段：t_1 时刻开关 V1 关断后，电容 C_{s1}、C_{s2} 与电感 L_r、L 构成谐振回路，其等效电路如图 4-41 所示。谐振开始时 $u_A(t_1)=U_{in}$，在谐振过程中，u_A 不断下降，直到 $u_A=0$，VDS2 导通，电流 i_{Lr} 通过 VDS2 续流。

$t_2\sim t_3$ 时段：t_2 时刻开关 V2 开通，由于此时其反并联二极管 VDS2 正处于导通状态，因此 V2 开通时电压为零，开通过程中不会产生开关损耗，V2 开通后，电路状态也不会改变，继续保持到 t_3 时刻 V4 关断。

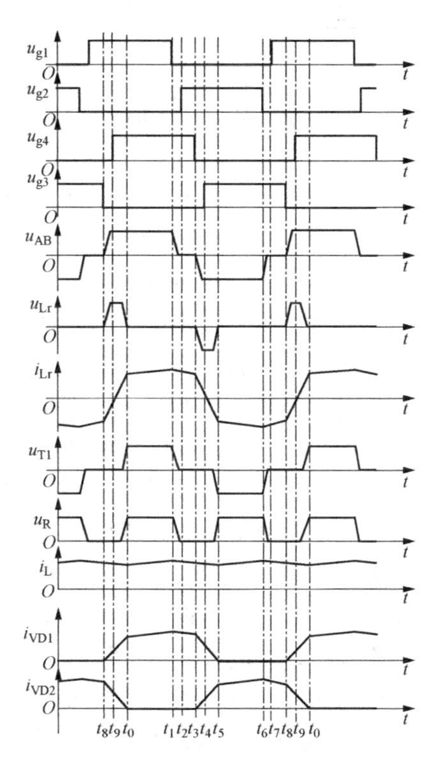

图 4-40　移相全桥电路的理想化波形

$t_3\sim t_4$ 时段：t_3 时刻开关 V4 关断后，电路的状态发生改变，其等效电路如图 4-42 所示。这时变压器二次侧整流二极管 VD1 和 VD2 同时导通，变压器一次和二次电压均为零，相当于短路，因此变压器一次侧 C_{s3}、C_{s4} 与 L_r 构成谐振回路。谐振过程中谐振电感 L_r 的电流不断减小，B 点电压不断上升，直到 V3 的反并联二极管 VDS3 导通。这种状态维持到 t_4 时刻 V3 开通。V3 开通时 VDS3 导通，因此 V3 是在零电压的条件下开通，开通损耗为零。

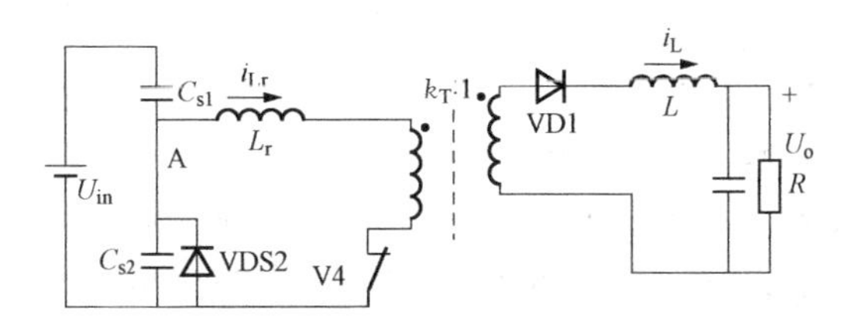

图 4-41　移相全桥电路在 $t_1\sim t_2$ 阶段的等效电路

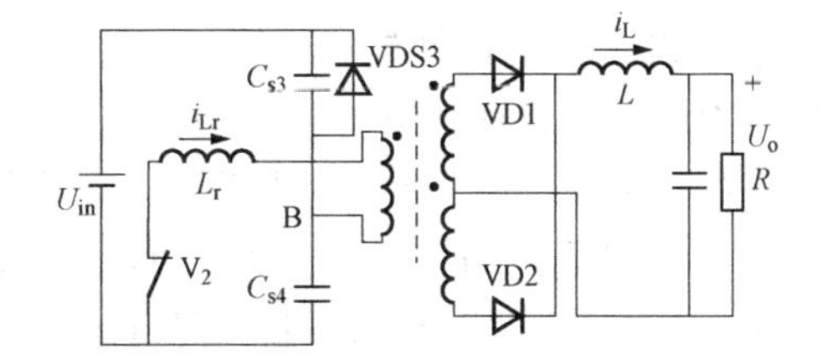

图 4-42　移相全桥电路在 $t_3\sim t_4$ 阶段的等效电路

$t_4\sim t_5$ 时段：V3 开通后，谐振电感 L_r 的电流继续减小。电感电流 i_{Lr} 下降到零后便反向，然后不断增大，直到 t_5 时刻 $i_{Lr}=I_L/k_T$，变压器二次侧整流管 VD1 的电流下降到零而关断，电流 I_L 全部转移到 VD2 中。

$t_0 \sim t_5$时段正好是开关周期的一半，而在另一半开关周期 $t_5 \sim t_0$ 时段中，电路的工作过程与 $t_0 \sim t_5$时段完全对称，不再叙述。

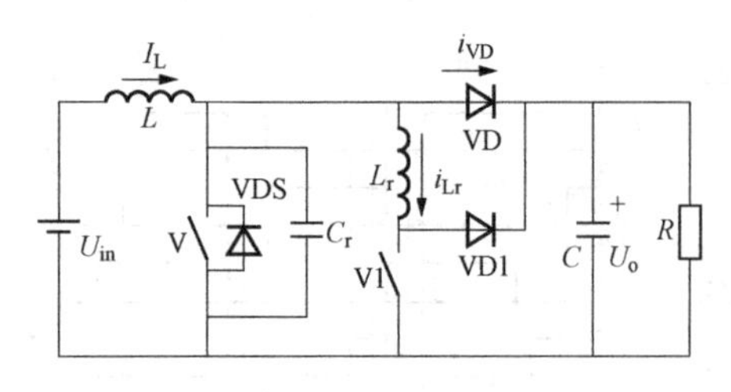

图 4-43 升压型零电压转换 PWM 电路原理

3. 零电压转换 PWM 电路

零电压转换 PWM 电路具有电路简单、效率高等优点，广泛用于 PFC 装置、DC/DC 变换器、斩波器等。本节以升压电路为例介绍这种软开关电路的工作原理。

升压型零电压转换 PWM 电路原理如图 4-43 所示，其理想化波形如图 4-44 所示。在分析中假设电感 L 很大，因此可以忽略其中电流的波动；电容 C 也很大，因此输出电压的波动也可以忽略。在分析中还忽略元件与线路中的损耗。

从图 4-43 可以看出，在零电压转换 PWM 电路中，辅助开关 V1 超前于主开关 V 开通，而 V 开通后 V1 就关断了。主要的谐振过程都集中在 V 开通前后。下面分阶段介绍电路的工作过程。

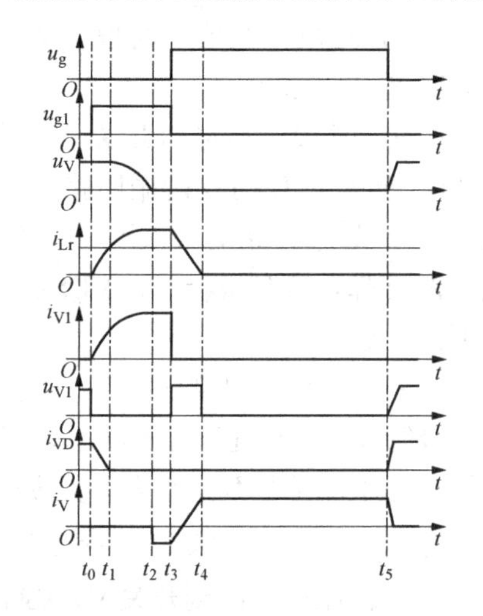

图 4-44 升压型零电压转换 PWM 电路的理想化波形

$t_0 \sim t_1$时段：辅助开关先于主开关开通。由于此时二极管 VD 尚处于通态，所以电感 L_r两端电压为 U_o，电流 i_{Lr}按线性迅速增长，二极管 VD 中的电流以同样的速率下降。直到 t_1时刻，$i_{Lr}=I_L$，二极管 VD 中电流下降到零，二极管自然关断。

$t_1 \sim t_2$时段：此时电路的等效电路如图 4-45 所示。L_r与 C_r构成谐振回路，由于 L 很大，谐振过程中其电流基本不变，对谐振影响很小，可以忽略。

谐振过程中 L_r的电流增加、C_r的电压下降，t_2时刻其电压 u_{Cr}刚好降到零，开关 V 的反并联二极管 VDS 导通，u_{Cr}被箝位于零，而电流 i_{Lr}保持不变。

$t_2 \sim t_3$时段：u_{Cr}被箝位于零，而电流 i_{Lr}保持不变，这种状态一直保持到 t_3时刻 V 开通、V1 关断。

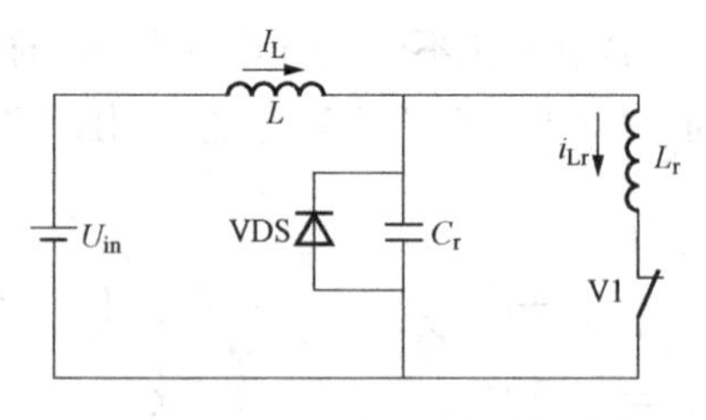

图 4-45 升压型零电压转换 PWM 电路在 $t_1 \sim t_2$时段的等效电路

$t_3 \sim t_4$ 时段：t_3时刻 V 开通时，其两端电压为零，因此没有开关损耗。V 开通的同时 V1 关断，L_r中的能量通过 VD1 向负载侧输送，其电流线性下降，而主开关 V 中的电流线性上升。到 t_4时刻 $i_{Lr}=0$，VD1 关断，主开关 V 中的电流 $i_s=I_L$，电路进入正常导通状态。

$t_4 \sim t_5$时段：t_5时刻 V 关断。由于 C_r的存在，故 V 关断时的电压上升率受到限制，降低了 V 的关断损耗。

4.5 直流变换器控制系统设计

4.5.1 理想开环传递函数的幅频特性

在开关变换器的系统设计中，主要利用波特图来表示控制对象（包括主电路、采样模块等）、控制器（即补偿网络）和开环传递函数的频率特性，并通过分析各种传递函数，指导变换器的系统设计。系统开环传递函数的波特图不仅能够精确描述系统的稳定性、稳定裕度，同时还能大致衡量闭环系统的动态和稳态特性。

理想开环传递函数波特图如图4-46所示，其分为低、中、高三个频段。开环传递函数波特图低频段的形状，直接反映了系统包含的积分环节个数和直流增益的大小，因此它主要影响系统的稳态性能。对于开关调节系统，理想的低频特性为直流增益无限大，且以－20dB/dec的斜率下降，符合该条件的系统稳态误差等于零。

波特图的中频段大致是指幅频曲线以－20dB/dec的斜率下降并穿越0dB线的频段。中频段的宽度h与系统的动态稳定性密切相关，h越大，相位裕度φ_m越大。穿越频率ω_c则与系统的上升时间t_r、调节时间t_s和超调量$\sigma\%$等动态性能指标密切相关：ω_c越大，系统的响应速度越快，但超调量$\sigma\%$越大，此外，对于开关调节系统，过高的穿越频率可能导致高频开关频率及其谐波、寄生振荡所引起的高频分量得不到有效抑制，系统仍然不能稳定工作。因此，如图4-46所示，在理想的中频特性中，需要增加一个以－40dB/dec斜率下降的频段，以达到降低中频增益、防止穿越频率过高的目的。由于该附加频段位于中频的起始阶段，必然引起一定的相位滞后，所以附加频段的宽度不能太大，否则将影响系统的稳定性。

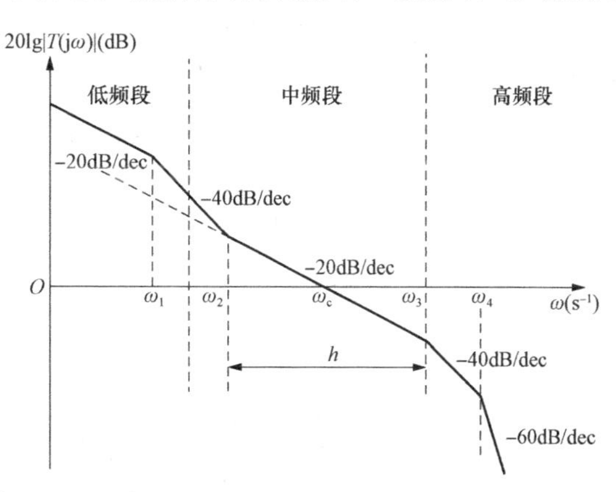

图4-46　理想开环传递函数波特图

至于高频段，由于距离穿越频率ω_c较远，开环传递函数幅频特性$|T(j\omega)|\ll 0$，所以对系统的动态性能影响不大，但它反映了系统对高频干扰信号的抑制能力。高频段的幅频特性衰减越快，系统的抗干扰能力就越强。对于开关调节系统，理想的高频特性应以－40dB/dec的斜率下降。

4.5.2　开关变换器系统的频域设计

开关变换器系统频域设计的主要思路：①将系统的性能指标和技术要求转化为开环传递函数的波特图；②根据开环传递函数和控制对象的波特图，绘制补偿网络的波特图；③基于补偿网络的波特图，选择合适的补偿网络结构并进行参数设计。一般步骤如下：

（1）确定开关变换器的控制方法。根据系统的性能指标和技术要求，确定开关变换器系统的控制方法，如常用的电压型控制、峰值电流控制和平均电流控制等。

（2）绘制开环传递函数的波特图。根据系统对稳态、动态及抑制高频干扰等各方面性能的要求，大致绘制出目标开环传递函数的波特图。波特图绘制的重点在于中频段，这是因为中频段处理的是系统动态稳定性与快速性、快速性与过冲量之间的矛盾，中频段的设计必须能够解决这些矛盾、折中各方面的要求，达到有条件的最佳优化。

（3）绘制控制对象的波特图。根据对主电路建模、推导交流小信号等效电路，确定控制对象的直流增益、零点频率、极点频率等参数，得到控制对象的传递函数，并绘制其波特图。对于双环控制（如电流控制）的控制对象，要先设计内环即电流控制环，再将主电路与电流控制环组成一个新的控制对象，进行外环即电压控制环的设计。

（4）确定补偿网络的波特图。将开环传递函数的波特图与控制对象的波特图相减，得到补偿网络的波特图，并基于此选择合适的补偿结构和电路参数。补偿网络的任务是配合控制对象完成特定任务或达到特定技术要求。

（5）电压采样网络的设计。在实际应用中，根据输出的路数，开关变换器分为单路输出和多路输出；根据输入、输出是否电气隔离，又分为电气隔离型和无隔离型。不同的开关变换器系统，其电压采样网络的拓扑结构和设计方法也不同，但基本的采样网络主要有无隔离型电压采样、多路输出的电压采样和隔离型电压采样三种。

4.5.3 Buck 变换器的建模与设计

下面以 Buck 变换器为例，针对最简单的单环控制-电压型 PWM 控制，结合设计实例，分析系统的建模与设计过程，电压型 PWM 控制 Buck 变换器如图4-47所示。为了建立开关变换器的系统模型，进而推导传递函数、绘制波特图，必须首先建立开关系统各模块的模型。

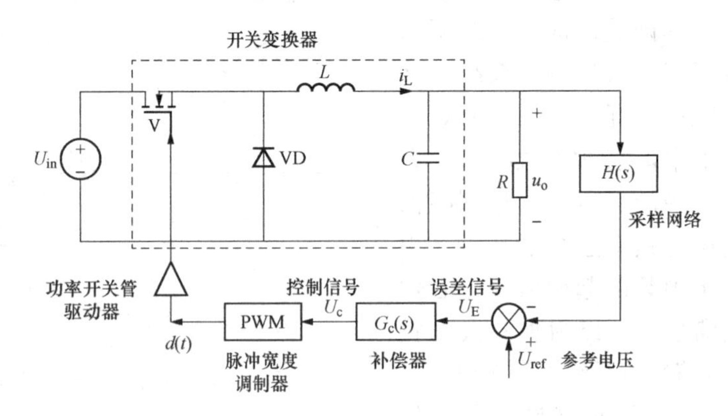

图 4-47 电压型 PWM 控制 Buck 变换器

4.5.3.1 开关系统各环节建模

1. 主电路的建模

采用状态空间平均法建立 Buck 变换器的数学模型，主要分为列出状态方程、求出平均变量、分离扰动、线性化、得出小信号模型 5 个步骤。

（1）列出状态方程。忽略电感、电容的寄生电路，开关管、二极管均假定为理想器件。取状态变量：$\boldsymbol{x}=[i_L \quad u_C]$，输出变量：$\boldsymbol{y}=[u_o \quad i_{in}]$。电感电流连续工作时，Buck 变换器的开关状态如图 4-48 所示。

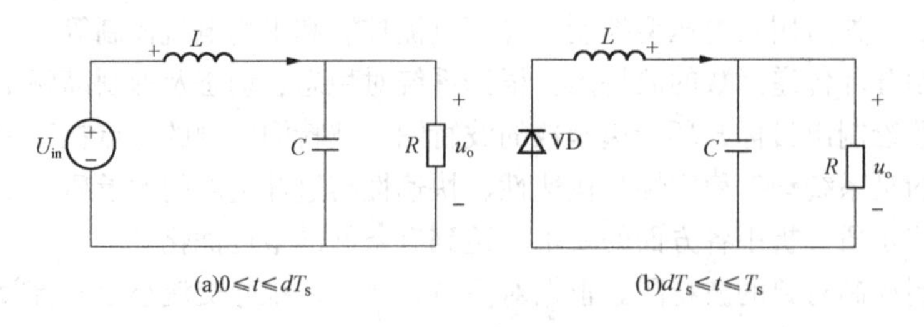

图 4-48 Buck 变换器的开关状态

1）当 $0\leqslant t\leqslant dT_s$，电路状态方程为

$$\begin{bmatrix} \dot{i}_L \\ \dot{u}_c \end{bmatrix} = \begin{bmatrix} 0 & -\frac{1}{L} \\ \frac{1}{C} & -\frac{1}{RC} \end{bmatrix} \begin{bmatrix} i_L \\ u_c \end{bmatrix} + \begin{bmatrix} \frac{1}{L} \\ 0 \end{bmatrix} U_{in}$$

$$\begin{bmatrix} u_o \\ i_{in} \end{bmatrix} = \begin{bmatrix} 0 & 1 \\ 1 & 0 \end{bmatrix} \begin{bmatrix} i_L \\ u_c \end{bmatrix} \tag{4-71}$$

其中相应的系数矩阵为

$$\boldsymbol{A}_1 = \begin{bmatrix} 0 & -\frac{1}{L} \\ \frac{1}{C} & -\frac{1}{RC} \end{bmatrix},\quad \boldsymbol{B}_1 = \begin{bmatrix} \frac{1}{L} \\ 0 \end{bmatrix},\quad \boldsymbol{C}_1 = \begin{bmatrix} 0 & 1 \\ 1 & 0 \end{bmatrix} \tag{4-72}$$

式中：d 为占空比。

2）当 $dT_s \leqslant t \leqslant T_s$，电路的状态方程为

$$\begin{bmatrix} \dot{i}_L \\ \dot{u}_c \end{bmatrix} = \begin{bmatrix} 0 & -\frac{1}{L} \\ \frac{1}{C} & -\frac{1}{RC} \end{bmatrix} \begin{bmatrix} \dot{i}_L \\ u_c \end{bmatrix} \tag{4-73}$$

$$\begin{bmatrix} u_o \\ i_{in} \end{bmatrix} = \begin{bmatrix} 0 & 1 \\ 0 & 0 \end{bmatrix} \begin{bmatrix} i_L \\ u_c \end{bmatrix}$$

其中相应的系数矩阵为

$$\boldsymbol{A}_2 = \begin{bmatrix} 0 & -\frac{1}{L} \\ \frac{1}{C} & -\frac{1}{RC} \end{bmatrix},\quad \boldsymbol{B}_2 = 0,\quad \boldsymbol{C}_2 = \begin{bmatrix} 0 & 1 \\ 0 & 0 \end{bmatrix} \tag{4-74}$$

（2）求出平均变量。为了消除开关纹波的影响，需要对状态变量在一个开关周期内求平均，并为平均状态变量建立状态方程。Buck 电路状态空间平均方程为

$$\begin{bmatrix} \dot{i}_L \\ \dot{u}_c \end{bmatrix} = \begin{bmatrix} 0 & -\frac{1}{L} \\ \frac{1}{C} & -\frac{1}{RC} \end{bmatrix} \begin{bmatrix} i_L \\ u_c \end{bmatrix} + \begin{bmatrix} \frac{d}{L} \\ 0 \end{bmatrix} U_{in}$$

$$\begin{bmatrix} u_o \\ i_{in} \end{bmatrix} = \begin{bmatrix} 0 & 1 \\ d & 0 \end{bmatrix} \begin{bmatrix} i_L \\ u_c \end{bmatrix} \tag{4-75}$$

（3）分离扰动。当输入电压变化或有扰动时，会影响到占空比、状态变量、输出变量的变化，令瞬时值等于稳态值加扰动量，即 $u_{in}=U_{in}+\hat{u}_{in}$，$d=D+\hat{d}$，$d'=D'+\hat{d}'$，$x=X+\hat{x}$，$y=Y+\hat{y}$，代入平均状态变量方程可得

$$\begin{aligned} (\dot{X}+\dot{\hat{x}}) = {} & AX + BU_{in} + A\hat{x} + B\hat{u}_{in} + [(A_1 - A_2) \\ & + (B_1 - B_2)U_{in}]\hat{d} + (A_1 - A_2)\hat{d}\hat{x} + (B_1 - B_2)\hat{d}\hat{u}_{in} \end{aligned} \tag{4-76}$$

$$(\dot{Y}+\dot{y}) = CX + C\hat{x} + (C_1 + C_2)X\hat{d} + (C_1 + C_2)\hat{d}\hat{x}$$

在式（4-76）中，等号两边的直流量与交流量对应相等。使直流量相等，可得稳态解为

$$\boldsymbol{X}=\begin{bmatrix}I_{\mathrm{L}}\\U_{\mathrm{c}}\end{bmatrix}=-\boldsymbol{A}^{-1}\boldsymbol{BV}=\begin{bmatrix}\dfrac{DU_{\mathrm{in}}}{R_2}\\DU_{\mathrm{in}}\end{bmatrix}$$
$$\boldsymbol{Y}=\begin{bmatrix}U_{\mathrm{o}}\\I_{\mathrm{in}}\end{bmatrix}=-\boldsymbol{CA}^{-1}\boldsymbol{BV}=\begin{bmatrix}DU_{\mathrm{in}}\\DI_{\mathrm{L}}\end{bmatrix}\tag{4-77}$$

式中：$\boldsymbol{A}=d\boldsymbol{A}_1+d'\boldsymbol{A}_2=\begin{bmatrix}0 & -\dfrac{1}{L}\\\dfrac{1}{C} & -\dfrac{1}{RC}\end{bmatrix}$，$\boldsymbol{B}=d\boldsymbol{B}_1+d'\boldsymbol{B}_2=\begin{bmatrix}\dfrac{D}{L}\\0\end{bmatrix}$，$\boldsymbol{C}=d\boldsymbol{C}_1+d'\boldsymbol{C}_2=\begin{bmatrix}0 & 1\\D & 0\end{bmatrix}$。

（4）线性化。使平均状态变量方程等号两端交流分量相等，可得到线性化的小信号状态方程与输出方程为

$$\begin{cases}\dot{\hat{x}}=\boldsymbol{A}\hat{x}+\boldsymbol{B}\hat{u}_{\mathrm{in}}+[(\boldsymbol{A}_1-\boldsymbol{A}_2)\boldsymbol{X}+(\boldsymbol{B}_1-\boldsymbol{B}_2)U_{\mathrm{in}}]\hat{d}\\\hat{y}=\boldsymbol{C}\hat{x}+(\boldsymbol{C}_1-\boldsymbol{C}_2)\boldsymbol{X}\hat{d}\end{cases}\tag{4-78}$$

对式（4-78）进行拉氏变换，代入U_{o}和I_{in}稳态解，可以得出 Buck 电路的控制-输出传递函数和输入输出传递函数为

$$G_{\mathrm{vd}}(s)=\frac{\hat{u}_{\mathrm{o}}(s)}{\hat{d}(s)}\bigg|_{\hat{v}_{\mathrm{in}}(s)=0}=\frac{U_{\mathrm{in}}}{LCs^2+\dfrac{L}{R}s+1}\tag{4-79}$$

$$G_{\mathrm{vg}}(s)=\frac{\hat{u}_{\mathrm{o}}(s)}{\hat{u}_{\mathrm{in}}(s)}\bigg|_{\hat{d}(s)=0}=\frac{D}{LCs^2+\dfrac{L}{R}s+1}\tag{4-80}$$

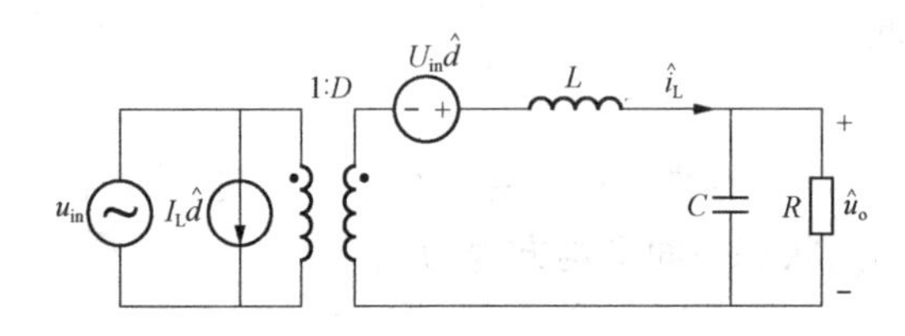

图 4-49　CCM 模式下理想 Buck 变换器小信号模型

（5）得出小信号模型。由式（4-79）和式（4-80）可以画出 CCM 工作模式下 Buck 变换器的低频小信号等效电路，CCM 工作模式下理想 Buck 变换器小信号模型如图4-49所示。

2. 脉冲宽度调制器的建模

如图 4-50（a）所示，PWM 通过对控制信号 $v_{\mathrm{c}}(t)$ 与幅度为V_{M}、周期为T_{s}的锯齿波信号 $v_{\mathrm{R}}(t)$ 进行比较，输出脉冲信号 $d(t)$ 作为开关变换器的占空比。PWM 模块的传递函数为：

$$G_{\mathrm{M}}=\frac{1}{V_{\mathrm{M}}}\tag{4-81}$$

3. 电压采样网络的建模

无隔离型电压采样网络电路如图 4-50（b）所示，图中U_{o}表示直流输出电压，U_{ref}为参考电压，R_1、R_2组成的分压网络为电压采样网络，则该电压采样网络的传递函数为

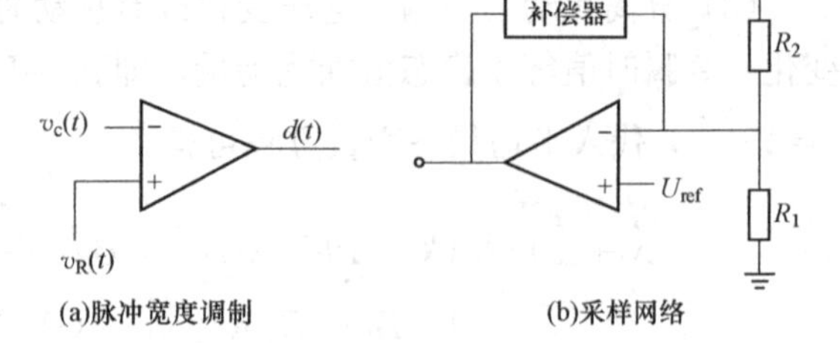

图 4-50　无隔离型电压采样网络电路

$$H(s)=\frac{\hat{v}_{\mathrm{ref}}(s)}{\hat{v}_0(s)}=\frac{R_1}{R_1+R_2}\tag{4-82}$$

4. 补偿网络的建模

控制对象与电压控制器如图4-51所示，为了便于设计，一般将补偿网络与电压采样网络合并，称为电压控制器；将电压控制器之外的环节，包括PWM、变换器主电路称为控制对象。

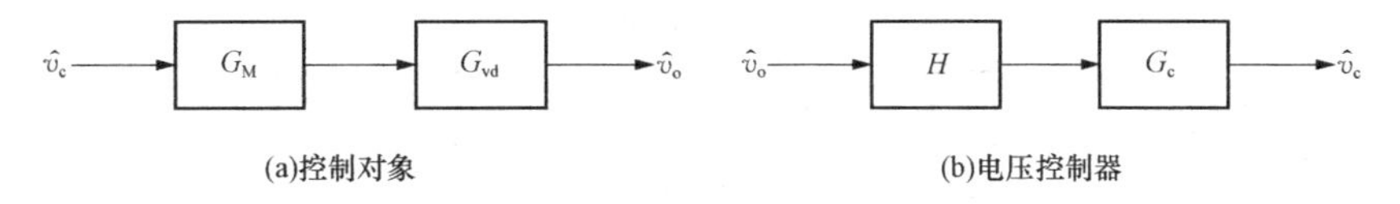

图4-51　控制对象与电压控制器

控制对象的传递函数为

$$G_{vdm}=\frac{\hat{v}_o}{\hat{v}_c}=G_M\cdot G_{vd} \tag{4-83}$$

由于$G_M=1/V_M$为常数，所以G_{vdm}与开关变换器主电路的控制-输出传递函数G_{vd}具有相同的形式，差别仅在于系数的不同。

控制器的传递函数为

$$G_{CH}=\frac{\hat{v}_c}{\hat{v}_o}=HG_c \tag{4-84}$$

由于$H=R_1/(R_1+R_2)$为常数，所以G_{CH}与补偿网络的传递函数G_c也具有相同的形式。

对于补偿网络G_c（或控制器G_{CH}）的设计与建模，应该根据主电路的传递函数G_{vd}（或控制对象G_{vdm}）与理想开环传递函数的差别，设计合适的零、极点个数及位置进行补偿，从而使系统满足稳定性、控制精度等各方面的要求。补偿网络的零、极点确定之后，便可以得到其传递函数。

5. 开关变换器系统建模

根据电压型DC-DC开关变换器的系统结构，以及系统中各个模块的建模结果，可以得到电压型DC-DC开关变换器交流小信号模型。电压型DC-DC开关变换器的交流小信号模型如图4-52所示，图中$G_{vd}(s)$、$G_{vg}(s)$、$Z_o(s)$分别表示变换器主电路中占空比、输入电压、输出电流对输出电压的影响，$H(s)$、$G_c(s)$、$G_M(s)$分别代表电压采样模块、补偿网络、PWM模块。

4.5.3.2　系统分析与设计

本节将根据图4-52建立的模型，以理想CCM为例，分析电压型PWM控制的Buck变换器系统特性及其设计。设Buck变换器主电路参数如下：输入电压$U_{in}=48$V，输出电压$U_o=12$V，滤波电感$L=22\mu$H，滤波电容$C=630\mu$F，负载电阻$R=10\Omega$，开关频率$f_s=100$kHz。

（1）分析原始系统的开环传递函数，确定补偿网络的结构。

由图4-52可知，系统的开环传递函数为

$$T(s)=G_c(s)G_M(s)G_{vd}(s)H(s) \tag{4-85}$$

式中：$G_c(s)$为待设计的控制器的补偿网络传递函数，设$G_c(s)=1$；$G_m(s)$为PWM脉宽调制器传递函数，设$G_M(s)=1$；$H(s)$为反馈电压网络传递函数，设$H(s)=1/11$。

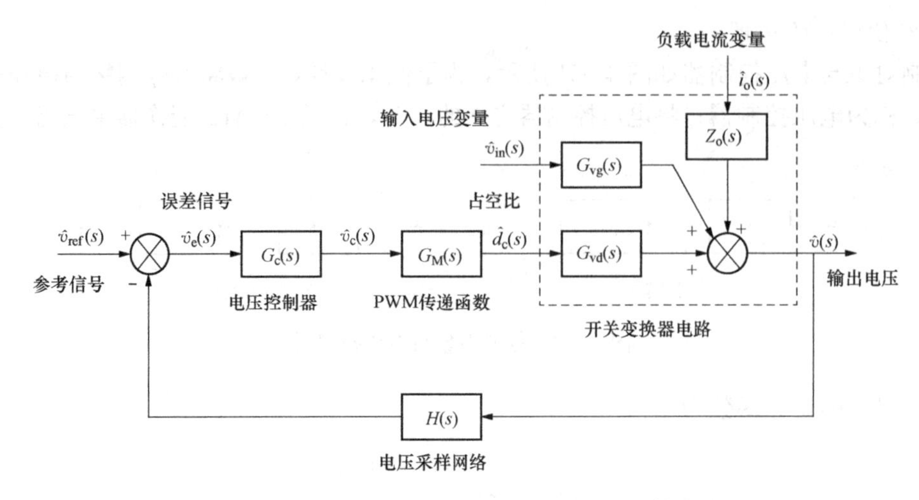

图 4-52　电压型 DC-DC 开关变换器的交流小信号模型

将系统参数代入式（4-85），可得变换器系统的原始传递函数为

$$T_0(s)=\frac{48}{11}\times\frac{1}{1+2.2\times10^{-6}s+1.4\times10^{-8}s^2} \tag{4-86}$$

绘制式（4-86）对应的原始系统的开环传递函数的对数频率特性曲线，原始系统的开环传递函数伯德图如图 4-53 所示。可以看出：①原始系统为 0 型系统，其直流增益及低频增益（约为 12.9dB）不高，则稳态误差大；②原始系统截止频率 $f_c=3$kHz，截止频率过低使得系统的响应速度过慢，影响系统的动态性能；③原始系统的相位裕量偏低（PM=1°≤45°），影响了系统的稳定性。因此，对于电压型 PWM 控制 Buck 变换器系统，应选用 PID 控制器作为补偿网络。一方面，利用 PI 控制器调整系统的低频稳态性能，通过提高系统型别，达到无静差要求；另一方面，利用超前补偿中的 PD 控制器调整系统的中频动态性能，使补偿后的系统以−20dB/dec 的斜率下降并穿越 0 分贝线，提高系统的相位裕量；此外，在保证中频段以−20dB/dec 的斜率穿越 0 分贝线并具有一定频带宽度的前提下，通过超前补偿中的极点设置，增加补偿后系统高频段的衰减斜率，从而有效地抑制高频噪声。

（2）确定 PID 补偿网络的传递函数。根据以上分析，本例选用 PID 控制器为变换器串联补偿网络。PID 控制器的传递函数形式为

$$G_c(s)=K\frac{\left(1+\frac{s}{\omega_{z1}}\right)\left(1+\frac{s}{\omega_{z2}}\right)}{s\left(1+\frac{s}{\omega_{p1}}\right)} \tag{4-87}$$

1）穿越频率设计。穿越频率越高，系统动态特性越好，一般将补偿后的开环系统穿越频率设置在 1/20～1/5 开关频率处。本例中的开关频率 $f_s=100$kHz，选择穿越频率为

$$f_c=\frac{1}{10}f_s=10(\text{kHz}) \tag{4-88}$$

2）零极点的设计。式（4-87）中的第一个零点 ω_{z1} 与位于原点的极点组成 PI 补偿网络，用来缓和 PI 控制器极点对系统稳定性产生的不利影响。一般可将该零点设在原

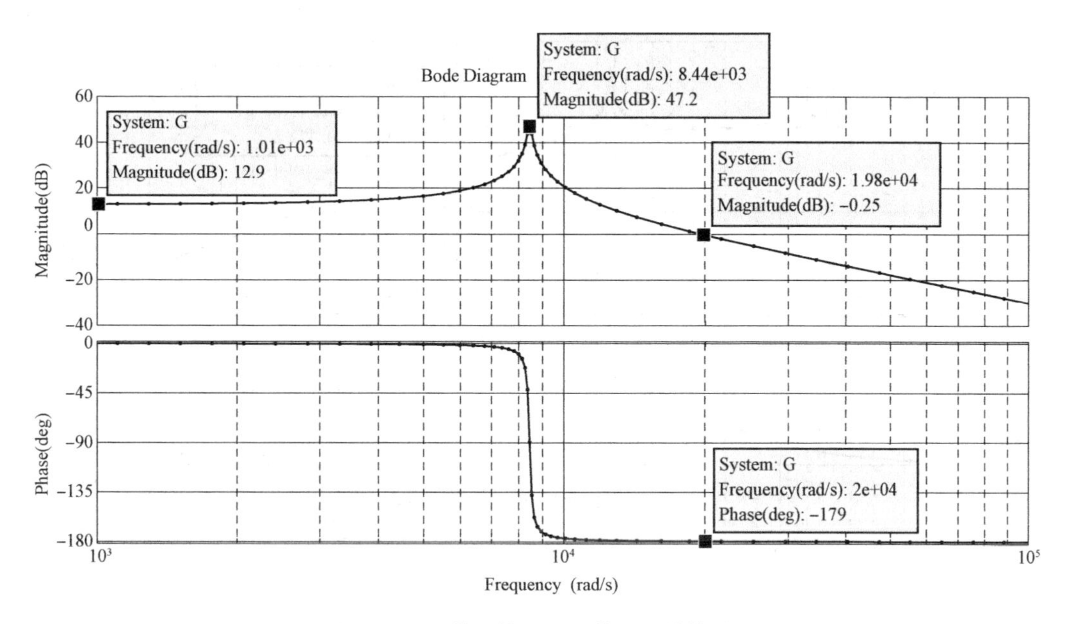

图4-53　原始系统的开环传递函数伯德图

始系统转折频率（自然振荡频率）的1/5～1/2处，即$\omega_{z1}=(1/4\sim1/2)\omega_o$。原始系统的转折频率为

$$\omega_0=\frac{1}{\sqrt{LC}}=8.5\times10^3(\mathrm{rad/s}) \tag{4-89}$$

$$f_o=\omega_o/2\pi=1354(\mathrm{Hz}) \tag{4-90}$$

因此，第一个零点频率可设为$f_{z1}=500\mathrm{Hz}$，$\omega_{z1}=3140\mathrm{rad/s}$。

式（4-87）中的第二个零点ω_{z1}和第一个非零极点频率ω_{p1}组成超前补偿网路。将ω_{z2}设置在原始系统的转折频率附近，即$\omega_{z2}=(0.5\sim1)\omega_0$，用以抵消原始系统转折频率处两个极点其中一个极点的影响，从而使系统开环幅频特性曲线的下降斜率为$-20\mathrm{dB/dec}$，提高了系统的相位裕度。本例中设定第二个零点频率为$f_{z2}=1000\mathrm{Hz}$。

为了提高系统的高频抑制能力，将式（4-87）中的非零极点ω_{p1}设置在校正后系统穿越频率的1.5倍以上。本例中将补偿网络的极点设置在穿越频率10kHz的两倍频率处，即$f_{p1}=2f_c=20\mathrm{kHz}$。该极点远远大于原始系统极点频率的5倍要求，因此对校正系统相位裕度影响较小。

（3）补偿网络增益K设计。将设定的零极点代入式（4-87），令PID补偿网络的增益$K=1$，得

$$G_c(s)\mid_{K=1}=\frac{\left(1+\frac{s}{3140}\right)\left(1+\frac{s}{6280}\right)}{s\left(1+\frac{s}{125600}\right)} \tag{4-91}$$

根据式（4-91）绘制预校正后系统开环传递函数$T_0(s)G_c(s)\mid_{K=1}$的伯德图，预校正后的开环系统伯德图如图4-54所示。

设$K=1$时补偿后系统开环传递函数$T_0(s)G_c(s)\mid_{K=1}$在穿越频率f_c的增益为

$$20\lg\mid T_0(\mathrm{j}\omega_c)G_c(\mathrm{j}\omega_c)\mid_{K=1}=-A \tag{4-92}$$

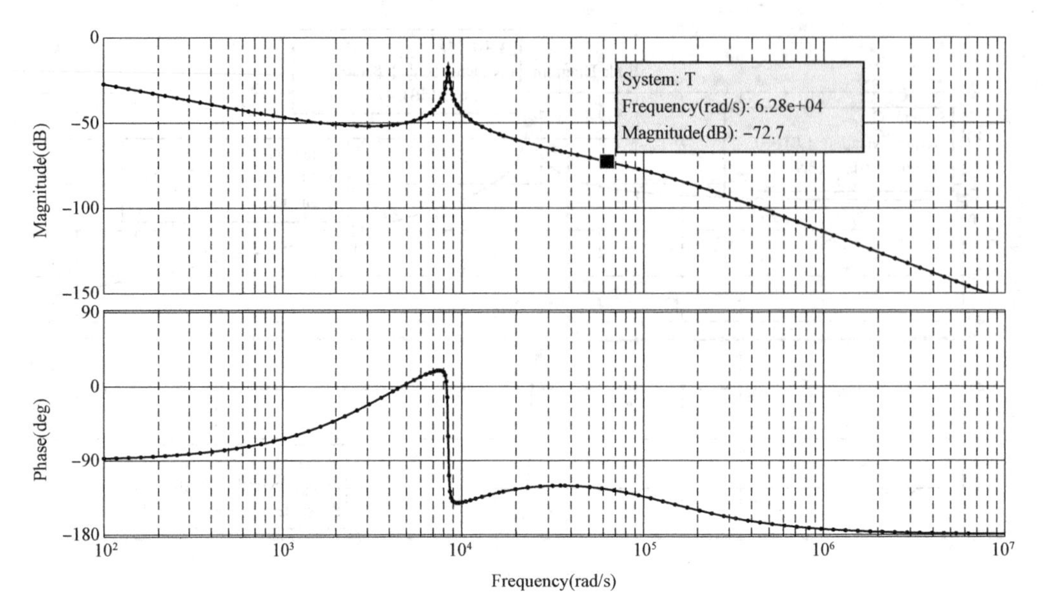

图 4 - 54　预校正后的开环系统伯德图

为使补偿后系统开环传递函数 $T_0(s)G_c(s)$ 在穿越频率 f_c 的幅值为0dB，则补偿网络的增益系数 K 为

$$20\lg K = A \Rightarrow K = \frac{1}{|T_0(j\omega_c)G_c(j\omega_c)|_{K=1}} \tag{4-93}$$

如图 4 - 54 所示，当 $f_c=10\text{kHz}$ 时，PID 补偿网络在增益 $K=1$ 时的开环对数幅度值为 −72.7dB。当系统的开环穿越频率为 $f_c=10\text{kHz}$ 时，则系统开环增益 K 为

$$20\lg K = 72.7 \Rightarrow K = 4.3 \times 10^3 \tag{4-94}$$

将式（4 - 94）所求得的开环增益值代入式（4 - 91），可得 PID 控制器的传递函数为

$$G_c(s) = 4.3 \times 10^3 \times \frac{\left(1+\frac{s}{3140}\right)\left(1+\frac{s}{6280}\right)}{s\left(1+\frac{s}{125600}\right)} \tag{4-95}$$

采用上述 PID 控制器后，Buck 变换器的开环传递函数为

$$T(s) = G_c(s)T_0(s) = 18.76 \times 10^3 \times \frac{\left(1+\frac{s}{3140}\right)\left(1+\frac{s}{6280}\right)}{s\left(1+\frac{s}{125600}\right)(1+2.2\times 10^{-6}s+1.4\times 10^{-8}s^2)} \tag{4-96}$$

校正系统开环传递函数伯德图如图 4 - 55 所示，从图中可以看出，加入补偿网络后，系统的穿越频率提高到了 $f_c=10\text{kHz}$，相角裕度为 55°。此外，在低频段，补偿网络引入积分环节使系统稳态误差减小到零；在高频段 $f>f_{p1}=20\text{kHz}$，曲线以 −40dB/dec 的斜率下降，有效地抑制了高频干扰。

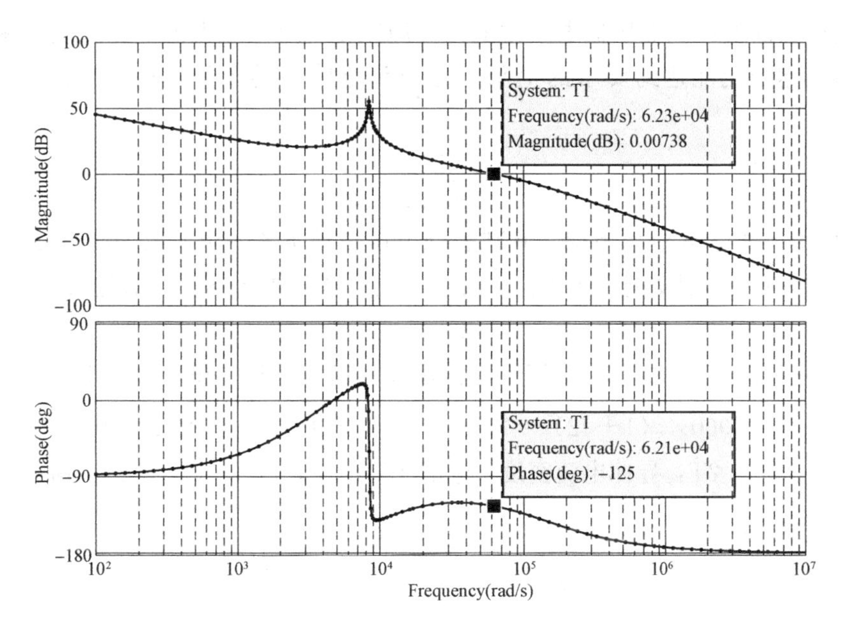

图 4-55 校正系统开环传递函数伯德图

4.6 开关电源设计实例

4.6.1 技术要求

(1) 输入电压：交流单相 220 (1±15%) V/50Hz。

(2) 输出电压：额定直流 48V，电压调节范围为 42～58V。

(3) 输出电压纹波：0.5%。

(4) 输出电流：最大 50A。

(5) 输出电流纹波：20%。

4.6.2 主电路设计

该电源最大输出功率为 50A×58V=2900W，属于功率较大的开关电源，输入采用二极管整流桥，中间采用功率因数校正电路（PFC），输出采用移相全桥零电压软开关拓扑，由于输出整流电路电压较低，采用全波整流电路，开关电源主电路结构如图 4-56 所示。下面对电路结构和控制进行设计。

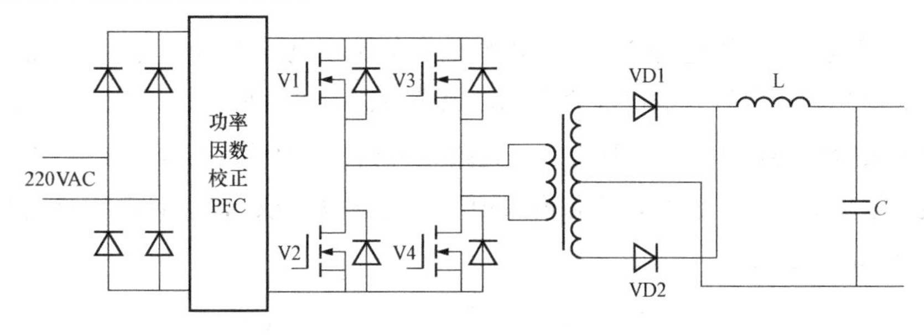

图 4-56 开关电源主电路结构

（1）变压器的设计。变压器电压比的计算原则是电路在最大占空比和最低输入电压的条件下，输出电压仍能达到要求的上限，考虑到电路中的压降，输出电压应留有裕量，表示为

$$k_T \leqslant \frac{U_{imin}D_{max}}{U_{omax}+\Delta U} \tag{4-97}$$

本例中，U_{imin}取输入电压下限，并减去该电压波动量的一半，取 395V。D_{max}同控制电路及占空比丢失有关，此处选为 0.9。U_{omax}选为最高输出电压 58V，ΔU 选 1V，可得

$$k_T \leqslant 6 \tag{4-98}$$

采用A_p法选取合适的铁芯，计算铁芯截面积和窗口面积之积，由于变压器输出采用全波整流结构，因此 $2900\times(1+\sqrt{2})=7000$（W），开关频率 f_s 取 100kHz，铁芯材料选为铁氧体，其 ΔB 取 0.2T，导体电流密度 j 选取 $4A/mm^2$，即 $4\times10^6A/m^2$，窗口填充系数 k_c 选取 0.5，可得

$$A_p = A_eA_w = \frac{P_t}{2\Delta Bk_cjf_s} \geqslant 8.75\times10^{-8}(m^4) = 8.75(cm^4) \tag{4-99}$$

选择铁氧体磁芯，型号为 E42/21/15-3C94，两副并用，按照铁氧体铁芯生产厂家提供的手册，其铁芯截面积为 $3.56\times10^{-4}m^2$，窗口面积为 $2.52\times10^{-4}m^2$，铁芯截面积、窗口面积之积为 $8.97\times10^{-8}m^4$，可以满足要求。

选定铁芯后，便可以计算绕组匝数，计算如下

$$N_2 = \frac{U_{omax}T_s}{2\Delta BA_e} = \frac{58\times10}{2\times0.2\times3.56\times10^{-4}} = 4(\text{匝}) \tag{4-100}$$

一次绕组匝数可由二次侧匝数和电压比推算，可推算得 $N_1=24$ 匝。

二次绕组的导体截面积为

$$A_{c2} = \frac{I}{j} = 8.75\times10^{-6}(m^2) = 8.75(mm^2) \tag{4-101}$$

同理可以算出一次绕组导体的截面积为 $A_{c1}=2.08\ mm^2$。

（2）输出滤波电路的设计。首先进行电感的设计，设直流输入电压最大值 U_{imax} 取 410V，开关频率 f_s 为 100kHz，允许的电感电流最大纹波峰峰值 $\Delta\hat{I}$ 取最大输出电流的 20%，即 10A，计算得

$$L = \frac{U_{imax}}{8k_Tf_s\Delta\hat{I}} = 9(\mu H) \tag{4-102}$$

计算出电感值后，根据电感值和流过电感的电流选定电感铁芯，其中电感值 L 取 $9\mu H$；电感电流最大有效值 I 取最大输出电流 50A；电感电流最大峰值 i_m取最大输出电流加上电感电流最大纹波峰峰值 $\Delta\hat{I}$ 的一半，即 55A；磁路磁通密度最大值 B_m取 0.3T；电感绕组导体的电流密度 j 取 $4A/mm^2$；绕组在铁芯窗口中的填充系数 k_c取 0.5。计算得铁芯截面积与窗口面积的乘积 A_eA_w应大于

$$A_p = A_eA_W = \frac{Li_mI}{B_mk_cj} = 4.1\times10^{-8}(m^2) \tag{4-103}$$

选择铁氧体磁芯，型号为 E42/21/15-3C92，按照铁氧体铁芯生产厂家提供的手册，其

铁芯截面积为 $1.78\times10^{-4}\mathrm{m}^2$，窗口面积为 $2.52\times10^{-4}\mathrm{m}^2$。铁芯截面积、窗口面积之积为 $4.49\times10^{-8}\mathrm{m}^2$，可以满足要求。

计算绕组匝数，其为

$$N=\frac{Li_{\mathrm{m}}}{B_{\mathrm{m}}A_{\mathrm{e}}}=9(\text{匝})\tag{4-104}$$

计算气隙，其为

$$l=\frac{\mu_0A_{\mathrm{e}}N^2}{L}=2\times10^{-3}(\mathrm{m})=2(\mathrm{mm})\tag{4-105}$$

式中：μ_0 为真空磁导率，其数值为 $4\pi\times10^{-7}\mathrm{H/m}$。

注意到铁芯由两半对合而成，气隙长度 l 应为 2 倍的铁芯间距，因此铁芯间距应取 1mm。然后根据电感电流和预先选定的电流密度，可以计算出电感绕组的导体截面积为 $A_{\mathrm{cL}}=12.5(\mathrm{mm}^2)$。

在滤波电容设计中，由于已知电感电流最大纹波值，可以假设电感电流最大纹波有效值为 $\Delta\hat{I}/2\sqrt{3}=2.9\mathrm{A}$，而输出电压最大纹波有效值取为输出电压下限值的 0.5%，即 $\Delta U=42\times0.5\%=0.21\mathrm{V}$，可以计算出滤波电容的阻抗为

$$x_{\mathrm{c}}\leqslant\frac{2\sqrt{3}\Delta U}{\Delta\hat{I}}=0.073(\Omega)\tag{4-106}$$

考虑输出最高电压为 58V，选择日立 HP31K102MRX（80V，1000μF）电容器，其最大等效串联电阻为 0.285Ω，串联等效电感约为 15nH，最大纹波电流为 0.88A（120Hz）。采用 4 只并联，阻抗特性及纹波电流均满足要求。

（3）开关器件的设计。变压器二次侧整流二极管承受的反向电压最大值为一次直流电压最大值除以变压器电压比的 2 倍，为 137V，考虑到二极管关断时产生的电压尖峰，因此选取二极管的耐压为 200V。

流过二极管的峰值电流为

$$\hat{I}_{\mathrm{Dmax}}=I_{\mathrm{omax}}+\frac{1}{2}\Delta\hat{I}=55(\mathrm{A})\tag{4-107}$$

流过二极管的最大平均电流为

$$\bar{I}_{\mathrm{Dmax}}=\frac{1}{2}I_{\mathrm{omax}}=25(\mathrm{A})\tag{4-108}$$

所选取的二极管允许的峰值电流应大于 55A，平均电流应大于 25A。初选 IXYS 公司的 DSEI60-02A（200V，60A）二极管。该器件在 50A 电流时的通态压降为 1V，$R_{\mathrm{thjc}}=0.75\mathrm{K/W}$。根据二极管的平均电流，可以估算其通态损耗为

$$P_{\mathrm{Don}}\approx\bar{I}_{\mathrm{Dmax}}U_{\mathrm{D}}=25(\mathrm{W})\tag{4-109}$$

考虑一定裕量，取最高结温 t_{jmax} 为 125℃，取二极管与散热器间绝缘垫热阻为 2K/W，由器件结壳热阻、最高结温可得最高允许散热器温度 t_{hmax}，并由此可以进行散热器设计。

$$t_{\mathrm{hmax}}=t_{\mathrm{jmax}}-P_{\mathrm{Don}}\times(R_{\mathrm{thjC}}+t_{\mathrm{thCh}})=125-25\times(0.75+2)=56(^\circ\mathrm{C})\tag{4-110}$$

MOSFET 的设计中，其耐压为 PFC 电路输出电压 400V，考虑到关断时的过电压，开

关管的耐压取 600V，流过开关管的峰值电流为

$$I_{\mathrm{Smax}}=(I_{\mathrm{omax}}+\frac{1}{2}\Delta\hat{I})/k_{\mathrm{T}}=9.2(\mathrm{A}) \tag{4-111}$$

由于采用移相全桥控制方式，流过开关管的最大电流有效值近似为

$$I_{\mathrm{Smax}}=\frac{\hat{I}_{\mathrm{Smax}}}{\sqrt{2}}=6.5\,(\mathrm{A}) \tag{4-112}$$

初选英飞凌公司的 SPW47N60C3（47A，600V）MOSFET，由数据手册可得主要参数为：$R_{\mathrm{Dson}}=0.14\Omega@125℃$，$R_{\mathrm{thjC}}=0.3\mathrm{K/W}$，则开关管的通态损耗为

$$P_{\mathrm{Son}}=I_{\mathrm{Smax}}^{2}R_{\mathrm{DSon}}=5.9\,(\mathrm{W}) \tag{4-113}$$

开关管的开关损耗可以按通态损耗的 1.5～2.5 估算，由于工作在软开关状态，取其下限。由于工作在零电压开通状态，关断损耗为开关损耗的主要分量，即得

$$P_{\mathrm{SS}}=\frac{U_{\mathrm{o}}}{380}E_{\mathrm{off}}I_{\mathrm{Smax}}f=\frac{400}{380}\times5\times10^{-6}\times9.2\times100\times10^{3}=4.8\,(\mathrm{W}) \tag{4-114}$$

考虑一定裕量，取最高结温 t_{jmax} 为 125℃，取 MOSFET 与散热器间绝缘垫热阻为 2K/W，由器件结壳热阻、最高结温可得最高允许散热器温度，并由此可以进行散热器设计。

$$t_{\mathrm{hmax}}=t_{\mathrm{jmax}}-(P_{\mathrm{Son}}+P_{\mathrm{SS}})\times(R_{\mathrm{thjC}}+R_{\mathrm{thCh}})=125-10.7\times(0.3+2)=100\,(℃) \tag{4-115}$$

DC-DC 电路软开关条件的设计可以按照前面介绍的步骤进行设计，在改善移相全桥电路的软开关性能也有许多新的拓扑，这里就不再叙述了。

4.6.3 控制电路的设计

PWM 控制部分可采用 UC3875 移相全桥控制芯片，构建电压控制模式电路。电压环在稳压状态下控制输出电压跟随给定，给定与输出电压比较后经电压调节器运算产生 PWM 控制信号，实现系统限压限流控制要求。UC3875 是美国 unitrode 公司（现已被美国 TI 公司收购）生产的用于移相全桥软开关电源控制的集成 PWM 控制器。UC3875 主要性能指标见表 4-2。

表 4-2　　UC3875 主要性能指标

项目	指标	项目	指标
最大电源电压（V）	20	误差放大器单位增益带宽（MHz）	11
驱动输出峰值电流（mA）	3000	误差放大器输入失调电流（μA）	0.6
最高工作频率（kHz）	2000	启动电压（V）	10.75
基准源电压（V）	5	启动电流（mA）	0.15
误差放大器开环增益（dB）	60		

该集成电路通过改变外围电路的接法，既可以构成电压模式控制电路，也可以构成峰值电流模式控制电路。电压模式控制电路的接法为：将斜率控制引脚（18）连接到锯齿波输入引脚（19），误差放大器（EA）的输出信号直接与锯齿波相比较，用以控

制移相角 φ。EA 的输出电压越高，移相角 φ 越接近 0°，EA 的输出电压越低，移相角 φ 越接近 180°。

UC3875 构成的典型电压模式控制电路如图 4-57 所示。该电路采用电流互感器构成电流检测，互感器可以串入移相全桥主电路中变压器的一次侧，二极管 VD9～VD12 构成桥式整流电路，将交流的电流反馈信号整流成为直流脉冲信号。A、B、C、D 各路输出引脚直接驱动脉冲变压器，用以驱动全桥电路中的 4 个开关器件，二极管 VD1～VD8 用于保护 UC3875，防止脉冲变压器的漏感造成过电压损坏 UC3875。

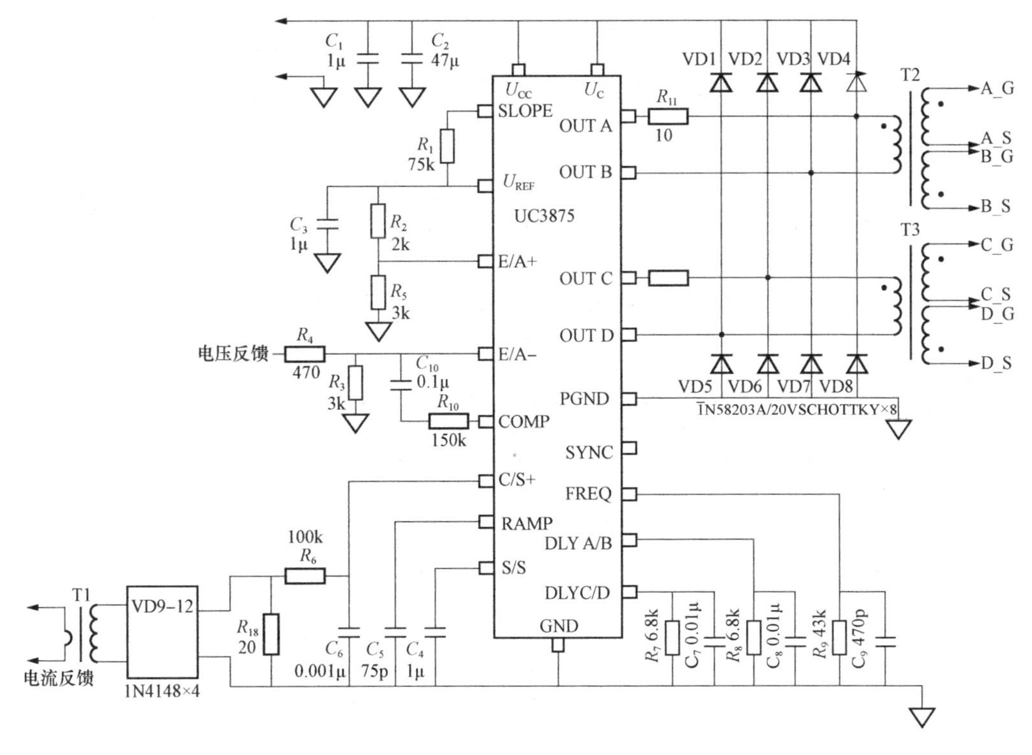

图 4-57　UC3875 构成的电压模式控制电路

4.6.4　仿真及结果分析

针对前面的设计的电路参数，利用 Matlab/simulink 进行了仿真，驱动信号及变压器电压和电流波形如图 4-58 所示，图中给出了 V1～V4 的驱动信号、逆变输出电压 u_{AB}、一次侧电流 i_{Lr} 及二次侧电压 u_R 的波形，与图 4-40 波形一致，实现了移相软开关的功能。

设计了 PID 电压控制器，其中 k_P 为 0.09，k_I 为 120，k_D 为 1.3，输出电压和电流波形如图 4-59 所示，输出电压为 48V，输出电流为 50A，达到了设计要求。

在 0.02s 时，负载电流由 50A 变为 25A，输出电压和电流波形如图 4-60（a）所示。在 0.02s 时，电源电压由 410V 变为 450V，输出电压和电流波形如图4-60（b）所示。可以看出在电压闭环控制作用下，输出电压跟踪效果较好。

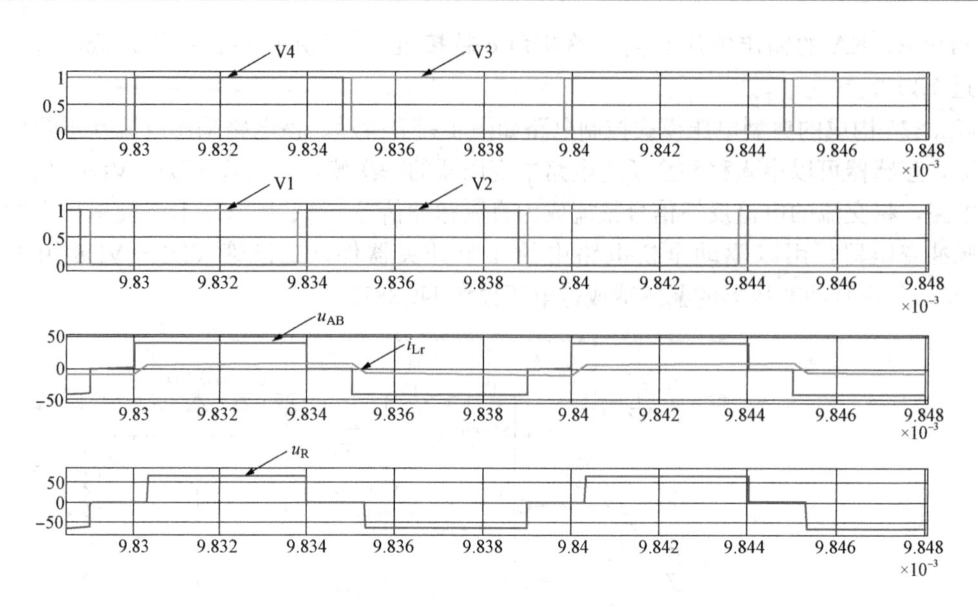

图 4-58　驱动信号及变压器电压和电流波形

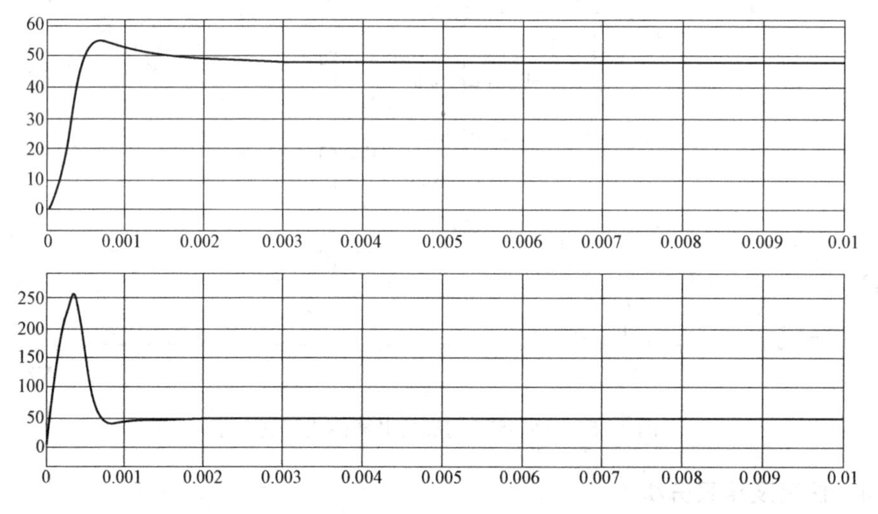

图 4-59　输出电压和电流波形

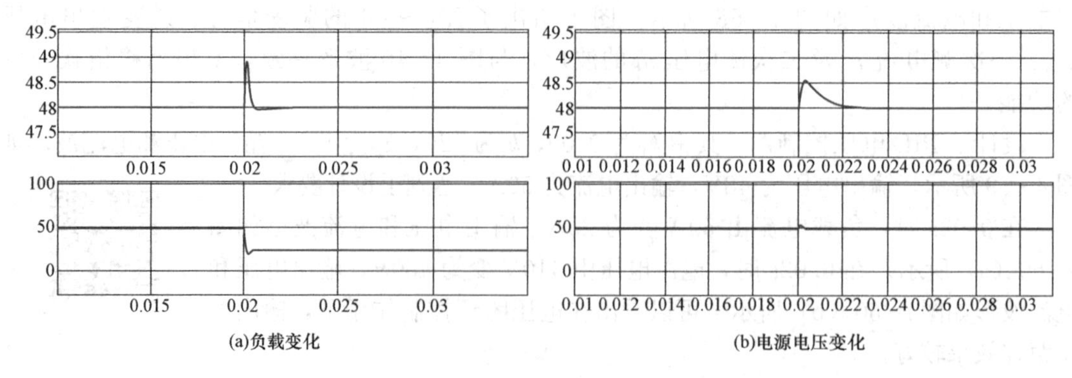

图 4-60　负载和电源变化下输出电压和电流的波形

本章小结

DC/DC变换可分为直接DC/DC变换和带变压器隔离DC/DC变换。直接DC/DC变换中，最基本的是降压斩波电路和升压斩波电路两种，对这两种电路的理解和掌握是学习本章的关键和核心，也是学习其他斩波电路的基础。带变压器隔离DC/DC变换中，最常用的有正激型电路、反激型电路和全桥型电路。

直流传动是斩波电路应用的传统领域，而开关电源则是斩波电路应用的新领域，前者的应用在逐渐萎缩，而后者的应用方兴未艾，是电力电子领域的一大热点。

随着变换器中开关频率的提高，硬开关电路存在的开关损耗和开关噪声问题越来越突出。软开关技术通过在电路中引入谐振改善了开关的开关条件，在很大程度上解决了这两个问题。软开关技术总的来说可以分为零电压型和零电流型两类，每一类都包含基本拓扑和众多的派生拓扑。其中，典型的软开关电路是移相全桥软开关PWM电路。

为了实现各种电压变换功能，并使系统能够稳定、可靠地运行，DC/DC开关变换器必须与其他功能模块相结合，组成一个完整的控制系统。在开关变换器的系统设计中，主要利用波特图来表示控制对象、控制器和开环传递函数的频率特性，并通过分析各种传递函数，指导变换器的系统设计。控制系统的控制方法一般分为电压型控制和电流型控制。

习　题

1. DC/DC变换器有哪些应用?

2. 什么是脉宽调制的占空比? 以降压斩波电路为例，说明负载对斩波电路的输出电压有什么影响?

3. 在图4-1所示的降压斩波电路中，已知$U_{in}=100V$，$R=5\Omega$，L和C极大。采用脉宽调制控制方式，当$T_s=40\mu s$，$t_{on}=20\mu s$时，计算输出电压平均值U_o、输出电流平均值I_o。

4. 在图4-1所示的降压斩波电路中，其工作电压为$10V<U_{in}<20V$，输出电压为5V，纹波电压为输出电压的5%，负载电阻为1～10Ω，求工作频率为10kHz和50kHz下所需要的临界电感、电容和开关管的峰值电流。

5. 简述图4-6所示升压斩波电路的基本工作原理。

6. 在图4-6所示的升压斩波电路中，已知$U_{in}=50V$，L和C的数值极大，$R=20\Omega$，采用脉宽调制控制方式，当$T_s=40\mu s$，$t_{on}=25\mu s$时，计算输出电压平均值U_o和输出电流平均值I_o。

7. 分析图4-15所示的电流可逆斩波电路，并结合图4-16的波形，绘制出各个阶段电流流通的路径并标明电流方向。

8. 带隔离变压器的DC/DC变换器有什么优点?

9. 说明正激型变换器的工作原理，并推导其输入输出关系。

10. 说明反激型变换器的工作原理，并推导其输入输出关系。

11. 为什么当直流变换电路输入输出电压差别很大时，常常采用正激型和反激型电路，而不用 Buck 电路或 Boost 电路？

12. 什么是硬开关？什么是软开关？软开关电路可以分为哪几类？其典型拓扑分别是什么样的？各有什么特点？

13. 高频化的意义是什么？为什么提高开关频率可以减小滤波器的体积和质量？

14. 简述移相全桥零电压开关 PWM 变换器工作过程，分析移相全桥零电压开关 PWM 变换器的优缺点。

15. 以理想 CCM 为例，分析电压型控制的 Buck 变换器的系统设计过程。电路参数为：输入电压 $U_{in}=15V$，输出电压 $U_o=5V$，滤波电感 $L=127\mu H$，滤波电容 $C=247\mu F$，负载电阻 $R=20\Omega$，开关频率 $f_s=200kHz$。

第5章 逆 变 电 路

与整流相对应，把直流电转变成交流电的过程称为逆变，可分为有源逆变和无源逆变。当把直流电变换为交流电，并回馈给电网时，称为有源逆变。有源逆变电路常用于直流可逆调速系统、高压直流输电和太阳能并网发电等场合，已在3.3进行了论述。当把直流电变换为交流电，并将其直接与负载连接，向负载供电时，称为无源逆变。在不加说明时，逆变电路一般多指无源逆变电路，本章论述无源逆变电路及其工作原理。

逆变电路的应用非常广泛，常用于将蓄电池、干电池、太阳能电池等直流电源逆变为交流电供给交流负载，以及交流电动机调速用变频器、不间断电源、感应加热电源、电镀和焊接电源等场合。可以说，电力电子技术的早期是整流器时代，现在则进入逆变器时代。在逆变器的控制方面，早期采用相控方式，现在引入PWM控制技术。目前，PWM控制技术已成为逆变技术的核心，因而受到人们高度重视。

逆变器的类型很多，根据不同的分类方法有如下3种分类：

（1）根据直流侧电源的性质，逆变器可分为电压源型逆变器（Voltage Source Inverter，VSI）和电流源型逆变器（Current Source Inverter，CSI），又称电压型逆变器和电流型逆变器。VSI的直流侧为电压源，或者并联大电容作为储能和滤波元件，保证直流侧电压基本不波动。CSI的直流侧为电流源，但理想电流源实际并不多见，一般是在直流侧串联一个大电感，由于大电感的电流波动很小，因此可近似看成电流源。

（2）根据主电路结构，逆变器可分为半桥逆变器、全桥逆变器、多重化逆变器、多电平逆变器等。

（3）根据电压和频率的控制方法，逆变器可分为方波逆变器、PWM逆变器、空间电压矢量PWM（Space Vector PWM，SVPWM）逆变器等。

5.1 电压型逆变电路

电压型逆变电路是目前应用最广泛的一种逆变电路。方波调制是逆变电路最简单的一种调制方式，虽然在中小功率等级且采用全控型器件的电压型逆变电路中，一般已较少采用方波调制方式，但在大功率逆变电路或多重化逆变电路中仍可采用方波调制。根据逆变电路结构，电压型逆变电路分为单相逆变电路和三相逆变电路。

5.1.1 单相电压型逆变电路

1. 单相全桥电压型逆变电路

单相电压型逆变电路的最常见结构为全桥逆变电路，单相全桥电压型逆变电路原理如图5-1所示。直流侧为电压源或者并联大电容作为储能和滤波元件，电容的作用为稳定电压，保证直流侧电压

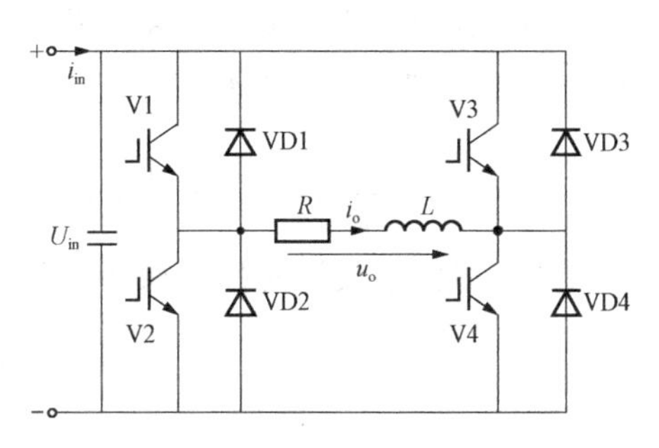

图5-1 单相全桥电压型逆变电路原理

不波动。它共有4个桥臂，每个桥臂由一个全控型器件和一个二极管反并联组成。图5-1中全控器件采用IGBT，采用方波调制时，V1、V4同时通、断，V2、V3同时通、断，V1（V4）与V2（V3）的驱动信号互补。

不考虑电感的作用，单相全桥电压型逆变电路带电阻性负载的工作波形如图5-2所示。0～π期间，V1、V4导通，V2、V3关断，负载电压$u_o=U_{in}$；π～2π期间，V2、V3导通，V1、V4关断，输出电压$u_o=-U_{in}$。负载电压为正负对称的矩形波，该电路实现了直流电到交流电的变换，即逆变过程。改变两组开关的切换频率，可改变输出交流电的频率。电阻负载对应的电流波形$i_o=u_o/R$，和电压波形形状相同。此时，图5-1中的4个二极管没有电流流通，可以去掉。

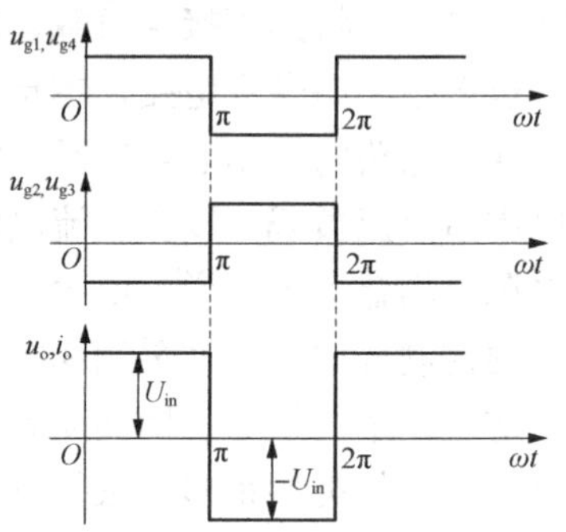

图5-2 单相全桥电压型逆变电路带电阻性负载的工作波形

对于感性负载，交流电流滞后电压一个相位角，当两组开关管已经切换，电压已经反向时，感性负载电流仍将在滞后角时间内保持原来的流通方向。若强迫关断这一感性负载电流的通路，必然会引起过电压，造成电力电子器件的击穿损坏。为此，在感性负载下每个全控型器件上需反向并联一个快速二极管，以构成滞后电流通路，该二极管可看作续流二极管。

单相全桥电压型逆变电路带感性负载的工作波形如图5-3所示。在$\omega t=\pi$时刻，给V1和V4关断信号、V2和V3导通信号后，感性负载电流从V1、V4转移到由VD2、VD3及电源所构成的续流回路中，使负载电流在滞后角内继续保持原来方向流通，输出电压$u_o=-U_{in}$。同理在V2、V3切换到V1、V4后，负载电流改经VD1、VD4和电源电路续流，输出电压$u_o=U_{in}$。感性负载电压u_o波形和电阻负载相同。负载电流i_o的波形由两段指数曲线组成，图5-3中阴影部分为二极管中的电流i_D，其余为全控器件中的电流i_V。直流输入电流i_{in}的波形由正方向的i_V电流和反方向的i_D电流组成。由图5-3可见，在二极管导通期间，感性负载向电源反馈了能量，二极管是负载向直流侧反馈能量的通道，因此，二极管也称为反馈二极管。

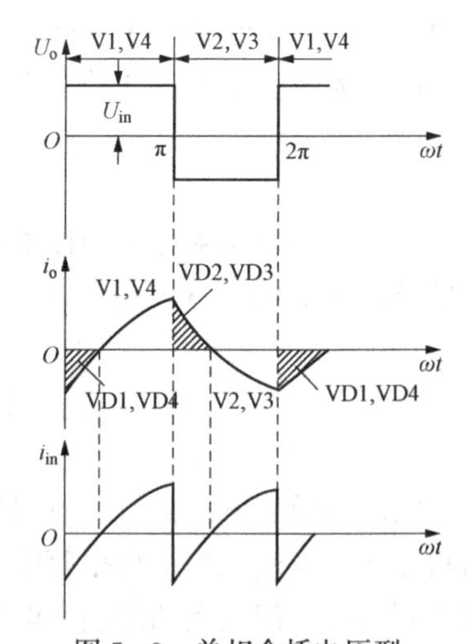

图5-3 单相全桥电压型逆变电路带感性负载的工作波形

下面对输出电压波形作定量分析。把幅值为U_{in}的矩形波u_o展开成傅里叶级数得

$$u_o=\frac{4U_{in}}{\pi}\left(\sin\omega t+\frac{1}{3}\sin3\omega t+\frac{1}{5}\sin5\omega t+\cdots+\frac{1}{2n-1}\sin(2n-1)\omega t\right) \tag{5-1}$$

其中，基波最大幅值U_{o1m}和基波有效值U_{o1}分别为

$$U_{o1m}=\frac{4U_{in}}{\pi}=1.27U_{in} \tag{5-2}$$

$$U_{o1}=\frac{2\sqrt{2}U_{in}}{\pi}=0.9U_{in} \tag{5-3}$$

其中，逆变电路输出的交流电压基波最大幅值U_{o1m}和直流电压U_{in}之比称为直流电压利用率（或逆变电路输出电压增益），这里其值为1.27。提高直流电压利用率可以提高逆变器的输出能力，因此这是逆变器性能的一个重要指标。

前面分析的都是u_o为正负电压各为180°的脉冲时的情况。在这种情况下，要改变输出交流电压的有效值只能通过改变直流电压U_{in}来实现。还可以采用移相的方式来调节逆变电路的输出电压，这种方式称为移相调压。移相调压实际上就是调节输出电压脉冲的宽度。在图5-1的单相全桥电压型逆变电路中，各全控器件的栅极信号仍为180°正偏，180°反偏，并且V1和V2的栅极信号互补，V3和V4的栅极信号互补，但V3的基极信号不是比V1落后180°，而是只落后θ（$0<\theta<180°$）。这样，输出电压u_o就不再是正负各为180°的脉冲，而是正负各为θ的脉冲。单相全桥电压型逆变电路的移相调压方式的工作波形如图5-4所示。下面对其工作过程进行具体分析。

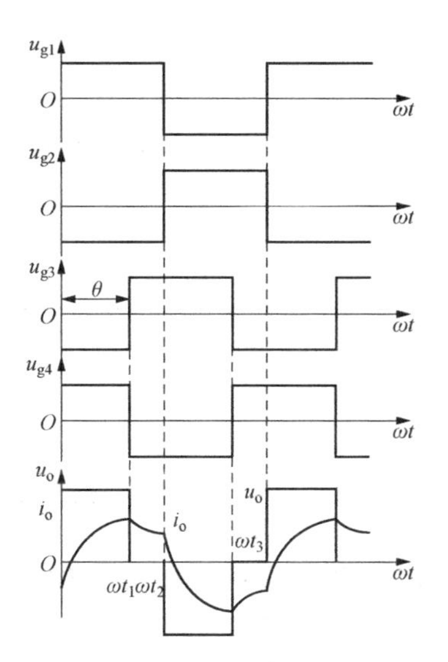

图5-4 单相全桥电压型逆变电路的移相调压方式的工作波形

设在ωt_1时刻前V1和V4导通，输出电压u_o为U_{in}，ωt_1时刻V3和V4栅极信号反向，V4截止，而因负载电感中的电流i_o不能突变，V3不能立刻导通，VD3导通续流，续流通路为$L\rightarrow$VD3$\rightarrow$V1$\rightarrow R$，所以负载输出电压为零，此时能量在负载内部流通，电流缓慢下降。到ωt_2时刻V1和V2栅极信号反向，此时i_o还未减少到零，将继续释放储能，V1截止，而V2不能立刻导通，只能通过VD2导通续流，和VD3构成电流通道，输出电压u_o为$-U_{in}$，此时负载能量向直流侧回馈，电流快速下降。到负载电流过零并开始反向时，VD2和VD3截止，V2和V3开始导通，u_o仍为$-U_{in}$，但电源向负载输送能量，负载电流反向上升。ωt_3时刻V3和V4栅极信号再次反向，V3截止，而V4不能立刻导通，VD4导通续流，续流通路为$L\rightarrow$VD4$\rightarrow$V3$\rightarrow R$，u_o再次为零。此后的过程和前面类似。这样，输出电压u_o的正负脉冲宽度就各为θ，改变θ就可以调节输出电压的有效值。

在纯电阻负载时，采用上述移相方法也可以得到相同的结果，只是VD1～VD4不再导通，不起续流作用。在u_o为零期间，4个桥臂均不导通，负载也没有电流。

2. 单相半桥电压型逆变电路

单相逆变电路的最简单结构为半桥逆变电路，单相半桥电压型逆变电路及其工作波形如图5-5所示。该电路有两个桥臂，每个桥臂由一个全控器件和一个反并联二极管组成。在直流侧接有两个相互串联的足够大的电容，两个电容的联结点便成为直流电源的中点。负载连接在直流电源中点和两个桥臂联结点之间。

设开关器件V1和V2的栅极信号在一个周期内各有半周正偏，半周反偏，占空比为50%。当负载为感性时，其工作波形如图5-5（b）所示。输出电压u_o为矩形波，其幅值为$U_{in}/2$。输出电流i_o波形受负载阻抗角影响。设ωt_2时刻以前V1为通态，V2为断态，电流流通路径为$C_1\rightarrow$V1$\rightarrow L\rightarrow R$，输出电压$u_o=U_{in}/2$；$\omega t_2$时刻给V1关断信号，V2开通信号，此时V1关断，但感性负载中的电流i_o不能立即改变方向，于是VD2导通续流，流通路径

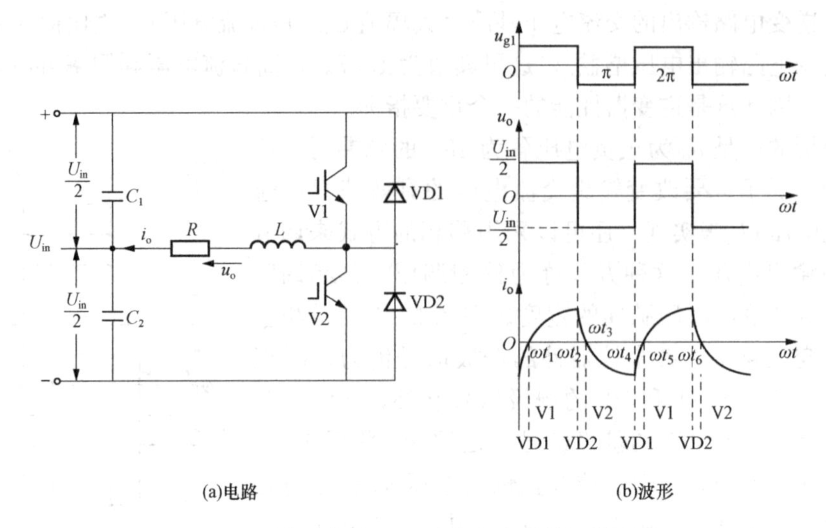

图 5-5 单相半桥电压型逆变电路及其工作波形

为 $L \to R \to C_2 \to$ VD2，电流逐渐下降，输出电压 $u_o = -U_{in}/2$；当 ωt_3 时刻 i_o 降为零时，VD2 截止，V2 开通，i_o 开始反向，流通路径为 $C_2 \to$ V2 $\to L \to R$，输出电压不变。同样，在 ωt_4 时刻给 V2 关断信号，给 V1 开通信号后，V2 关断，VD1 先导通续流，负载释放能量，流通路径为 $L \to$ VD1 $\to C_1 \to R$，向电容 C_1 充电，输出电压 $u_o = U_{in}/2$；ωt_5 时刻，电流再次反向，V1 开通。各器件导通情况如图 5-5（b）所示。

当 V1 或 V2 为通态时，负载电流和电压同方向，直流侧向负载提供能量；而当 VD1 或 VD2 为通态时，负载电流和电压反向，负载电感中贮藏的能量向直流侧反馈，即负载电感将其吸收的无功能量反馈回直流侧。反馈回的能量暂时储存在直流侧电容器中，直流侧电容器起着缓冲这种无功能量的作用。

单相半桥电压型逆变电路的电压计算公式与全桥电路的输出电压公式基本相同，只是式中的 U_{in} 要换成 $U_{in}/2$。因而，可以看出单相全桥电压型逆变电路的直流电压利用率（输出电压增益）比单相半桥逆变电压型电路要高。

另外，前面单相全桥逆变电压型电路采用的移相调压方式并不适用于单相半桥逆变电压型电路，但在纯电阻负载时，仍可采用改变正负脉冲宽度的方法来调节单相半桥逆变电压型电路的输出电压。这时，上下两桥臂的栅极信号不再是占空比为 50%并且互补，而是正偏的宽度为 θ、反偏的宽度为 $360° - \theta$，二者相位差为 180°，输出电压 u_o 也是正负脉冲的宽度各为 θ。

单相半桥逆变电压型电路的优点是简单、使用器件少；其缺点是输出交流电压的幅值仅为 $U_{in}/2$，且直流侧需要两个电容器串联，工作时还要控制两个电容器电压的均衡。因此，半桥电路常用于几千瓦以下的小功率逆变电源。另外，单相全桥电压型逆变电路、三相全桥逆变电压型电路都可看成由若干个单相半桥逆变电压型电路组合而成，因此，正确分析单相半桥电压型电路的工作原理很有意义。

3. 带中心抽头变压器的逆变电路

带中心抽头变压器的逆变电路及其工作波形如图 5-6 所示。交替驱动两个全控器件，通过变压器的耦合给负载加上矩形波交流电压，两个二极管的作用也是给负载电感中贮藏的无功能量提供反馈通道。

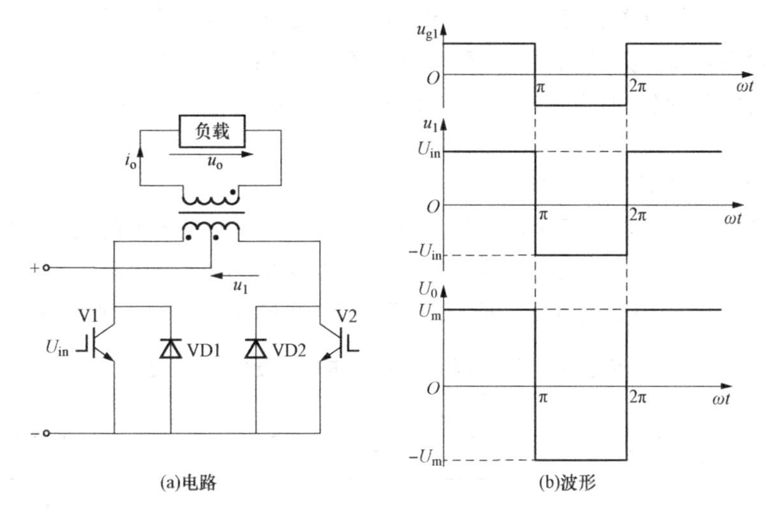

图 5-6 带中心抽头变压器的逆变电路及其工作波形

在 V1 为通态、V2 为断态时，输入电流经直流电源 U_{in}、变压器一次侧左边绕组和 V1（或 VD1）形成通路，左边绕组上的电压左负右正，大小为 U_{in}，右边绕组上的电压 u_1 也为 U_{in}，二次侧感应电压为 U_m；在 V2 为通态、V1 为断态时，输入电流经直流电源、变压器一次侧右边绕组和 V2（或 VD2）形成通路，右边绕组上的电压 u_1 为 $-U_{in}$，二次侧感应电压为 $-U_m$。在 U_d 和负载参数相同，且变压器一次侧两个绕组和二次侧绕组的匝比为 1∶1∶1 的情况下，该电路的输出电压 u_o 和输出电流的波形及幅值与全桥逆变电路完全相同。因此，式（5-1）～式（5-3）也适用于该电路。

图 5-6（a）的电路虽然比全桥电路少用了一半开关器件，但器件承受的电压却为 $2U_{in}$，比全桥电路高一倍，且必须有一个变压器。因此，该逆变器适用于低压输入的小功率应用场合。

5.1.2 三相电压型逆变电路

用三个单相电压型逆变电路可以组合成一个三相电压型逆变电路，在三相电压型逆变电路中，应用最广的是三相电压型桥式逆变电路。三相电压型桥式逆变电路如图 5-7 所示，从电路结构上看，如果把三相负载 Z_A、Z_B、Z_C看成三相整流变压器的三个绕组，那么三相电压型桥式逆变电路犹如三相电压型桥式可控整流电路与三相电压型桥式二极管整流电路的反并联，其中可控电路用来实现直流到交流的逆变，不可控电路为感性负载电流提供续流回路。

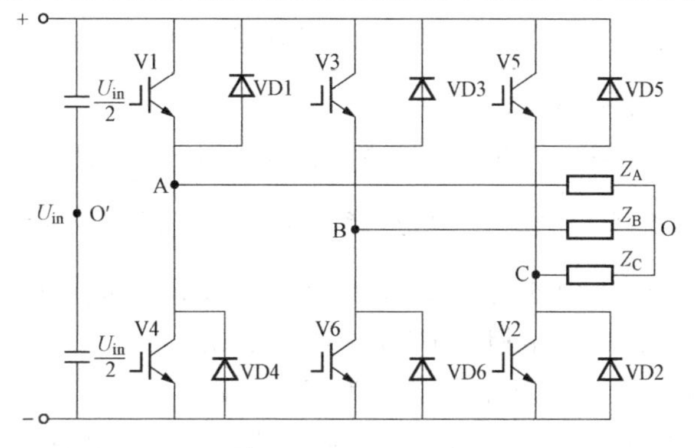

图 5-7 三相电压型桥式逆变电路

三相电压型桥式逆变电路的开关管导通次序和整流电路一样，也是 V1→V2→V3→V4→V5→V6，各管的触发信号依次互差 60°。三相电压型桥式逆变电路的基本工作方式是 180°导通导电方式，即每个开关管一周期工作 180°。在瞬时完成换流的理想情况下，180°导通型的逆变电路在任意瞬间都有三只开关管导通，各管导通时间为 180°。同相中上下两桥臂的两只开关管称为互补管，轮流导通，如 A 相中的 V1 和 V4 各导通 180°，但相位差 180°，不会引起电源经 V1 和 V4 的贯穿电路。所以 180°型三相桥式逆变电路每隔 60°，各管的导通情况依次是 V1、V2、V3；V2、V3、V4；…；V6、V1、V2。

1. 纯阻性负载的电路工作情况分析

按 180°导通方式工作的三相电压型桥式逆变电路，每隔 60°的各阶段，其等值电路、相电压、线电压均会发生变化，180°导通型三相逆变器各阶段的等值电路及相电压和线电压见表5 - 1。表 5 - 1 中设三相负载对称，即 $Z_A=Z_B=Z_C$，下面对表 5 - 1 加以说明。

表 5 - 1　　180°导通型三相逆变器各阶段的等值电路及相电压和线电压

阶段		0°～60°	60°～120°	120°～180°	180°～240°	240°～300°	300°～360°
导通开关管		V1、V2、V3	V2、V3、V4	V3、V4、V5	V4、V5、V6	V5、V6、V1	V6、V1、V2
等值电路		+ Z_A Z_B O Z_C −	+ Z_B Z_A Z_C −	+ Z_B Z_C O Z_A −	+ Z_C Z_A Z_B −	+ Z_A Z_C O Z_B −	+ Z_A O Z_B Z_C −
相电压	u_{AO}	$\frac{1}{3}U_{in}$	$-\frac{1}{3}U_{in}$	$-\frac{2}{3}U_{in}$	$-\frac{1}{3}U_{in}$	$\frac{1}{3}U_{in}$	$\frac{2}{3}U_{in}$
	u_{BO}	$\frac{1}{3}U_{in}$	$\frac{2}{3}U_{in}$	$\frac{1}{3}U_{in}$	$-\frac{1}{3}U_{in}$	$-\frac{2}{3}U_{in}$	$-\frac{1}{3}U_{in}$
	u_{CO}	$-\frac{2}{3}U_{in}$	$-\frac{1}{3}U_{in}$	$\frac{1}{3}U_{in}$	$\frac{2}{3}U_{in}$	$\frac{1}{3}U_{in}$	$-\frac{1}{3}U_{in}$
线电压	u_{AB}	0	$-U_{in}$	$-U_{in}$	0	U_{in}	U_{in}
	u_{BC}	U_{in}	U_{in}	0	$-U_{in}$	$-U_{in}$	0
	u_{CA}	$-U_{in}$	0	U_{in}	U_{in}	0	$-U_{in}$

在 0°～60°阶段，逆变管 V1、V2、V3 同时导通，A 相和 B 相负载 Z_A、Z_B都与电源的正极连接，C 相负载 Z_C与电源的负极连接，由于三相负载对称，如取负载中心点 O 为电压的基准点，则 A 相电压 u_{AO}和 B 相电压 u_{BO}相等，均为$\frac{1}{3}U_{in}$，C 相的电压为$-\frac{2}{3}U_{in}$，U_{in}为直流电源电压。

同理，在 60°～120°阶段，逆变管 V1 关断。V2、V3、V4 导通，Z_B与电源正极接通，Z_A与 Z_C与电源的负极连接，故 $u_{BO}=\frac{2}{3}U_{in}$，$u_{AO}=u_{CO}=-\frac{1}{3}U_{in}$。其余类推，最后得出任何一相的相电压的波形为六阶梯波，u_{BO}落后 u_{AO}120°，u_{CO}落后 u_{BO}120°，如图 5 - 8（a）所示。

线电压由相电压相减得出，即 $u_{AB}=u_{AO}-u_{BO}$（如 0°～60°阶段其值为零），$u_{BC}=u_{BO}-u_{CO}$（如 0°～60°阶段其值为 U_{in}），$u_{CA}=u_{CO}-u_{AO}$（如 0°～60°阶段其值为$-U_{in}$）。线电压波形如图 5 - 8（b）所示，它们是宽为 120°的矩形波，各线电压波形依次相差 120°。

初相角为零的六阶梯波的基波可用傅里叶级数求得，以 B 相电压表示

$$u_{BO}=\frac{2U_{in}}{\pi}\left(\sin\omega t+\frac{1}{5}\sin5\omega t+\frac{1}{7}\sin7\omega t+\frac{1}{11}\sin11\omega t+\cdots\right)$$
$$=\frac{2U_{in}}{\pi}\left(\sin\omega t+\sum_{n=6k\pm1}\frac{1}{n}\sin n\omega t\right)(k=1,2,3,\cdots) \tag{5-4}$$

其余两相依次各差120°，相电压中无余弦项、偶次项和3的倍数次谐波。电压中最低为5次谐波，含量为基波的20%，还有7次谐波，含量为基波的14.3%。

对于基波无初相的矩形波线电压，其一般表达式为

$$u_{BC}=\frac{2\sqrt{3}U_{in}}{\pi}\left(\sin\omega t-\frac{1}{5}\sin5\omega t-\frac{1}{7}\sin7\omega t+\frac{1}{11}\sin11\omega t+\cdots\right)$$
$$=\frac{2\sqrt{3}U_{in}}{\pi}\left[\sin\omega t+\sum_{n=6k\pm1}\frac{1}{n}(-1)^k\sin n\omega t\right](k=1,2,3,\cdots) \tag{5-5}$$

线电压中的谐波分量与相电压中的谐波分量相同，只是符号不同，使波形产生差异。线电压幅值是相电压幅值的$\sqrt{3}$倍。

根据图5-8可以算出六阶梯波相电压和方波线电压的有效值，分别为

$$\begin{cases}U_{BO}=\sqrt{\frac{1}{2\pi}\left[4\left(\frac{U_{in}}{3}\right)^2\frac{\pi}{3}+2\left(\frac{2U_{in}}{3}\right)^2\frac{\pi}{3}\right]}=\frac{\sqrt{2}}{3}U_{in}=0.471U_{in}\\U_{BC}=\sqrt{\frac{4}{2\pi}(U_{in})^2\frac{\pi}{3}}=\sqrt{\frac{2}{3}}U_{in}=0.816U_{in}\end{cases} \tag{5-6}$$

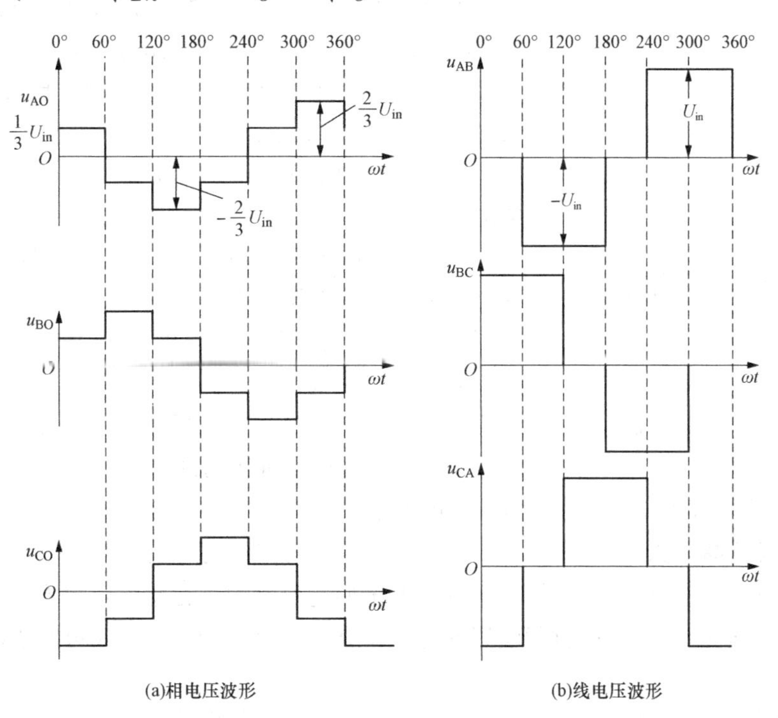

图5-8 180°导通型三相逆变器输出波形

线电压与相电压有效值之间仍有$\sqrt{3}$倍的关系。实际的电压波形较上面分析的结果略有误差，这是由于在分析中忽略了换流过程，也未考虑逆变电路中的电压降落。

在180°导通型三相逆变器中，为了防止同一相上下两桥臂的开关器件同时导通而引起直

流侧电源的短路，要采取先断后通的方法。先给应关断的器件关断信号，待其关断后留一定的时间裕量，然后再给应导通的器件发出开通信号，即在两者之间留一个短暂的死区时间。死区时间的长短要视器件的开关速度而定，器件的开关速度越快，所留死区时间就可以越短。这一先断后通的方法对于工作在上下桥臂通断互补方式下的其他电路也适用。显然，前述的单相半桥和全桥逆变电路也必须采取这一方法。

2. 感性负载下的三相桥式逆变器和无功能量反馈

当逆变器的负载为感性时，如前所述，逆变器必须设置滞后电流的续流回路，为此设有VD1～VD6 的反馈二极管，这种情况下逆变器电流波形的定量分析较为复杂，它是基波电压和各次谐波电压除以基波阻抗和各次谐波阻抗得出的基波电流和各次谐波电流的总和。其波形可根据电压波形的阶跃变化，由相应升降的指数曲线定性地绘出。

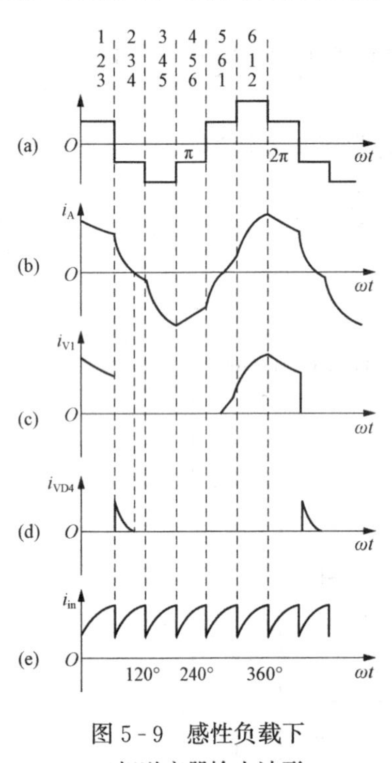

图 5 - 9　感性负载下三相逆变器输出波形

在感性负载下 $\varphi\leqslant\pi/3$ 时，三相逆变器输出波形如图 5 - 9 所示。在 $\omega t=60°$瞬间 V1 关断，V4 触发，由于负载电路中的电感作用，i_{V1}虽变为零，但感性负载电流 i_A 仍继续流通，故在 $\omega t=60°$后的一段时间里，A 相电压虽已随 V4 的触发而反向，但 i_A 仍按原来方向经过 Z_A、O、Z_C、已导通的 V2 及二极管 VD4 形成环流。VD4 的电流 i_{VD4}的波形如图 5 - 9（d）所示。i_{V1}和 i_{VD4}之和组成 i_A 的正向电流，如图 5 - 9（b）所示。只有当续流电流 i_{VD4}降为零时，A 相的负载电流才开始经 V4 形成反向电流。同理在 V4 关断后有续流电流经过 VD1、已导通的 V5、负载 Z_C、O 点向 Z_A续流，故 i_A 的反向电流由 i_{V4}和 i_{VD1}组成。B 和 C 相的电流 i_B 和 i_C 较 i_A 分别滞后 120°和 240°，各由 i_{V3}、i_{V6}、i_{VD3}、i_{VD6}及 i_{V5}、i_{V2}、i_{VD5}、i_{VD2}组成。

如果负载电流滞后角超过 60°，仍以图 5 - 7 的三相逆变电路来说明其工作过程：如以 A 相为例，在 $\omega t=60°$时 V1 关断，电压 u_{AO}反向，即电流 i_A 的滞后角由此算起，在电流滞后 0°～60°区域内，如前所示，i_A 由 VD4 续流，续流电流沿着 Z_A、O、Z_C和 V2 构成回路。在电流 i_A 滞后超过 60°但还未反向前的区域内，由于此时 V2 已经关断，i_A 尚未反向，于是 i_A 的续流回路改由 Z_A、O、Z_C、VD5、直流电源的正极与负极，最后经 VD4 构成反馈回路，使负载的无功能量反馈到直流电源中去，使直流输入电流下降。由此可见，在这种直流环节电压极性不变的电压型逆变器中，在感性负载下，反馈二极管是必不可少的。它既能提供感性负载电流的通道，避免过电压的出现，又可减小电流、改善逆变器的效率。

通过上面的讨论可见，感性负载下逆变器中可能有三种电流：

（1）功率电流：它通过两个或三个逆变管，将能量从直流电源送到负载。

（2）环路电流：它在逆变器内部经过一个逆变管和一个反馈二极管，形成环流，但此环流不经过电源。

（3）反馈电流：它通过两个反馈二极管将负载的能量反馈到直流电源中去。

5.2 电流型逆变电路

直流电源为电流源的逆变器称为电流型逆变器。实际上理想直流电流源并不多见，一般是在逆变器直流侧串联一个大电感，由于大电感的电流脉动很小，因此可近似看成直流电流源。和电压型逆变器一样，电流型逆变器通常按输出相数分为单相逆变器和三相逆变器。

5.2.1 单相电流型逆变器

单相电流型逆变电路原理如图 5-10 所示。直流电压源 U_{in} 与输入侧电感 L_{in} 相串联，假定输入侧电感足够大，输入侧直流电流 I_{in} 维持不变。不同于电压型逆变器，电流型逆变器由于输入电流方向保持不变，为了使每个桥臂具有足够的反向阻断能力，通常在每个全控型功率器件上正向串联一个二极管（具有反向阻断能力的开关管如晶闸管除外）。

单相电流型逆变器工作波形如图 5-11 所示。采用 180°的方波控制方式，当开关管 V1 和 V4 导通，V2 和 V3 关断时，电流经直流电源正极、L_{in}、V1、VD1、负载、V4、VD4、直流电源负极流通，输出电流 i_o 为 I_{in}；当开关管 V2 和 V3 导通，V1 和 V4 关断时，电流经电源正极、L_{in}、V2、VD2、负载、V3、VD3、电源负极流通，输出电流 i_o 为 $-I_{in}$。一周期输出电流 i_o 为方波。当负载包含电感时，由于电感上的电流不能突变，必须给负载电流提供一个换流路径，因此电流型逆变器的输出侧需要接入滤波电容 C。

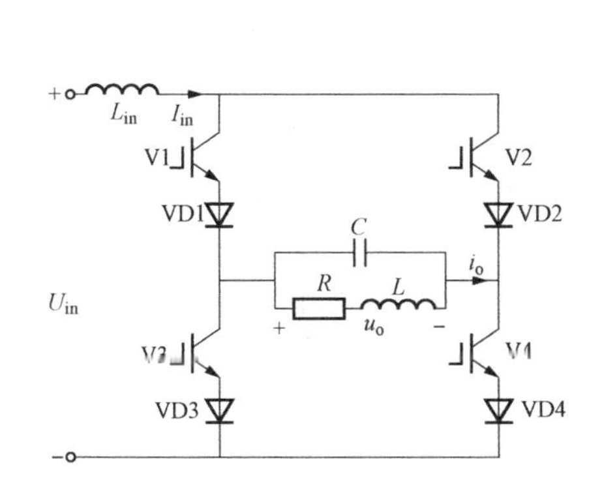

图 5-10 单相电流型逆变电路原理

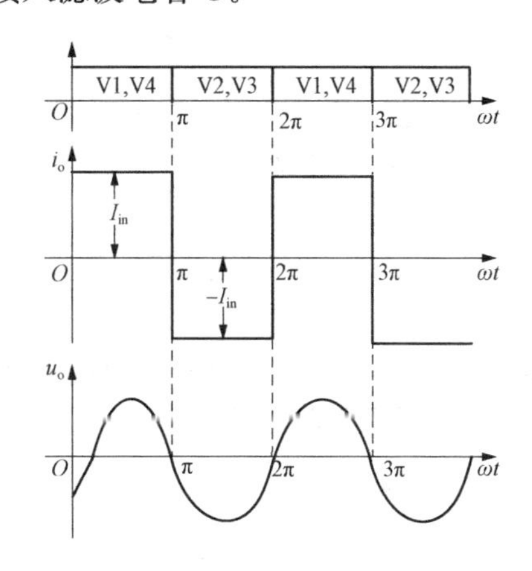

图 5-11 单相电流型逆变器工作波形

对输出电流 i_o 进行傅里叶分解可得

$$i_o = \frac{4I_{in}}{\pi}\left[\sin\omega t + \frac{1}{3}\sin 3\omega t + \frac{1}{5}\sin 5\omega t + \cdots + \frac{1}{2n-1}\sin(2n-1)\omega t\right] \tag{5-7}$$

其基波电流有效值 I_{o1} 为

$$I_{o1} = \frac{4I_{in}}{\sqrt{2}\pi} = 0.9I_{in} \tag{5-8}$$

由式（5-7）可以看出电流型逆变器输出电流波形含有基波和各奇次谐波，且谐波幅值远小于基波。输出电压波形则取决于负载，且输出电压的相位随负载功率因数的变化而变化。如果负载为纯阻性负载且输出没有连接滤波电容时，负载上的电压波形与电流波形一致。但实际使用中大部分负载包含电感成分，输出接入滤波电容 C，C 和 L、R 构成并联谐振电路，负载电路对基波呈现高阻抗，对谐波呈现低阻抗，谐波在负载电路上产生的压降很小，此时负载上的电压波形一般接近正弦波，负载 u_o 的波形如图 5-11 所示。

5.2.2　三相桥式电流型逆变器

三相桥式电流型逆变电路原理如图 5-12 所示。假定输入侧电感足够大，输入侧直流电流 I_{in} 保持不变。基本工作方式为 120°导电方式，即采用 120°脉宽的方波依次驱动开关管 V1～V6，驱动脉冲间隙为 60°。这样在任何时刻保证有且仅有两组功率器件（一个桥臂上管，另一个桥臂下管）同时导通，每个开关管在一个周期的导通时间就是 120°。换流在上桥臂组或下桥臂组的组内依次换流，即在 V1、V3、V5 及 V4、V6、V2 之间换流，为横向换流。

当负载采用星形接法时，各阶段的等值电路及相电流见表 5-2，其工作波形如图 5-13 所示。

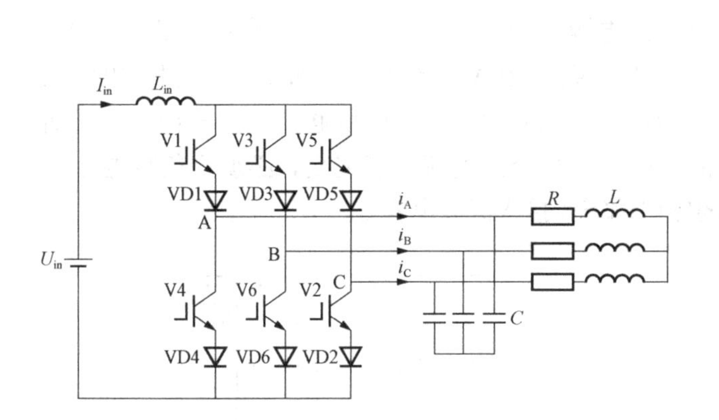

图 5-12　三相桥式电流型逆变电路原理

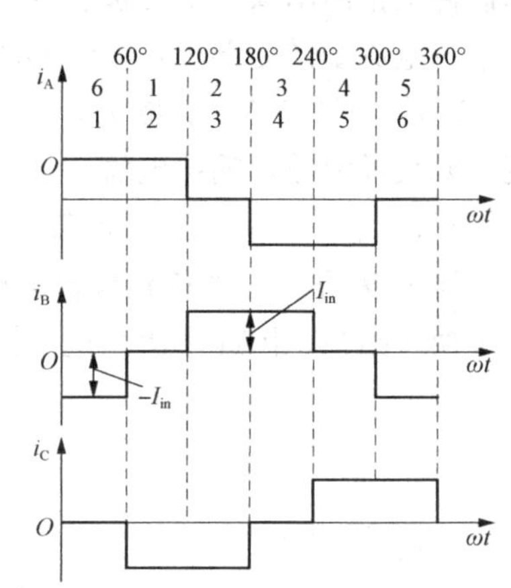

图 5-13　三相桥式电流型逆变电路工作波形

表 5-2　　120°导通型三相桥式电流型逆变器各阶段的等值电路及相电流

阶段		0°～60°	60°～120°	120°～180°	180°～240°	240°～300°	300°～360°
导通开关管		V6、V1	V1、V2	V2、V3	V3、V4	V4、V5	V5、V6
等值电路		+ Z_A Z_B −	+ Z_A Z_C −	+ Z_B Z_C −	+ Z_B Z_A −	+ Z_C Z_A −	+ Z_C Z_B −
相电流	i_A	I_{in}	I_{in}	0	$-I_{in}$	$-I_{in}$	0
	i_B	$-I_{in}$	0	I_{in}	I_{in}	0	$-I_{in}$
	i_C	0	$-I_{in}$	$-I_{in}$	0	I_{in}	I_{in}

由图 5-13 可知，各相输出电流波形均为正负脉宽为 120°的矩形波，将 A 相电流进行傅里叶分解可得

$$
\begin{aligned}
i_{A} &= \frac{2\sqrt{3}I_{in}}{\pi}\left(\sin\omega t - \frac{1}{5}\sin5\omega t - \frac{1}{7}\sin7\omega t + \frac{1}{11}\sin11\omega t + \frac{1}{13}\sin13\omega t + \cdots\right) \\
&= \frac{2\sqrt{3}I_{in}}{\pi}\left[\sin\omega t + \sum_{n=6k\pm1}\frac{1}{n}(-1)^{k}\sin n\omega t\right](k=1,2,3,\cdots)
\end{aligned}
\tag{5-9}
$$

由式（5-9）可见，输出电流中不含3次及其倍次数谐波，只含5、7、11、13等$6k\pm1$次的谐波。输出相电流的基波有效值的表达式为

$$
I_{A1} = \frac{\sqrt{6}}{\pi}I_{d} = 0.78I_{in} \tag{5-10}
$$

因两者波形形状相同，电流型逆变器120°导电方式下输出相电流及其基波有效值与电压型三相桥式逆变电路180°导电方式下输出线电压及其基波有效值表达式（5-5）、式（5-6）类似。

5.2.3 电压型逆变电路和电流型逆变电路的比较

（1）滤波环节。电压型逆变电路的直流滤波环节是并联大电容，直流侧电压基本无脉动，相当于电压源，直流回路呈现低阻抗；电流型逆变电路直流侧串联有大电感，直流侧电流基本无脉动，相当于电流源，直流回路呈现高阻抗。

（2）输出波形。电压型逆变电路输出电压是矩形波或阶梯波，且与负载阻抗角无关，输出电流波形含有高次谐波并对负载变化反应迅速；电流型逆变电路输出电流是矩形波或阶梯波，输出电压波形取决于负载，对于感性负载（如电动机），其电压波形接近于正弦波。

（3）电路结构。对于电压型逆变电路，当交流侧为阻感性负载时需要提供无功功率，直流侧电容起缓冲无功能量的作用。为了给交流侧向直流侧反馈的无功能量提供通道，逆变桥各臂都并联了反馈二极管。对于电流型逆变电路，当交流侧为阻感性负载时需要提供无功功率，直流侧电感起缓冲无功能量的作用。电流型逆变器因为反馈无功能量时直流电流并不反向，因此不必像电压型逆变电路那样要给开关器件反并联二极管，但要求开关管具有反向阻断能力，并且阻感负载时输出侧需要接入滤波电容。

（4）四象限运行。电压型逆变器不容易进行四象限运行，原因是回馈制动时要求逆变桥运行在整流状态，而整流桥运行在逆变状态，由于直流环节接有大电容，因此改变电压极性很困难。为了使电压型逆变器进行四象限运行，要再设置一个晶闸管整流桥与原来的整流桥反并联，反向的晶闸管整流桥实现电机的回馈制动，或者整流环节采用PWM整流电路。电流型逆变电路因直流环节串有大电感，在维持电流方向不变的情况下，逆变桥和整流桥可以很方便地改变极性，从而回馈电机的制动功率，所以电流型逆变电路容易实现四象限运行。

（5）负载。电压型逆变器适用于带多台电机齐速运行；电流型逆变器适用于单机拖动，尤其适用于加减速频繁、需经常反转的场合。

目前实用的逆变电路基本上是电压型逆变电路，电流型逆变电路应用较少，通常在大功率的场合有部分应用。电流型逆变电路应用受限的原因主要有：①电感储能密度小，导致同等功率下电流型逆变器比电压型逆变器体积大且笨重；②电感本身的损耗也比电容大；③多数全控型器件不具备逆阻特性，电流型逆变器使用时需串联二极管，即增加损耗又增加成本。

电流型逆变器也有其独特优势，其滤波电感的使用寿命要比电压型逆变器中电解电容的使用寿命长很多。又因为在电流型逆变器中串联的是大电感，所以电路中桥臂允许直通，不

会产生过电流问题，因此也不需要像电压型逆变器加入过电流保护环节，不需要设置死区，使得逆变器的可靠性提高。电流型逆变器广泛应用于超导储能系统、有源电力滤波、新能源发电系统等领域。

5.3 多重逆变电路和多电平逆变电路

在方波调制的逆变电路中，输出电压或电流是矩形波。矩形波中含有较多的谐波，对负载会产生不利影响。为了减少谐波，常采用多重逆变电路把几个矩形波组合起来，使之成为接近正弦波的波形。也可以改变电路结构，构成多电平逆变电路，从而使输出电压向正弦波靠近。

5.3.1 多重逆变电路

多重逆变就是对几个输出为方波的相同逆变器，控制其输出依次错开相同的相位角，然后再把它们叠加起来形成接近于正弦波的阶梯波输出，从而消除某些低次谐波的方法。此处主要介绍单相电压型二重逆变电路和三相电压型二重逆变电路。

1. 单相电压型二重逆变电路

单相电压型二重逆变电路原理如图 5-14 所示，它由两个单相全桥逆变电路组成，两者的输出通过变压器 T1 和 T2 串联起来。单相电压型二重逆变电路的输出波形如图 5-15 所示，两个单相逆变电路的输出电压 u_1 和 u_2 都是导通 180°的矩形波，其中包含所有奇次谐波，3 次谐波的含量最大。如图 5-15 所示，把两个单相逆变电路的导通相位错开 $\varphi=180°/3=60°$，则对于 u_1 和 u_2 中的 3 次谐波来说，其错开了 $3\times60°=180°$。通过变压器串联合成后，两者中所含 3 次谐波互相抵消，所得到的总输出电压中不含 3 次谐波。从图 5-15 可以看出，u_0 的波形是导通 120°的矩形波，和三相桥式逆变电路 180°导通方式下的线电压输出波形相同，u_o 只含 $6k\pm1$ 次谐波，$3k$ 次谐波被抵消了。

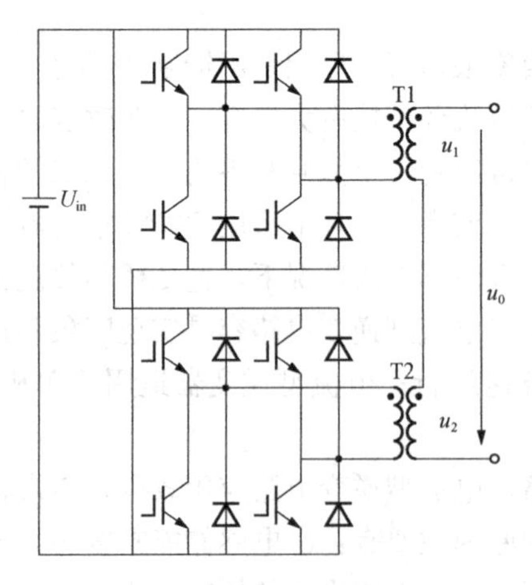

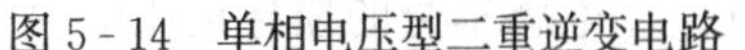
图 5-14 单相电压型二重逆变电路

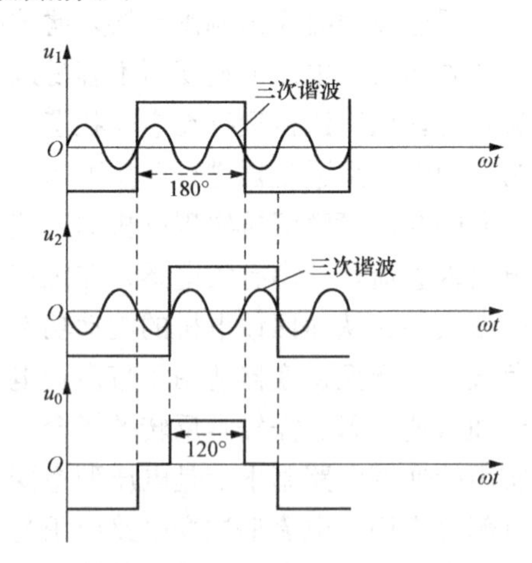

图 5-15 单相电压型二重逆变电路的输出波形

从电路输出的合成方式来看，多重逆变电路有串联多重和并联多重两种方式。串联多重是把几个逆变电路的输出串联起来，电压型逆变电路多用串联多重方式。并联多重是把几个逆变电路的输出并联起来，电流型逆变电路多用并联多重方式。

2. 三相电压型二重逆变电路

三相电压型二重逆变电路原理如图5-16所示。逆变电路的输入直流电压共用，输出电压通过变压器 T1 和 T2 串联合成。两个逆变电路均为 180°导通方式，它们各自的输出线电压都是 120°矩形波。工作时，使逆变桥Ⅱ的输出电压相位比逆变桥Ⅰ滞后 30°。变压器 T1 和 T2 在图中同一水平线上画的绕组表示绕在同一铁芯柱上。变压器 T1 为 Dy 联结，线电压电压比为 $1:\sqrt{3}$（一次、二次绕组匝数相等）。变压器 T2 一次侧也是三角形联结，但二次侧有两个绕组，采用曲折星形联结，即一相的绕组和另一相的绕组串联而构成星形。变压器 T2 接法相比于 T1 接法，二次电压相对于一次电压超前 30°，可以抵消逆变桥Ⅱ比逆变桥Ⅰ输出滞后的 30°。这样，u_{U1}和 u_{U2}的基波相位就相同了。另外，如果 T1 和 T2 一次侧匝数相同，则为了使 u_{U1}和 u_{U2}的基波幅值相同，T1 和 T2 二次侧间的匝数比就应为 $1:\sqrt{3}$。三相电压型二重逆变电路输出波形如图 5-17 所示，由图 5-17 可以看出，u_{UN}比 u_{U1}接近正弦波。

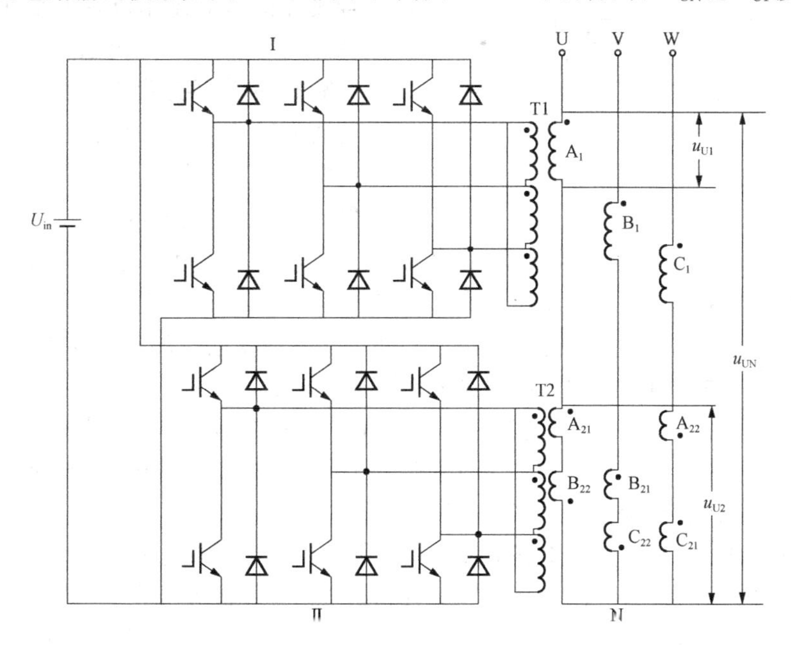

图 5-16　三相电压型二重逆变电路

把 u_{U1}展开成傅里叶级数得

$$u_{U1}=\frac{2\sqrt{3}U_{in}}{\pi}\left[\sin\omega t+\frac{1}{n}\sum_{n}(-1)^{k}\sin n\omega t\right] \tag{5-11}$$

式中：$n=6k\pm1$，k 为自然数。

u_{U1}的基波分量有效值为

$$U_{U11}=\frac{\sqrt{6}}{\pi}U_{in}=0.78U_{in} \tag{5-12}$$

n 次谐波有效值为

$$U_{U1n}=\frac{\sqrt{6}}{n\pi}U_{in} \tag{5-13}$$

把由变压器合成后的输出相电压 u_{UN}展开成傅里叶级数，可求得其基波电压有效值为

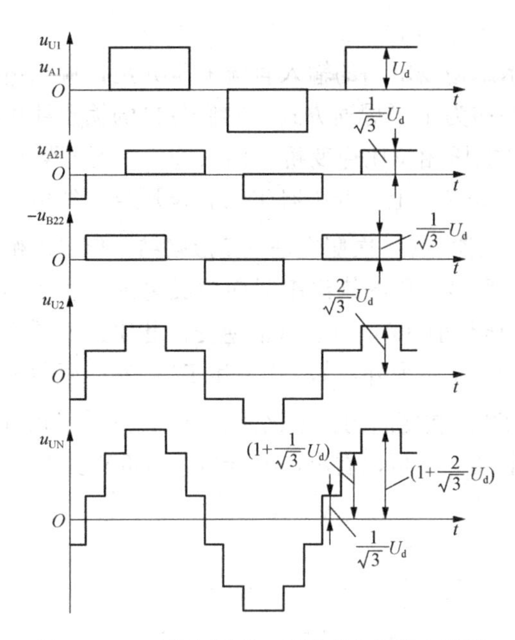

图 5 - 17　三相电压型二重逆变电路输出波形

$$U_{UN1}=\frac{2\sqrt{6}}{\pi}U_{in}=1.56U_{in} \tag{5-14}$$

其 n 次谐波有效值为

$$U_{UNn}=\frac{2\sqrt{6}}{n\pi}U_{in} \tag{5-15}$$

式中：$n=12k\pm1$，k 为自然数。在 u_{UN} 中已不含有 5、7 次等谐波。

可以看出，该三相电压型二重逆变电路的直流侧电流每周期脉动 12 次，称为 12 脉冲逆变电路。一般来说，使 m 个三相桥式逆变电路的相位依次错开 $\pi/3m$ 运行，连同使他们输出电压合成并抵消上述相位差的变压器，就可以构成脉冲数为 $6m$ 的逆变电路。

5.3.2　多电平逆变电路

前面论述的三相逆变电路输出相电压（相对于电源中点）只有两种电平，以图 5 - 7 的 A 相为例，以电源中点 O′（$U_{in}/2$ 处）为基准，当 V1 导通时输出为正，当 V4 导通时输出为负，即 $\pm U_{in}/2$，这种电路称为两电平逆变电路。多电平逆变电路是指输出电压波形中的电平数等于或大于 3 的逆变电路，如三电平逆变电路、五电平逆变电路和七电平逆变电路等。如果能使逆变电路的相电压输出更多种电平，不但有可能输出更高的电压，也可以使其波形更接近正弦波。

多电平逆变电路主要有钳位式多电平逆变电路和级联式多电平逆变电路两种。其中，钳位式多电平逆变电路中使用较多的有二极管钳位式多电平逆变电路和飞跨电容钳位式多电平逆变电路。这里介绍二极管钳位式多电平逆变电路。

三相二极管钳位三电平逆变电路如图 5 - 18 所示，直流电源通过两个直流电容分压，其中每一相都由四个主开关管、四个辅助二极管和两个钳位二极管组成。钳位是利用二极管将桥臂上特定连接点上的电压钳位到零电位，同时防止并联电容工作时出现短路状况造成损害。

对 A 相而言，电路有三种工作状态：①当开关管 V1、V2 同时导通时，输出端电压 u_{AO} 为 $+U_{in}/2$；②当开关管 V2、VD（或 V1′、VD′）同时导通时，u_{AO} 为 0；③当开关管 V1′、V2′同时导通时，u_{AO} 为 $-U_{in}/2$。

B、C 相桥臂输出电压 u_{BO}、u_{CO} 按三相对称原则依次滞后 $2\pi/3$。这样，线电压 $u_{AB}=u_{AO}-u_{BO}$，就输出有 $\pm U_{in}$、$\pm U_{in}/2$ 和 0 五种电平状态，其阶梯形状更接近正弦波，输出电压谐波将大大优于通常的两电平逆变器。三电平逆变器的输出电压波形与二重化逆变器相同，但省去了连接复杂的变压器。三电平逆变器中每个功率开关器件所承受的电压仅为直流电源电压的一半，故特别适合高压大容量的应用场合。

级联式多电平逆变电路以级联型 H 桥结构最常用，其基本单元电路为单个 H 桥，如图 5 - 19（a）所示。单个 H 桥功率单元的输出波形图如图 5 - 19（b）所示。H 桥电路在正向导通工作、反向导通工作和正向旁路工作、反向旁路工作四种工作状态中不断变换。具体如

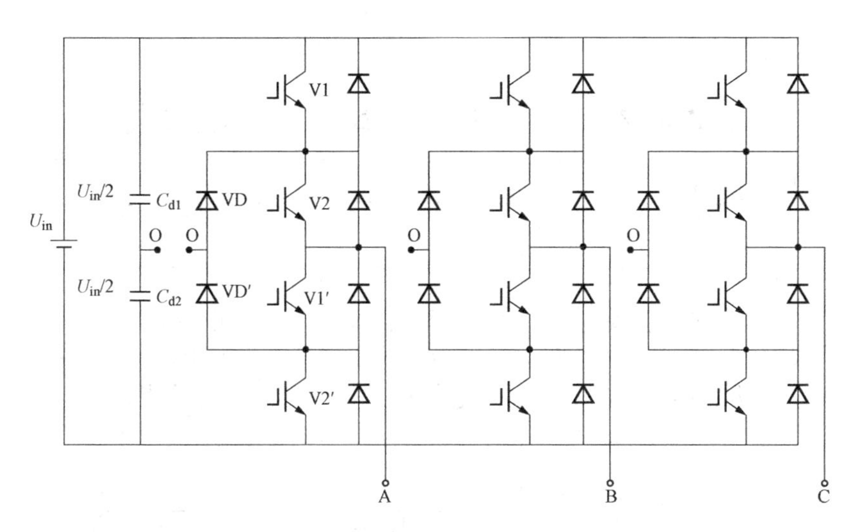

图 5-18 三相二极管钳位三电平逆变电路

下：①当开关管 V11、V14 导通时，电路处于正向导通工作，输出电压 u_o 为 $+E$；②当开关管 V12、V13 导通时，电路处于反向导通工作，输出电压 u_o 为 $-E$；③当开关管 V11、V12 导通时，电路处于正向旁路工作，输出电压 u_o 为零；④当开关管 V13、V14 导通时，电路处于反向旁路工作，输出电压 u_o 为零。

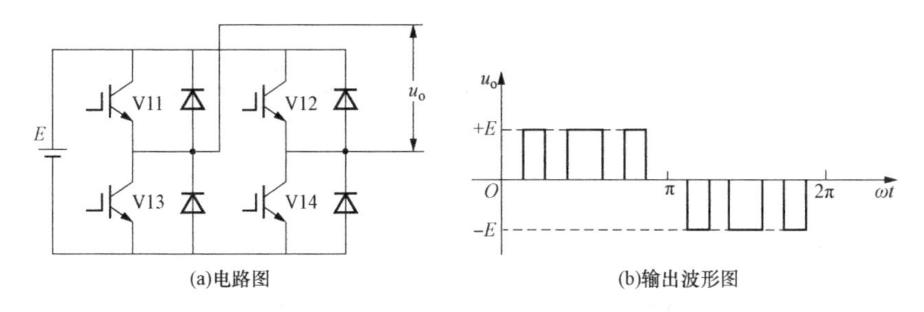

图 5-19 H 桥基本单元结构及输出波形

级联型 H 桥三相七电平逆变电路拓扑结构如图 5-20 所示，电路中每相由三个基本单元串联而成，输出电平数为 $2n+1=7$（n 为级联单元数）。级联型 H 桥三相七电平逆变电路的每个功率单元均需要独立的低压直流浮空电源 E，每一相均通过各级联 H 桥单元输出电压相加，然后输出阶梯电压波形，随着电平数增加，电压变化减小，逐渐逼近正弦波，所以基于 H 桥级联的逆变电路所组成的高压变频器在实际应用中较为广泛。

20 世纪，模块化多电平换流器（Modular Multilevel Converter，MMC）逐步成为研究关注的焦点。MMC 拓扑结构通过子模块串联来构成换流器，秉承了 H 桥级联结构模块化的优点，通过基本模块单元的输出叠加实现多电平输出。模块化多电平逆变器电路原理图如图 5-21 所示。每个模块单元电路近似于半桥式结构，整个电路共用一条直流母线，所有模块均由一个独立直流电压源进行供电，因此不再需要多绕组变压器。由于其采用模块化处理，易于扩展级联，因此很适合用于高压大功率场合。同时，基于开关损耗低、THD 小等特点，MMC 在电机拖动、APF、电力牵引、无功功率补偿及高压直流输电等方面拥有广泛的应用前景。

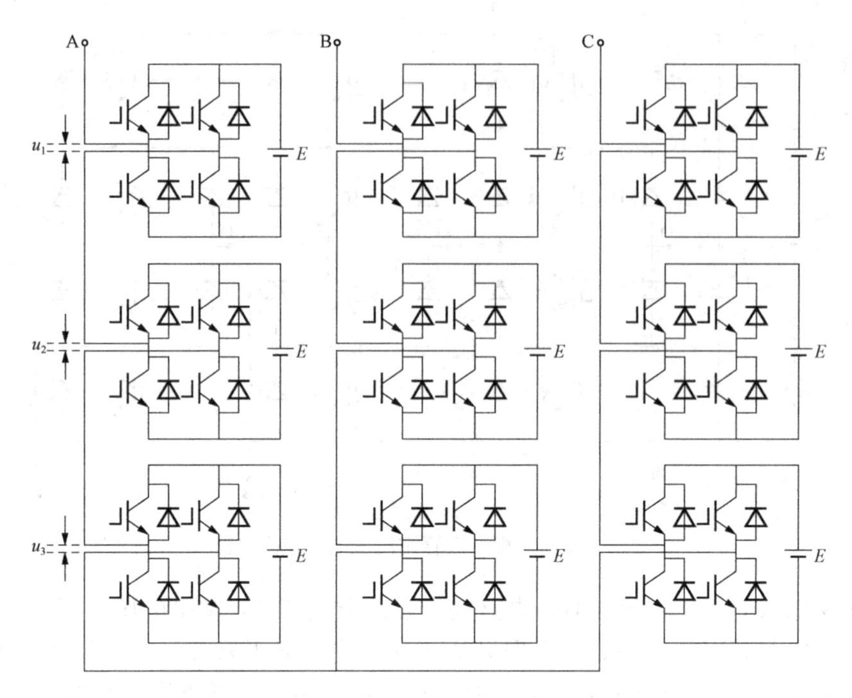

图 5-20　级联型 H 桥三相七电平逆变电路图拓扑结构

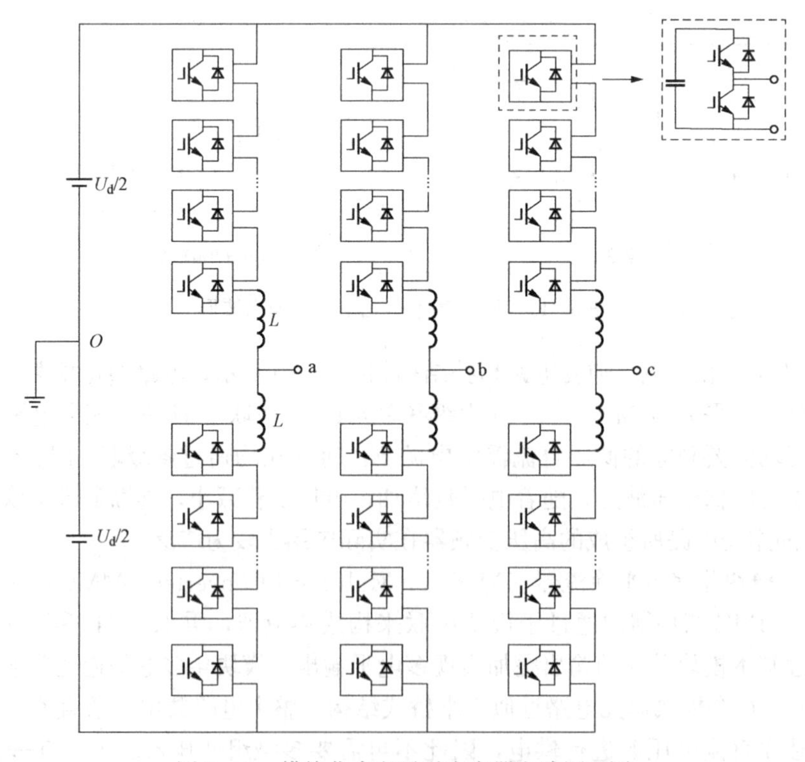

图 5-21　模块化多电平逆变变器电路原理图

5.4 PWM逆变控制技术

方波调制和移相调制的逆变器输出电压含有低次谐波，故只能用在对谐波含量要求不高的场合。为了使逆变器输出电压、电流波形更接近正弦波，降低谐波含量，可以采用PWM控制技术。

PWM控制技术在逆变电路中的应用十分广泛，逆变电路是PWM控制技术最为重要的应用场合，PWM逆变电路可分为电压型和电流型两种。目前实际应用的PWM逆变电路主要是电压型电路，因此，本节主要讲述电压型PWM逆变电路的控制方法。

5.4.1 SPWM调制技术

根据3.5.1中介绍的PWM控制的基本原理，可以用一系列等幅、宽度按正弦规律变化的正脉冲来代替正弦波的正半周，用一系列不等宽的负脉冲来代替正弦波的负半周，从而得到和正弦波等效的PWM波形，也称正弦脉冲宽度调制（Sinusoidal PWM，SPWM）波形。

目前实际应用的PWM控制电路中，采用的大都是调制法，调制法通常采用等腰三角波或锯齿波作为载波。其中等腰三角波应用最多，因为等腰三角波上任一点水平宽度和高度成线性关系且左右对称，当它与任一平缓变化的调制信号波相交时，如果在交点时刻对电路中开关器件的通断进行控制，就能得到宽度正比于信号波幅值的脉冲，这正好符合PWM控制的要求。在调制信号波为正弦波时，所得到的就是SPWM波形，这种情况应用最广，本节主要介绍这种情况。当调制波不是正弦波，而是其他所需要的波形时，也能得到与之等效的PWM波。

SPWM控制方式又可分为单极性控制方式与双极性控制方式两种，下面结合具体电路来说明。

1. 单极性和双极性SPWM控制方式

（1）单极性SPWM控制方式。单相桥式PWM逆变电路如图5-22所示，该电路采用IGBT作为开关器件。设负载为阻感性负载，工作时V1和V2的通断状态互补，V3和V4通断状态也互补。单极性PWM控制方式时，调制信号u_r为正弦波，载波u_c在u_r的正半周为正极性的三角波，在u_r的负半周为负极性的三角波。在u_r和u_c的交点时刻控制IGBT的通断，图5-23中给出了V1～V4的控制信号，以及输出电压波形u_0。具体的控制过程如下：

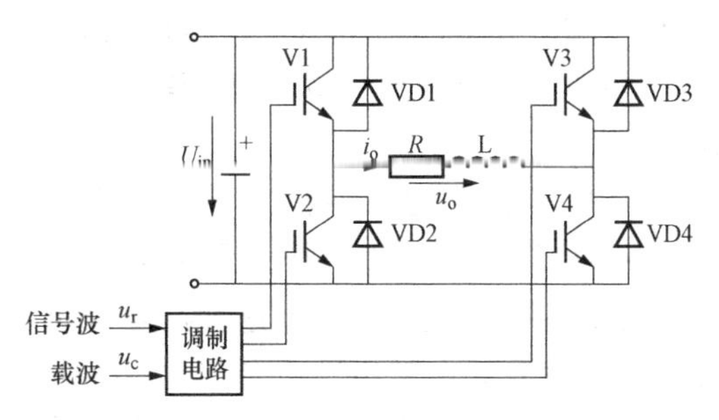

图5-22 单相桥式PWM逆变电路

在u_r的正半周，V1保持通态，V2保持断态，开关管V3和V4的控制信号u_{g3}、u_{g4}由u_r和u_c调制得到，两者互补。当$u_r > u_c$时u_{g4}为高电平；当$u_r < u_c$时u_{g3}为高电平。在u_r的负半周，V1保持断态，V2保持通态，开关管V3和V4的控制信号u_{g3}、u_{g4}依然由u_r和u_c调制得到，控制规律与正半周相同。

在u_r的正半周，假设负载电流i_o方向如图5-22所示方向为正。下面分

析其工作过程。

$t_1 \sim t_2$ 阶段：u_{g1}、u_{g4}为高电平，则电流 i_o 的流通路径为电源 U_{in}→V1→RL 负载→V4→U_{in}，负载电压 $u_o = U_{in}$。

$t_2 \sim t_3$ 阶段：u_{g1}、u_{g3}为高电平，由于电感 L 的作用，电流 i_o 方向不能改变，负载电感续流，此时电流 i_o 的路径为 V1→RL 负载→VD3，$u_o = 0$。

$t_3 \sim t_4$ 阶段：重复 $t_1 \sim t_2$ 过程。

在 u_r 的负半周，假设负载电流 i_o 方向为负。

$t_5 \sim t_6$ 阶段：u_{g2}、u_{g3}为高电平，则电流 i_o 的流通路径为电源 U_{in}→V3→RL 负载→V2→U_{in}，负载电压 $u_o = -U_{in}$。

$t_6 \sim t_7$ 阶段：u_{g2}、u_{g4}为高电平，由于电感 L 的作用，电流 i_o 方向不能改变，此时电流 i_o 的路径为VD4→RL 负载→V2，$u_o = 0$。

$t_7 \sim t_8$ 阶段：重复 $t_5 \sim t_6$ 过程。

需要说明的是，由于负载电流比电压滞后，因此在电压正半周，电流大部分时间区间为正，但有一小段区间为负。在负载电流为正的区间，V1 和 V4 导通时，负载电压 u_o 等于直流电压 U_{in}；V4 关断，给 V3 开通信号后，负载电流通过 V1 和 VD3 续流，$u_o = 0$。在负载电流为负的区间，给 V1 和 V4 导通信号时，因 i_o 为负，故 i_o 实际上从 VD1 和 VD4 流过，仍有 $u_o = U_{in}$；给 V4 关断信号、V3 开通信号后，i_o 从 V3 和 VD1 续流，$u_o = 0$。这样，在电压正半周，u_o 总可以得到 U_{in}和零两种电平。同样，在电压的负半周，让 V2 保持通态，V1 保持断态，V3 和 V4 交替通断，负载电压 u_o 可以得到 $-U_{in}$和零两种电平。

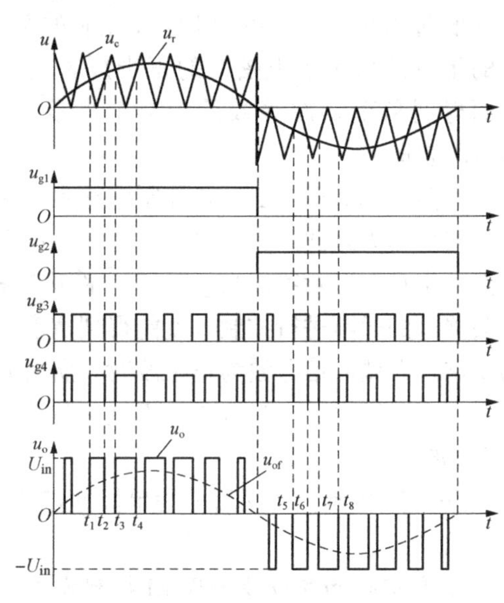

图 5-23　单极性 PWM 控制方式的输出波形

如图 5-23 所示，按照上述的 PWM 控制方式，最终可以得到输出电压波形 u_o，图中的虚线 u_{of}表示 u_o 中的基波分量。像这种在 u_r 的半个周期内三角波载波只在正极性或负极性一种极性范围内变化，所得到的 PWM 波形也只在单个极性范围变化的控制方式称为单极性 PWM 控制方式。

（2）双极性 SPWM 控制方式。和单极性 PWM 控制方式相对应的是双极性控制方式。单相桥式逆变电路双极性 PWM 控制方式的波形如图 5-24所示，图 5-24 中给出了 $u_{g1、4}$ 的控制信号，而 $u_{g2、3}$的控制信号与 $u_{g1、4}$ 互补。采用双极性方式时，在 u_r 的半个周期内，三角波载波不再是单极性的，而是有正有负。在 u_r 的一个周期内，输出

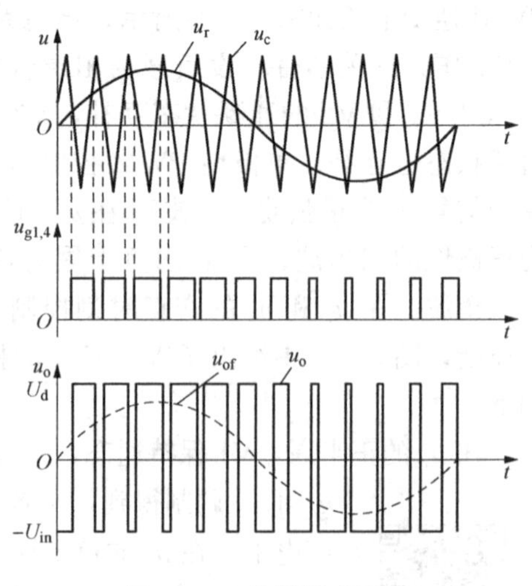

图 5-24　单相桥式逆变电路双极性 PWM 控制方式的波形

的 PWM 波只有$\pm U_{in}$两种电平，而不像单极性控制时还有零电平。仍然在调制信号 u_r 和载波信号 u_c 的交点时刻控制各开关器件的通断。在 u_r 的正负半周，对各开关器件的控制规律相同。当 $u_r > u_c$ 时，给 V1 和 V4 以导通信号，给 V2 和 V3 以关断信号，这时如$i_o > 0$，则 V1 和 V4 导通；如 $i_o < 0$，则 VD1 和 VD4 导通。不管哪种情况都是输出电压 $u_o = U_{in}$。当 $u_r < u_c$ 时，给 V2 和 V3 以导通信号，给 V1 和 V4 以关断信号，这时如 $i_o < 0$，则 V2 和 V3 导通；如 $i_o > 0$，则 VD2 和 VD3 导通，不管哪种情况都是 $u_o = -U_{in}$。

可以看出，单相桥式电路既可采取单极性调制，也可采用双极性调制，由于对开关器件通断控制的规律不同，其输出波形也有较大的差别。

从以上工作原理可以看出，若要调节输出电压 u_o 的幅值和频率，可以通过改变调制波 u_r 的幅值和频率来实现。定义调制波 u_r 的幅值 U_{rm}和载波 u_c 的幅值 U_{cm}的比值为调制度 α，即 $\alpha = U_{rm}/U_{cm}$。因此，调节调制度 α，就可以调节输出电压 u_o 的幅值。

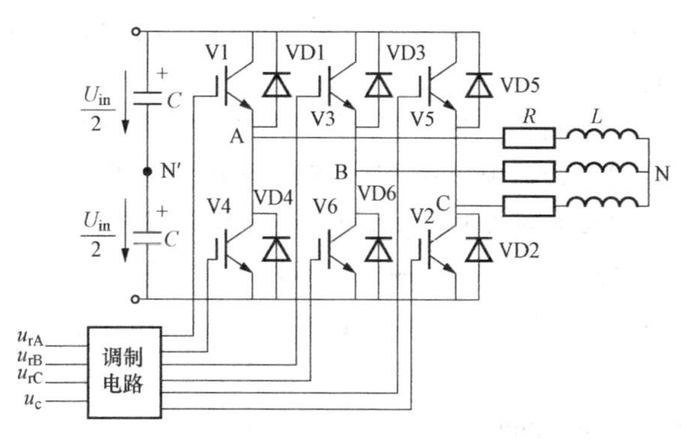

图 5-25 三相桥式 PWM 逆变电路

三相桥式 PWM 逆变电路如图 5-25 所示，这种电路都是采用双极性控制方式。A、B 和 C 三相的 PWM 控制通常共用一个三角波载波 u_c。三相的调制信号 u_{rA}、u_{rB}和 u_{rC}依次相差 120°。A、B 和 C 各相功率开关器件的控制规律相同，现以 A 相为例来说明。当 $u_{rA} > u_c$ 时，给上桥臂 V1 以导通信号，给下桥臂 V4 以关断信号，则 A 相相对于直流电源假想中点 N′的输出电压 $u_{AN'} = U_{in}/2$。当 $u_{rA} < u_c$ 时，给 V4 以导通信号，给 V1 以关断信号，则 $u_{AN'} = -U_{in}/2$。V1 和 V4 的驱动信号始终是互补的。当给 V1（V4）加导通信号时，可能是 V1（V4）导通，也可能是二极管 VD1（VD4）续流导通，这要由阻感性负载中电流的方向来决定，这和单相桥式 PWM 逆变电路在双极性控制时的情况相同。B 相及 C 相的控制方式都和 A 相相同。

三相桥式 PWM 逆变电路的调制波和输出波形如图 5-26 所示。可以看出，$u_{AN'}$、$u_{BN'}$、$u_{CN'}$ 的 PWM 波形都只有$\pm U_{in}/2$ 两种电平。图 5-26 中的线电压波形 u_{AB}的波形可由 $u_{AN'} - u_{BN'}$ 得出。当桥臂 1 和 6 导通时，$u_{AB} = U_{in}$；当桥臂 3 和 4 导通时，$u_{AB} = -U_{in}$；当桥臂 1 和 3 或桥臂 4 和 6 导通时，$u_{AB} = 0$。因此，逆变器的输出线电压 PWM 波由$\pm U_{in}$和 0 三种电平构成。图 5-26 中的负载相电压可表示为

$$u_{AN} = u_{AN'} - \frac{u_{AN'} + u_{BN'} + u_{CN'}}{3} \quad (5-16)$$

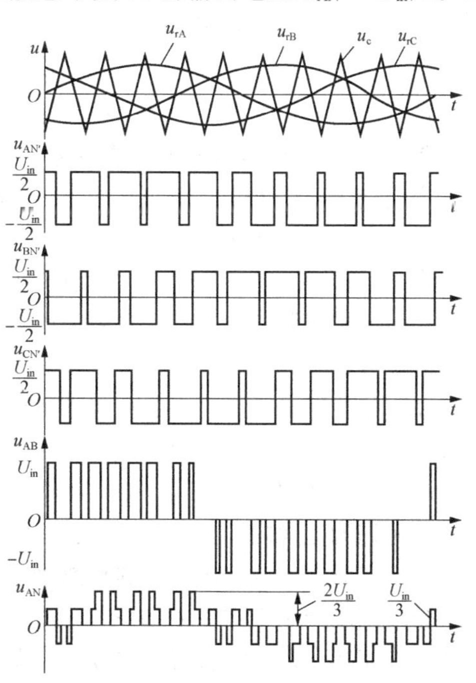

图 5-26 三相桥式 PWM 逆变电路的调制波形和输出波形

从图（5-26）和式（5-16）可以看出，负载相电压的 PWM 波由$\pm 2U_{in}/3$、$\pm U_{in}/3$和0共5种电平组成。

在电压型逆变电路的 PWM 控制中，同一相上下两个桥臂的驱动信号都是互补的。但实际上为了防止上下两个桥臂直通而造成短路，在上下两桥臂通断切换时要留一小段上下桥臂都施加关断信号的死区时间。死区时间的长短主要由功率开关器件的关断时间来决定。这个死区时间将会给输出的 PWM 波形带来一定影响，使其稍稍偏离正弦波。

2. 异步调制和同步调制

在 PWM 控制电路中，载波比N为载波频率f_c与调制信号频率f_r之比，即$N=f_c/f_r$。根据载波和信号波是否同步及载波比的变化情况，PWM 调制方式分为异步调制和同步调制。

（1）同步调制。N等于常数，并在变频时使载波和调制波保持同步的方式为同步调制。在基本同步调制方式中，f_r变化时N不变，调制波一周期内输出脉冲数固定，脉冲相位也是固定的。在三相电路中，通常共用一个三角波载波，且取N为3的整数倍，使三相输出对称。同时，为使一相的 PWM 波正负半周镜对称，N应取奇数。同步调制三相 PWM 波形（$N=9$）如图 5-27 所示。

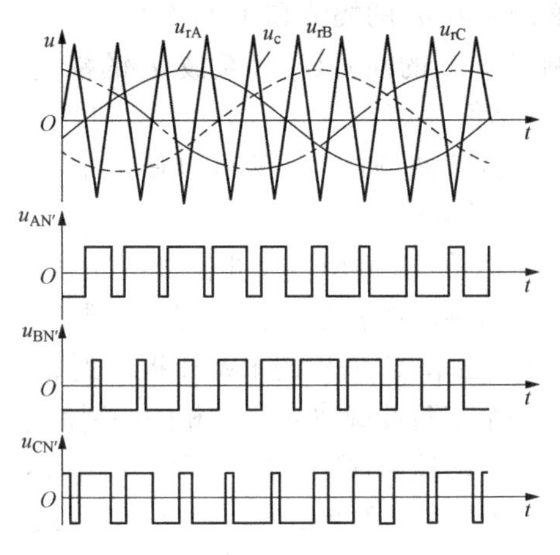

图 5-27　同步调制三相 PWM 波形（$N=9$）

采用同步调制时，当f_r很低时，f_c也很低，由调制带来的谐波不易滤除；当f_r很高时，f_c会过高，使开关器件难以承受。

（2）异步调制。载波信号和调制信号不保持同步的调制方式为异步调制。通常保持f_c固定不变，当f_r变化时，载波比N是变化的。在调制波的半周期内，PWM 波的脉冲个数不固定，相位也不固定，正负半周期的脉冲不对称，半周期内前后 1/4 周期的脉冲也不对称。

异步调制时，当f_r较低时，N较大，一周期内脉冲数较多，脉冲不对称的不利影响较小；当f_r增高时，N减小，一周期内的脉冲数减少，PWM 脉冲不对称的影响就变大。因此，在采用异步调制方式时，希望采用较高的载波频率，以使在信号波频率较高时仍能保持较大的载波比。

（3）分段同步调制。为了克服同步调制和异步调制中所存在问题，可以采用分段同步调制方式。把逆变电路输出频率f_r范围内划分成若干个频段，每个频段内都保持载波比N恒定，不同频段N不同。在f_r高的频段采用较低的N，使载波频率不致过高，限制在功率开关器件允许的范围内；在f_r低的频段采用较高的N，使载波频率不致过低而对负载产生不利影响，各频段的载波比取3的整数倍且为奇数为宜。

分段同步调制方式举例如图 5-28 所示。为防止载波频率f_c在切换点附近来回跳动，在各频率切换点采用滞后切换的方法。图 5-28 中切换点处的实线表示输出频率增高时的切换频率，虚线表示输出频率降低时的切换频率，前者略高于后者而形成滞后切换。在不同的频率段内，载波频率的范围基本一致，f_c大约为1.4～2.0kHz。

同步调制比异步调制复杂，但用微机控制时容易实现。可在低频输出时采用异步调制方式，高频输出时切换到同步调制方式，采用混合调制，这样把两者的优点结合起来，和分段同步方式效果接近。

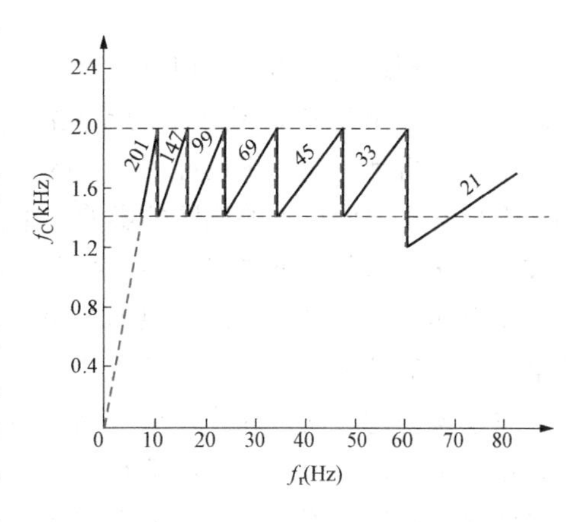

图 5-28 分段同步调制方式举例

3. PWM 逆变电路的谐波分析

PWM 逆变电路可以使输出电压、电流接近正弦波，但由于使用载波对正弦信号波调制，也产生了和载波有关的谐波分量。这些谐波分量的频率和幅值是衡量 PWM 逆变电路性能的重要指标之一。这里主要分析常用的双极性 SPWM 波形。

同步调制可以看成异步调制的特殊情况，因此只分析异步调制方式即可。采用异步调制时，不同信号波周期的 PWM 波形是不相同的，因此无法直接以信号波周期为基准进行傅里叶分析。以载波周期为基础，再利用贝塞尔函数可以推导出 PWM 波的傅里叶级数表达式，但这种分析过程相当复杂，而其结论却简单而直观。因此，这里只给出典型分析结果，可以对其谐波分布情况有一个基本的认识。

单相 PWM 桥式逆变电路输出电压频谱如图 5-29 所示，图中给出了不同调制度 α 时的单相 PWM 桥式逆变电路在双极性调制方式下输出电压的频谱图，所包含的谐波角频率为 $n\omega_c \pm k\omega_r$。其中 $n=1$，3，5，…时，$k=0$，2，4，…；$n=0$，2，4，…时，$k=1$，3，5，…。

可以看出，PWM 波中不含有低次谐波，只含有角频率为 ω_c 及其附近的谐波，以及 $2\omega_c$、$3\omega_c$ 等及其附近的谐波。在上述谐波中，幅值最高影响最大的是角频率为 ω_c 的谐波分量。

三相桥式 PWM 逆变电路输出电压频谱如图 5-30 所示。图中电路共用载波信号。结果显示，在其输出线电压中，所包含的谐波角频率为 $n\omega_c \pm k\omega_r$。其中，$n=1$，3，5，…时，$k=3(2m-1)\pm1$，$m=1$，2，…；$n=2$，4，6，…时，$k=1$ 或 $6m\pm1$，$m=1$，2，…。

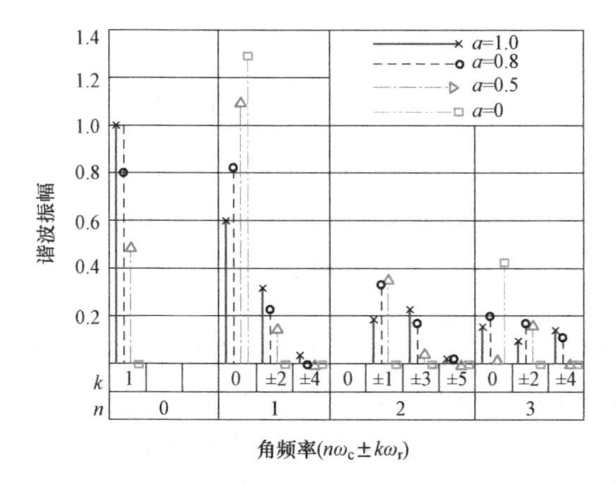

图 5-29 单相 PWM 桥式逆变电路输出电压频谱

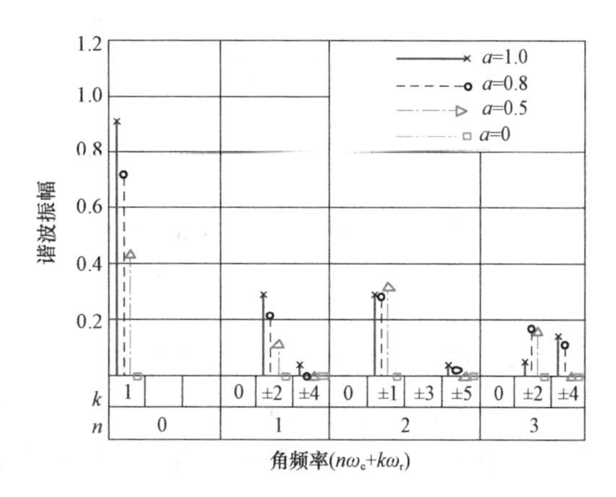

图 5-30 三相桥式 PWM 逆变电路输出电压频谱

比较三相逆变电路和单相电路时的情况可知，其共同点是都不含低次谐波，一个较显著的区别是载波角频率 ω_c 整数倍的谐波没有了，谐波中幅值较高的是 $\omega_c \pm 2\omega_r$ 和 $2\omega_c \pm \omega_r$。

上述分析都是在理想条件下进行的。在实际电路中，由于采样时刻的误差及为避免同一相上下桥臂直通而设置的死区的影响，谐波的分布情况将更复杂。一般来说，实际电路中的谐波含量比理想条件下要多一些，甚至还会出现少量的低次谐波。

从上述分析中可以看出，SPWM 波形中所含的谐波主要是角频率为 ω_c、$2\omega_c$ 及其附近的谐波。一般情况下 $\omega_c \gg \omega_r$，所以 PWM 波形中所含的主要谐波的频率要比基波频率高得多，是很容易滤除的。载波频率越高，SPWM 波形中谐波频率就越高，所需滤波器的体积就越小。另外，一般的滤波器都有一定的带宽，如按载波频率设计滤波器，载波附近的谐波也可滤除。如滤波器设计为高通滤波器，且按载波角频率 ω_c 来设计，那么角频率为 $2\omega_c$、$3\omega_c$ 等及其附近的谐波也就同时被滤除了。

5.4.2 逆变器的 PWM 跟踪控制技术

跟踪控制方法不是用信号波对载波进行调制，而是把希望输出的电流或电压波形作为指令信号，把实际电流或电压波形作为反馈信号，通过两者的瞬时值比较来决定逆变电路各功率开关器件的通断，使实际的输出跟踪指令信号变化。因此，这种控制方法称为跟踪控制法。跟踪控制法中常用滞环比较方式。

滞环比较方式 PWM 电流跟踪控制单相半桥式逆变电路原理如图 5-31 所示。其输出电流波形如图 5-32 所示。如图 5-31 所示，把指令电流 i^* 和实际输出电流 i 的偏差 i^*-i 作为带有滞环特性的比较器的输入，通过其输出来控制功率器件 V1 和 V2 的通断。当 V1（或 VD1）导通时，i 增大；当 V2（或 VD2）导通时，则 i 减小。这样，通过环宽为 $2\Delta I$ 的滞环比较器的控制，i 就在 $i^*+\Delta i$ 和 $i^*-\Delta i$ 的范围内，呈锯齿状地跟踪指令电流 i^*。输出电压 u_o 为 PWM 波，其输出电压由 V1（VD1）或 V2（VD2）导通决定。

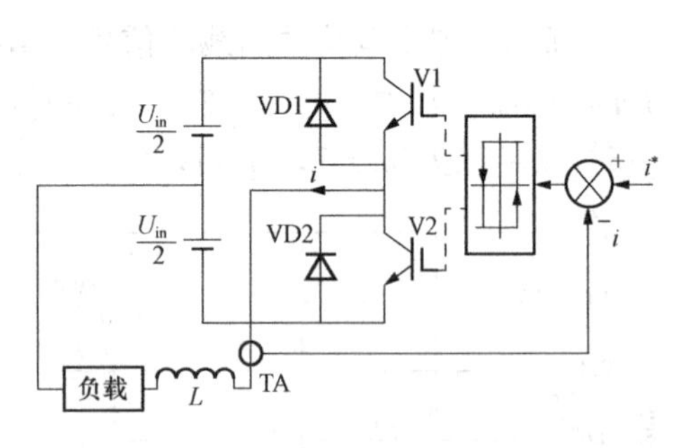

图 5-31 滞环比较方式 PWM 电流跟踪控制单相半桥式逆变电路原理

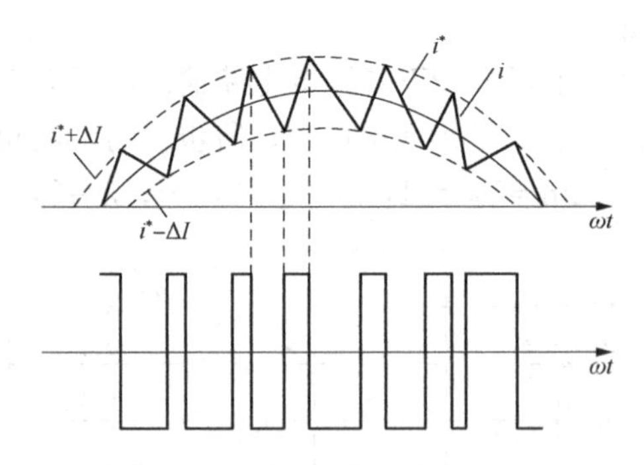

图 5-32 滞环比较方式的 PWM 指令输出电流波形

滞环环宽和电抗器 L 对跟踪性能有较大的影响。环宽过宽时，开关动作频率低，但跟踪误差增大；环宽过窄时，跟踪误差减小，但开关的动作频率过高，甚至会超过开关器件的允许频率范围，开关损耗随之增大。和负载串联的电抗器 L 可起到限制电流变化率的作用。L 过大时，i 的变化率过小，对指令电流的跟踪变慢；L 过小时，i 的变化率过大，i^*-i 频繁地达到 $\pm\Delta i$，开关动作频率过高。

滞环比较方式三相电流跟踪型 PWM 逆变电路原理如图 5-33 所示，它由三个单相半桥电路组成，三相电流指令信号 i_U^*、i_V^* 和 i_W^* 依次相差 120°。其输出线电压和线电流的波形如图 5-34 所示。可以看出，在线电压的正半周和负半周内，都有极性相反的脉冲输出，这将使输出电压中的谐波分量增大，也使负载的谐波损耗增加。

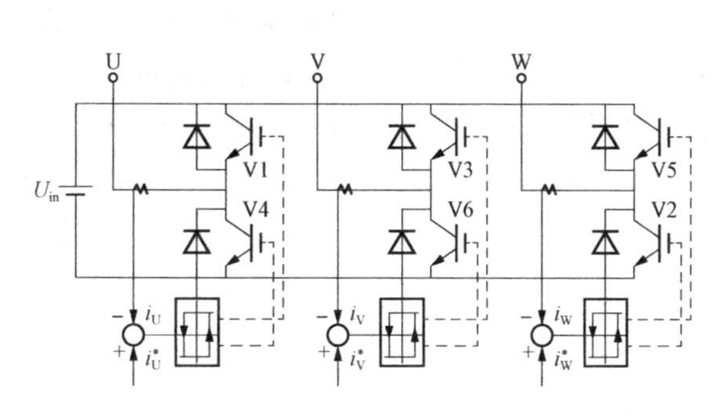

图 5-33 滞环比较方式三相电流跟踪型 PWM 逆变电路原理

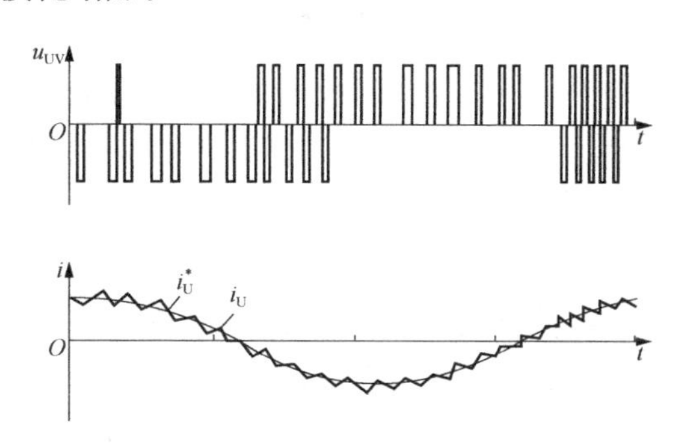

图 5-34 三相电流跟踪型 PWM 逆变电路输出电压、电流波形

采用滞环比较方式的电流跟踪型 PWM 变流电路有如下特点：①硬件电路简单；②属于实时控制方式，电流响应快；③不用载波，输出电压波形中不含特定频率的谐波分量；④和计算法及调制法相比，相同开关频率时输出电流中高次谐波含量较多；⑤属于闭环控制，这是各种跟踪型 PWM 变流电路的共同特点。

滞环控制的缺点在于：①开关频率不固定，有时会出现很窄的脉冲和很大的电流尖峰，给驱动保护电路及主电路的设计带来困难；②如果开关频率的变化范围在 8kHz 以下，将产生让人讨厌的噪声；③开关频率不固定，滤波困难，对外界的电磁干扰也比较大；④滞环控制不能使输出电流达到很低，因为当给定电流太低时，滞环调节作用几乎消失。

为了解决滞环比较方式的开关频率不固定的问题，可以采用固定开关频率控制方式，这里不再赘述。

5.4.3 逆变器的 SVPWM 控制

PWM 控制技术在交流电动机驱动的各种变频器中应用最为广泛，在交流电动机的驱动中，最终目的并非使输出电压为正弦波，而是使电动机的磁链成为圆形的旋转磁场，从而使电动机产生恒定的电磁转矩。当把逆变器和交流电动机视为一体，按照跟踪圆形旋转磁场来控制逆变器的工作，这种方法称为磁链跟踪控制。下面介绍在变频器中被广泛使用的空间矢量 PWM 控制技术（SVPWM）。

1. 电压空间矢量

电压空间矢量是按照电压所加在绕组的空间位置来定义的。电动机的三相定子绕组在空间上互差 120°星形或者三角形联结，三相定子相电压 u_{AO}、u_{BO}、u_{CO} 分别加在三相绕组上。可定义三个定子相电压矢量 $\boldsymbol{u}_{AO}$、$\boldsymbol{u}_{BO}$、$\boldsymbol{u}_{CO}$，其方向定在各定子绕组轴线上，在空间互差 120°，即

$$\begin{cases}\boldsymbol{u}_{AO}=ku_{AO}\\ \boldsymbol{u}_{BO}=ku_{BO}e^{j\gamma}\\ \boldsymbol{u}_{CO}=ku_{CO}e^{j2\gamma}\end{cases}\tag{5-17}$$

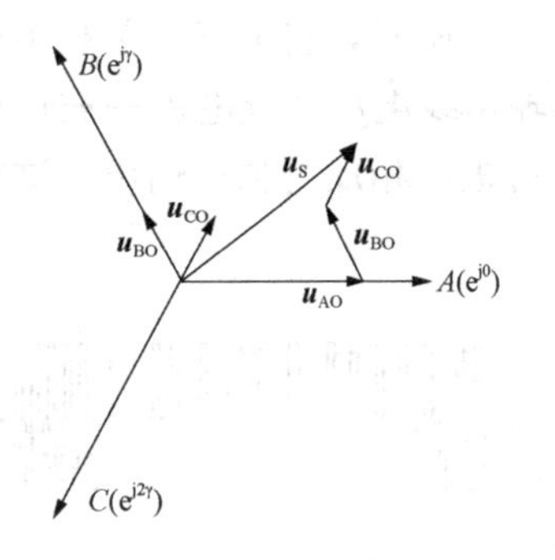

图 5-35 电压空间矢量

式中：k 为待定系数；$\gamma=2\pi/3$。

三相合成电压矢量 $\boldsymbol{u}_s$ 为

$$\boldsymbol{u}_s=\boldsymbol{u}_{AO}+\boldsymbol{u}_{BO}+\boldsymbol{u}_{CO}=ku_{AO}+ku_{BO}e^{j\gamma}+ku_{CO}e^{j2\gamma} \tag{5-18}$$

电压空间矢量如图 5-35 所示，图中为某一时刻 $u_{AO}>0$、$u_{BO}>0$、$u_{CO}<0$ 时的定子相电压矢量和合成矢量。

同理，定义电流和磁链的空间矢量 $\boldsymbol{i}_s$ 和 $\boldsymbol{\psi}_s$ 分别为

$$\boldsymbol{i}_s=ki_{AO}+ki_{BO}e^{j\gamma}+ki_{CO}e^{j2\gamma} \tag{5-19}$$

$$\boldsymbol{\psi}_s=k\psi_{AO}+k\psi_{BO}e^{j\gamma}+k\psi_{CO}e^{j2\gamma} \tag{5-20}$$

按照空间矢量功率和瞬时功率相等的原则，求得 $k=\sqrt{2/3}$。

三相合成电压矢量 $\boldsymbol{u}_s$ 又可表示为

$$\boldsymbol{u}_s=\sqrt{\frac{2}{3}}(u_{AO}+u_{BO}e^{j\gamma}+u_{CO}e^{j2\gamma}) \tag{5-21}$$

当定子相电压分别为三相正弦交流电时，三相合成矢量表示为

$$\begin{aligned}\boldsymbol{u}_s&=\sqrt{\frac{2}{3}}\left[U_m\cos(\omega t)+U_m\cos\left(\omega t-\frac{2\pi}{3}\right)e^{j\gamma}+U_m\cos\left(\omega t-\frac{4\pi}{3}\right)e^{j2\gamma}\right]\\&=\sqrt{\frac{3}{2}}U_m e^{j\omega t}=U_s e^{j\omega t}\end{aligned} \tag{5-22}$$

式中：U_m为相电压幅值；ω 为角频率。

此时，合成电压矢量 $\boldsymbol{u}_s$ 是以电源角频率 ω 为角速度作恒速旋转的空间矢量，幅值为 $\sqrt{3/2}U_m$。

对于三相电压供电的异步电动机，每一相定子绕组都可写成一个电压平衡方程式，求三相电压平衡方程式的矢量和，即可得用合成空间矢量表示的定子电压方程式

$$\boldsymbol{u}_s=R_s\boldsymbol{I}_s+\frac{d\boldsymbol{\psi}_s}{dt} \tag{5-23}$$

当电动机的转速较高时，电动机的定子电阻压降可以忽略，式（5-23）近似为

$$\boldsymbol{u}_s=\frac{d\boldsymbol{\psi}_s}{dt} \tag{5-24}$$

或

$$\boldsymbol{\psi}_s=\int\boldsymbol{u}_s dt \tag{5-25}$$

将式（5-22）代入式（5-25），可得

$$\boldsymbol{\psi}_s=\frac{U_s}{\omega}e^{j\left(\omega t-\frac{\pi}{2}\right)}=\psi_s e^{j\left(\omega t-\frac{\pi}{2}\right)} \tag{5-26}$$

式（5-26）说明，电动机的磁链矢量与电压矢量一样以角速度 ω 作恒速旋转，两者方向始终正交。这样，电动机旋转磁场的形状问题就可以转化为电压矢量运动轨迹的形状问题。

2. 基本电压空间矢量和磁链轨迹的控制

与使用正弦交流电情况不同，由图 5-7 的三相桥式电压型逆变器驱动交流电动机可知，三组桥臂各组在任意时刻最多仅有一个开关管导通，六个开关管导通或阻断状态组合出来八个离散状态（各相上桥臂导通为 1，下桥臂导通为 0），各相输出电压 u_{AO}、u_{BO}、u_{CO}参照表

5-1可求出，根据式（5-21）求出其对应合成电压矢量。不同开关组合时的电压矢量见表5-3，表中给出了不同开关状态、输出相电压和合成电压矢量对应关系。

表 5-3　　不同开关组合时的电压矢量

电压矢量	S_A	S_B	S_C	$\boldsymbol{u}_{AO}$	$\boldsymbol{u}_{BO}$	$\boldsymbol{u}_{CO}$	$\boldsymbol{u}_s$
$\boldsymbol{u}_0$	0	0	0	0	0	0	0
$\boldsymbol{u}_1$	1	0	0	$\frac{2}{3}U_{in}$	$-\frac{1}{3}U_{in}$	$-\frac{1}{3}U_{in}$	$\sqrt{\frac{2}{3}}U_{in}$
$\boldsymbol{u}_2$	1	1	0	$\frac{1}{3}U_{in}$	$\frac{1}{3}U_{in}$	$-\frac{2}{3}U_{in}$	$\sqrt{\frac{2}{3}}U_{in}e^{j\frac{\pi}{3}}$
$\boldsymbol{u}_3$	0	1	0	$-\frac{1}{3}U_{in}$	$\frac{2}{3}U_{in}$	$-\frac{1}{3}U_{in}$	$\sqrt{\frac{2}{3}}U_{in}e^{j\frac{2\pi}{3}}$
$\boldsymbol{u}_4$	0	1	1	$-\frac{2}{3}U_{in}$	$\frac{1}{3}U_{in}$	$\frac{1}{3}U_{in}$	$\sqrt{\frac{2}{3}}U_{in}e^{j\pi}$
$\boldsymbol{u}_5$	0	0	1	$-\frac{1}{3}U_{in}$	$-\frac{1}{3}U_{in}$	$\frac{2}{3}U_{in}$	$\sqrt{\frac{2}{3}}U_{in}e^{j\frac{4\pi}{3}}$
$\boldsymbol{u}_6$	1	0	1	$\frac{1}{3}U_{in}$	$-\frac{2}{3}U_{in}$	$\frac{1}{3}U_{in}$	$\sqrt{\frac{2}{3}}U_{in}e^{j\frac{5\pi}{3}}$
$\boldsymbol{u}_7$	1	1	1	0	0	0	0

由表5-3不难发现，三相逆变电路的不同开关组合时的交流侧电压可以用一个模为$\sqrt{2/3}U_{in}$的八个基本电压矢量在复平面上表示出来。其中，$\boldsymbol{u}_0$（0 0 0）、$\boldsymbol{u}_7$（1 1 1）由于模为零而称为零矢量，$\boldsymbol{u}_1$～$\boldsymbol{u}_6$ 为六个模值为$\sqrt{2/3}U_{in}$、空间上互差 π/3 的有效电压矢量。基本电压空间矢量分布如图5-36所示。

下面研究一下基本电压空间矢量与磁链轨迹的关系。当逆变器单独输出基本电压空间矢量 $\boldsymbol{u}_1$ 时，电动机的定子磁链矢量 $\boldsymbol{\psi}_s$ 的矢端沿平行于 $\boldsymbol{u}_1$ 方向移动。当全部六个非零基本电压矢量分别依次等时长输出后，定子磁链矢量 $\boldsymbol{\psi}_s$ 的运动轨迹是一个正六边形，磁链矢量的运行轨迹如图5-37所示。

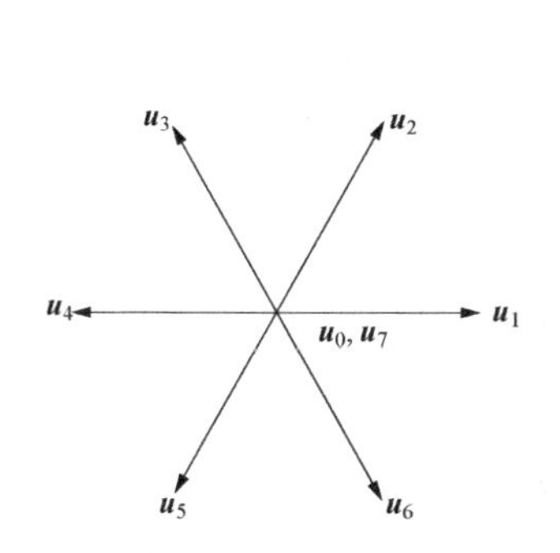

图5-36　基本电压空间矢量分布

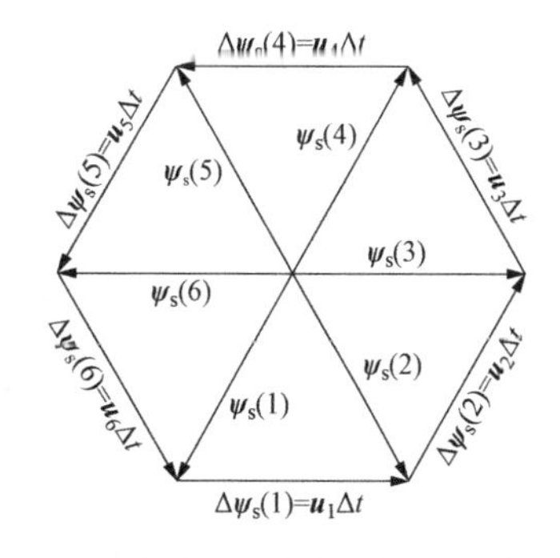

图5-37　磁链矢量的运行轨迹

显然，按照这样的供电方式只能得到一个正六边形的旋转磁场，而不是所希望的圆形旋转磁场。实际电动机气隙磁链运行轨迹在期望的圆周内外出入，引起转矩脉动，损耗增加。从另一个角度来理解，这些缺点其实来自输出电压和电流中较低频率、较大幅度的谐波成分。

3. 期望电压空间矢量的合成

如果在定子里形成的旋转磁场不是正六边形，而是正多边形，且边数无数的多，这样就可以近似得到一个圆形旋转磁场。显然，正多边形的边越多，近似程度就越好。若想获得多边形或圆形旋转磁场，就可以利用八个基本电压空间矢量线性时间组合得到更多的开关状态，从而使电机的磁链成为近似圆形旋转磁场。这就是 SVPWM 的控制思想。

按六个有效工作矢量将空间分为对称的六个扇区，电压空间矢量的六个扇区如图 5 - 38 所示，每个扇区对应 π/3，当期望的输出电压矢量落在某个扇区内时，就用该扇区的两条边等效合成期望的输出矢量。等效是指在一个开关周期 T_0 内，产生的定子磁链的增量近似相等。

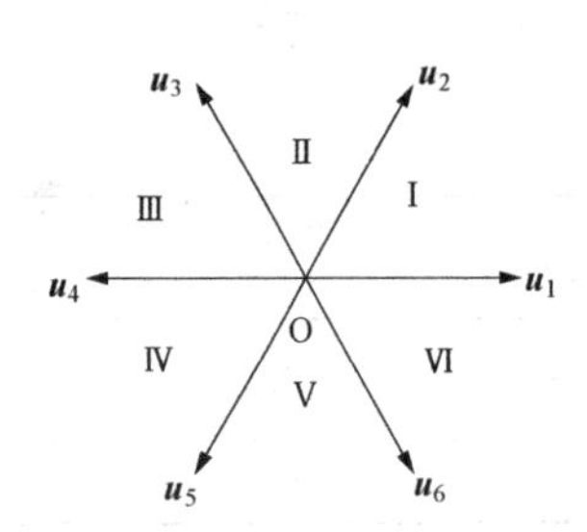

图 5 - 38　电压空间矢量的六个扇区

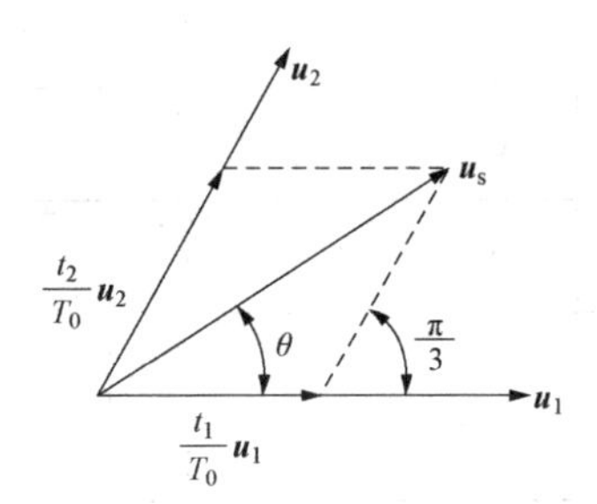

图 5 - 39　期望输出电压矢量

以第一扇区内的期望输出矢量为例，期望输出电压矢量如图 5 - 39 所示，图 5 - 39 表示由基本电压矢量 $\boldsymbol{u}_1$ 和 $\boldsymbol{u}_2$ 线性组合构成期望的电压矢量 $\boldsymbol{u}_s$，θ 为期望电压矢量与扇区起始边的夹角。在一个开关周期中，$\boldsymbol{u}_1$ 的作用时间为 t_1，$\boldsymbol{u}_2$ 的作用时间为 t_2，按矢量合成法则可得

$$\boldsymbol{u}_s=\frac{t_1}{T_0}\boldsymbol{u}_1+\frac{t_2}{T_0}\boldsymbol{u}_2=\frac{t_1}{T_0}\sqrt{\frac{2}{3}}U_{in}+\frac{t_2}{T_0}\sqrt{\frac{2}{3}}U_{in}e^{j\frac{\pi}{3}} \tag{5-27}$$

由正弦定理可得到

$$\frac{\frac{t_1}{T_0}\sqrt{\frac{2}{3}}U_{in}}{\sin\left(\frac{\pi}{3}-\theta\right)}=\frac{\frac{t_2}{T_0}\sqrt{\frac{2}{3}}U_{in}}{\sin\theta}=\frac{\boldsymbol{u}_s}{\sin\frac{2\pi}{3}} \tag{5-28}$$

解得

$$\begin{cases}t_1=\dfrac{\sqrt{2}\boldsymbol{u}_s T_0}{U_{in}}\sin\left(\dfrac{\pi}{3}-\theta\right)\\ t_2=\dfrac{\sqrt{2}\boldsymbol{u}_s T_0}{U_{in}}\sin\theta\end{cases} \tag{5-29}$$

一般 $t_1+t_2<T_0$，其余时间可用零矢量 $\boldsymbol{u}_0$ 或 $\boldsymbol{u}_7$ 来填补，零矢量的作用时间为

$$t_0=T_0-t_1-t_2 \tag{5-30}$$

两个基本矢量作用时间之和应满足

$$\frac{t_1+t_2}{T_0}=\frac{\sqrt{2}\boldsymbol{u}_s}{U_{in}}[\sin(\frac{\pi}{3}-\theta)+\sin\theta]=\frac{\sqrt{2}\boldsymbol{u}_s}{U_{in}}\cos(\frac{\pi}{6}-\theta)\leqslant 1 \tag{5-31}$$

当 $\theta=\pi/6$ 时，$t_1+t_2=T_0$ 最大，输出电压矢量最大幅值为

$$U_{smax}=\frac{U_{in}}{\sqrt{2}} \tag{5-32}$$

此时，输出相电压基波最大幅值为

$$U_{mmax}=\sqrt{\frac{2}{3}}u_{smax}=\frac{U_{in}}{\sqrt{3}} \tag{5-33}$$

输出线电压基波最大幅值为

$$U_{lmmax}=\sqrt{3}U_{mmax}=U_{in} \tag{5-34}$$

5.5 三相电压型桥式SPWM逆变器设计及仿真

输入电压为600（±10%）V直流电，输出电压为220V交流电，额定频率50Hz，额定输出功率为5kW。采用双极性SPWM控制，选择开关频率 f_s 为4950Hz。

5.5.1 输出LC滤波器设计

对于常用LC低通滤波器，其截止频率 f_L 一般选为开关频率 f_s 的$\frac{1}{5}\sim\frac{1}{10}$，即

$$f_L=\left(\frac{1}{5}\sim\frac{1}{10}\right)f_s \tag{5-35}$$

这里取 $f_L=\frac{1}{10}f_s\approx 500\text{Hz}$。

滤波器的无功功率间接反映了滤波器的体积、成本等因素。通常电容为定型产品，其容值和体积均有相应标准，而电感则可以根据需要自行设计。所以，若按滤波器无功功率最小（滤波器体积最小）来设计，应主要考虑电感对滤波器无功性能的影响。假设电感电流和电容电压所含谐波含量很少，则滤波器无功功率 Q 为

$$Q=\omega_1 LI_L^2+\omega_1 CU_c^2 \tag{5-36}$$

式中：ω_1 为基波角频率；I_L 为电感基波电流有效值；U_C 为电容基波电压有效值。

当负载为阻性负载时，则

$$I_L^2=I_0^2+(\omega_1 CU_C)^2 \tag{5-37}$$

故有

$$Q=\omega_1 LI_o^2+\frac{\omega_1^3U_c^2}{\omega_L^4 L}+\frac{\omega_1 U_c^2}{\omega_L^2 L} \tag{5-38}$$

式中：$\omega_L=2\pi f_L=\frac{1}{\sqrt{LC}}$，为截止角频率。

以电感 L 为变量，对无功功率 Q 求导得到

$$\frac{\partial Q}{\partial L}=\omega_1 I_o^2-\frac{\omega_1^3U_c^2}{(\omega_L L)^2}\left[1+\left(\frac{\omega_1}{\omega_L}\right)^2\right] \tag{5-39}$$

要使 Q 最小，令$\frac{\partial Q}{\partial L}=0$，于是

$$L=\frac{U_c}{\omega_L I_0}\sqrt{1+\left(\frac{\omega_1}{\omega_L}\right)^2} \tag{5-40}$$

假设输出功率允许过载10%，不考虑滤波器的影响，则

$$I_0 = \frac{P}{3U_0} = \frac{5000 \times 1.1}{3 \times 220} = 8.33(\mathrm{A}) \tag{5-41}$$

将 $\omega_L = 2\pi f_L = 3140\mathrm{rad/s}$、$\omega_1 = 2\pi f_1 = 314\mathrm{rad/s}$、$U_C = U_0 = 220\mathrm{V}$ 代入式（5-40），得到电感 $L = 8.46\mathrm{mH}$，再根据 $\omega_L = \frac{1}{\sqrt{LC}} = 3140\mathrm{rad/s}$，进而求出电容 $C = 11.98\mu\mathrm{F}$，可取为 $12\mu\mathrm{F}$。

滤波器的输出为低失真的正弦波，输入为 PWM 脉冲波，故滤波电感承担了谐波的压降，流过电感的电流不是标准的正弦波，而是一个叠加有脉动分量的正弦波，电感的最大脉动电流可表示为

$$\Delta I_{\mathrm{Lmax}} = \frac{U_{\mathrm{in}}}{4Lf_s} \tag{5-42}$$

可见，电感越大，脉动电流越小，流过开关管电流的最大值也就越小。

考虑到输入电压有±10%的波动，此时，可求得

$$\Delta I_{\mathrm{Lmax}} = \frac{U_{\mathrm{in}}}{4Lf_s} = \frac{600 \times 1.1}{4 \times 0.00846 \times 4950} = 3.94(\mathrm{A}) \tag{5-43}$$

5.5.2 开关管选型

三相全桥逆变器开关管承受电压应力也是输入电压。考虑输入电压有±10%的波动，则

$$U_{\mathrm{smax}} = 600 \times 1.1 = 660(\mathrm{V}) \tag{5-44}$$

考虑电压裕量，选择开关管的额定电压为 1200V。流过开关管的最大电流约为

$$I_{\mathrm{smax}} = \sqrt{2}I_0 + \Delta I_{\mathrm{Lmax}} = \sqrt{2} \times 8.33 + 3.94 = 17.7(\mathrm{A}) \tag{5-45}$$

考虑一定安全裕度，选择开关管的额定电流为 30A。实际可以选择 1200V/30A 的 IGBT 和快速二极管。

5.5.3 仿真验证

1. 系统建模和参数设置

三相桥式逆变电路的 MATLAB 仿真模型如图 5-40 所示，系统由直流电源、通用桥模块、滤波电感、滤波电容、负载电阻和 PWM 发生模块等构成。

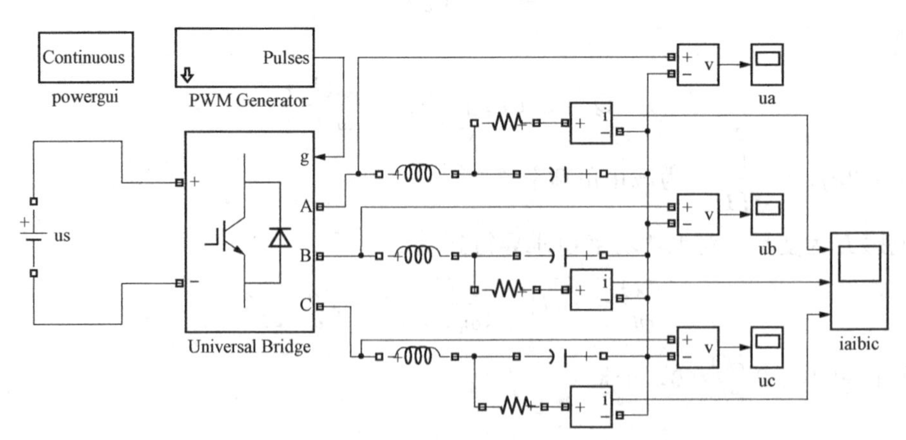

图 5-40 三相桥式逆变电路的 MATLAB 仿真模型

直流电源和滤波参数设置参照上述设计结果，负载电阻设置为 30Ω，通用桥模块参数设置如图 5-41 所示，其中桥臂个数为 3、开关元件设置为 IGBT/diodes，其他参数采用默认设置。PWM 发生模块载波频率设置为 4950，采用内部模式产生调制波，PWM 发生模块参数设置如图 5-42 所示。

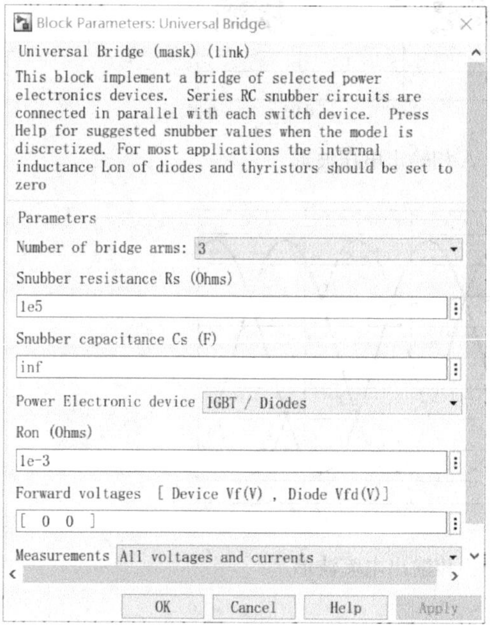

图 5-41 通用桥模块参数设置

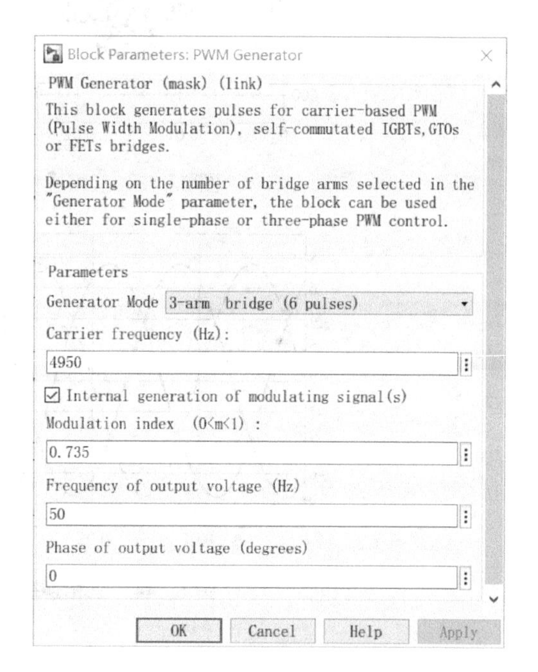

图 5-42 PWM 发生模块参数设置

2. 仿真结果及分析

利用 ode15s 对电路进行仿真，可得到示波器 U_a 的 A 相负载电压和示波器 iaibic 的三相负载电流的波形如图 5-43 和图 5-44 所示。从图中可以看出，逆变器 A 相输出电压波形为 PWM 波，经过滤波后的三相电流互差 120°，波形非常接近正弦波。

利用 powergui 中的 FFT 工具对输出波形进行谐波分析，三相逆变电路的 A 相负载电压谐波含量如图 5-45 所示。从图中可以看出，逆变器负载电压 PWM 波除了基波分量外，谐波含量较大，THD=100.07%，但不含低次谐波分量，只含载波频率（4950/50=99 次）整数倍次附近的谐波，最主要谐波次数为载波频率 2 倍次（198 次）附近的谐波，另外随谐波次数的增加，谐波含量逐渐减小。对负载电流的谐波进行分析，三相逆变电路的 A 相负载电流谐波含量如图 5-46 所示，从图中可以看出输出电流的谐波次数与输出电压谐波次数具有相同的规律，但经过 LC 滤波后的电流波形的谐波含量非常小，THD 仅为 0.43%，这是由于高次谐波很容易滤除。

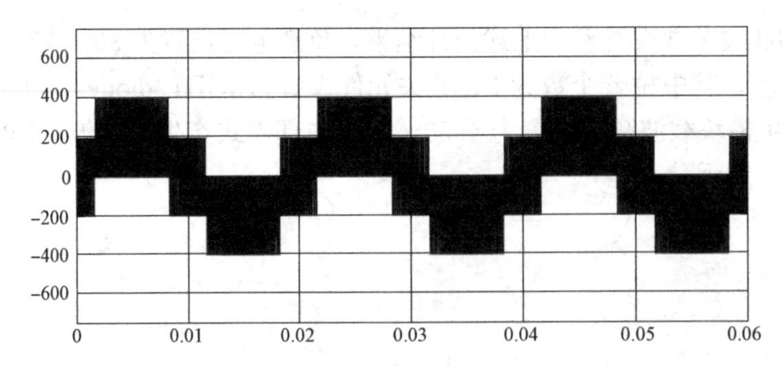

图 5-43　三相逆变电路的 A 相输出电压波形

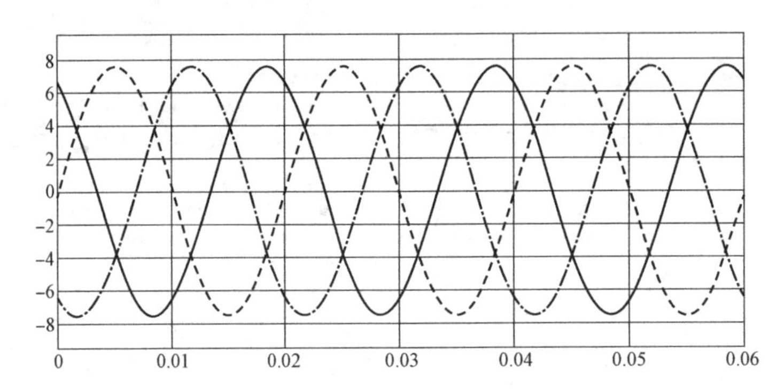

图 5-44　三相逆变电路的三相输出电流波形

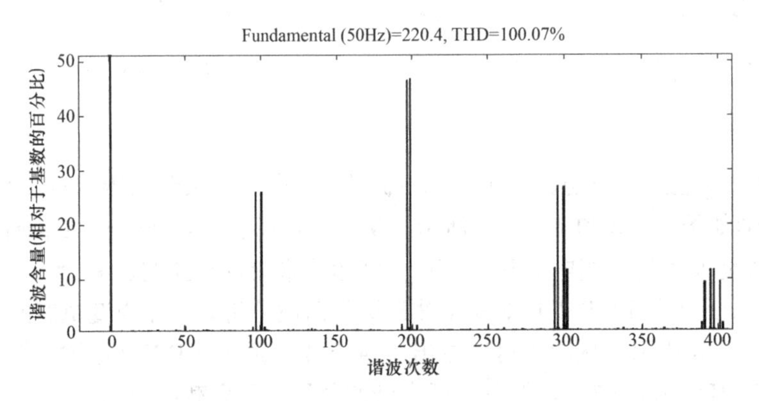

图 5-45　三相逆变电路的 A 相负载电压谐波含量

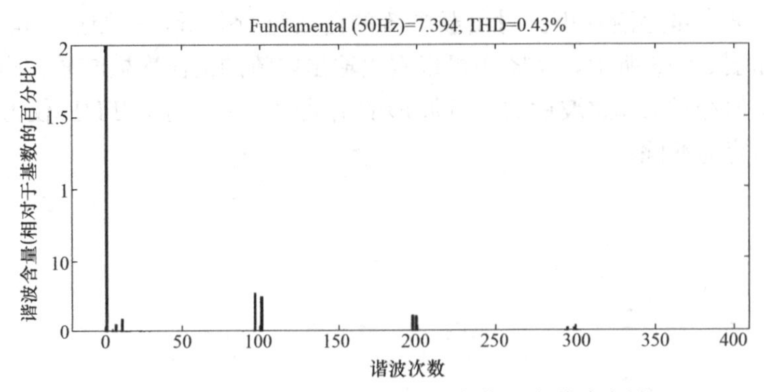

图 5-46　三相逆变电路的 A 相负载电流谐波含量

本章小结

本章主要讲述了各种逆变电路的结构及其工作原理。逆变电路有不同的分类方法，本章主要按照直流侧电源性质分类的方法，把逆变电路分为电压型逆变电路和电流型逆变电路两种，介绍了两类电路的工作原理和特点。为了减少谐波，常采用多重逆变电路或多电平逆变电路，从而使输出电压向正弦波靠近，更加适合于高压大功率场合。PWM技术是电力电子技术的一项非常重要的技术，在当今应用的逆变电路中，绝大部分都是PWM逆变电路，5.4介绍了SPWM调制技术、PWM跟踪控制技术和SVPWM控制，并给出了不同PWM控制的性能指标。最后，通过案例介绍了逆变器工程设计及仿真方法。

习 题

1. 什么是电压型逆变电路？什么是电流型逆变电路？二者各有何特点？

2. 电压型逆变电路中反馈二极管的作用是什么？为什么电流型逆变电路中没有反馈二极管？

3. 三相桥式电压型逆变电路，180°导电方式，$U_d=489V$。试求输出相电压的基波幅值U_{AN1m}和有效值U_{AN1}、输出线电压的基波幅值U_{AB1m}和有效值U_{AB1}、输出线电压中5次谐波的有效值U_{AB5}？

4. 什么叫多重化？逆变电路多重化的目的是什么？如何实现？

5. 多电平电路主要有哪几种形式？各有什么特点？

6. 试说明SPWM控制的工作原理。

7. 什么是电流跟踪型PWM电路？采用滞环比较方式的电流跟踪型逆变器有何特点？

第6章　交流-交流变换电路

交流-交流变换电路是把固定的交流电变成可调交流电的变换电路。在进行交流-交流变换时，可以改变电压（电流）、频率和相数等。只改变电压、电流或对电路的通断进行控制，而不改变频率的电路称为交流电力控制电路，包括交流调压电路、交流调功电路和交流电力电子开关。本章以交流调压电路为重点来介绍交流电力控制电路。改变频率的电路称为变频电路，有交-交变频（直接变频）电路和交-直-交变频（间接变频）电路两种形式，本章只讲述直接变频电路，并介绍目前应用较多的晶闸管交-变变频电路和一种特殊形式的交-交变频电路——矩阵变换器。

6.1　交流电力控制电路

在交流电力控制电路中，通过对半个周波内晶闸管相位的控制，可以方便地调节输出电压的有效值，这种电路称为交流调压电路；以交流电的周期为单位控制晶闸管的通断，改变通态周期数和断态周期数的比，可以方便地调节输出功率的平均值，这种电路称为交流调功电路；如果并不在意调节输出平均功率，只是根据需要接通或断开电路，则称串入电路中的晶闸管为交流电力电子开关。以上三种交流电力控制电路的电路结构相同，只是控制方式和控制周期不同。本节主要讲述交流调压电路，交流调压电路可分为单相交流调压电路和三相交流调压电路。前者是后者的基础，也是本节的重点。此外，对斩控式交流调压电路、交流调功电路和交流电力电子开关，本节也作简单介绍。

交流调压电路可以方便地调节输出电压的有效值，与常规的调压器相比，具有体积小、质量轻的特点。因此，交流调压电路广泛用于灯光控制（如调光台灯和舞台灯光控制）及异步电动机的软启动和调速。在电力系统中，这种电路还常用于对无功功率的连续调节。此外，在高电压小电流或低电压大电流直流电源中，也常采用交流调压电路调节整流变压器一次电压。

6.1.1　单相交流调压电路

和整流电路一样，交流调压电路的工作情况也和负载性质有关，现分别予以讨论。

1. 电阻性负载

电阻性负载单相交流调压电路及其波形如图6-1所示。图中的VT1和VT2也可以用一个双向晶闸管代替。

在交流电源 u_1 的正半周和负半周，分别对VT1和VT2的开通角 α 进行控制就可以调节输出电压 u_0。正负半周 α 起始时刻均为电压 u_1 过零时刻。在 u_1 的正半周，VT1承受正向电压，满足触发导通的主电路条件；VT2则承受反向电压。在 $\omega t=\alpha$ 时，触发VT1导通，输出电压 $u_0=u_1$，晶闸管的端电压 $u_{VT1}=u_{VT2}=0$，由于负载为电阻性，负载电流 $i_0=\frac{u_0}{R}$。当 $\omega t=\pi$ 时，i_0 下降到0，VT1自然关断。在 u_1 的负半周，VT2承受正向电压，

VT1 承受反压。在 $\omega t=\pi+\alpha$ 时，触发 VT2 导通，$u_0=u_1$、$u_{VT1}=u_{VT2}=0$，$i_0=\frac{u_0}{R}$。当 $\omega t=2\pi$ 时，i_0 下降到 0，VT2 自然关断。输出电压、电流及晶闸管波形如图 6-1（b）所示。

由图 6-1（b）可以看出，输出电压波形是电源电压波形的一部分，负载电流和输出电压的波形形状相同。在控制角为 α 时，负载电压有效值 U_0、负载电流有效值 I_0、晶闸管电流有效值 I_{VT}和电路的功率因数 λ 分别为

$$U_0=\sqrt{\frac{1}{\pi}\int_{\alpha}^{\pi}(\sqrt{2}U_1\sin\omega t)^2\mathrm{d}\omega t}=U_1\sqrt{\frac{1}{2\pi}\sin2\alpha+\frac{\pi-\alpha}{\pi}} \tag{6-1}$$

$$I_0=\frac{U_0}{R} \tag{6-2}$$

$$I_{VT}=\sqrt{\frac{1}{2\pi}\int_{\alpha}^{\pi}\left(\frac{\sqrt{2}U_1\sin\omega t}{R}\right)^2\mathrm{d}\omega t}=\frac{U_1}{\sqrt{2}R}\sqrt{\frac{1}{2\pi}\sin2\alpha+\frac{\pi-\alpha}{\pi}}=\frac{1}{\sqrt{2}}I_0 \tag{6-3}$$

$$\lambda=\frac{P}{S}=\frac{U_0I_0}{U_1I_0}=\frac{U_0}{U_1}=\sqrt{\frac{1}{2\pi}\sin2\alpha+\frac{\pi-\alpha}{\pi}} \tag{6-4}$$

由上述分析可知，电路的移相范围为 $0\leqslant\alpha\leqslant\pi$。$\alpha=0$ 时，$U_0=U_1$，$\lambda=1$，均为最大；随 α 的增大，U_0 降低，输入电流滞后于电压且畸变，λ 也降低，$\alpha=\pi$ 时，$U_0=0$，$\lambda=0$。

2. 阻感性负载

阻感性负载的主电路及 $\alpha>\varphi$ 波形如图 6-2 所示。设负载的阻抗角为 φ，$\varphi=\arctan\left(\frac{\omega L}{R}\right)$。为了方便，把 $\alpha=0°$的时刻仍定在 u_1 的过零时刻。

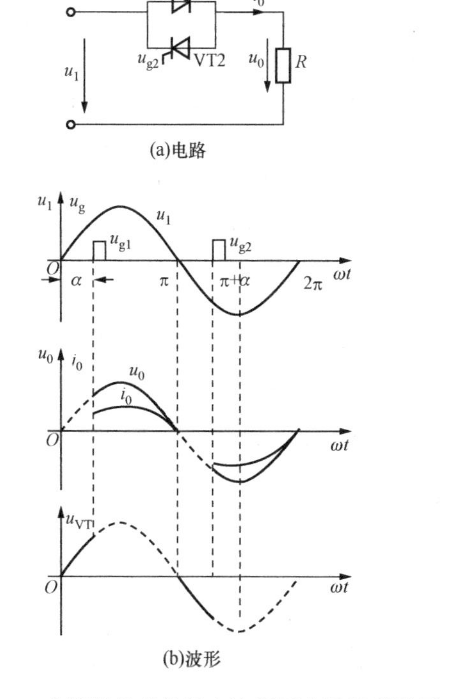

图 6-1　电阻性负载单相交流调压电路及其波形

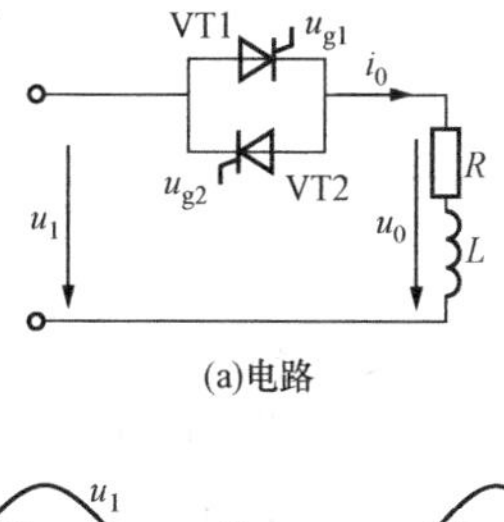

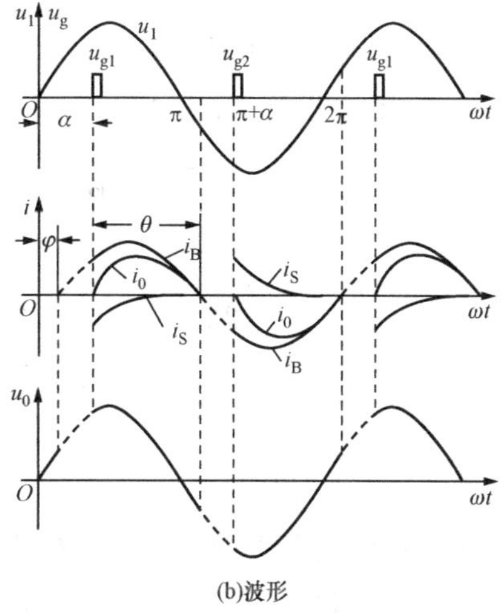

图 6-2　阻感性负载的主电路及 $\alpha>\varphi$ 波形

设在 $\omega t=\alpha$ 时刻开通 VT1，负载电流满足

$$L\frac{di_0}{dt}+i_0R=\sqrt{2}U_1\sin\omega t \tag{6-5}$$

且在 $\omega t=\alpha$ 时，初始电流 $i_0=0$，解式（6-5）可得：当 $\omega t>\alpha$ 时，i_0 有两个分量——稳态分量 i_B 和暂态分量 i_S，令 $Z=\sqrt{R^2+(\omega L)^2}$，则

$$i_B=\frac{\sqrt{2}U_1}{Z}\sin(\omega t-\varphi) \tag{6-6}$$

$$i_S=-\frac{\sqrt{2}U_1}{Z}\sin(\alpha-\varphi)e^{\frac{\alpha-\omega t}{\tan\varphi}} \tag{6-7}$$

$$i_0=i_B+i_S=\frac{\sqrt{2}U_1}{Z}\left[\sin(\omega t-\varphi)-\sin(\alpha-\varphi)e^{\frac{\alpha-\omega t}{\tan\varphi}}\right](\alpha\leqslant\omega t\leqslant\alpha+\theta) \tag{6-8}$$

设 θ 为晶闸管导通角，则 $\omega t=\alpha+\theta$ 时 $i_0=0$，可由式（6-8）求得关于 θ 的方程，即

$$\sin(\alpha+\theta-\varphi)=\sin(\alpha-\varphi)e^{\frac{-\theta}{\tan\varphi}} \tag{6-9}$$

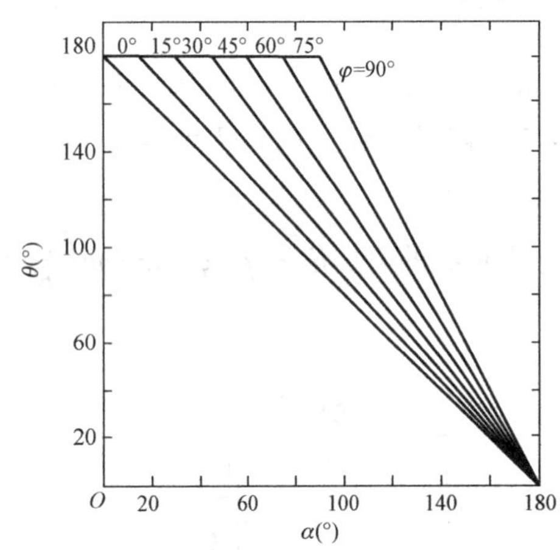

图 6-3　单相交流调压电路以 φ 参变量的 θ 和 α 关系曲线

由式（6-9）可作出一簇以 φ 为参数的 α 与 θ 的关系曲线，如图 6-3 所示。由图 6-3 可见，当 $\alpha>\varphi$ 时，$\theta<180°$，其负载电路处于电流断续状态；当 $\alpha=\varphi$ 时，$\theta=180°$，电流处于临界连续状态；当 $\alpha<\varphi$ 时，θ 仍维持在 180°，电路已不起调压作用。显然，阻感负载下稳态时的移相范围为 $\varphi\leqslant\alpha\leqslant\pi$。

（1）$\alpha>\varphi$ 工作过程。在 $\omega t=\alpha$ 时，触发 VT1 导通，输出电压 $u_0=u_1$。当 $\omega t=\pi$ 后，u_1 虽为负半周，但由于负载为阻感性，VT1 继续导通，$u_0=u_1$，直到电流 i_0 下降到 0，VT1 才关断，$u_0=0$。在 $\omega t=\pi+\alpha$ 时，触发 VT2 导通，$u_0=u_1$，同样，$\omega t=2\pi$ 后，VT2 继续导通，直到 $i_0=0$，VT2 关断。电压、电流波形如图 6-2（b）所示，$\theta<180°$，正负半波电流断续，α 越大，θ 越小。

此时负载电压和电流有效值 U_0、I_0 和晶闸管电流有效值 I_{VT} 分别为

$$U_0=\sqrt{\frac{1}{\pi}\int_{\alpha}^{\alpha+\theta}(\sqrt{2}U_1\sin\omega t)^2d\omega t}=U_1\sqrt{\frac{\theta}{\pi}+\frac{1}{\pi}[\sin2\alpha-\sin(2\alpha+2\theta)]} \tag{6-10}$$

$$\begin{aligned}I_{VT}&=\sqrt{\frac{1}{2\pi}\int_{\alpha}^{\alpha+\theta}\left\{\frac{\sqrt{2}U_1}{Z}\left[\sin(\omega t-\varphi)-\sin(\alpha-\varphi)e^{\frac{\alpha-\omega t}{\tan\varphi}}\right]\right\}^2d\omega t}\\&=\frac{U_1}{\sqrt{\pi}Z}\sqrt{\theta-\frac{\sin\theta\cos(2\alpha+\varphi+\theta)}{\cos\varphi}}\end{aligned} \tag{6-11}$$

$$I_0=\sqrt{2}I_{VT} \tag{6-12}$$

（2）$\alpha=\varphi$ 工作过程。由式（6-7）可知，暂态分量 i_S 为 0，$i_2=i_B$。由式（6-9）可知，$\theta=180°$，正负半周电流处于临界连续状态，相当于用导线把晶闸管短接，晶闸管失去控制，负载上获得最大功率，此时电流波形滞后电压 φ。

(3) $\alpha<\varphi$ 工作过程。当采用窄脉冲时，稳态分量 i_B 和暂态分量 i_S 波形如图 6-4 所示。U_{g1}脉冲到来，刚开始 VT1 的导通角 $\theta>180°$，则当 u_{g2}脉冲到来时，VT1 的电流还未到零，VT2 管承受反压不能触发导通；待 VT1 中电流变到零时关断，VT2 管开始承受正压，但 u_{g2}脉冲已消失，所以 VT2 无法导通。第三个半周又触发 VT1，这样使负载电流只有正半周，电压出现很大的直流分量，电路不能正常工作。

因此，带阻感性负载时，晶闸管不能用窄脉冲，应当采用宽脉冲列，脉冲后沿在 $\alpha=\pi$ 的位置。这样在 $\alpha<\varphi$ 时，虽然在刚开始触发晶闸管的几个周期内，两管的电流波形不对称，但当负载电流中暂态分量衰减后，即可得到完全对称连续的波形。稳态时也相当于用导线把晶闸管完全短接，负载电流应是正弦波，其相位滞后于电源电压 u_1 的角度为 φ，此时已不能调压。

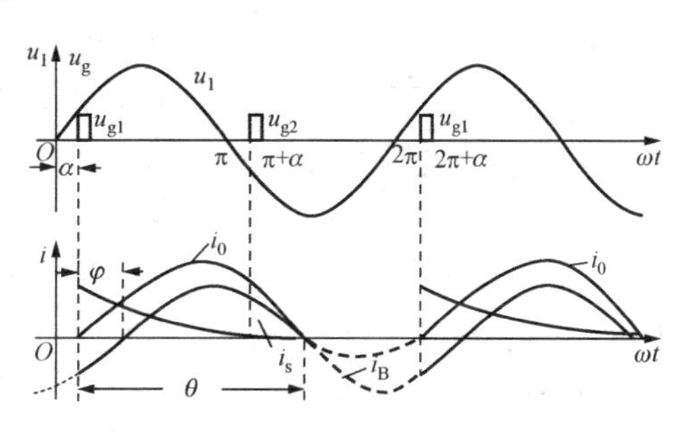

图 6-4 单相调压电路 $\alpha<\varphi$ 窄脉冲触发时的波形

3. 单相交流调压电路的谐波分析

从图 6-1 和图 6-2 所示的波形可以看出，单相交流调压电路的负载电压和电流均不是正弦波，含有大量谐波。下面以电阻负载为例，对负载电压 u_0 进行谐波分析。由于波形正负半波对称，因此不含直流分量和偶次谐波，可用傅里叶级数表示为

$$u_0(\omega t)=\sum_{n=1,3,5,\cdots}^{\infty}(a_n\cos n\omega t+b_n\sin n\omega t) \tag{6-13}$$

式中：$\alpha_1=\dfrac{\sqrt{2}U_1}{2\pi}(\cos2\alpha-1)$；$b_1=\dfrac{\sqrt{2}U_1}{2\pi}[\sin2\alpha+2(\pi-\alpha)]$；当 $n>1$ 时，$a_n=\dfrac{\sqrt{2}U_1}{\pi}\left\{\dfrac{1}{n+1}[\cos(n+1)\alpha-1]-\dfrac{1}{n-1}[\cos(n-1)\alpha-1]\right\}$，$b_n=\dfrac{\sqrt{2}U_1}{\pi}\left[\dfrac{1}{n+1}\sin(n+1)\alpha-\dfrac{1}{n-1}\sin(n-1)\alpha\right]$。

基波和各次谐波的有效值为

$$U_{on}=\frac{1}{\sqrt{2}}\sqrt{a_n^2+b_n^2}\quad(n=1,3,5,7,\cdots) \tag{6-14}$$

负载电流基波和各次谐波的有效值为

$$I_{on}=\frac{U_{on}}{R} \tag{6-15}$$

根据式(6-13)～式(6-15)的计算结果，可以绘出电流基波和各次谐波标幺值随 α 变化的曲线，如图 6-5 所示，其中基准电流 I^* 为 $\alpha=0°$时的电流有效值。

在阻感性负载情况下，可以用和上面相同的方法进行分析，只是公式要复杂得多。这时，电源电流中的谐波次数和电阻负载时相同，也是只含有 3、5、7、…等奇次谐波，同样是随着次数的增加，谐波含量减少。但和电阻性负载相比，阻感性负载时的谐波电流含量要少一些，而且 α 角相同时，随着阻抗角 φ 的增大，谐波含量也会有所减少。

6.1.2 三相交流调压电路

1. 三相交流调压电路的基本类型

根据三相连接形式的不同，三相交流调压电路具有多种形式，三相交流调压电路形式如

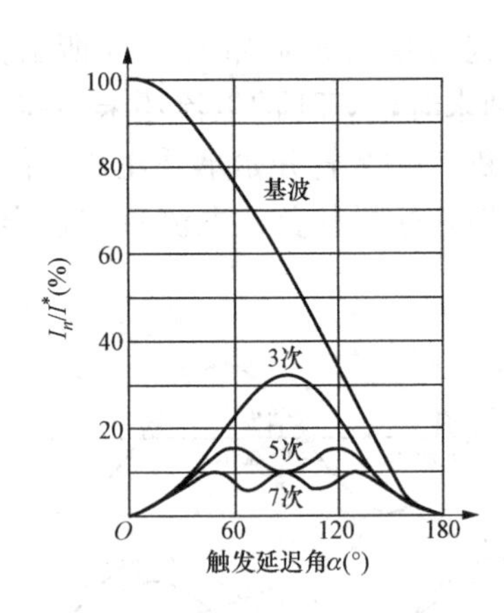

图 6-5 电阻负载单相交流调压电路基波和谐波电流含量

图 6-6 所示。不同接线形式的电路，其工作过程也有较大的差异。下面主要介绍星形连接电路的基本工作原理和特性。

2. *星形连接电路*

如图 6-6（a）所示，这种电路又可分为三相三线制和三相四线制两种情况。三相四线时，相当于三个单相交流调压电路的组合，三相互相错开 120°工作，单相交流调压电路的工作原理和分析方法均适用于这种电路。在单相交流调压电路中，电流中含有基波和各奇次谐波。组成三相电路后，基波和 3 的整数倍次以外的谐波在三相之间流动，不流过中性线。而三相的 3 的整数倍次谐波是同相位的，不能在各相之间流动，全部流过中性线。因此中性线中会有很大的 3 及 3 的整数倍次谐波电流。当 $\alpha=90°$时，中性线电流甚至和各相电流的有效值接近，在选择线径和变压器时必须注意这一问题。

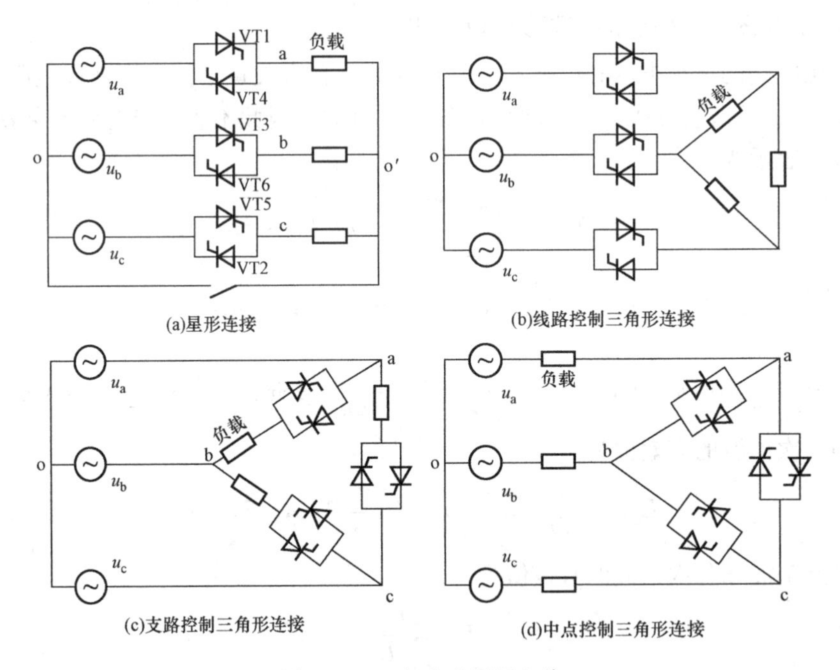

图 6-6 三相交流调压电路

下面主要以电阻性负载为例详细分析三相三线时的工作原理。任一相在导通时必须和另一相构成回路，电流流通路径中至少有两个晶闸管（但也会出现三只晶闸管同时导通的情况），因此和三相桥式全控整流电路一样，应采用双脉冲或宽脉冲触发。三相的触发脉冲应依次相差 120°，同一相的两个反并联晶闸管触发脉冲应相差 180°。因此，和三相桥式全控整流电路一样，触发脉冲顺序也是 VT1～VT6，依次相差 60°。如果把晶闸管换成二极管后，相电流和相电压同相位，且在相电压过零时二极管开始导通，因此把相电压过零点定为控制角 α 的起点。三相三线电路中，两相导通时，电源电压为线电压，而线电压超前相电压 30°，因此 α 的移相范围为 0°～150°。

在任一时刻，可能是三相中各有一只晶闸管导通，这时负载相电压就是电源相电压；或者是两相中各有一只晶闸管导通，这时导通相的负载相电压是电源线电压的一半。根据任一时刻晶闸管的导通个数以及半个周期内电流是否连续可将 0°～150°分成三段。

(1) $0°\leqslant\alpha<60°$：电路处于三管导通与两管导通交替状态，每管导通 $180°-\alpha$。但 $\alpha=0°$ 时始终是三管导通，此时各相负载电压为电源相电压。

下面以 $\alpha=30°$ 为例来详细分析。以 a 相为例，$\alpha=30°$ 时负载相电压波形如图 6-7 所示(其中 VT1、VT2 阴影部分为各管导通区间)。假设在 $\omega t=0°$ 时，电路处于稳定工作，VT5、VT6 两管导通，$u_{ao'}=0$，且此时 VT1 两端的电压 $U_{VT1}=\frac{3}{2}u_a>0$。在 $\omega t=30°$ 时，触发 VT1 导通，VT5、VT6 和 VT1 三管同时导通，各相负载电压为电源相电压，$u_{ao'}=u_a$。在 $\omega t=60°$ 时，电源相电压 u_c 过零变负，VT5 自然关断，此时 VT6 和 VT1 同时导通，电源线电压加于 a、b 两相负载，$u_{ao'}=\frac{u_{ab}}{2}$，此时 VT2 两端电压为 $U_{VT2}=-\frac{3}{2}u_c>0$。在 $\omega t=90°$ 时，触发 VT2 导通，此时 VT6、VT1 和 VT2 同时导通，各相负载电压为电源相电压，$u_{ao'}=u_a$。在 $\omega t=120°$ 时，电源相电压 u_b 过零变正，VT6 自然关断，VT1 和 VT2 同时导通，电源线电压 u_{ac} 加于 a、c 两相负载，$u_{ao'}=\frac{u_{ac}}{2}$。三相交流调压器按自然换相点出现顺序依次触发换相，电路为三相导通和两相导通交替，此时每管导通 150°。

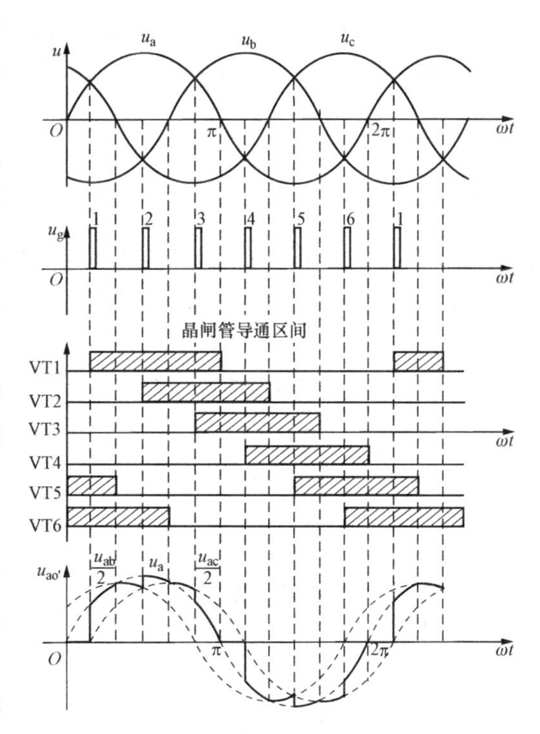

图 6-7　$\alpha=30°$ 时负载相电压波形

输出电压有效值为

$$U_0=U_1\sqrt{1-\frac{3\alpha}{2\pi}+\frac{3}{4\pi}\sin2\alpha}\qquad(0\leqslant\alpha<60°)\tag{6-16}$$

(2) $60°\leqslant\alpha<90°$：电路处于两管导通状态，每管导通 120°。以 $\alpha=60°$ 为例来进行分析。假设在 $\omega t=0$ 时，电路中 VT5、VT6 导通，a 相负载电压 $u_{ao'}=0$，VT1 两端的电压为 $U_{VT1}=\frac{3}{2}u_a>0$。在 $\omega t=60°$ 时，触发 VT1 导通，由于三相负载中点与三相电源中点等电位，电源相电压 $u_c\leqslant0$，致使 VT5 承受反压而自然关断，VT1 与 VT5 换相，电路转为 VT6 和 VT1 两相同时导通状态，$u_{ao'}=u_{ab}/2$，VT2 两端电压为 $U_{VT2}=-\frac{3}{2}u_c>0$。在 $\omega t=120°$ 时，触发 VT2 导通，电源相电压 $u_b\geqslant0$ 致使 VT6 关断，电路又转为 VT1 和 VT2 导通状态，$u_{ao'}=\frac{u_{ac}}{2}$，VT3 两端电压为 $U_{VT3}=\frac{3}{2}u_b>0$。依此规律，每隔 60°，电路换相一次。$\alpha=60°$ 时负

载相电压波形如图 6 - 8 所示。

输出电压有效值为

$$U_0 = U_1\sqrt{\frac{1}{2}+\left[\frac{3}{4\pi}\sin 2\alpha+\sin\left(\frac{\pi}{3}+2\alpha\right)\right]}$$

$$(60^\circ \leqslant \alpha < 90^\circ) \tag{6 - 17}$$

（3）$90^\circ \leqslant \alpha < 150^\circ$：电路处于两管导通与无晶闸管导通交替状态，导通角度为 $300^\circ - 2\alpha$。因为电路中必须有两相同时导通才能形成电流通路，所以必须用双窄脉冲或宽脉冲。以 $\alpha = 120^\circ$ 为例来分析，按照晶闸管导通顺序，在 $\omega t = 120^\circ$ 时，触发 VT1 和 VT6，VT1 和 VT6 同时导通，$u_{ao'} = \frac{u_{ab}}{2}$。在 $\omega t = 150^\circ$ 时，电源线电压 u_{ab} 过零变负，VT1 和 VT6 同时关断。在 $\omega t = 180^\circ$ 时，触发 VT2 和 VT1，VT1 和 VT2 同时导通，$u_{ao'} = \frac{u_{ac}}{2}$。在 $\omega t = 210^\circ$ 时，u_{ac} 过零变负，VT1 和 VT2 同时关断。以此类推，可得相应电路的工作状态和 a 相负载的电压波形，$\alpha = 120^\circ$ 时负载相电压波形如图 6 - 9 所示。

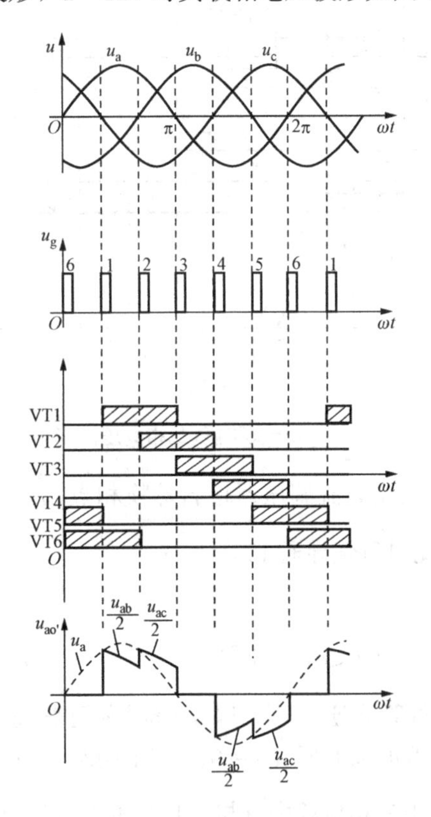

图 6 - 8　$\alpha = 60^\circ$ 时负载相电压波形

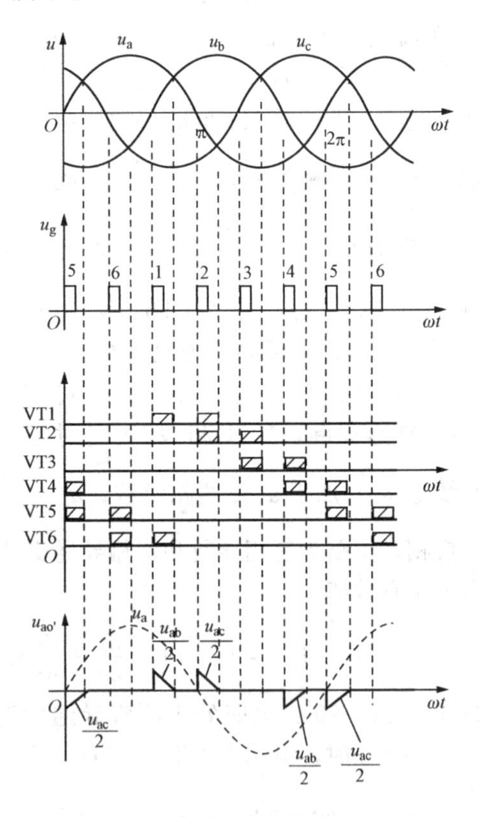

图 6 - 9　$\alpha = 120^\circ$ 时负载相电压波形

输出电压有效值为

$$U_0 = U_1\sqrt{\frac{5}{4}-\frac{3\alpha}{2\pi}+\frac{3}{4\pi}\sin\left(\frac{\pi}{3}+2\alpha\right)} \quad (\alpha \geqslant 90^\circ) \tag{6 - 18}$$

由于负载为电阻性负载，因此负载电流波形形状与负载相电压波形一致。从图 6 - 7～图 6 - 9 可以看出负载电流也含有很多谐波。进行傅里叶分析后可知，其中所含谐波的次数为

$6k\pm1$（$k=1$，2，3，…），这和三相桥式全控整流电路交流侧电流所含谐波的次数完全相同，而且也是谐波的次数越低，其含量越大。和单相交流调压电路相比，这里没有3的整数倍次谐波，因为在三相对称时，它们不能流过三相三线电路。

在阻感性负载的情况下，可参照三相电阻负载和前述单相阻感负载时的分析方法，只是情况更复杂一些。电路的移相范围为 $\varphi\leqslant\alpha\leqslant150°$。在 $\alpha=\varphi$ 时，负载电流最大且为正弦波，相当于晶闸管全部被短接时的情况。一般来说，电感大时，谐波电流的含量要小一些。

3. 支路控制三角连接

支路控制三角连接三相交流调压电路结构如图6-6（c）所示。这种电路由三个单相交流调压电路组成，三个单相电路分别在不同的线电压作用下工作。因此，单相交流调压电路的分析方法和结论完全适用于支路控制三角连接三相交流调压电路。在求取输入线电流（即电源电流）时，只要把与该线相连的两个负载相电流求和就可以了。由于3倍次谐波相位和大小相同，在三角形回路中流动，而不出现在线电流中，因此，线电流中所含谐波次数为 $6k\pm1$（k 为正整数）。在相同负载和 α 角时，线电流中谐波含量少于三相三线星形电路。

6.1.3　斩控式交流调压电路

单相斩控式交流调压电路原理如图6-10所示，一般采用全控型器件作为开关器件。其基本原理和直流斩波电路有类似之处，只是直流斩波电路的输入是直流电压，而斩控式交流调压电路的输入是正弦交流电压。在交流电源 u_1 的正半周，用V1进行斩波控制，用V3给负载电流提供续流通道；在 u_1 的负半周，用V2进行斩波控制，用V4给负载电流提供续流通道。设斩波器件（V1或V2）导通时间为 t_{on}，开关周期为 T_c，则导通比 $D=\dfrac{t_{on}}{T_c}$。

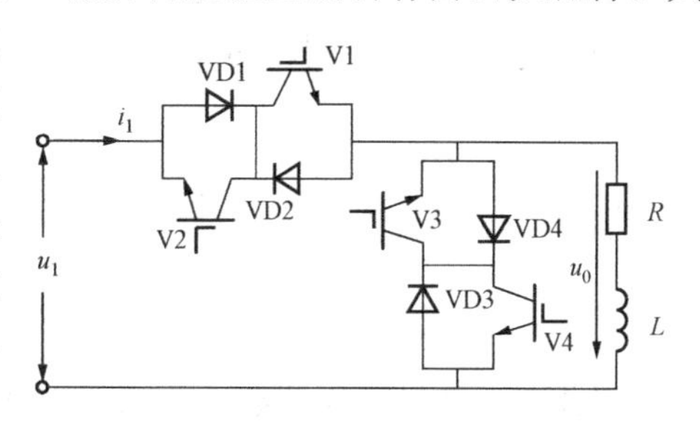

图6-10　单相斩控式交流调压电路原理

斩控式单相交流调压电路电阻负载波形如图6-11所示，图中给出了电阻性负载时负载电压 u_0 和电源电流 i_1 的波形。u_0 波形为一系列具有正弦包络线的脉冲，其傅里叶级数表达式为

$$u_0=D\sqrt{2}U_1\sin\omega t+\frac{\sqrt{2}U_1}{\pi}\sum_{n=1}^{\infty}\frac{\sin\varphi_n}{n}\{\sin[(n\omega_c+\omega)t-\varphi_n]-\sin[(n\omega_c-\omega)t-\varphi_n]\}\quad(6-19)$$

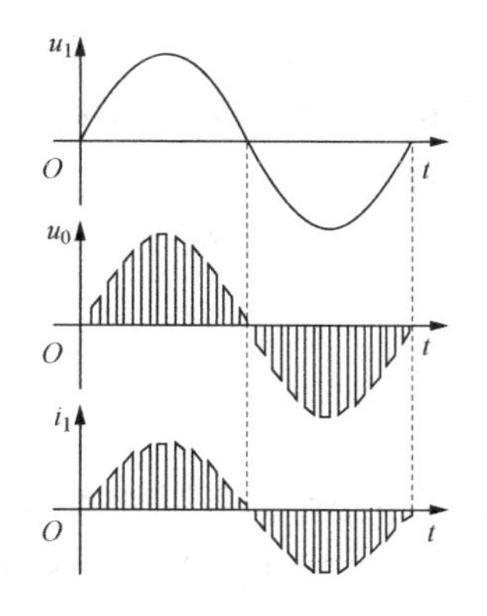

图6-11　斩控式单相交流调压电路电阻负载波形

式中：ω 为输入电压角频率；$\omega_c=\dfrac{2\pi}{T_c}$；$\varphi_n=n\pi D$。

从式（6-19）可以看出，u_0 除包含基波分量 $D\sqrt{2}U_1\sin\omega t$ 外，还含有其他谐波，和直流斩波电路一样，也可以通过改变 D 来改变基波电压幅值，从而调节输出电压。电源电流的基波分量是和电源电压同相位的，即位移因数为1。另外，通过傅里叶分析可知，电源电流中不含低次谐波，只含和开关周期 T_c 有关的高次谐波。这些高次谐波用很小的滤波器即可滤除，电路的功率因数接近1。

三相斩控式交流调压电路可用三组单相斩控式交流调压电路组合而成，为保证电路正常工作，三组开关的控制信号的相位应互差120°。

6.1.4 交流调功电路和交流电力电子开关

除相位控制和斩波控制的交流电力控制电路外，还有以交流电源周波数为控制单位的交流调功电路及对电路通断进行控制的交流电力电子开关，下面简单介绍这两种电路。

1. 交流调功电路

交流调功电路和交流调压电路的电路形式完全相同，只是控制方式不同。交流调功电路不是在每个交流电源周期都对输出电压波形进行控制，而是将负载与交流电源接通几个整周波，再断开几个整周波，通过改变接通周波数与断开周波数的比值来调节负载所消耗的平均功率。这种电路常用于电炉的温度控制，因其直接调节对象是电路的平均输出功率，所以被称为交流调功电路。像电炉温度这样的控制对象，其时间常数往往很大，没有必要对交流电源的每个周期进行频繁控制，只要以周波数为单位进行控制就足够了。通常控制晶闸管导通的时刻都是在电源电压过零的时刻，这样，在交流电源接通期间，负载电压电流都是正弦波，不对电网造成通常意义的谐波污染。

如在设定周期 T_c 内导通的周波数为 m，每个周波的周期为 T，T_c 内全部周波导通时，装置输出功率为 P_e，则调功器的输出功率 P_0 为

$$P_0 = \frac{mT}{T_c} P_e \tag{6 - 20}$$

输出电压有效值为

$$U_0 = \sqrt{\frac{mT}{T_c}} U_1 \tag{6 - 21}$$

因此，改变导通周波数 m 可改变输出电压和功率。

2. 交流电力电子开关

把晶闸管反并联后串入交流电路中，代替电路中的机械开关，起接通和断开电路的作用，这就是交流电力电子开关。和机械开关相比，这种开关响应速度快，没有触点，在关断时不会因负载或线路电感存储能量而造成暂态过电压和电磁干扰，寿命长，因此特别适用于操作频繁、可逆运行及有可燃气体、多粉尘的场合。

交流调功电路也是控制电路的接通和断开，但其是以控制电路的平均输出功率为目的，其控制手段是改变控制周期内电路导通周波数和断开周波数的比。而交流电力电子开关并不去控制电路的平均输出功率，通常也没有明确的控制周期，只是根据需要控制电路的接通和断开。另外，交流电力电子开关的控制频度通常比交流调功电路低得多。

不论是交流调功电路还是交流电力电子开关，晶闸管一般采用过零触发方式。

6.2 交-交变频电路

交-交变频电路是不通过中间直流环节，把电网频率的交流电直接变换成可调频率的交流电的变流电路，这种电路也称为周波变流器。因为没有中间直流环节，仅用一次变换就实现了变频，因此效率较高。

交-交变频电路广泛用于大功率交流电动机调速传动系统，实际使用的主要是三相输出

交-交变频电路。单相输出交-交变频电路是三相输出交-交变频电路的基础。本节首先介绍单相输出交-交变频电路的构成、工作原理、控制方法，然后再介绍三相输出交-交变频电路。为了叙述简便，本节把单相和三相输出交-交变频电路分别称为单相和三相交-交变频电路。

6.2.1　单相交-交变频电路

单相交-交变频电路的基本原理如图6-12所示。电路由P组和N组两组反并联的晶闸管变流电路构成，和直流电动机可逆调速用的四象限变流电路结构完全相同。变流器P和N都是相控整流电路，P组工作时，负载电流 i_0 为正；N组工作时，i_0 为负。让两组变流器按一定的频率交替工作，负载就得到该频率的交流电。改变两组变流器的切换频率，就可以改变输出频率；改变变流电路工作时的控制角 α，就可以改变变频器输出电压的幅值。其中P组和N组两组变流器可以采用三相半波结构，也可以采用三相桥式整流电路，桥式单相交-交变频电路和半波式单相交-交变频电路如图6-13和图6-14所示。

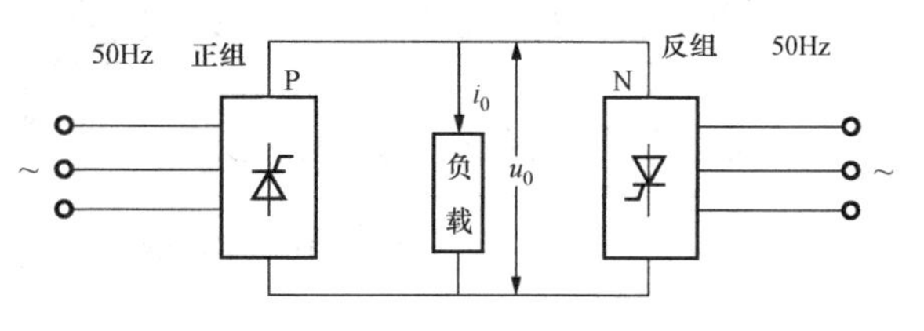

图6-12　单相交-交变频电路的基本原理

依据控制角 α 的变化方式不同，有方波型和正弦波型交-交变频电路。

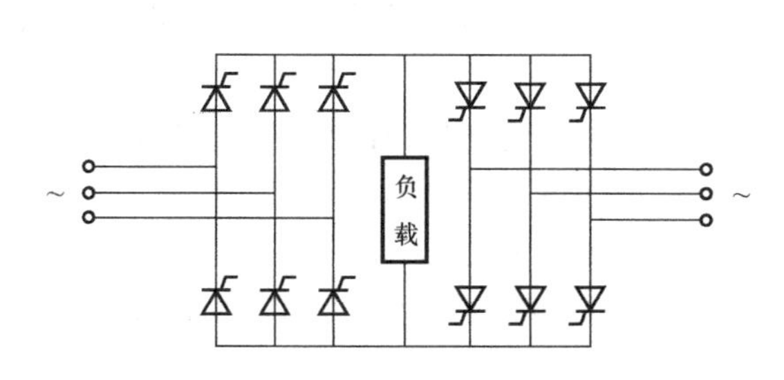

图6-13　桥式单相交-交变频电路

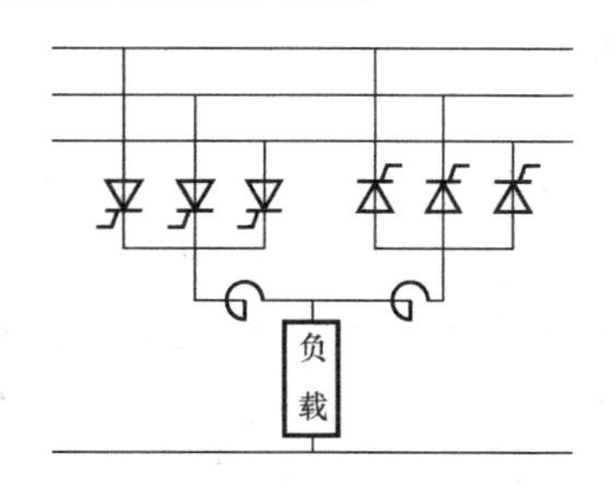

图6-14　半波式单相交-交变频电路

1. 方波型交-交变频电路

单相交-交变频器正组与反组晶闸管变流电路轮流工作，负载电流 i_0 有正有负，若为电阻性负载，对应的电压也正负交替变化。各组所供电压的高低由控制角 α 控制。如果在各组工作期间 α 不变，则输出电压为矩形交流电压，方波型交-交变频电路输出电压波形如图6-15所示。改变正反组切换频率，就可以改变输出交流电频率，改变 α 的大小，即可调节输出交流电压 U_0 的大小。为了使输出电压 u_0 的波形接近于正弦波，可以按正弦规律对 α 角进行控制。

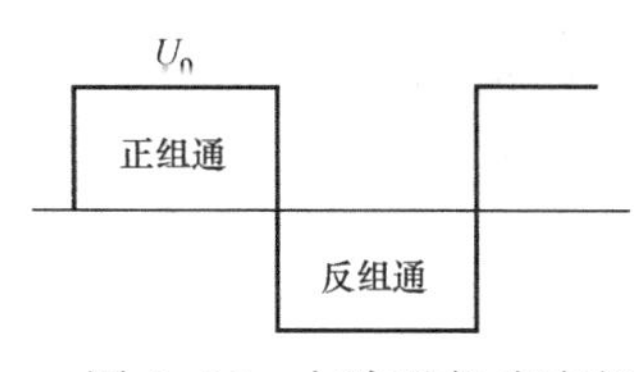

图6-15　方波型交-交变频电路输出电压波形

在正组整流工作时，可使控制角 α 逐渐由大到小再变大，如从 $\frac{\pi}{2}\rightarrow 0\rightarrow\frac{\pi}{2}$，必然引起输出的平均值按正弦规律从零增至最高，再逐渐减小到零的变化，正弦波交-交变频输出电压波形如图6-16所示。另外，半个周期可对变流器进行同样的控制。可以看出输出电压 u_0 并不是平滑正弦波，而是由若干段电源电压拼接而成，在一个周期内，所包含的段数越多，其波形越接近正弦波。

2. 正弦波型交-交变频电路

正弦波型变频电路与方波型变频电路的主电路相同，但正弦波型变频电路可以输出平均

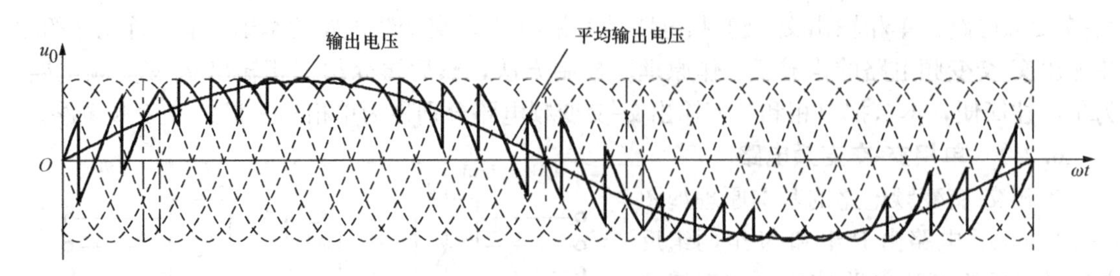

图 6 - 16　正弦波交-交变频输出电压波形

值按正弦规律变化的电压，克服了方波型变频电路输出电压高次谐波成分大的缺点，故作为变频器它比前一种更为实用。

使输出电压的平均值按正弦规律变化的方法有多种，通常采用余弦交截法。

3. 余弦交截法基本原理

如果使触发角的余弦 $\cos\alpha$ 与基准电压成比例，则对连续导通的稳态直流输出来说，基准电压和变流器直流端输出平均电压之间将有线性关系。如果用一交流正弦基准电压 u_R 代替直流基准电压，就会产生一交流输出电压，其电压波形的平均包络线和输入基准电压波形能准确地对应起来。上述触发角和基准电压之间的余弦关系，可以通过余弦交截法来实现。

余弦交截法对晶闸管触发脉冲的控制是按照下列原则进行的：变频器输出电压的瞬时值最接近基准正弦电压的瞬时值。根据这条原则，最注重的是每个晶闸管应在什么时刻换流到另一个晶闸管，使得实际输出电压波形与理想波形偏差最小。

下面以图 6 - 13 的桥式电路结构为例，用图 6 - 17 来说明余弦交截法基本原理。其中 u_R 为理想输出电压波形，即基准电压

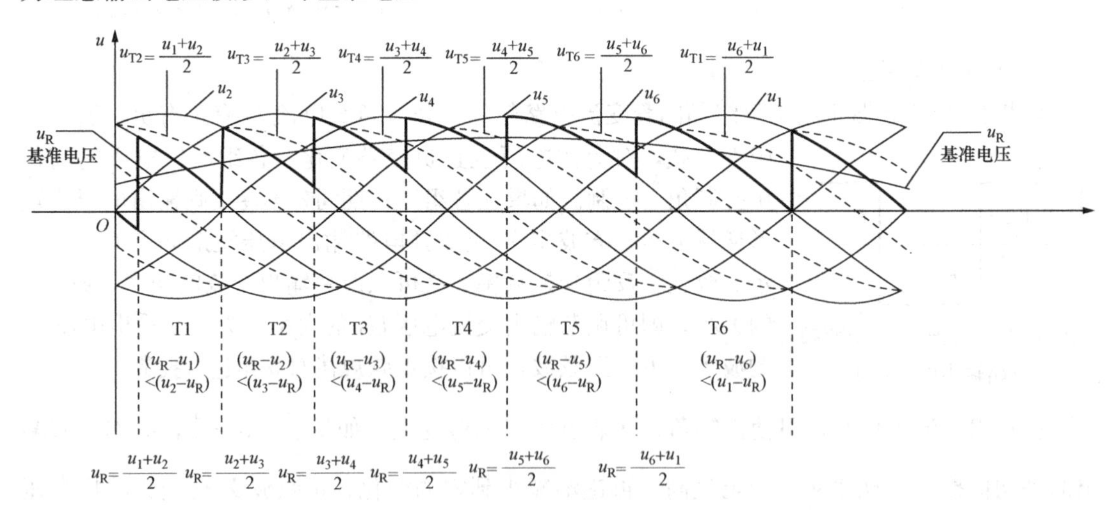

图 6 - 17　余弦交截法基本原理

$$u_R=\sqrt{2}U_o\sin\omega_0 t=U_{om}\sin\omega_0 t \tag{6-22}$$

式中：U_{om} 和 ω_0 分别表示期望输出电压的幅值和角频率。

交-交变频器的变流结构采用桥式结构，线电压 u_{ab}、u_{ac}、u_{bc}、u_{ba}、u_{ca} 和 u_{cb} 依次用 u_1～

u_6 表示，相邻两个线电压的交点对应于 $\alpha=0$。

在开始阶段先是 u_1 导电，实际输出电压 u_1 与理想电压 u_R 之差为 u_R-u_1，我们随时进行比较，当电压误差 u_R-u_1 比下一个晶闸管导通时的误差 u_2-u_R 大时，则应换为下一个晶闸管导通。

因此换相的条件是

$$u_R - u_1 = u_2 - u_R \tag{6-23}$$

即

$$u_R = \frac{u_1 + u_2}{2} \tag{6-24}$$

当 u_1 和 u_2 都是正弦波时，$u_R=\frac{u_1+u_2}{2}$正好是两个电压的平均值，它也应是一个正弦波（如图 6-17 虚线所示）。这个波的峰值正好对应于 u_2 波形 $\alpha=0°$这一点，而其零点正对应于 u_2 波形$\alpha=90°$这一点，因此可以看出这个波形正好是 u_2 导通角 α 的余弦，称其为 u_2 的同步波，并以 u_{T2}表示

$$u_{T2} = U_{Tm}\cos\alpha \tag{6-25}$$

式中：U_{Tm}为 u_{T2} 的峰值，也是 $\alpha=0°$时整流电路的理想空载电压值。

因此 u_1～u_6 的同步电压用 u_{T1}～u_{T6}表示，u_{T1}～u_{T6}比相应的 u_1～u_6 超前 30°。

由于换相点应满足条件

$$u_R = u_{Ti}\ (i=1,\ 2,\ \cdots,\ 6) \tag{6-26}$$

也就是在理想输出电压波 u_R 与各个余弦的同步波 u_{Ti}的交点上发出触发脉冲，使晶闸管换相。从物理意义上看，发出换相触发脉冲的交点也正是各段电源的平均整流电压和理想输出电压相等的时刻。

根据式（6-25）和式（6-26）可得出

$$\cos\alpha = \frac{u_R}{U_{Tm}} = \frac{U_{om}}{U_{Tm}}\sin\omega_0 t = \gamma\sin\omega_0 t \tag{6-27}$$

式中：γ 为输出电压比，$\gamma=\frac{U_{om}}{U_{Tm}}$（$0\leqslant\gamma\leqslant1$）。

由式（6-27）可见理想输出电压 u_R 和控制角 α 之间保持余弦的关系，而相控整流器就像一个功率放大器，如果输入一个理想的正弦电压，则输出电压的“包络线”就是一个正弦交流电压。

由式（6-27）可得

$$\alpha = \arccos(\gamma\sin\omega_0 t) \tag{6-28}$$

式（6-28）是余弦交截法求交-交变频电路触发延迟角 α 的基本公式。

6.2.2　三相交-交变频电路

交-交变频电路主要应用于大功率交流电机调速系统，因此实际使用的主要是三相交-交变频电路。它是由三组输出电压相位各差 120°的单相交-交变频电路组成的，因此上一节的许多分析和结论对三相交-交变频电路都是适用的。

三相交-交变频电路主要有两种接线方式，即公共交流母线进线方式和输出星形连接方式。

公共交流母线进线方式三相交-交变频电路如图 6-18 所示，它由三组彼此独立的、输出电压相位相互错开 120°的单相交-交变频电路构成，其电源进线通过进线电抗器接在公共的

交流母线上。因为电源进线端公用，所以三组单相交-交变频电路的输出端必须隔离。为此，交流电动机的三个绕组必须拆开，共引出六根线。这种电路主要用于中等容量的交流调速系统。

输出星形连接方式的三相交-交变频电路如图 6-19 所示。三组单相交-交变频电路的输出端是星形连接，电动机的三个绕组也是星形连接，电动机中性点不和变频器中性点接在一起，电动机只引出三根线即可。因为三组单相交-交变频电路的输出连接在一起，其电源进线就必须隔离，所以三组单相交-交变频器分别用三个变压器供电。由于变频器输出端中点不和负载中点相连接，因此在构成三相交-交变频电路的六组桥式电路中，至少要有不同输出相的两组桥中的四个晶闸管同时导通才能构成回路，形成电流。和整流电路一样，同一组桥内的两个晶闸管靠双触发脉冲保证同时导通。而两组桥之间则是靠各自的触发脉冲有足够的宽度，以保证同时导通。

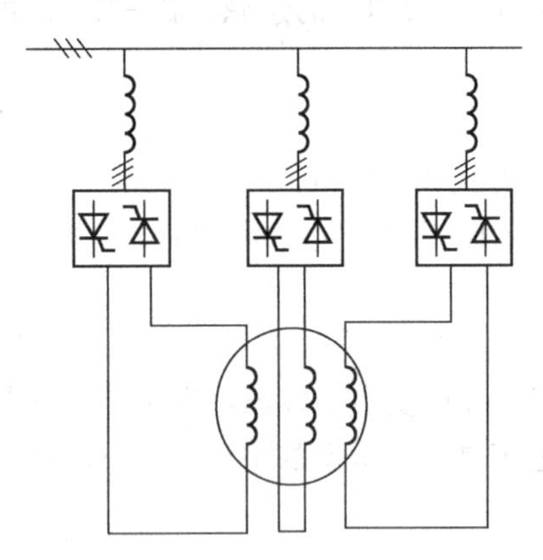

图 6-18 公共交流母线进线方式三相交-交变频电路

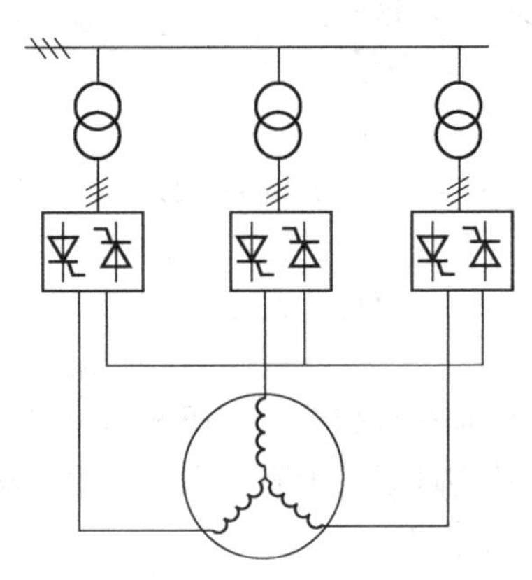

图 6-19 输出星形连接方式的三相交-交变频电路

6.2.3 交-交变频电路输入输出特性

下面从输出上限频率、输入功率因数、输出电压谐波和输入电流谐波四方面来讨论交-交变频电路的输入输出特性。从电路结构和工作原理可以看出，三相交-交变频电路和单相交-交变频电路的输出上限频率和输出电压谐波是一致的，但输入电流和输入功率因数有一些差别。

1. 输出上限频率

交-交变频电路的输出电压是由许多段电网电压拼接而成的。输出电压一个周期内拼接的电网电压段数越多，就可使输出电压波形越接近正弦波。每段电网电压的平均持续时间是由变流电路的脉波数决定的。因此，当输出频率增高时，输出电压一周期所含电网电压的段数减少，波形畸变严重。电压波形畸变及由此产生的电流波形畸变和转矩脉动是限制输出频率提高的主要因素。就输出波形畸变和输出上限频率的关系而言，很难确定一个明确的界限。当然，构成交-交变频电路的两组变流电路的脉波数越多，输出上限频率就越高。就常用的 6 脉波三相桥式电路而言，一般认为，输出上限频率不高于电网频率的 1/3～1/2。电网频率为 50Hz 时，交-交变频电路的输出上限频率约为 20Hz。

2. 输出电压谐波

交-交变频电路输出电压的谐波频谱是非常复杂的，它既和电网频率 f_i、变流电路的脉波数有关，也和输出频率 f_o 有关。

对于采用三相桥式电路的交-交变频电路来说，输出电压中所含主要谐波的频率为 $6f_i \pm f_o$、$6f_i \pm 3f_o$、$6f_i \pm 5f_o$、…；$12f_i \pm f_o$、$12f_i \pm 3f_o$、$12f_i \pm 5f_o$、… 。

3. 输入电流谐波

单相交-交变频电路的输入电流波形和可控整流电路的输入波形类似，但其幅值和相位均按正弦规律被调制。采用三相桥式电路的交-交变频电路输入电流谐波频率为

$$f_{in} = |(6k \pm 1)f_i \pm 2lf_o| \tag{6-29}$$

$$f_{in} = f_i \pm 2kf_o \tag{6-30}$$

式中：$k=1, 2, 3, \cdots$；$l=0, 1, 2, \cdots$。

对于三相交-交变频电路，总的输入电流是由三个单相交-交变频电路的同一相输入电流合成而得到的，有些谐波相互抵消，谐波种类有所减少，总的谐波幅值也有所降低，其谐波频率为

$$f_{in} = |(6k \pm 1)f_i \pm 6lf_o| \tag{6-31}$$

$$f_{in} = f_i \pm 6kf_o \tag{6-32}$$

4. 输入功率因数

交-交变频电路采用的是相位控制方式，因此其输入电流的相位总是滞后于输入电压，需要电网提供无功功率。在输出电压的一个周期内，α 角是以 90°为中心而前后变化的。输出电压比 γ 越小，半周期内的平均值越靠近 90°，位移因数越低。另外，负载的功率因数越低，输入功率因数也越低。而且不论负载功率因数是滞后的还是超前的，输入的无功电流总是滞后的。

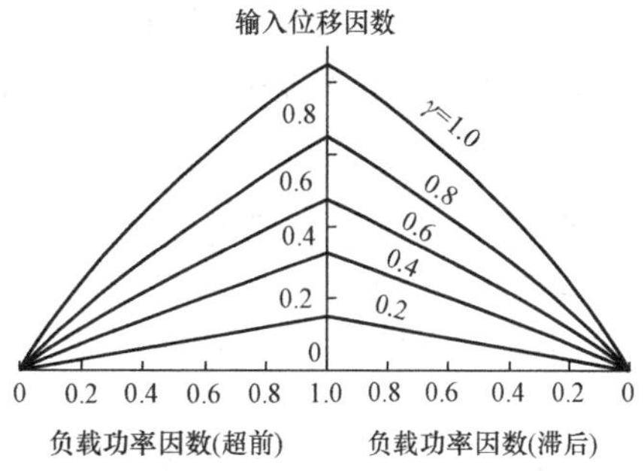

图 6-20　单相交-交变频电路的功率因数

单相交-交变频电路的功率因数如图 6-20 所示，图中给出了以输出电压比 γ 为参变量时单相交-交变频电路输入位移因数和负载功率因数的关系。输入位移因数也就是输入的基波功率因数，其值通常略大于输入功率因数。因此，图 6-20 也大体反映了输入功率因数和负载功率因数的关系。可以看出，即使负载功率因数为 1 且输出电压比 γ 也为 1，输入功率因数仍小于 1，随着负载功率因数的降低和 γ 的减小，输入功率因数也随之降低。

三相交-交变频电路由三组单相交-交变频电路组成，每组单相变频电路都有自己的有功功率、无功功率和视在功率。总输入功率因数为

$$\lambda = \frac{P}{S} = \frac{P_a + P_b + P_c}{S} \tag{6-33}$$

从式（6-33）可以看出，三相电路总的有功功率为各相有功功率之和，但视在功率却不能简单相加，而应该由总输入电流有效值和输入电压有效值来计算，比三相各自的视在功率之和要小。因此，三相交-交变频电路总输入功率因数要高于单相交-交变频电路。当然，这只是相对于单相电路而言，功率因数低仍是三相交-交变频电路的一个主要缺点。

本节介绍的交-交变频电路是把一种频率的交流直接变成可变频率的交流，是一种直接变频电路。和交-直-交变频电路比较，交-交变频电路的优点有：①只用一次变流，效率较

高；②可方便地实现四象限工作；③低频输出波形接近正弦波。缺点有：①接线复杂，如采用三相桥式电路的三相交-交变频器至少要用 36 只晶闸管；②受电网频率和变流电路脉波数的限制，输出频率较低；③输入功率因数较低；④输入电流谐波含量大，频谱复杂。

由于以上优缺点，交-交变频电路主要用于 500kW 或 1000kW 以上的大功率、低转速的交流调速电路中。目前已在轧机主传动装置、鼓风机、矿石破碎机、球磨机、卷扬机等场合获得了较多的应用。它既可用于异步电动机传动，也可用于同步电动机传动。

6.3* 矩阵变换器

矩阵变换器是近年来出现的一种控制性能优良的新颖变流电路。对同一矩阵变换电路，采用不同的控制算法，可以实现整流、逆变、斩波和变频等功能。

矩阵变换器的优点是输出电压可控制为正弦波，输出频率不受电网频率的限制；输入电流也可控制为正弦波且与电压同相，功率因数可任意控制，甚至为 1；能量可双向流动，适用于交流电动机的四象限运行。因此，这种电路的电气性能是十分理想的。

6.3.1 矩阵变换器的拓扑结构

矩阵变换器的主电路拓扑如图 6-21 所示。三相输入电压为 u_a、u_b 和 u_c，三相输出电压为 u_u、u_v 和 u_w。9 个开关器件 S11、S12、S13，S21、S22、S23，S31、S32、S33 组成 3×3 的矩阵，因此该电路被称为矩阵变换器。通过对 9 个开关的控制，可调节输出电量的频率、幅值、相位及输入的功率因数。

图 6-21 中每个开关都是矩阵中的一个元素，采用双向可控开关，即要求功率开关既能阻断任意方向的电压，又能导通任意方向的电流。目前功率双向开关常采用单向功率器件（如 IGBT、GTO 或功率 MOSFET 等）通过串并联组合而成，双向开关常用组合方式如图 6-22所示。

图 6-22（a）所示为二极管桥式双向开关，这种双向开关只需一个 IGBT 器件和一个驱动电路，但接通时需要 3 个元件导通，开通损耗较大。图 6-22（b）所示为采用两个开关器件背靠背连接方式实现的双向开关，其中两个二极管提供双向开关的反向阻断能力，这种方式可以对正反向的电流进行独立控制，容易实现负载电流的换流，开通损耗小。

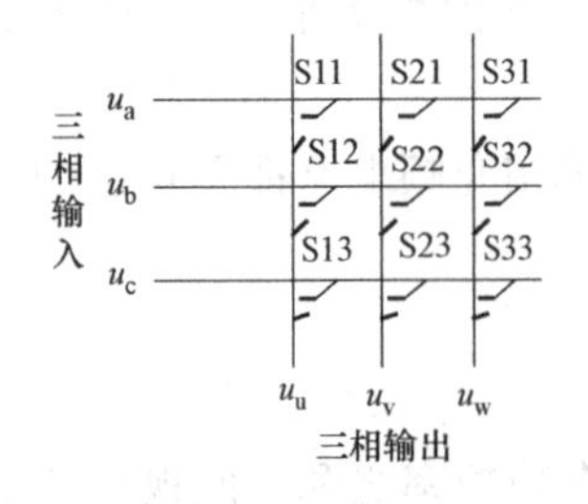

图 6-21 矩阵变换器主电路拓扑

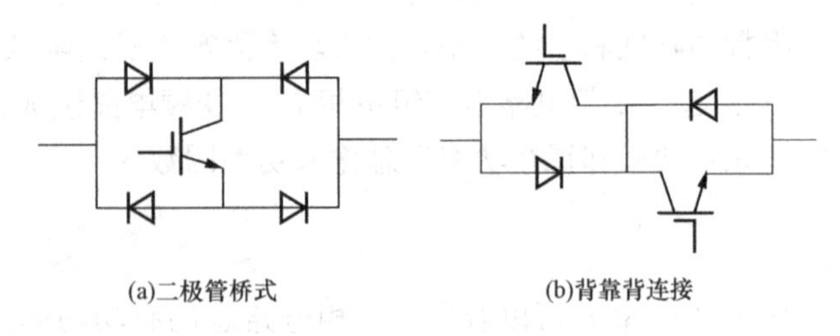

图 6-22 双向开关常用组合方式

6.3.2 矩阵变换器的工作原理

对单相交流电压 u_s 进行斩波控制，如果开关频率足够高，则其输出电压为 u_0 为

$$u_0 = \frac{t_{on}}{T_c} u_s = D u_s \tag{6-34}$$

式中：T_c 为开关周期；t_{on}为一个开关周期内开关导通时间；D 为导通占空比。

在不同的开关周期中采用不同的 D，可得到与 u_s 频率和波形都不同的 u_0。由于单相交流电压 u_s 波形为正弦波，可利用的输入电压部分只有单相电压部分，因此输出电压 u_0 将受到很大的局限，无法得到所需要的输出波形。如果把输入交流电源改为三相，用图 6-21 中第一列的 3 个开关 S11、S12 和 S13 共同作用来构造 u 相输出电压，理论上所构造的 u_u 的频率可不受限制，但如 u_u 必须为正弦波，则其最大幅值仅为输入相电压幅值的 0.5 倍。如果利用输入线电压来构造输出线电压，例如用图 6-21 中第一列和第二列的 6 个开关共同作用来构造输出线电压 u_{uv}，这样，当 u_{uv}必须为正弦波时，其最大幅值就可达到输入线电压幅值的 0.866 倍。这也是正弦波输出条件下矩阵式变频电路理论上最大的输出输入电压比。下面为了叙述方便，仍以相电压输出方式为例进行分析。

用对开关 S11、S12 和 S13 的控制构造输出电压 u_u 时，为了防止输入电源短路，在任何时刻只能有一个开关接通。考虑到负载一般是阻感负载，负载电流具有电流源性质，为使负载不致开路，在任一时刻也必须有一个开关接通。因此，u 相输出电压 u_u 和各相输入电压的关系为

$$u_u = D_{11}u_a + D_{12}u_b + D_{13}u_c \tag{6-35}$$

式中：D_{11}、D_{12}和 D_{13}分别为一个开关周期内开关 S11、S12 和 S13 的导通占空比。

由上面的分析可知

$$D_{11} + D_{12} + D_{13} = 1 \tag{6-36}$$

用同样的方法控制图 6-21 矩阵第二列和第三列的各开关，可以得到类似于式（6-35）的表达式。把这些公式合写成矩阵的形式，即

$$\boldsymbol{u}_0 = \begin{bmatrix} u_u \\ u_v \\ u_w \end{bmatrix} = \begin{bmatrix} D_{11} & D_{12} & D_{13} \\ D_{21} & D_{22} & D_{23} \\ D_{31} & D_{32} & D_{33} \end{bmatrix} \begin{bmatrix} u_a \\ u_b \\ u_c \end{bmatrix} = \boldsymbol{D}\boldsymbol{u}_i \tag{6-37}$$

D 称为调制矩阵，它是时间的函数，每个元素在每个开关周期中都是不同的。要使矩阵变换器能够很好地工作，有两个基本问题必须解决。首先要解决的问题是如何求取理想的调制矩阵 **D**，即矩阵式变换器的控制策略；其次是在开关切换时如何实现既无交叠又无死区，即矩阵变换器的换流问题。通过许多学者的努力，这两个问题都已有了较好的解决办法。

矩阵变换器的调制策略主要有直接变换法、电流跟踪法和间接变换法。其中，间接变换法是基于空间矢量变换的一种方法，它将交-交变换虚拟为交-直和直-交变换，这样便可采用目前流行的高频整流和高频 PWM 波形合成技术，变换器的性能可以得到较大的改善。当然具体实现时是将整流和逆变一步完成的，这种调制策略既能控制输出波形，又能控制输入电流波形，改变输入功率因数，低次谐波得到了较好的抑制，但控制方案较为复杂，缺少有效的动态理论分析支持。它是目前在矩阵式变换器中研究较多也是较为成熟的一种控制策略，比较有发展前途。

在矩阵变换器中，每相的开关需要经常进行换流，当负载电流的方向不变时，开关之间的换流是自然换流方式，会出现换流重叠现象；如换流前后的负载电流要改变方向时，就会出现换流困难。这是由于功率开关存在开通时间和关断时间，一个双向开关的导通和另一个双向开关的关断不能瞬时同步完成，这样矩阵变换器双向开关的换流就会产生两个问题：一是对于每路输出电路，当有两个开关同时导通时，可能导致电源短路，如在 u_{uv}为正时，u 相开关的正方向和 v 相开关的反方向同时导通，u、v 两

相短路，因而产生很大的短路电流，使开关损坏；二是对于每路输出电路，当三个开关都不导通时，负载电路出现开路现象，感性电流无续流通路而产生很大的感应电动势，可能将开关击穿。为解决负载短路和断路问题，矩阵变换器在换流时，需引入换流延时时间和换流重叠时间。

矩阵变换器有十分突出的优点。首先，矩阵式变频电路有十分理想的电气性能，它可使输出电压和输入电流均为正弦波，输入功率因数为 1，且能量可双向流动，可实现四象限运行。其次，和目前广泛应用的交-直-交变频电路相比，虽多用了 6 个开关器件，却省去了直流侧大电容，将使体积减小，且容易实现集成化和功率模块化。在电力电子器件制造技术飞速进步和计算机技术日新月异的今天，矩阵式变频电路将有很好的发展前景。但目前来看，矩阵式变频电路所用的开关器件多，电路结构较复杂，成本较高，控制方法还不算成熟。此外，其输出输入最大电压比只有 0.866，用于交流电机调速时输出电压偏低。这些是其尚未进入实用化的主要原因。

6.4　三相交流调压电路的仿真

交流-交流变换电路不仅可以采用传统的分段线性化方法进行分析，也可采用 MATLAB 仿真的形式进行研究，下面以无中性线星形连接的三相交流调压电路为例来讨论交流-交流变换电路的仿真。需要注意的是，本节出现的图均为系统截图，图中符号不作修改，图中英文不作翻译。

6.4.1　仿真模型和参数设置

三相交流调压电路的仿真模型如图 6-23 所示，包括交流电源、VT 模型、RL 负载、触发装置和测量环节等。其中 VT 模型为两只晶闸管的反并联，触发装置能输出双窄脉冲。测量环节 Powergui-Continuous 能观察波形并给出其谐波含量。

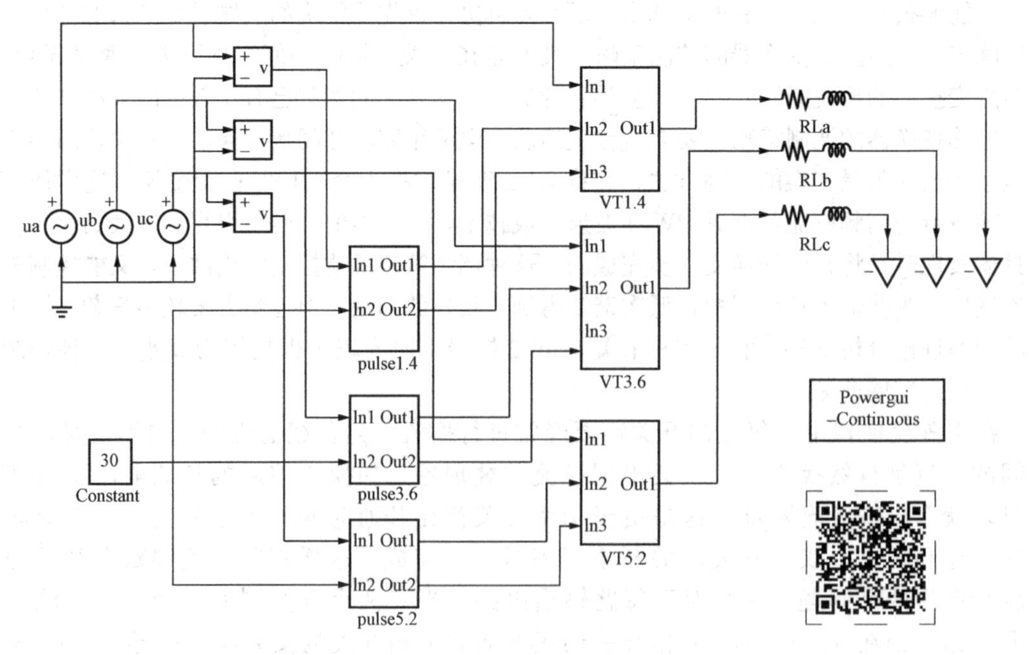

图 6-23　三相交流调压电路的仿真模型

根据仿真需要，模型中的参数设置如下：

（1）三相交流电压 u_a、u_b和 u_c的幅值均为 311V，频率为 50Hz，初相位分别为 0°、－120°、－240°。

（2）晶闸管参数设置为默认值。

（3）常数环节设置控制角 α 可以为 30°、60°、90°和 120°。

（4）负载参数：电阻负载 $R=1$，$L=0$，$C=\text{inf}$；阻感负载 $R=1$，$L=0.0016\text{H}$，$C=\text{inf}$。

（5）仿真参数：仿真时间为 0.2s，仿真算法 ode15s。

6.4.2　仿真结果与分析

1. 电阻性负载

$\alpha=30°$、$\alpha=60°$、$\alpha=90°$和 $\alpha=120°$电压波形及谐波含量如图 6-24～图 6-27 所示，其结果与 6.1 的分析结论完全一致。从图中可以看出，随 α 角的增加，输出电压平均值减小。

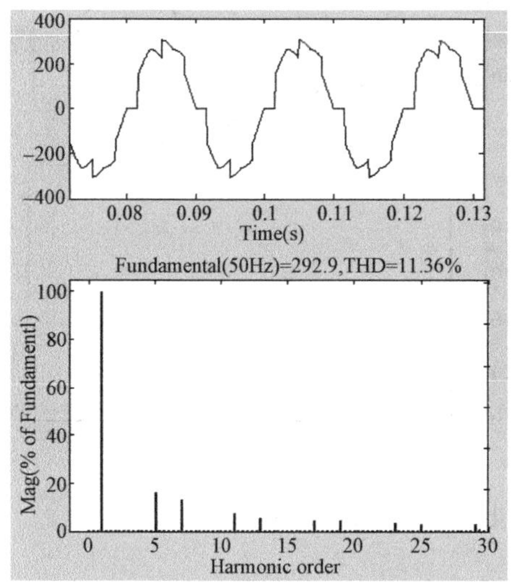

图 6-24　$\alpha=30°$电压波形及谐波含量

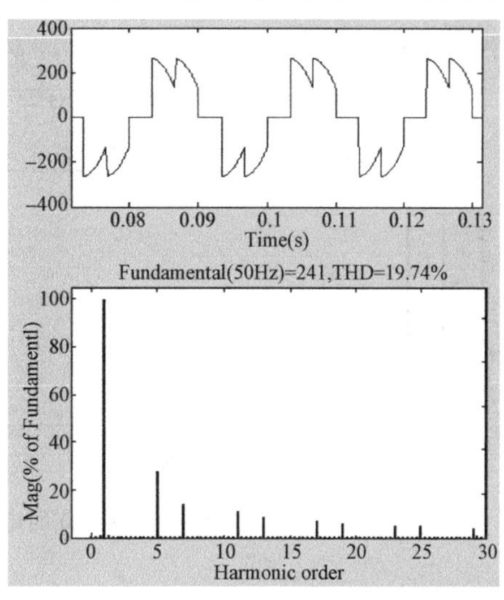

图 6-25　$\alpha=60°$电压波形及谐波含量

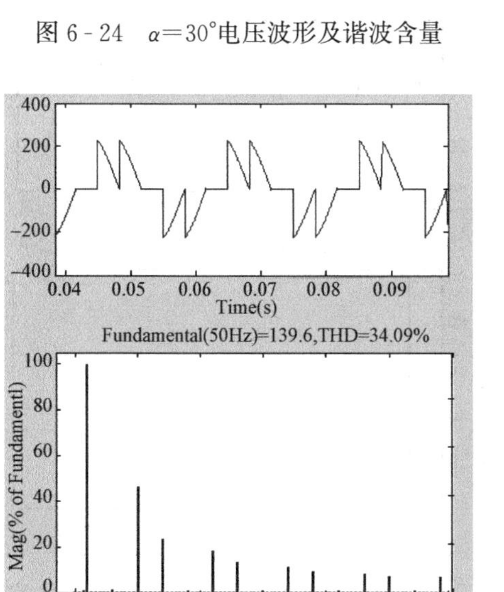

图 6-26　$\alpha=90°$电压波形及谐波含量

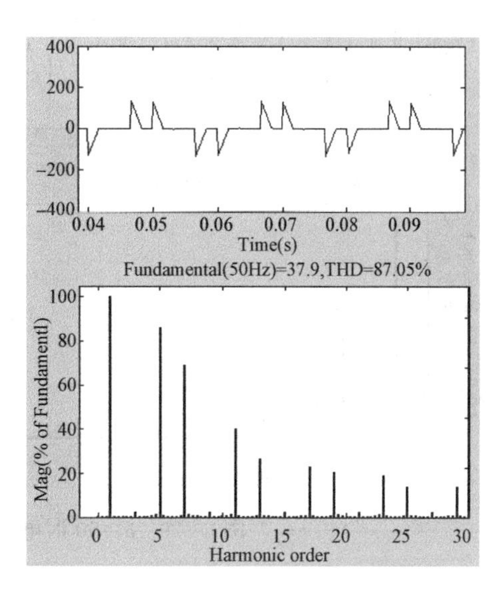

图 6-27　$\alpha=120°$电压波形及谐波含量

从图 6-24～图 6-27 可以看出，随控制角 α 的增大，输出电压的面积明显变小，基波成分下降，但谐波含量上升，所含谐波次数为 $6k\pm1$（$k=1$，2，3，…），谐波的次数越低，含量越大。这里没有 3 的整数倍次谐波，因电路采用三相三线无中性线连接。

2. 阻感性负载

由于电感的续流作用，阻感性负载的晶闸管导通时间变长，工作情况要比电阻性负载复杂。在 $\alpha<\varphi$ 时，负载电压和电流波形连续，相当于晶闸管全部被短接时的情况，电路处于失控状态。当 $\alpha>\varphi$ 时，随控制角的增大，输出电压降低。不同阻抗角工作情况也不同，此处以阻抗角 $\varphi=30°$为例分析电路的工作情况。控制角为 60°和 90°时的电压、电流波形及谐波含量分别如图 6-28 和图 6-29 所示，其中左图为电压，右图为电流。

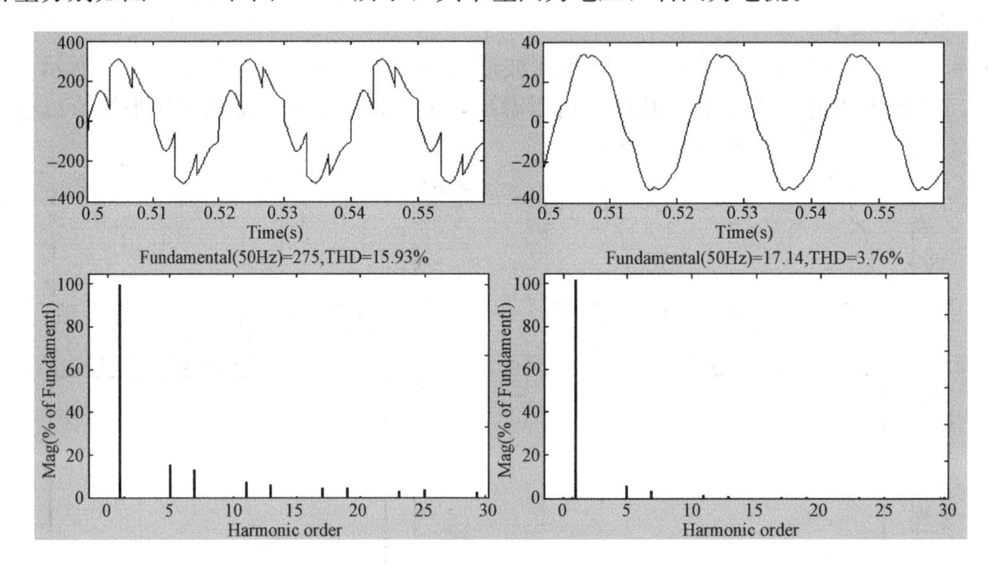

图 6-28　$\alpha=60°$时电压、电流波形及谐波含量

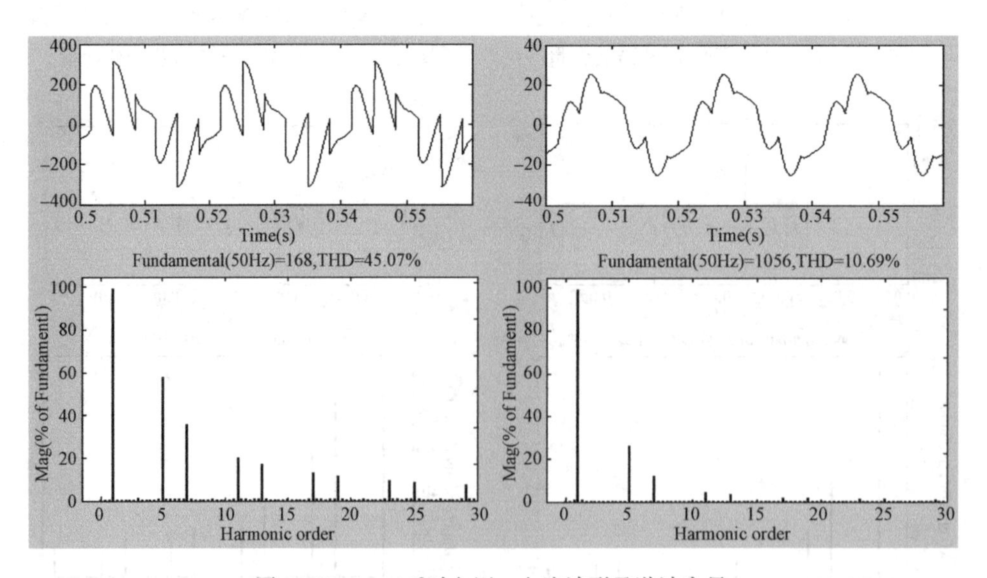

图 6-29　$\alpha=90°$时电压、电流波形及谐波含量

与电阻性负载相比，阻感性负载在同样的控制角下，由于电感的续流作用，晶闸管的导通时间增加，输出电压基波含量上升，电流的谐波含量下降，但电压的谐波含量变化比较复杂。在控制角较小时，电压的谐波含量较电阻负载小；在控制角较大时（$\alpha>60°$后）电压的谐波含量随阻抗角的增加而上升。当阻抗角变大时，随控制角的增大，电压的谐波含量还要增加。

本章小结

本章介绍了各种交流-交流变换电路，其中包括交流电力控制电路、交-交变频电路和矩阵式变换电路。在交流电力控制电路中，重点内容是交流调压电路，本章详细分析了单相交流调压电路带电阻性、阻感性负载时的工作情况和三相交流调压电路电阻性负载的工作原理，也对交流调功电路及交流电力电子开关进行了简单介绍。在交-交变频电路中，介绍了其工作原理和特性。矩阵变换器是一种新颖的变流电路，采用不同的控制算法可实现整流、逆变、斩波等不同功能，本章简单介绍了其工作原理，并对其特点进行了分析。除传统分析方法外，仿真也是一种非常重要的分析手段，本章对三相交流调压电路进行了仿真分析。

习 题

1. 交流调压电路和交流调功电路有什么区别？两者各运用于什么样的负载？为什么？

2. 一调光台灯由交流调压电路供电，设该台灯可看作电阻负载，试求功率为最大输出功率的80%、50%时的开通角和对应输出电压。

3. 一晶闸管单相交流调压器，用于控制220V交流电源供电的$R=0.5\Omega$，$\omega L=0.5\Omega$的串联负载电路的功率。试求：

（1）触发角范围。

（2）负载电流的最大值。

（3）最大输出功率和这时的电源侧功率因数。

4. 试分析带电阻负载的三相三线星形调压电路，在控制角$\alpha=\pi/4$、$2\pi/3$时的晶闸管导通区间分布及主电路输出波形。

5. 单相调功电路，采用过零触发。$U_2=220\text{V}$，负载电阻为$R=1\Omega$，在设定周期T_c内，控制晶闸管导通0.3s、断开0.2s，试计算此时电阻负载上的功率与晶闸管全部周波导通时所送出的功率。

6. 交-交变频电路的最高输出频率是多少？制约输出频率提高的因素是什么？

7. 交-交变频的主要特点和不足之处是什么？其主要用途是什么？

8. 试述矩阵式变换电路的基本原理和优缺点，为什么说这种电路有较好的发展前景？

第7章　电力电子技术的应用

随着电力电子技术的快速发展，目前电力电子技术已广泛应用于电力系统、工业生产、电源技术、新能源等领域。本章将介绍电力电子技术的一些典型应用及其案例。

7.1　电力电子在电力系统中的应用

7.1.1　电力谐波抑制

在理想电力系统中，发电机发出的电力是以纯正弦、三相对称、频率和电压保持相对恒定的电能形态向负荷供电的，系统负荷主要由电动机、电气照明、电热器等设备组成，一般认为它们是线性负荷。因而常把频率和电压作为衡量电能质量合格与否的两个基本指标。近年来随着系统中非线性负荷日益增多，特别是高度非线性电力电子设备的广泛应用，向电网输送大量的谐波，危害用电设备和通信系统的稳定运行，谐波污染已成为电力系统一项不容忽视的问题。世界上许多国家已制定限制标准，并采取了各种有效的抑制措施。

以往电力系统主要采用 *LC* 调谐原理构成的各种滤波电路来消除谐波，其在特定谐波频率下呈现低阻通路，在同谐波源负荷并联连接后，除了减少谐波电流注入系统外，还可向电网输送无功功率，提高供电线路的功率因数，通常把这种电路称为无源滤波器。并联无源滤波器电路结构简单、初期投资少、运行可靠、维护方便，但由于其滤波特性受系统阻抗的影响，不能适应系统频率变化或系统运行方式的改变，此外，还可能引起并联谐振产生谐波放大等问题。20 世纪 70 年代初出现了具有功率处理能力的有源谐波补偿，近几十年来随着功率器件水平的长足进步，瞬时无功功率理论和 PWM 控制技术的不断发展，有源电力滤波器（Active Power Filter，APF）在工业实际中得到了广泛的应用。

APF 是一种电力电子装置，其基本原理是从补偿对象中检测出谐波电流，由补偿装置产生一个与该谐波电流大小相等而极性相反的补偿电流，从而使电网电流只含基波分量。电力有源滤波器能对频率和幅值均发生变化的谐波进行补偿，且补偿特性不受电网阻抗的影响。

根据 APF 直流侧储能元件的不同，其结构可分为电压型和电流型两种。电压型有源滤波器直流侧采用电解电容作为储能元件，其储能密度大、装置体积小、效率高、初期投资小，可任意并联扩容，适合各种电路拓扑。目前实用装置 90%以上为电压型，其技术相对成熟、完善。

电压型有源滤波器原理如图 7 - 1 所示，i_{la}、i_{lb}、i_{lc}为电网电流，非线性负载为谐波源，如各类电力电子装置等；i_{La}、i_{Lb}、i_{Lc}为负载侧电流（$i_L = i_{Lf} + i_{Lh}$）；检测模块可实时检测出负载电流中的谐波分量 i_{Lh}，并将其反极性后作为有源电力滤波器的指令电流 i_{af}^*、i_{bf}^*、i_{cf}^*；最终由电流控制器控制 APF 的网侧电流产生与 i_{Lh}大小相等、方向相反的补偿电流 i_{af}、i_{bf}、i_{cf}，从而补偿电网电流中的谐波，使流入电网的电流只含有基波分量 i_{Lf}。电压型有源滤波器产生谐波补偿的电路实质是一个 PWM 变换器。

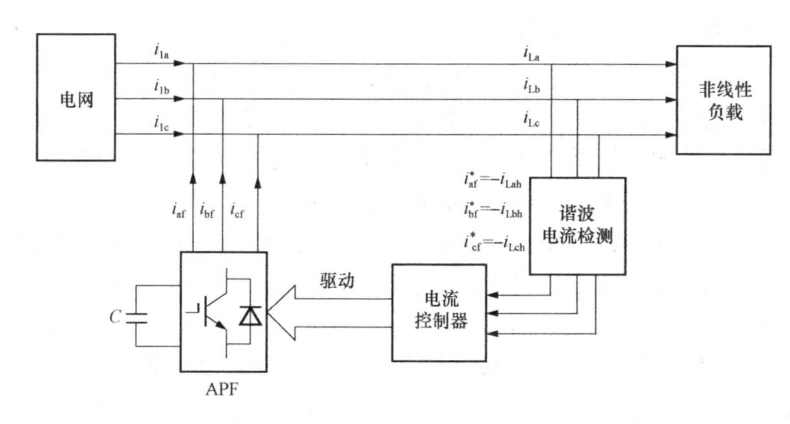

图 7-1　电压型有源滤波器

电流型有源滤波器直流侧采用电感作为储能元件，其优点是控制简单、易于保护、性能可靠、可以采用较低的开关频率，但损耗大、体积大，不适用于大容量系统。

有源滤波器根据接入电力系统的方式不同，可分为并联型有源电力滤波器和串联型有源电力滤波器。由于 APF 造价高，运行损耗大，容量受到限制，因此，将无源滤波器与有源滤波器组合起来，构成混合型有源滤波器在目前无疑是一种较好的方案。混合型有源电力滤波器又可分串联混合型有源电力滤波器和并联混合型有源电力滤波器，其原理分别如图 7-2 和图 7-3 所示。

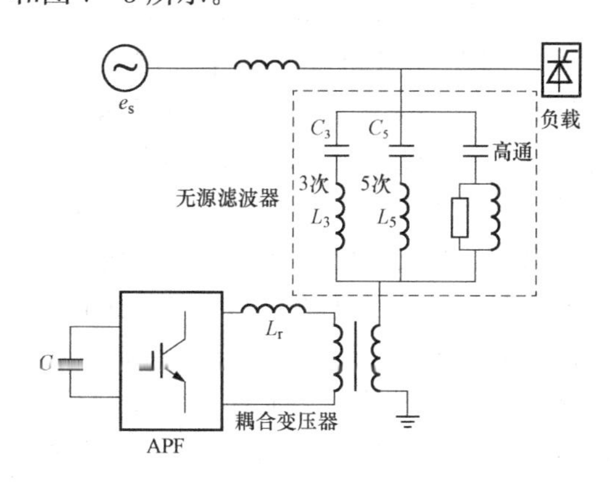

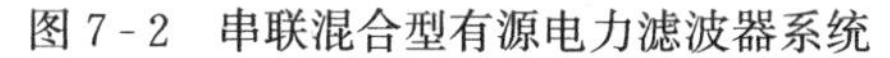
图 7-2　串联混合型有源电力滤波器系统

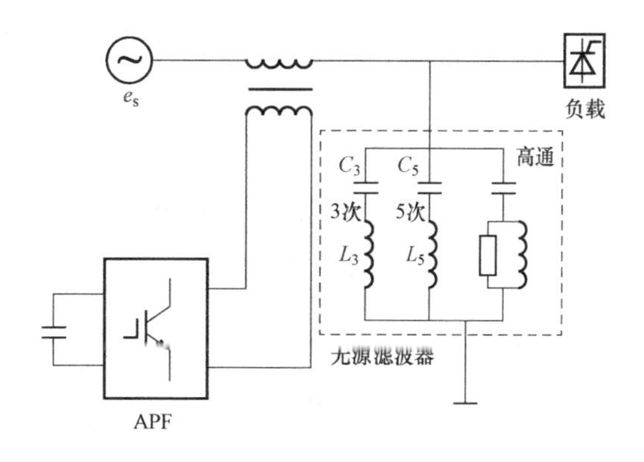

图 7-3　并联混合型有源电力滤波器系统

7.1.2　无功功率控制

电力系统对无功功率的控制是非常重要的，通过对无功功率的控制，可以提高功率因数，稳定电网电压，改善供电质量。

众所周知，电压稳定与否主要取决于系统中无功功率的平衡。电力系统网络元件的阻抗主要是电感性，是消耗无功功率的，大多数负载也需要消耗无功功率，网络元件和负载所需要的无功功率必须从网络中某个地方获得，显然，这些所需的无功功率如果都要由发电机提供并经过长距离输送是不合理的，通常也是不可能的。合理的方法应是在需要消耗无功功率的地方产生无功功率即无功补偿。因此，电力系统的无功补偿是保证电网安全、优质、经济运行的重要措施。

在工业配电系统中，采用较多的功率因数补偿方式是电容器组补偿。它利用接触器的投切，并根据实测电源线的功率因数或负荷电流的大小来改变并联在配电母线上的电容器组数，以补偿缓慢变化的负荷无功功率，并保证用电设备的总功率因数尽可能接近 1。采用并联电容器进行无功补偿成本较低，但电容器只能补偿固定的无功功率，在系统中有谐波时，还有可能发生并联谐振，甚至发生烧坏电容器组的现象。

静止无功补偿（Static Var Compensator，SVC）装置近年来获得了很大发展，大量用于负载无功补偿，其典型代表有晶闸管投切电容器（Thyristor Switching Capacitor，TSC）、晶闸管控制电抗器（Thyristor Control Reactor，TCR），以及这两者的混合装置（TCR+TSC）。静止无功补偿器的重要特性是能连续无级调节补偿器的无功功率，因此可以对无功功率进行动态补偿，使补偿点的电压接近维持不变、减小电压波动引起的“闪变”、抑制谐波。它具有最快 10ms 的响应速度，调节时无涌流、拉弧、无机械开关使用寿命的限制等优点。特别适合一些需要快速补偿的工业场合，如电弧炉、轧机、电力机车等，可以显著提高用户的功率因数（最高可接近 1），最大程度为用户节能降损。此外，SVC 也可用于输电系统或枢纽变电站，对维持系统母线电压稳定、提高线路输送容量，以及提高输电系统的暂态稳定性都有一定的作用。

1. 晶闸管控制电抗器（TCR）

TCR 的基本原理如图 7-4 所示，图中可以看出这是支路控制三角形联接方式的晶闸管三相交流调压电路。

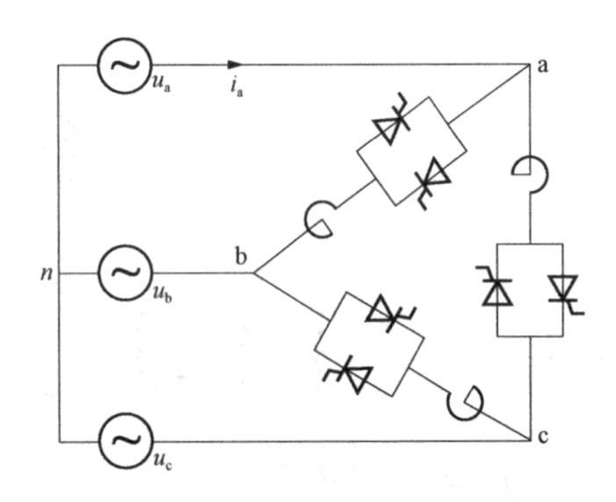

图 7-4　TCR 的基本原理

图 7-4 中的电抗器中所含电阻很小，可以近似看成纯电感存在，因此开通角 α 的移相范围为 90°～180°。当 α 为 90°时，晶闸管完全导通，导通角为 $\theta=180°$，电抗器相当于直接接到电网上，这时其吸收的基波电流和无功功率最大，当 α 角增加时，电感电流下降，相当于 TCR 等效电感量增加。当 α 为 90°～180°时，其导通角 $\theta<180°$。增大 α 的效果，就是减小电流中的基波分量，相当于增大补偿装置的等效感抗，减少其吸收的无功功率。因而通过对 α 的控制，可以连续调节流过电抗器的电流，从而调节电路从电网中吸收的无功功率。如配以固定电容器，可以在容性的范围内连续调节无功功率。

2. 晶闸管投切电容器（TSC）

TSC 的基本原理如图 7-5 所示，其实质为用第 2 章所讲述的电力电子开关来投切电容器。图 7-5（a）是基本电路单元，在工程上为了避免容量较大的电容组同时投、切对电网造成较大的冲击，一般把电容器分成几组，如图 7-5（b）所示。串联的小电感用来抑制电容器投入电网时可能造成的冲击电流，根据电网的无功需求投切电容器组，每组由晶闸管单独投切，TSC 实际上就成为断续可调的提供容性无功功

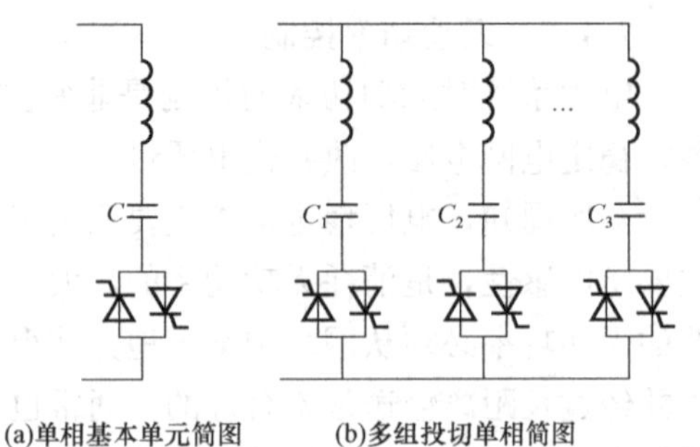

图 7-5　TSC 的基本原理

率的动态无功补偿器。与 TCR 相比，TSC 的优点是电容器的电流只是在两个极端电流（零电流和额定电流）之间切换，所以不产生谐波。但其缺点是无功补偿量是阶梯的，且响应速度慢。

TSC 运行时选择晶闸管投入时刻的原则是该时刻交流电源电压应和电容器预先充电的电压相等。这样，电容器电压不会产生跃变，也就不会产生冲击电流。一般来说，理想情况下，希望电容预先充电电压为电源电压峰值，这时电源电压的变化率为零，因此在投入时刻电容电流为零，之后才按正弦规律上升。这样，电容投入过程不但没有冲击电流，电流也没有阶跃变化。

3. 静止无功发生器（SVG）

比 SVC 更为先进的现代补偿装置是静止无功发生器（Static Var Generator，SVG），也简称静止补偿器（Static Compensator，STATCOM）。SVG 也是一种电力电子装置，其最基本的电路是三相桥式变流电路，目前使用的主要是电压型。SVG 和 SVC 不同，SVC 需要大容量的电抗器、电容器等储能元件，而 SVG 在其直流侧只需要较小容量的电容维持其电压即可。SVG 通过不同的控制，既可使其发生无功，呈电容性，也可使其吸收无功，呈电感性；在采用多重化、多电平或 PWM 技术等措施后可大大减少补偿电流中谐波的含量，即可使其输入接近正弦波（即 7.1.1 中所介绍的无源滤波功能）。因此，与传统的以 TCR 和 TSC 为代表的 SVC 装置相比，SVG 的调节速度更快，运行范围更宽；同时，SVG 使用的电抗器和电容器远比 SVC 中使用的电抗器和电容元件要小，这将大大缩小装置的体积。

SVG 的基本原理：将自换相桥式变流电路通过电抗器或者直接并联在电网上，适当地调节桥式电路交流侧输出电压的相位和幅值，或者直接控制其交流侧电流，就可以使该电路吸收或者发出满足要求的无功电流，实现动态无功补偿。

SVG 通常分为电压型桥式电路和电流型桥式电路，由于运行效率等原因，实际投入应用的 SVG 产品以电压型结构为主，电压型 SVG 的基本电路如图 7-6 所示。电路的直流侧接直流电压源，交流侧与电网相连，由于 SVG 交流侧只输出无功功率，所以直流侧的电压源实际上并不需要有功功率输出，可以用电容器来代替。

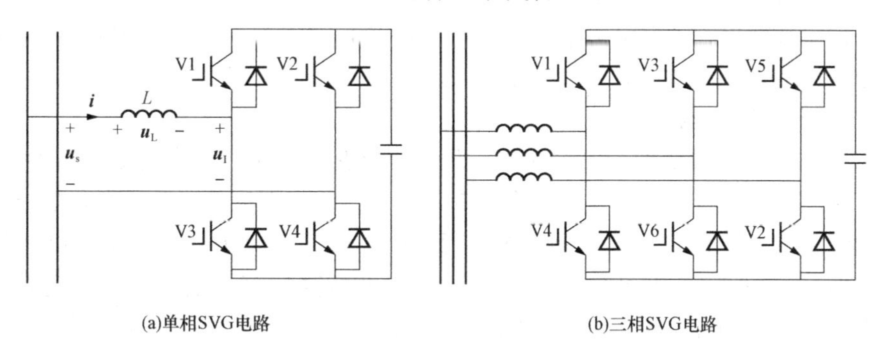

图 7-6　电压型 SVG 的基本电路

SVG 正常工作时通过电力电子元件的开通和关断将直流侧电压转换成交流侧（与电网同频率）的输出电压，它就像一个电压型逆变器，不同的是其交流侧输出接的是电网，而不是无源负载。因此，当仅考虑基波频率时，SVG 可以等效地视为幅值和相位均可控制的一个与电网同频率的交流电压源，它通过电抗器连接到电网上，其单相等效电路如图 7-7（a）

所示，图中 $\dot{U}_S$ 为电网电压；$\dot{U}_I$ 为SVG输出的交流电压，电抗器上的电压 $\dot{U}_L$ 即为 $\dot{U}_S$ 和 $\dot{U}_I$ 的相量差，其向量图如图7-7（b）所示。改变SVG交流侧输出电压 $\dot{U}_I$ 的幅值和相位，可以改变连接电抗上的电压，从而控制SVG从电网吸收电流的相位和幅值，也就控制了SVG吸收无功功率的性质和大小。

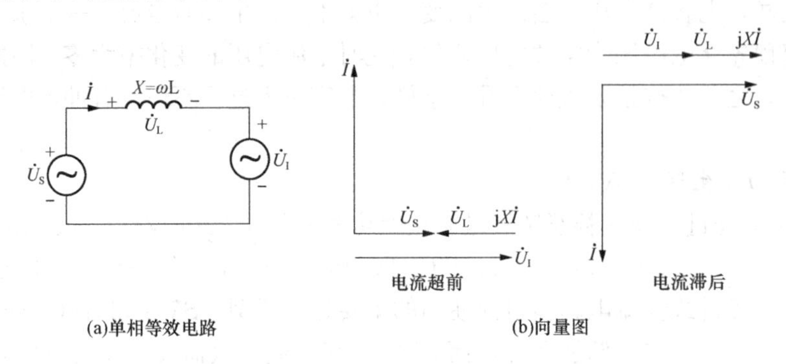

图7-7　SVG等效电路（不考虑损耗）

在多种型式的SVC装置中，由于SVC本身产生一定量的谐波，如TCR型的5、7次特征次谐波量比较大，占基波值的5%～8%，连接电抗大。SVG接入电网的连接电抗的作用是滤除电流中可能存在的较高次谐波，另外还起到将变流器和电网这两个交流电压源连接起来的作用，因此所需的电感并不大，也远小于补偿容量相同的TCR等SVC装置所需的电感量。因此，SVG可控性能好、调节速度更快，其电压幅值和相位的快速调节典型值为几毫秒，其端电压对外部系统的运行条件和结构变化不敏感。因此，SVG不仅可以得到较好的静态稳定性能，而且可得到较好的干扰故障下的暂态稳定性能。另外，由于SVG中电容器容量较小，在电网内普遍使用也不会产生低频谐振。

20世纪90年代末到21世纪初，SVG在日本及欧美得到了广泛应用，尤其在冶金、铁道等需要快速动态无功补偿的场合。SVG技术在我国起步较晚，但发展迅速，1995年，清华大学和河南电力局共同研制出了我国第一台SVG，容量100kvar，开辟了我国研制补偿设备的先河。近年来随着大功率电力电子技术的发展和日益成熟，基于IGBT的SVG逐步登上历史舞台，很多企业已具备高压、低压SVG产品的研发与制造能力。

7.1.3　高压直流输电

我国约有80%的能源资源分布在西部与北部，而近70%的电力负荷集中在中部和东部，呈现“源荷割离”的特点。尤其是近二十年来，随着清洁能源比例迅速增长，电能生产与负荷中心间的距离不断增大。为了实现我国的“西电东送”“南北互济”能源战略规划，我国大力推进包括±660kV、±800kV、±1100kV在内的特高压直流输电工程的建设，目前已投运的特高压直流输电工程达19条。“十四五”期间，我国陆续建设金上-湖北、陇东-山东、哈密-重庆、陕西-河南等特高压直流输电工程；2035年前后，我国将形成东部、西部两个同步电网；2050年，实现东部、西部电网之间直流联网通道建设，扩大西电东送规模，满足东部负荷中心用电需要。

高压直流输电技术（High Voltage Direct Current，HVDC）是电力电子技术在电力系统输电领域中应用最早、最成熟的技术。高压直流输电由将送电端的交流电变换为直流电的整流器、高压直流输电线路及将直流电变换为交流电的逆变器三部分构成，因此从结构上看，高压直流输电是交流-直流-交流形式的电力电子变换电路。由于常规高压直流输电的换流器（又称为换流阀，包含整流器和逆变器）由半控型的晶闸管器件组成，故常规高压直流输电的换流器只能采取电网（源）换流方式。近十年才投入使用的一种新型高压直流输电，即基于电压源换流器的高压直流输电（HVDC based on voltage source converters，VSC-HVDC），又称为轻型直流输电，其采用全控型电力电子器件，如IGBT、GTO等，其换流方式为器件换流。

高压直流输电与交流输电相比，其优点及特点如下：

（1）输送功率的大小和方向可以快速控制和调节。

（2）直流架空线路的走廊宽度约为交流线路的一半，可以充分利用线路走廊的资源。

（3）直流电缆线路没有交流电缆线路中电容电流的困扰，没有磁感应损耗和介质损耗，基本上只有芯线电阻损耗，绝缘电压相对较低。

（4）直流本身带有调制功能，可以根据系统的要求做出反应，对机电振荡产生阻尼，阻尼低频振荡，从而提高电力系统暂态稳定水平。

（5）大电网之间通过直流输电互联（如背靠背方式），两个电网之间不会互相干扰和影响，且可迅速进行功率支援等。

基于以上特点，高压直流输电工程适用于大规模跨国电网互联，可以满足国家之间大容量、远距离输电或功率交换需求，提高电网互济能力和安全可靠性。以中国南方电网为例，其立足自身独特的区位优势，正在积极利用先进的直流输电等技术，推动实施与越南、缅甸、老挝、泰国等周边国家的电网互联互通项目，逐步构建互联电网，进而形成开放包容、普惠共享的区域能源互联网。

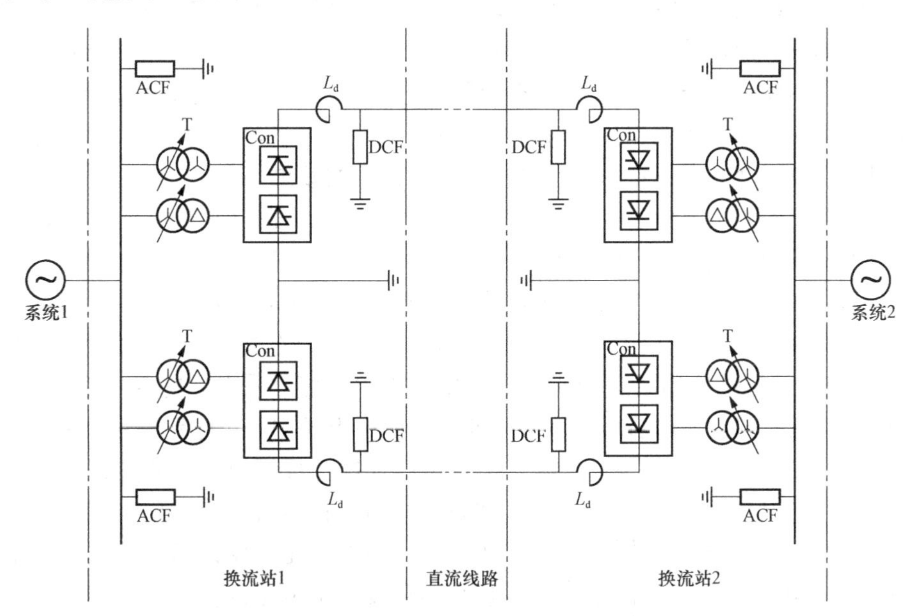

图7-8 高压双极直流输电系统接线

高压双极直流输电系统接线如图7-8所示，图中Con为换流器，可实现交流电向直流电或直流电向交流电的变换。为了减少换流器对交、直系统的谐波注入量，简化交流滤波器及直流滤波器的设计，降低整个直流输电工程的投资，直流输电工程通常采用两个6脉动换流器单元在直流端串联的接线形式，从而构成 12 脉动换流器。其交流侧通过变压器的网侧绕组实现并联。换流变压器的阀侧绕组为一个星形接法，另一个三角形接法，从而使两个 6 脉动换流器的交流侧得到相位互差 30°的换相电压。其原理已在第 3 章中讲述。

图 7-8 中的符号代表一个 6 脉动换流器单元。图中 T 为换流变压器，它向换流器提供适当等级的不接地三相电压源。与电力变压器相比，换流变压器阻抗电压大、结构复杂、噪声严重、损耗大，而且均为有载调压变压器。由于制造技术及运输条件的限制，在长距离、大容量高压直流输电系统中，换流变压器全部采用单相双绕组型式。L_d为平波电抗器，其作用是防止轻载时直流电流断续，抑制直流故障电流的快速增加、减小直流电流纹波等。ACF 和 DCF 分别是交流滤波器和直流滤波器，其作用分别是抑制换流器注入交、直流系统的谐波。交流滤波器还同时兼有无功补偿的作用。

7.2　电力电子在一般工业中的应用

7.2.1　变频交流调速系统

电气传动系统可分为直流拖动系统和交流拖动系统，但是直流电动机本身存在一些固有的缺点：①受使用环境条件制约；②需要定期维护；③最高速度和容量受限制等。与直流调速传动系统相对应的是交流调速传动系统，采用交流调速传动系统除了克服直流调速传动系统的缺点外，还具有电动机结构简单，可靠性高、快速响应等优点。随着电力电子技术和控制技术的发展，交流调速系统才得到迅速的发展，其应用已在逐步取代传统的直流传动系统。

在交流调速传动的各种方式中，变频调速是应用最多的一种方式。交流电动机的转差功率中转子铜损部分的消耗是不可避免的，采用变频调速方式时，无论电动机转速高低，转差功率的消耗基本不变，系统效率是各种交流调速方式中最高的，因此采用变频调速具有显著的节能效果。例如采用变频调速技术对风机的风量进行调节，可节约电能 30%以上。因此，近年来我国推广应用变频调速技术，且已经取得了很好的效果。

变频调速系统中的电力电子变流器（简称变频器），除了在第 6 章中介绍的交-交变频器外，实际应用最广泛的是交-直-交变频器（Variable Voltage Variable Frequency，VVVF）。交-直-交变频器是由 AC-DC、DC-AC 两类基本的变流电路组合形成，先将变流器整流为直流电，中间为直流滤波环节，再将直流电逆变为交流电，因此这类电路又称为间接交流变流电路。交-直-交变频器结构如图 7-9 所示，该电路中整流部分采用的是不可控整流，它和电容器之间的直流电压和直流电流极性不能改变，只能由电源向直流电路输送功率，而不能由直流电路向电源反馈电力。若负载能量反馈到中间直流电路，将导致电容电压升高，称为泵升电压。由于该能量无法反馈回交流电源，泵升电压过高会危及整个电路的安全。图 7-9 中 R_0、V_0 为限制泵升电压而设计的泄能支路，当泵升电压超过一定数值时，使 V_0 导通，把从负载反馈的能量消耗在 R_0上，这种电路可应用于对电动机制动时间有一定要求的调速系统中。交-直-交变频

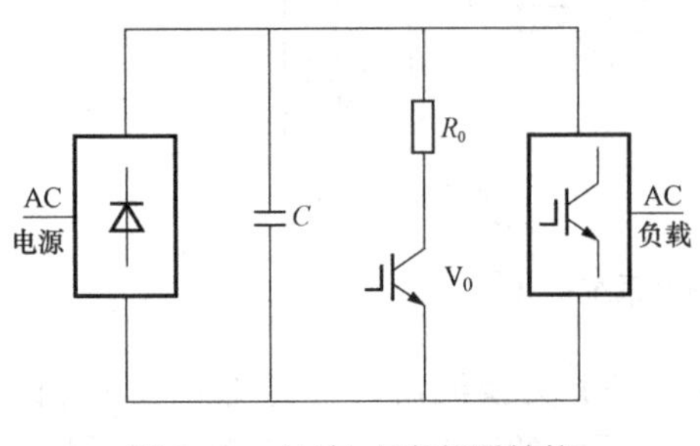

图 7-9　交-直-交变频器结构

器与交-交变频器相比，最主要的优点是输出频率不再受输入电源频率的制约，频率调节范围大。

根据实际生产过程中应用场合及负载的要求，变频器有时需要具有处理再生反馈电力的能力。当负载电动机需要频繁、快速制动时，当交流电动机负载频繁快速加减速时，上述泵升电压限制电路中消耗的能量最多，能耗电阻 R_0 也需要较大的功率。在这种情况下，希望在制动时把电动机的动能反馈回电网，而不是消耗在电阻上，因此可采用整流电路和逆变电路都采用PWM控制的间接交流变流电路，该电路可简称双PWM电路，电压型双PWM变频器结构如图7-10所示。整流电路和逆变电路的构成可以完全相同，交流电源通过交流电抗器和整流电路连接。如第3章所述，通过对整流电路进行PWM控制，可以使输入电流为正弦波且与电源电压同相位，因而输入功率因数为1，并且中间直流电路的电压可以调节。电动机可以工作在电动运行状态，也可以工作在再生制动状态。此外，改变输出交流电压的相序即可使电动机正转或反转。因此，电动机可实现四象限运行。双PWM电路输入输出电流均为正弦波，输入功率因数高，且可实现电动机四象限运行，是一种性能理想的变频器。

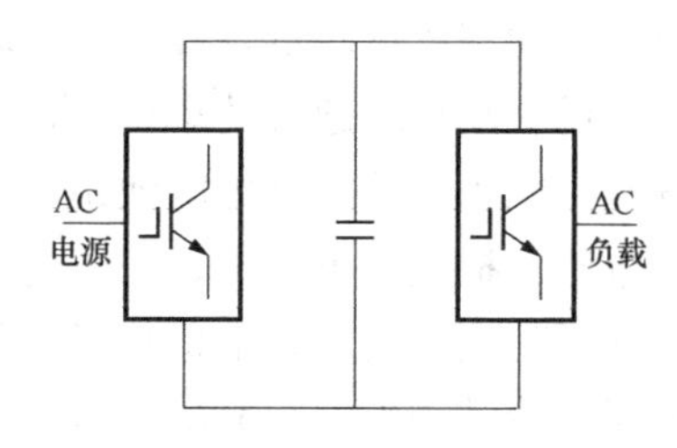

图7-10　电压型双PWM变频器结构图

以上讲述的是几种电压型变流电路的基本原理，其储能元件为电容器，被控量为电压，动态响应较慢，制动时需在电源侧设置反并联逆变器才能实现能量回馈，适用于无需经常加减速的不可逆调速系统。而实际工程还有以电抗器作为储能元件的变频调速系统，即电流型变频器，其动态响应更快，可直接实现回馈制动，电流型变频调速系统可以频繁、快速地实现四象限运行，更适用于要求快速制动及可逆运行的场合。

7.2.2　电动汽车的驱动控制技术

我国作为全球最大的汽车保有国，发展新能源汽车是我国从汽车大国迈向汽车强国的必由之路，是应对气候变化、推动绿色发展的战略举措。新能源汽车指的是采用非常规的车用燃料（汽油、柴油之外的燃料）作为动力来源，综合车辆的动力控制和驱动方面的先进技术，形成的技术原理先进，具有新技术、新结构的汽车。当前的新能源汽车主要包括四大类型，即混合动力电动汽车、纯电动汽车（包括太阳能汽车）、燃料电池电动汽车、其他新能源（如超级电容器、飞轮等高效储能器）汽车等。

近年来电力电子技术的发展为新能源汽车的技术迭代提供了重要支撑，新能源汽车中应用最广泛的是电动机的驱动系统。本节将以当前最常见的纯电动汽车为例进行分析，纯电动汽车驱动系统结构如图7-11所示。

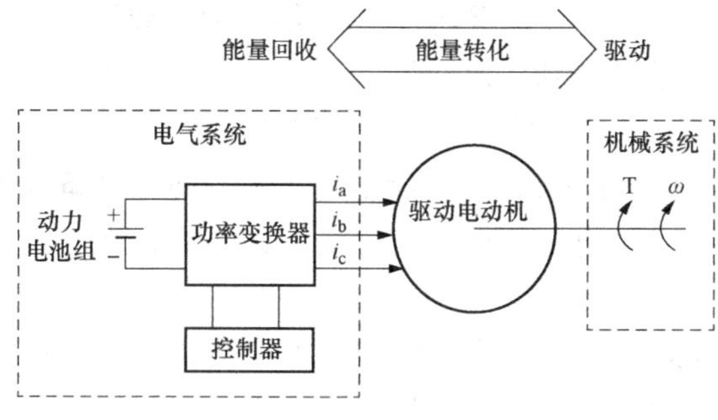

图7-11　纯电动汽车驱动系统结构

纯电动汽车的电机驱动系统是把电能转换为机械能的动力部件，起到驱动车辆前进与回收电能的作用，主要由动力电池组、驱动电机、电机控制器和各种传感器组成，是电动汽车的核心部分。动力电池组负责提供汽车的动力来源，其性能直接决定了汽车的续航里程。目前国内电动汽车主流的驱动电机类型有两种，一种是永磁同步电机，另一种是异步交流电机，两者的优缺点很明显。永磁同步电机的体积小、功率密度可以更大，峰值功率更高，控制精度更高，但成本也高；异步交流电机则体积较大，成本较低，功率密度较低，峰值功率较低。

电机驱动系统通过功率变换器的控制器，实现对电机输出功率的控制。当电动汽车正常前进时，驱动系统从动力电池组获得电能，经过自身逆变器的调制，获得控制电机需要的电流和电压，提供给电动机，使得电机的转速和转矩满足整车的要求；当电动汽车减速时，车轮带动驱动电机转动，电机化身成为交流发电机而产生电流，通过功率变换器将交流电整流为直流电给动力电池组充电。永磁同步电机矢量控制原理如图 7-12 所示，其原理已在本书 5.4.3 中进行了详细介绍。

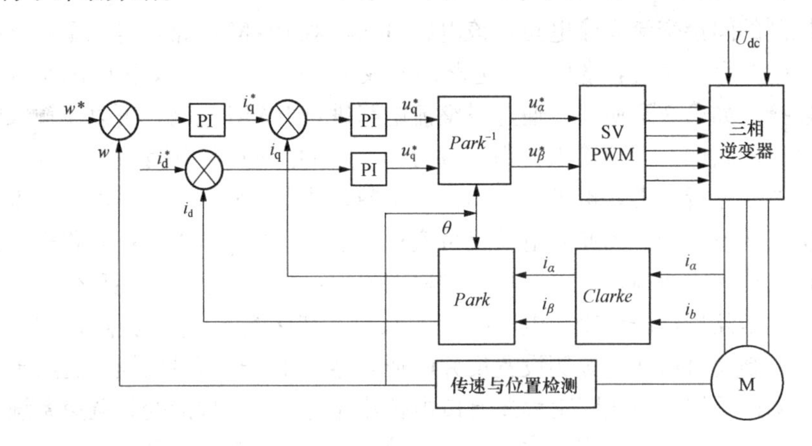

图 7-12 永磁同步电机矢量控制原理

从上述对纯电动汽车驱动控制系统的介绍可以看出，无论电动汽车在行驶状态还是制动状态，均需要通过电力电子技术实现电能的变换。不仅如此，在电动汽车的充电环节、照明系统、电子负载等装置中，也大量地采用了电力电子技术。

7.3 电力电子在电源技术中的应用

7.3.1 UPS

保证任何情况下的正常供电是金融、通信、交通、军事、工业控制等部门和行业的重要基础，为此一些重要的部门除了工业电网正常供电外还需配备不停电供电系统（Uninterrupitable Power Supply，UPS）。当市电因故障停电时，能够通过 UPS 继续向负载供电，以保证供电质量，因此 UPS 自问世以来在许多领域都得到广泛应用。从 20 世纪 60 年代开始出现 UPS 装置以来，UPS 行业技术在 20 世纪末已趋成熟。近年来，UPS 的发展集中在能耗和体积上，目前我国的许多公司都已掌握了大功率 UPS 的设计制造技术，同时具备冗余和模块化设计功能，并出现许多自主品牌，在 UPS 电源行业享有较高的知名度，在国内外市场备受消费者青睐。

UPS 是一种向负载提供不间断、优质、高效、可靠的交流电能的电力变换电路。按工作方式分类，主要有后备式 UPS、在线式 UPS 和在线互动式 UPS。

后备式 UPS 基本结构如图 7-13 所示，其主要由整流器、蓄电池组、逆变器、转换开

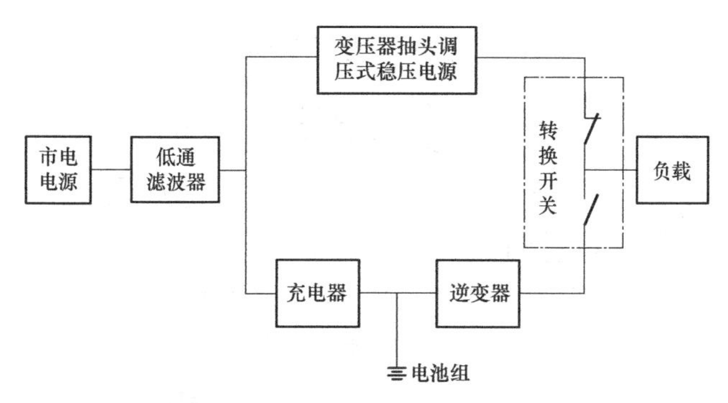

图 7-13　后备式 UPS 基本结构

关等组成。当市电正常时，市电通过稳压电源经转换开关向负载供电，同时通过充电器向蓄电池组充电，但此时逆变器不工作。当市电异常时，转换开关接通蓄电池组放电，逆变器运行，将蓄电池组的直流电转化为高质量恒压恒频（CVCF）的交流电，通过转换开关向负载供电。两组静态开关互锁，保证交流市电和逆变输出电源之间不造成环流。因此，后备式 UPS 也称为离线式 UPS。当市电存在时，市电利用率高达 98%以上，其输入功率因数和输入电流谐波取决于负载性质，输出能力强，对负载电流峰值系数、负载功率因数、过载等没有严格的限制；当市电中断时，存在转换时间，一般为 4～10ms，后备式 UPS 多用在 2kVA 以下、市电波动不大、对供电质量要求不高的场合。

在线式 UPS 典型结构如图 7-14 所示。在市电正常运行时，市电一方面通过充电器给蓄电池充电，以保证蓄电池的电量充足，另一方面经过整流器整流为直流，再通过逆变器转变成 CVCF 正弦波电源。在电网因故障停电时，整流器停止工作，由蓄电池经逆变器向负载输出与交流电源频率、相位保持同步的 220V 交流电。实际的 UPS 产品中大多设置了旁路供电通道，市电与逆变器提供的电源由转换开关切换，若逆变器发生故障，可由开关自动切换为市电旁路通道供电，转换开关为无触点智能开关，转化时间可认为是零，用于市电和逆变器供电的切换。

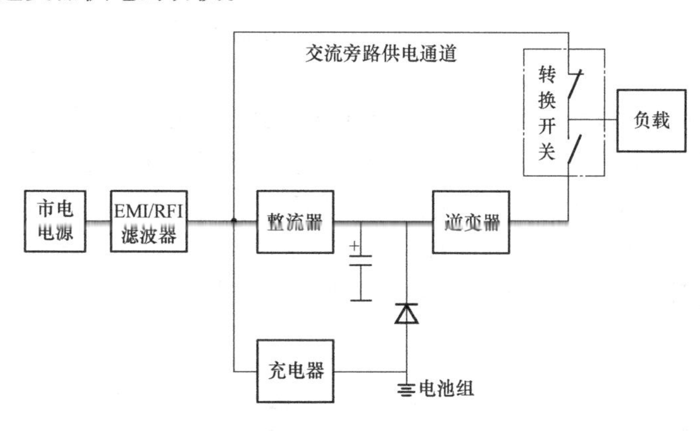

图 7-14　在线式 UPS 典型结构

由图 7-14 可以看出，无论市电是否正常，负载的全部功率都由逆变器提供，因此可以克服由下述原因造成对用户电能质量的影响：①市电电压不稳，有时甚至还会发生市电供电中断；②市电频率范围波动；③由于用户在电网上投入的像计算机、通信设备和家用电器之类的非线性负载对“电网污染”而造成正弦波形的严重畸变；④从电网串入各种干扰和高能浪涌。同时市电中断时，输出电压不受任何影响，没有转换时间。但在线式 UPS 也存在如下缺点：①在市电存在时，整流和逆变两个变换器都承担 100%负载功率，所以整机效率低；②由于存在整流环节，对电网也产生谐波污染，可通过在整流器后加装直流斩波器（用于功率因数校正）来获得较好的交流输入功率因数。在线式 UPS 具有极宽的输入电压范围，零切换时间且输出电压稳定精度高，特别适合对电源要求较高的场合，相对于后备式 UPS 其结构复杂成本较高。

在线互动式 UPS 典型结构如图 7-15 所示，与在线式 UPS 相比，该 UPS 省去了整流器

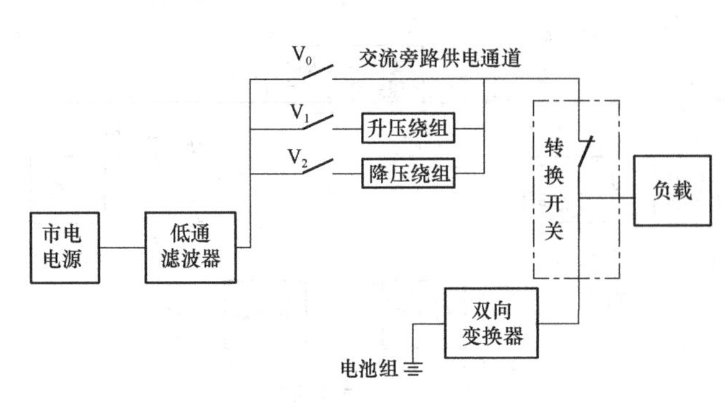

图 7-15 在线互动式 UPS 典型结构

和充电器，而由一个可运行于整流状态和逆变状态的双向变换器配以蓄电池构成，同时，借助智能开关 S_0～S_2 调节变压器抽头，完成输出电压的调整。当市电输入正常时，双向变换器处于整流状态，给电池组充电；当市电异常时，双向变换器转换为逆变状态，将电池电能转换为交流电给负载供电。

根据在线互动式 UPS 的工作原理，可知其具有如下特点：①电路简单，成本低，可靠性高；②效率高，效率可达 98%以上；③过载能力强，在市电供电时，过载能力可达 200%；④在市电供电时，输出电压只是幅度有改善，输出电能质量差；⑤动态性能较差，在电压或负载突变时，输出电压突变较大，稳压精度较差；⑥UPS 有转换时间，不适合发电机组供电和市电不稳定的环境。

目前，UPS 的内置蓄电池组可以保证在市电中断后提供 8～15min 的后备供电。对于有特殊要求的用户而言，可以通过外置大容量电池组和充电器的办法将 UPS 的电池后备供电时间延长到 8h 左右。

7.3.2 充电桩

在新能源汽车的发展过程中，充电问题一直都是消费者的一个“后顾之忧”。据统计，截至 2021 年底，全国新能源汽车保有量达 784 万辆，同比增长 59.25%，与之对应的是，我国充电基础设施总数量为 257.1 万个，车桩比高达 3.05∶1。国家交通运输部在 2021 年底印发的《综合运输服务“十四五”发展规划》强调，加快充电基础设施建设，开展绿色出行“续航工程”。

充电桩是根据不同的电压等级为各种型号的电动汽车进行充电的设施。通常电动汽车动力电池的充电系统有直流充电和交流充电两个充电路径，其分别对应直流充电桩和交流充电桩。直流充电桩集成了 AC/DC 变换模块，输出端口接到汽车的直流充电口，再经过汽车的高压电气盒配送给动力电池进行充电，其功率较大，通常也叫快充模式，目前市面上已有额定功率高达 360kW 的充电桩，充电速度非常快，直流充电桩原理框图如图 7-16 所示，其由三部分构成。

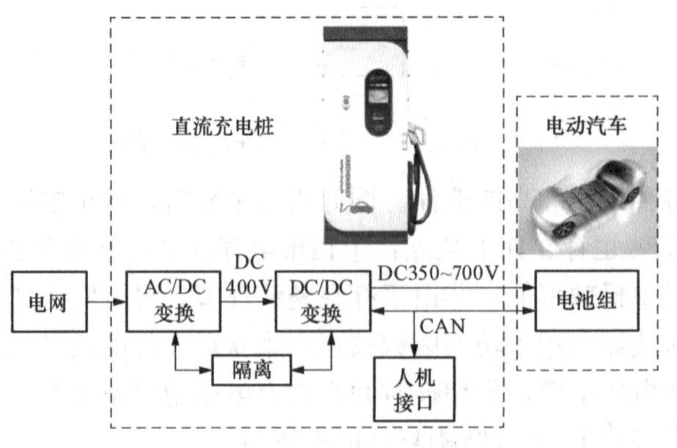

图 7-16 直流充电桩原理框图

第一部分是 AC/DC 变换级，此部分将三相交流电转换为 400V 的直流电，通常采用三相维也纳整流电路，其原理如图 7-17 所示；第二部分是 DC/DC 变换级，此部分将 400V 直流电降压或升压到车辆所需的电压水平，通常采用移相全桥电路，该电路在第 4 章中已详细介绍；第三部分是人机接口，负责监视充电的运行过程和状态。

不同于直流充电桩，交流充电桩本

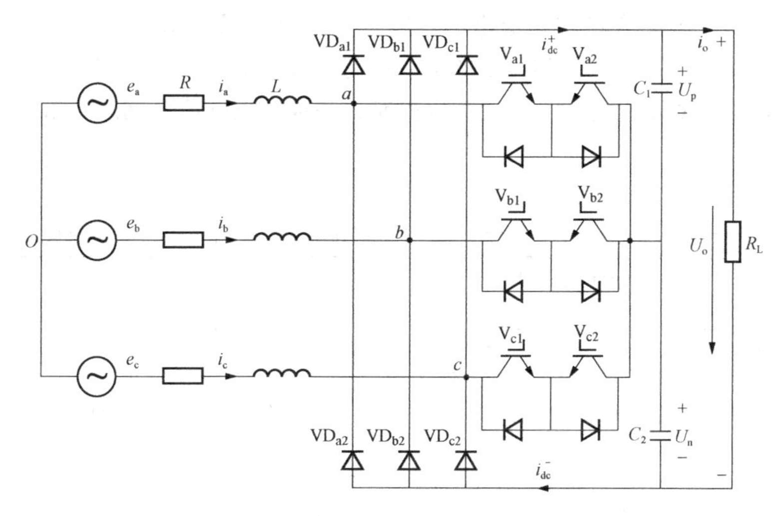

图 7-17　三相维也纳整流电路原理图

身不涉及电能的变换，仅负责提供交流接口及完成对电力输送的监控，在汽车进行交流充电时，充电桩通过自身的交流充电接口将电网的交流电提供给电动汽车的车载充电机，车载充电机把交流电转换为高压直流电后送入高压电气盒，然后配送给动力电池进行充电，交流充电方式的充电电流相对较小，功率在7kW以下，充电速度较慢，通常也叫慢充模式，交流充电桩原理框图如图7-18所示。

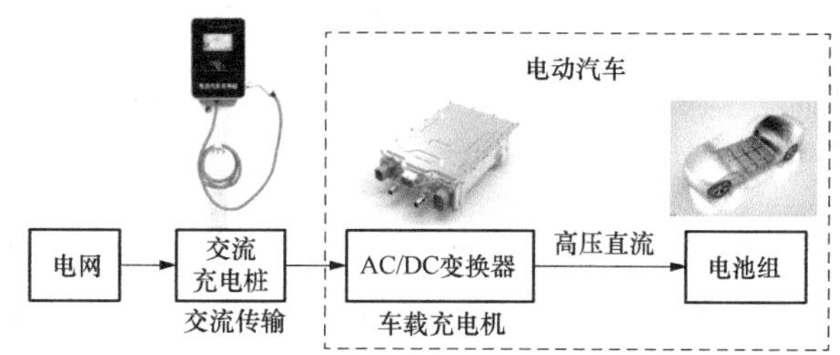

图 7-18　交流充电桩原理框图

综上所述，充电桩无论是快充还是慢充，其基本功能都是实现交流到直流的变换，同时具有电池的充放电管理功能。

7.4　电力电子在可再生能源与微电网中的应用

在能源枯竭与环境污染问题严重的今天，人们渴望用“取之不尽，用之不竭”的可再生能源来代替资源有限、污染环境的常规能源。欧盟、美国和中国相继分别提出到2050年实现可再生能源在能源供给中占100%、80%和60%～70%的目标，飞速发展的电力电子技术为这一目标的实现提供了重要的理论和技术支持。

7.4.1　光伏发电

太阳能发电分为光热发电和光伏发电，将太阳能直接转换为电能的技术称为光伏发电技术。通常所说的太阳能发电指的是太阳能光伏发电（简称“光电”）。光伏发电是利用半导体界面的光生伏特效应而将光能直接转变为电能的一种技术。

太阳能光伏发电系统按供电方式大致可以分为独立发电系统、并网发电系统和混合型发电系统三大类，其结构如图7-19～图7-21所示。由光伏阵列、调节控制器和蓄电池或其他储能和辅助发电设备、电能变换电路组成。光伏阵列由太阳能电池组件按照系统的需要串、并联组成，将太阳能直接转化成电能；能量变换电路通常由 DC/DC 变换器及 DC/AC 逆变器组成，其功能是将光伏阵列输出的不太稳定的直流电转换为高质量的交流电，供负载使用或并网；控制器对蓄电池的充放电加以控制、并根据负载或电网的需求控制太阳能及蓄电池的电能输出。

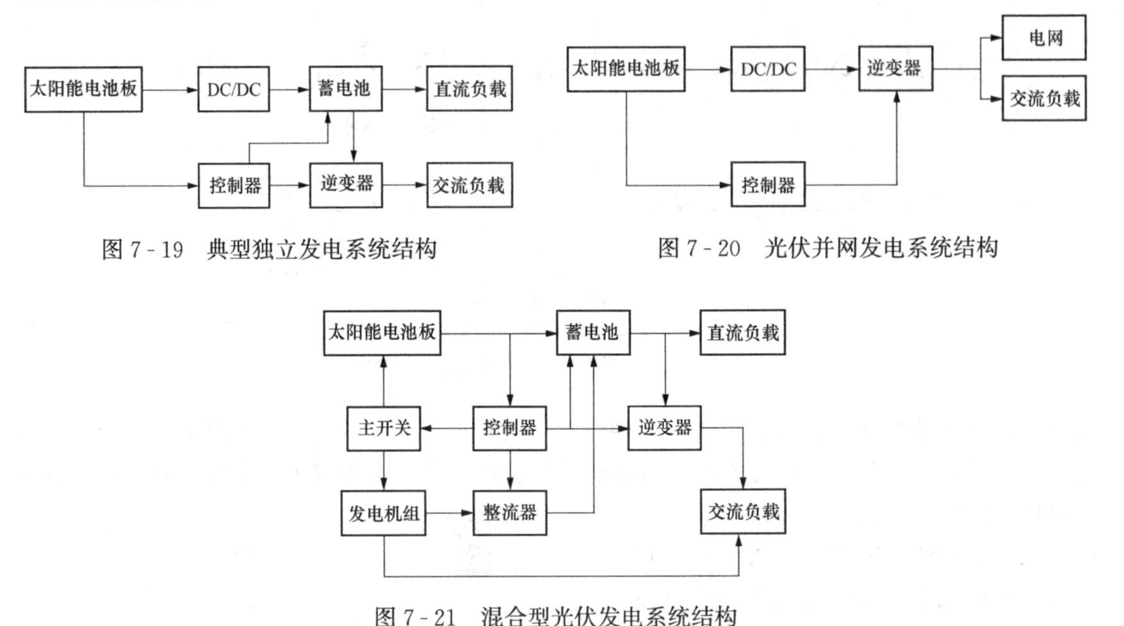

图 7 - 19　典型独立发电系统结构

图 7 - 20　光伏并网发电系统结构

图 7 - 21　混合型光伏发电系统结构

典型独立发电系统如图 7 - 19 所示。蓄电池和太阳能电池构成独立的供电系统向负载提供电能，当太阳能电池输出电能不能满足负载时，由蓄电池来进行补充。当其输出的功率超出负载需求时，就会将电能储存在蓄电池中。独立发电系统是一种常见的太阳能应用方式，系统比较简单，适应性广，但蓄电池的体积偏大和维护困难限制了其使用范围。

光伏并网发电系统结构如图 7 - 20 所示，将太阳能电池控制系统和民用电网并联，当太阳能电池输出电能不能满足负载要求时，由电网来进行补充。而当其输出的功率超出负载需求时，将电能馈送到电网中。在背靠电网的情况下，该系统省掉了蓄电池，从而扩大了使用的范围和灵活性，并降低了造价。

混合型光伏发电系统结构如图 7 - 21 所示，它区别于以上两个系统之处是增加了备用发电机组，当光伏阵列发电不足或者是蓄电池储量不足时，可以启动发电机组，它既可以直接给交流负载供电，又可以经整流器后给蓄电池充电，所以称混合型光伏发电系统。该方案有较强的适应性，例如可以根据电网的峰谷电价来调整发电策略，但是其造价和运行成本较上述各种方案高。

上述 DC/DC 变换电路采用第 4 章介绍的 Buck、Boost 或 Buck-boost 电路。逆变电路采用 SVPWM 控制以实现高质量的 DC/AC 变换。

随着光伏发电的快速发展，如何接入电网成了一个关键的问题。对于光伏电站的并网要求，国际上已经有了很多标准，中国的标准分散在一些传统标准之中，大多只是对电压和电流的谐波、电压和频率偏差、电压波动和闪变、直流分量和功率因数的要求。在光伏电站容量较小时，这些参数要求基本适用。但是，当光伏电站的规模越来越大（几十甚至上百兆瓦）时，就必须考虑光伏电站接受电网调度及参与电网管理等方面的因素，具体包括低电压穿越、无功补偿等。

7.4.2 风力发电

风力发电机组可以分为恒速恒频和变速恒频两大类。风力发电机与电网并联运行时，要求风电的频率保持恒定且为电网频率。恒速恒频指在风力发电中，控制发电机转速不变，从而得到频率恒定的电能；变速恒频指发电机的转速随风速变化，通过其他方法来得到恒频电能。变速恒频发电系统可以使风力机在很大风速范围内按最佳效率运行的重要优点越来越引起人们的重视，从理论上说，变速恒频技术是目前最优化的调节方式。

当前应用较多的变速恒频风力发电机组主要有双馈异步发电机风力发电机组和永磁直驱风力发电机组。采用双馈异步发电机风电机组原理如图 7-22 所示，在双馈发电控制系统中通常含双馈发电机、电机侧变换器、网侧变换器和微机实时控制系统、变桨距机构。在发电机转子的转速小于电网同步转速时，由于风速太小，仅靠风能发出的电能因发电机的电压和频率都太低而不能将其传送到电网上去，此时，由控制电路控制电网侧脉冲整流器工作在整流状态，将电网的部分电能转换成直流电，然后再将直流电经电网侧变流器变换为交流电，其频率应保证与转子频率之和等于 50Hz，即从电网获得的电能和风能一并相加并传送到交流电网，以此实现风能至电能的转换；在发电机转子的转速大于电网同步转速时，风能经转子进行电能转换后，一部分经定子传送到交流电网，另一部分由转子、电机侧脉冲整流器、电网侧变流器传送到交流电网。

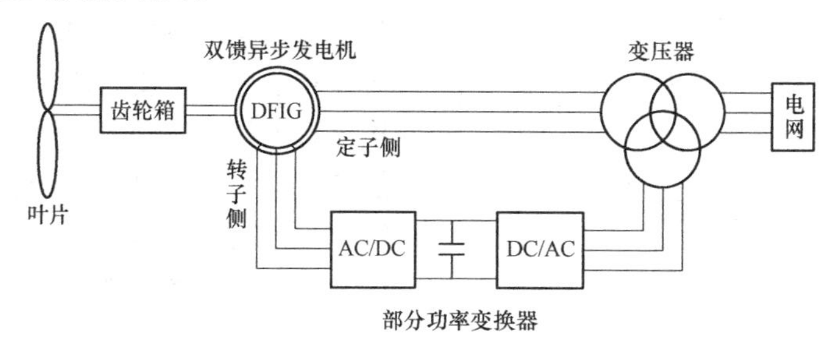

图 7-22　双馈异步发电机风电机组原理

永磁直驱同步发电机系统结构如图 7-23 所示，该系统为同步发电机交-直-交风力发电变流系统，系统中同步发电机可随风轮变速旋转，产生频率变化的电功率，电压可通过调节电机的励磁电流来进行控制。发电机通过全功率 AC-DC-AC 背靠背变流器与电网相连，实现了发电机与电网的完全解耦，使得机组可以在全范围内变速运行，进一步提高了机组的风能转换效率。相较于双馈机组，永磁直驱风力发电机组虽然造价更高，发电机体积更大，但是优点也更为显著：①直驱式风力发电机组没有齿轮箱，减少了传动损耗，提高了发电效率；②直驱技术省去了齿轮箱及其附件，简化了传动结构，提高了机组的可靠性；③采用无齿轮直驱技术，减少了风力发电机组零部件数量，降低了运维成本；④直驱永磁风力发电机组的低电压穿越能力更强，电网接入性能优异。

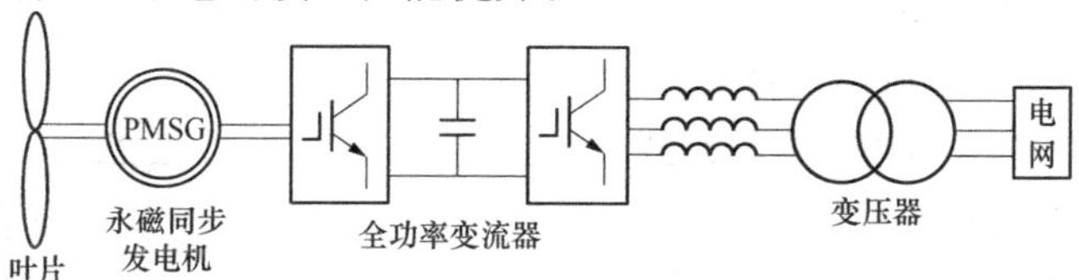

图 7-23　永磁直驱同步发电机系统结构

以上为电力电子技术在可再生能源领域的应用。当前，电力电子装置作为新能源与大电网的接口，为解决新能源间歇性、波动性、随机性等特点提供了重要的技术支持，是新能源发电能够可靠并网的关键所在，随着新能源渗透率的逐年提高，现代能源体系将向着电力电子化方向发展，电力电子技术在可再生能源领域的应用将会更加广泛。

7.4.3 微电网

近年来，以可再生能源为主要形式的分布式发电在电网中占比日益增大，为了对分布式发电进行有效的管理，微电网的概念应运而生。微电网是指由分布式电源、储能装置、能量转换装置、负荷、监控和保护装置等组成的小型发配电系统，能够独立产生、消耗、存储及控制能量，具备持续供电以及独立组网能力。

微电网主流的分类方式有三种，按照电压等级，可分为低压微电网、中压微电网；按照是否接入主干电网运行，可分为并网型微电网和独立型微电网；按照供电类型，又可将微电网分为交流微电网、直流微电网以及交直流混合微电网三种。本节主要根据最后一种分类方式进行介绍。

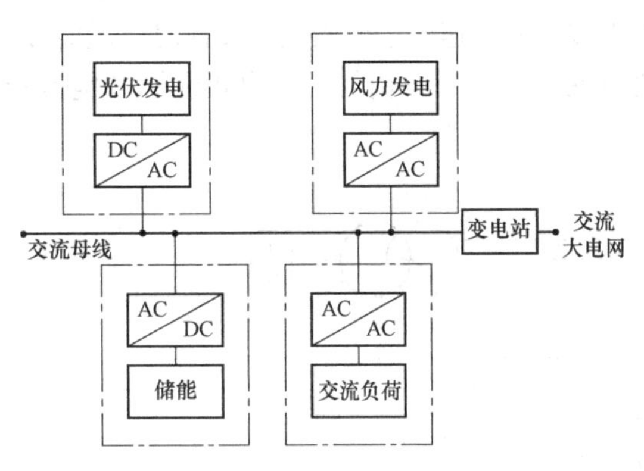

图 7-24 交流微电网拓扑结构示意图

（1）交流微电网。交流微电网最早由美国可靠性技术解决方案协会（CERTS）于1999年提出，技术研究相对深入，较其他类型的微电网更加成熟，是世界各国微电网研究和示范的主要对象。交流微电网拓扑结构示意图如图 7-24 所示，分布式电源、储能装置等均通过电力电子装置连接至交流母线。目前交流微电网仍然是微电网的主要形式，通过对并网点处开关的控制，可实现微电网并网运行与孤岛模式的转换。

（2）直流微电网。直流微电网是将分布式微源、储能装置和负荷等通过电力电子变换装置连接至直流母线，直流母线再经过逆变装置连接外部交流电网。与交流微电网相比，将微电源经整流或是斩波接入直流微电网，再通过相应的接口电路连接负荷，直流微电网并未增加建设成本，并且不需要对电压的相位和频率进行跟踪，可控性和可靠性大大提高，更加适合分布式微源与负载的接入。目前，直流微电网在电动汽车充电系统、军事基地供电系统、现代建筑供电系统等场合都有着成功的应用，如慈溪氢电耦合直流微网、“六站合一”直流微电网示范工程等。

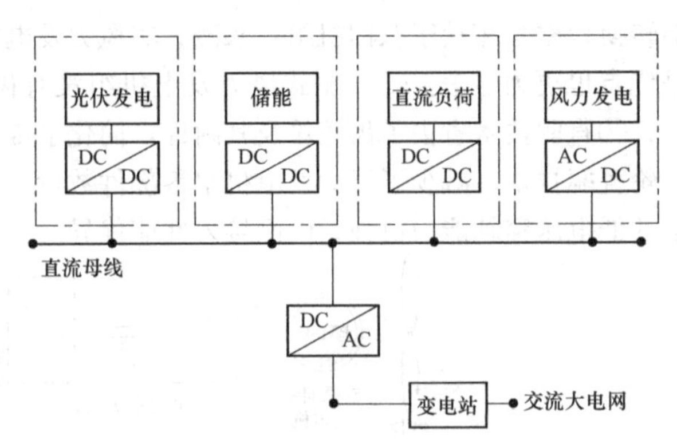

图 7-25 单母线结构的直流微电网拓扑结构示意图

单母线结构的直流微电网拓扑结构示意图如图 7-25 所示，该微电网通过一条公共的直流母线将所有微电源连接起来，整个直流母线再通过一个双向 DC/AC 与交流电网实现对接。在实际工程中，为了满足不同需要，还发展出双母线结构、冗余母线结构等。

（3）交直流混合微电网。交直流混合微电网融合了交流微电网和直流微电网的优点，为集成各种交直流负载、分布式发电机和分布式储能系统提供了一种更高效、更兼容的平台，是目前微电网较为普遍的实现形式，如国网河北省电科院光储热一体化微电网、浙江上虞交直流混合微网等。在交直流混合微电网系统中，其交流子网可有效地利用现有的交流设备，同时直流子网由于减少了交直转换接口，可大大提高系统整体效率，为大规模接纳太阳能等可再生能源发电提供了便利。交直流混合微电网拓扑结构示意图如图 7-26 所示。

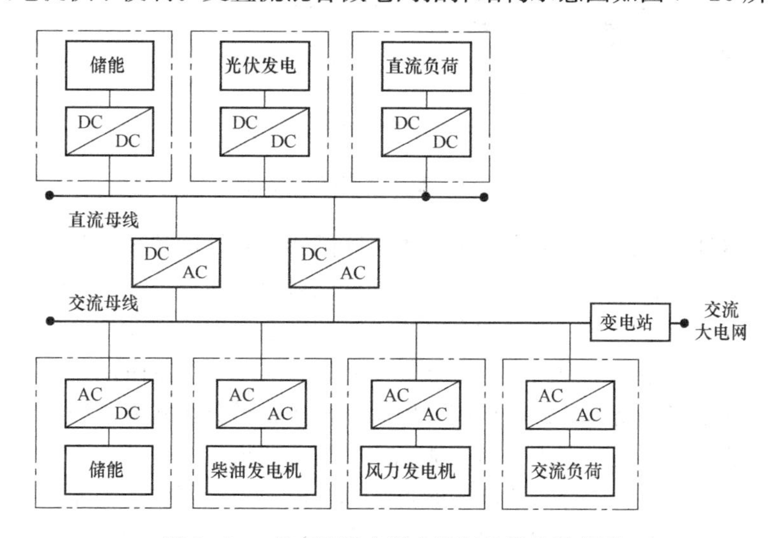

图 7-26　交直流混合微电网拓扑结构示意图

从以上微电网的分类不难看出，作为微电网中必不可少的部分，储能在微电网中发挥着至关重要的作用，其承担着提高分布式电源稳定性、改善用户用电质量、调频调峰等重要任务。当前，对储能的研究主要集中于储能效率提升、成本控制、电化学电池组均衡及回收利用等方面。随着新能源发电技术和储能技术的不断进步，微电网的地位在未来的能源格局中将越发凸显。

7.4.4　能源互联网与能源路由器

当前，日益成熟的互联网已经极大地改变了人们的沟通和信息交流的方式，越来越多的传统产业经营模式也得到颠覆。鉴于上述观察，美国作家杰里米·里夫金在《第三次工业革命》中提到，新通信技术与新能源技术相结合将直接推动“第三次工业革命”的发生，而能源互联网将是其主要技术形式。能源互联网是综合运用先进的电力电子技术、信息技术和智能管理技术，将大量由分布式能量采集装置、分布式能量储存装置和各种类型负载构成的新型电力网络节点互联起来，以实现能量双向流动的能量对等交换与共享网络。能源互联网示意图如图 7-27 所示。

随后，随着中国政府的重视，杰里米·里夫金及其能源互联网概念在中国得到了广泛传播。2014 年，中国提出了能源生产与消费革命的长期战略，并以电力系统为核心试图主导全球能源互联网的布局。2016 年国家能源局、发展和改革委员会、工信部联合推出了《关于推进“互联网+”智慧能源发展的指导意见》。2017 年，国家能源局公布启动首批 55 个能源互联网示范项目建设。2018 年，越来越多的研究机构从学术角度探讨能源互联网的理论、技术、方法等问题，一批有关能源互联网的研究组织应运而生。

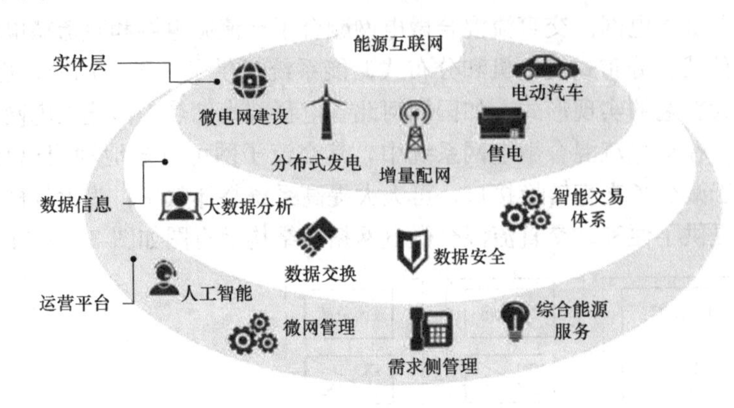

图 7-27　能源互联网示意图

由电力电子器件构建的能源路由器是能源互联网物理系统中的核心部件，它是电网中分布式电源、无功补偿设备、储能设备、负荷等的智能接口，在保证电能质量的前提下，灵活地管理区域电网内部及整个电网中的动态电能。能源互联网对能源路由器的基本要求如下。

（1）接口的即插即用：能源路由器应该面向各种不同知识层面的用户，具备使用容易、方便的特点，这要求能源路由器的接口应是即插即用的，即分布式能源插到能源路由器的接口后，能源路由器能够快速检测出分布式能源的类型，并做出相应的响应。

（2）接口的双向性：由于分布式能源既可能作为电源向电网供给电能，又可作为负荷从电网索取能量，这使得能源路由器的接口应该具有双向性的特点，即能够传输双向能量流。

（3）实时通信技术：能源路由器要实现实时控制还需要实时的通信，即主动配电网中的代理要能够进行实时通信。

（4）用户电能消耗查询技术：能源路由器需要将用户的能量消耗情况进行统计并保存到网络数据库，正如实时查询话费一样，用户可以通过登录官方网站或是发信息方快捷地了解其电能消耗情况，并实现网上电费充值等快捷服务。

结合上一节提到的微电网，能源互联网更像是微电网的最终组织形式，微电网的控制中心就是能源路由器，众多的微电网成为能源互联网的基本组成元素。能源互联网的发展将会为我国清洁能源的高效利用提供更好的平台，助力我国“碳达峰”“碳中和”的安全能源体系建设。

本章小结

本章介绍了电力电子技术在电力系统、一般工业、电源技术和可再生能源中的应用情况。电力系统中，电力电子装置常用来进行电力谐波抑制、无功功率控制、高压直流输电、电能质量控制等。在一般工业的电气传动领域，电力电子的应用使得电气传动系统的性能更好、节能效果更显著，特别是在采用变频调速的交流传动领域更为明显；在电动汽车领域，电力电子技术也为电车的驱动和充电提供了技术支持；在电源技术方面，UPS、开关电源等各种特种电源都依赖电力电子技术的应用；在可再生能源与微电网方面，光伏发电的并网逆变器和电能管理、风力发电的发电机系统和并网逆变器等逐渐成为电力电子应用的新热点，而承载新能源发电的微电网技术，正依托着各类电力电子变流器逐渐走向成熟。

习　题

1. 有源电力滤波器与无源电力滤波器的优缺点是什么？
2. 纯电动汽车的驱动系统包括哪些部分？发展瓶颈有哪些？
3. 什么是 UPS？它有哪些典型应用场合？
4. 为什么要搭建微电网？微电网有哪些种类？
5. 能源互联网中的能源路由器需具备哪些功能？

参 考 文 献

[1] 王兆安，刘进军．电力电子技术［M］．5 版．北京：机械工业出版社，2009.
[2] 叶斌．电力电子应用技术［M］．北京：清华大学出版社，2006.
[3] 林渭勋．现代电力电子技术［M］．北京：机械工业出版社，2003.
[4] 刘凤君．正弦波逆变器［M］．北京：科学出版社，2003.
[5] 浣喜明．电力电子技术［M］．北京：高等教育出版社，2004.
[6] 王云亮．电力电子技术［M］．北京：电子工业出版社，2008.
[7] 孙树朴．电力电子技术［M］．徐州：中国矿业大学出版社，2000.
[8] 钱照明．中国电气工程大典・第 2 卷・电力电子技术［M］．北京：中国电力出版社，2009.
[9] 王兆安，张明勋．电力电子设备设计和应用手册［M］．北京：机械工业出版社，2002.
[10] 刘凤君．逆变用整流电源［M］．北京：机械工业出版社，2004.
[11] 杨旭．开关电源技术［M］．北京：机械工业出版社，2004.
[12] 张崇巍，张兴．PWM 整流电路及其控制［M］．北京：机械工业出版社，2003.
[13] 洪乃刚．电力电子和电力拖动控制系统的 MATLAB 仿真［M］．北京：清华大学出版社，2004.
[14]（印）辛格，（印）科恩查达尼．电力电子［M］．2 版．北京：清华大学出版社，2011.
[15] 赵良炳．现代电力电子技术基础［M］．北京：清华大学出版社，1995.
[16] 张明勋．电力电子设备设计和应用手册［M］．北京：机械工业出版社，1992.
[17] 张兴．高等电力电子技术［M］．北京：机械工业出版社，2011.
[18] 贺益康，潘再平．电力电子技术［M］．北京：科学出版社，2004.
[19] 徐德鸿，马皓，汪槱生．电力电子技术［M］．北京：科学出版社，2006.
[20] 陈坚．电力电子学-电力电子变换和控制技术［M］．2 版．北京：高等教育出版社，2004.
[21] 应建平，林渭勋．电力电子技术基础［M］．北京：机械工业出版社，2003.
[22] 张波，丘东元．电力电子学基础［M］．北京：机械工业出版社，2020.
[23] 郑征．电力电子技术［M］．北京：中国电力出版社，2016.
[24] 王立夫，金海明．电力电子技术［M］．2 版．北京：北京邮电大学出版社，2017.
[25] 刘志华，刘曙光．电力电子技术［M］．成都：电子科技大学出版社，2017.
[26] 阮新波．电力电子技术［M］．北京：机械工业出版社，2021.
[27] 周渊深．电力电子技术与 MATLAB 仿真［M］．北京：中国电力出版社，2005.
[28] 郭荣祥，崔桂梅．电力电子应用技术［M］．北京：高等教育出版社，2013.
[29] 天津电气传动设计研究所．电气传动自动化技术手册［M］．2 版．北京：机械工业出版社，2005.
[30] 曲学基，曲敬铠，于明扬，等．IGBT 及其集成控制器在电力电子装置中的应用［M］．北京：电子工业出版社，2010.
[31] 郑征，王肖帅，李斌，等．基于三绕组变压器的锂电池组自适应交错控制均衡方案［J］．储能科学与技术，2022，11（04）：1131-1140.
[32] Rashid Muhammad H.，陈建业译．电力电子技术手册［M］．北京：机械工业出版社，2004.
[33] BILLINGS K，MOREY T. Power Electronics for Renewable Energy Systems，Transportation and Industrial Applications［M］. Singapore：IEEE-Wiley，2014.
[34] BLAABJERG F，MA K，YANG Y. Power electronics—The key technology for renewable energy systems［C］. Proc. IEEE Ecological Vehicles and Renewable Energies（EVER），2014：1-11.